U0134223

国家科学技术学术著作出版基金资助出版
2023 年北京中医药大学学术专著出版基金资助

中药制造信息学

吴志生　乔延江　主编

科 学 出 版 社
北　京

内 容 简 介

中药制造信息学是实现中药产业数字化、网络化和智能化转型升级的基础，旨在发展中药制造相关的信息获取、原理、方法与技术，研究中药制造原料、过程工艺及产品的质量数字化工程，是传统中药学与现代科学技术及工程融合的一门交叉应用学科。

本书先介绍了中药制造工程与智能制造、中药制造工程与智能制造关键技术及中药制造工程与信息交叉学科。然后，从信息方法论方面介绍了信息获取与原理、信息识别与解析、信息建模（多元分辨、化学模式识别、多元校正等）内容，从技术装备层面介绍了紫外光谱、近红外光谱、激光诱导击穿光谱、光谱成像、太赫兹光谱等技术装备，从原料到中间体到成品介绍了过程控制信息技术应用案例，通过案例展示中药制造信息学的理论、技术、方法和实践。最后，在新交叉学科、新方法和新技术的基础上，通过系统工程实践展示了中药配方颗粒的制造信息工程与智能制造和集成中药制造信息技术的中药智能制造。

本书理论联系实际、案例丰富，全面阐述了中药制造信息学的核心思想、理论与关键技术。本书可作为中药学及智能制造相关学科课程的教材或工具书，也可作为中药学及智能制造从业人员的参考书。

图书在版编目（CIP）数据

中药制造信息学 / 吴志生，乔延江主编. —北京：科学出版社，2024.1

ISBN 978-7-03-077758-4

Ⅰ. ①中…　Ⅱ. ①吴…　②乔…　Ⅲ. ①中成药-制药工业-信息学
Ⅳ. ①TQ461

中国国家版本馆 CIP 数据核字（2024）第 000181 号

责任编辑：李　杰 / 责任校对：胡小洁
责任印制：徐晓晨 / 封面设计：北京图阅盛世文化传媒有限公司

科学出版社出版
北京东黄城根北街 16 号
邮政编码：100717
http://www.sciencep.com
北京中科印刷有限公司 印刷
科学出版社发行　各地新华书店经销
*
2024 年 1 月第　一　版　开本：787 × 1092　1/16
2024 年 1 月第一次印刷　印张：19 1/2
字数：480 000

定价：128.00 元

（如有印装质量问题，我社负责调换）

编委会名单

序　一

坚持面向世界科技前沿、面向经济主战场、面向国家重大需求、面向人民生命健康，新时代中医药事业更要牢牢把握“四个面向”发展方向和机遇。吴志生研究员长期从事中药制造质量控制研究，针对中药制造质量属性可测与中药制造质量属性可控的基本科学问题，提出了中药制造测量学和中药制造信息学的新兴交叉学科，相关研究处于国内领先水平。《中药制造信息学》系统整理了其团队多年相关研究成果，成果为传统的中药学科注入了新鲜的血液，其发展和应用颇具推广意义。

中国工程院院士

国医大师

北京中医药大学王琦书院院长

国家中医体质与治未病研究院院长

2021年10月14日于北京

序　二

当今世界正经历百年未有之大变局，加快科技创新是推动高质量发展的需要，中药现代化离不开制造技术转型升级，离不开制造测量控制理论和实践工作的学科交叉融合。吴志生研究员致力于中药质量控制及智能制造研究，其团队研究水平居国内前列。该团队基于 15 年的成果总结，针对中药制造质量可测与中药制造质量可控的基本科学问题，创造性提出了中药制造测量学和中药制造信息学的新兴交叉学科，提出并完善了其理论研究体系，梳理了中药制造测量控制理论与实践应用。该书语言流畅且学术性强，可作为中药学新兴交叉学科的工具书。

中国工程院院士
中国科学院合肥物质科学研究院学术委员会主任
中国科学院安徽光学精密机械研究所学术所长
2021 年 10 月 14 日于安徽

前　　言

中医药是我国独特的卫生资源、潜力巨大的经济资源、具有原创优势的科技资源、优秀的文化资源、重要的生态资源。围绕“健康中国”国家战略契机，加快构建中药制造这一民族产业，实现中药制造工程数字化、网络化和智能化是中医药人的“中医药梦”。中药制造工程必须建立基于物联网技术、大数据技术、云计算技术等信息物理系统的数字化控制，实现智能化。中药制造工程应采用先进制药技术，从顶层设计的层次谋划中药制造工程发展战略，实现中药制造工程创新驱动。随着学科的发展和技术的进步，以及“中药工业 4.0”战略性构想的提出，中药制造工程正在从数字制造迈向智慧制造的时代，确切地说是以工艺单元质量为核心转向以产品品质工程为目标的设计转变时代。这个时代以过程的自动化、信息化和智能化的综合集成为特征，属于过程系统工程学科的研究范畴。

随着现代科学技术的发展，大数据时代来临，中药制造工程与信息科学不断碰撞、交叉乃至融合。在获取事物动态现象的运动规律和整体信息的过程中，两者均重视从数据和动态角度出发观察研究事物。这不仅符合信息方法数据准则和规律准则，也是中药制造整体观的体现。信息科学向中药制造工程领域的渗透，以及对中药制造过程中从原料、中间体到成品的来源、物质基础、功能及信息流需求，促成了中药制造信息学的产生与发展。基于学科间的共同理论基础和方法学，中药制造信息科学的形成是学科交叉融合的历史必然。

当今世界正经历百年未有之大变局，加快科技创新不仅是推动高质量发展的需要，而且是构建新发展格局的需要，因此我国经济社会发展比过去任何时候都更加需要科学技术。新时代中医药事业更要牢牢把握“四个面向”发展方向和机遇，坚持面向世界科技前沿、面向经济主战场、面向国家重大需求、面向人民生命健康。从中药产业数字化、网络化和智能化角度出发，围绕中药制造质量可测性、可控性等系列科学问题，在中药制造测量学基础上，进一步研究中药制造过程中的信息传递规律，提出了中药制造信息学，旨在发展中药制造相关的信息获取、原理、方法与技术，阐释中药制造质量变化规律。

中药制造信息学是在信息学、中药学及系统科学等多学科指导下，研究中药制造原料、过程工艺及产品质量的理论、方法及实践技术，是传统中药学与现代科学技术及工程融合的一门交叉应用学科。

本书是北京中医药大学中药信息工程研究中心长期研究的成果。第一章概述了中药制造信息学的基本内容，从中药制造工程与智能制造出发，提出基于信息科学的中药制造质量转型升级的新理念、新技术，以光谱、图像信息技术为示范，阐明中药制造信息学科。第二章从理论方法层面介绍了光谱、图像信息的获取与原理、信息识别与解析、信息建模方法与评价等内容。第三章至第七章从技术层面介绍了紫外光谱、近红外光谱、激光诱导击穿光谱、光谱成像、太赫兹光谱等技术原理、装备和信息技术应用，并在新交叉学科、新方法和新技术介绍的基础上，提供了中药制造多剂型、多环节、多单元信息的技术应用，以及从原料到中间体到成品制造质量控制信息技术应用案例。第八章以中药制造信息学应用为代表，分别介绍中药制造信息与智能制造相关技术与实践案例。全书系统表述了中药制造信息学的理论、技术、方法和应用。本书为黑白印刷，读者可以扫描书中二维码浏览彩色图片。

本书在全体编委和各位参编人员共同努力下完成，编写过程中得到编者单位和领导的大力支持，也离不开北京中医药大学研究生的辛勤付出，在此一并表示感谢。本书在编写过程中还参考了相关文献和书籍，在此向原作者表示诚挚的谢意。

本书涉及学科领域较多，可能存在一些不妥之处，殷切希望广大读者指正，以便不断修订完善。

编　者

2023 年 8 月 20 日

目　录

第一章　中药制造工程与信息学概论

中药产业是我国中医药“防、治、养”治疗模式的产业体现，是一种以民生健康服务为导向的新业态，围绕国家“健康中国2030”的战略契机，中药大健康产业的市场规模不断扩大。高质量产品是中药大健康产业持续发展的根本立足点，搭乘第四次工业革命的快车，“互联网+智能制造”为中药大健康产业的提质增效提供了新的发展模式。“一带一路”倡议有力提升了中国制造的国际声誉和形象，推动了中医药的振兴和国际贸易的发展，同时也促进了中药大健康产业的国际化。

为加快中医药这一民族产业的发展，在几代中医药人的共同努力下，中医药相关的法律法规体系也得到了完善。《中华人民共和国中医药法》作为我国第一部中医药专项法规，是中医药发展与振兴的重要法律支持，也为中药大健康产业的合理合规发展奠定了法律基础。《中药材保护和发展规划（2015—2020年）》《中医药健康服务发展规划（2015—2020年）》《中医药发展战略规划纲要（2016—2030年）》等中央文件为中药大健康产业的长期发展提供了政策保障。

第一节　中药制造工程与智能制造概述

党的十九大报告中明确了推动互联网、大数据、人工智能和实体经济深度融合，加快发展智能制造是建设制造强国的重点。2015年5月8日国务院印发了中国制造相关发展战略，提出智能制造作为我国制造业的发展主线。《国务院关于积极推进“互联网+”行动的指导意见》中提出要积极发展“互联网+”协同制造行动，加速制造业向“互联网+智能制造”转型。中药是我国医药行业中拥有自主知识产权的民族产业，《中医药发展战略规划纲要（2016—2030年）》提出，要加快推进智能制造在中药领域的发展，注重中药制造信息化、智能化与工业化的融合。2022年3月，由国务院发布的《“十四五”中医药发展规划》中明确指出提升中药产业发展水平，“加快中药制造业数字化、网络化、智能化建设，加强技术集成和工艺创新，提升中药装备制造水平，加速中药生产工艺、流程的标准化和现代化”。目前我国中药大健康产业正处于转型升级的关键时期，以数字化、网络化和智能化为核心的智能制造成为中药大健康产业高质量发展和生态格局转变的主要推动力。为提升中药大健康产品质量、在保证用药安全的前提下转型升级、推动中药大健康产业的国际发展，进行智能化改造已经成为中药企业发展的必然趋势。

一、智能制造在中药制造工程发展中的现状

随着工业与信息化的快速融合与发展，高效数字化生产日渐成为工业发展的必然趋势。基于工业发展的不同阶段，人类工业可划分为工业1.0的蒸汽机时代、工业2.0的电气化时代、工业3.0的信息化时代和工业4.0的智能化时代。中国和德国是目前世界上最主要的制造业大

国，2013 年 4 月，德国政府正式推出“工业 4.0”战略；2015 年 5 月，国务院正式印发相关发展战略，部署全面推进实施制造强国战略。随着工业 4.0 的发展，要让我国抓住第四次工业革命的战略机遇，发展成为“制造强国”，需要大力推进具有我国原创性的智能制造[1-2]。

（一）智能制造总体发展概述

智能制造的核心是人机一体化智能系统。信息与通信技术（ICT）是智能制造的关键技术，具体包括联网装备之间自动协调工作的 M2M（machine-to-machine）、互联网大数据的收集与运用、生产系统以外的开发、销售、企业资源计划（enterprise resource planning，ERP）、产品生命周期管理（PLM）、供应链管理（SCM）等业务系统联动。智能制造在制造业中应用的关键点在于使用含有信息的“原材料”，实现“原材料（物质）=信息”，将制造业与信息产业充分结合。利用 ICT、网络空间虚拟系统和信息物理系统（cyber-physical system）相结合的手段，建立物理装备互联网系统，通过网络化构建反馈策略实现物理装备的精确控制、远程协调和自我管理，从而将制造业向智能制造转型。2016 年 9 月，工信部联合中国电子技术标准化研究院发布了《智能制造能力成熟度模型白皮书（1.0）》，明确了我国制造业智能制造五个阶段水平的评价标准和意义（表 1-1），为我国制造企业智能制造的发展目标提供了参考。

表 1-1　智能制造五个阶段水平的评价标准和意义

阶段水平	评价标准	意义
规划级	部分核心业务具备了信息化基础	具备智能制造的基础条件
规范级	核心业务重要环节实现了标准化和数字化	进入智能制造的门槛
集成级	核心业务间实现了集成和数据共享	完成智能化提升的准备
优化级	实现了对数据挖掘、知识和反馈模型的应用	提升智能制造的能力
引领级	实现了产业链上下游的横向集成	成为行业智能制造的标杆

（二）智能制造在中药领域的实践

模式是智能制造创新主体之一，根据《智能制造发展规划（2016—2020 年）》和《智能制造工程实施指南（2016—2020 年）》的要求，工信部重点围绕离散型智能制造、流程型智能制造、网络协同制造、大规模个性化定制、远程运维服务五种智能制造模式，同时，示范智能制造创新尝试，在 2015～2018 年批准了江苏康缘药业股份有限公司等 10 家（表 1-2）制造相关企业开展智能制造试点示范项目，鼓励新技术集成应用。2016～2018 年工信部支持了北京同仁堂健康药业股份有限公司（以下称“同仁堂”）等 23 家（表 1-3）制造企业开展智能制造新模式应用项目（更新 2019 年和 2020 年），鼓励中药企业以提高产品质量和降低制造成本为核心目标，探索与智能化改造相匹配的管理体制和运行机制。以数字化、网络化和智能化为核心，通过中药材来源基地化和生产过程智能化，构建中药制造智能工厂，降低制造过程的人力、物力和能源消耗，保证中药的安全、有效、稳定、均一，形成具有我国原创性的中药智能制造，使中药产品成为高品质的代名词，是我国智能制造的中药大健康产业发展的核心目标。

表 1-2　2015～2018 年制造相关智能制造试点示范项目

序号	时间	项目名称	项目责任单位	地点
1	2015	中药生产智能工厂试点示范	江苏康缘药业股份有限公司	江苏
2	2015	药品制剂生产智能工厂试点示范	海南普利制造股份有限公司	海南
3	2016	现代中药智能制造试点示范	天士力医药集团股份有限公司	天津
4	2016	中药保健品智能制造试点示范	江中药业股份有限公司	江西
5	2016	药品固体制剂智能制造试点示范	丽珠集团丽珠制药厂	广东
6	2016	中药饮片智能制造试点示范	康美药业股份有限公司	广东
7	2017	中药智能制造试点示范	广州市香雪制药股份有限公司	广东
8	2017	天然植物药提取智能制造试点示范	昆药集团股份有限公司	云南
9	2018	无菌粉针及口服制剂智能制造试点示范	华北制药股份有限公司	河北
10	2018	医药注射剂智能制造试点示范	湖南科伦制药有限公司	湖南

表 1-3　2016～2018 年制造相关智能制造新模式应用项目

序号	时间	项目名称	项目责任单位	地点
1	2016	中医药产品智能制造新模式应用	北京同仁堂健康药业股份有限公司	北京
2	2016	智能制造新模式及智能工厂改造项目	石药控股集团有限公司	河北
3	2017	现代中药制造数字化车间	神威医药集团有限公司	河北
4	2017	复方丹参滴丸智能制造新模式应用	天士力医药集团股份有限公司	天津
5	2017	中药流程制造智能工厂新模式应用	扬子江药业集团江苏龙凤堂中药有限公司	江苏
6	2017	现代中药工业智能制造新模式应用	江苏康缘药业股份有限公司	江苏
7	2017	中药提取智能制造新模式	江中药业股份有限公司	江西
8	2017	无菌注射剂智能工厂新模式应用项目	山东绿叶制药有限公司	山东
9	2017	胶类中药全流程协调智能制造新模式应用项目	东阿阿胶股份有限公司	山东
10	2017	中药固体制剂智能工厂集成应用新模式	九芝堂股份有限公司	湖南
11	2017	华邦制造全流程数字化车间新模式项目	重庆华邦制药股份有限公司	重庆
12	2017	中药口服固体制剂数字化车间新模式应用	天圣制药集团股份有限公司	重庆
13	2017	高技术内涵医药智能工厂新模式应用	四川科伦药业股份有限公司	四川
14	2017	中药制剂全流程智能制造新模式应用	国药集团同济堂（贵州）制药有限公司	贵州
15	2017	维吾尔药智能制造新模式应用	新疆维吾尔药业有限责任公司	新疆
16	2017	中药配方颗粒智能制造新模式应用	华润三九医药股份有限公司	深圳
17	2018	年产百亿贴膏剂产品智能制造数字化工厂	河南羚锐制药股份有限公司	河南
18	2018	生物发酵类原料药智能制造新模式应用	宜昌三峡制药有限公司	湖北
19	2018	中药配方颗粒跨区域全产业链智能制造新模式应用	江阴天江药业有限公司	江苏
20	2018	生物制品智能化工厂新模式应用	金宇保灵生物药品有限公司	内蒙古
21	2018	中成药制剂数字化车间新模式应用	华润三九（枣庄）药业有限公司	山东
22	2018	基于自主核心智能装备的藏药外用制剂智能工厂建设	西藏奇正藏药股份有限公司	西藏
23	2018	儿童中成药数字化车间新模式应用	重庆希尔安药业有限公司	重庆

（三）中药智能制造案例

截至2018年10月，天津红日康仁堂药业有限公司（以下简称为“康仁堂”）是国内6家获批试点生产中药配方颗粒企业之一。康仁堂的天津武清区中药配方颗粒生产基地2017年正式开始投产，年产精制中药饮片3000吨、配方颗粒2500吨。为保障原药材来源可控，在药材道地产区寻找规模化、规范化种植基地，通过订单农业、基地共建等不同模式与供应商合作建设药源基地。为确保中药材质量合格，通过现代分析技术建立企业检验标准，在药材入库前对主要化学成分、重金属、农残和黄曲霉素等含量进行严格控制。为确保中药饮片生产安全高效，针对中药材的不同物理属性，采用不同的炮制生产线进行自动化生产加工，实现炮制过程的连续封闭式无烟操作。为确保中药配方颗粒安全有效，通过中药饮片“标准汤剂”指纹图谱、标准出膏率上下限等多种质量控制指标建立企业标准，对中药配方颗粒进行质量控制，并建立中药配方颗粒指纹图谱数据库。

中药配方颗粒生产车间依靠工厂重力设计和有轨制导车辆（RGV）轨道车实现了智能投料、提取、浓缩和干燥等生产环节物料的自动化。整个中药配方颗粒生产基地通过企业资源管理系统（如ERP）、生产制造执行系统（manufacturing execution system，MES）、集散控制系统（distributed control system，DCS）、智能仓储管理系统（WMS）、数据采集与视频监控的系统联动，实现各系统间数据的智能抽取，解决了各业务系统间数据分散造成的数据一致性、准确性、时效性等问题，建立了中药制造信息化管理平台和智能物流配送中心，研制了自动补货和挑拣系统，满足用户的小批量定制和个性化订单。整个生产基地构建了集智能装备、仓储物流管理、自动化控制和信息化管理等技术为一体的中药配方颗粒智能制造系统。

二、智能制造在中药制造工程发展中的挑战

人类健康被世界卫生组织（WHO）认为是21世纪医学研究的重要挑战，现代医学也逐渐将主要研究对象由人类疾病向人类健康转变，这与中医药数千年来治未病的医疗观点不谋而合。全球大健康产业需求激增，中药大健康产业涉及中药农业、中药工业和中药服务业等多个领域，其核心为以中药大健康产品为主体的健康服务供给。大量实践经验表明，基于中医整体理论指导的中药大健康产品在养生和降低疾病发生风险方面具有诸多优势。然而，现阶段我国中药大健康产业的发展仍面临着中药制造原料来源复杂、过程工艺粗放、物质基础不清晰等重大挑战。此外，近年来由于药材品种误用、炮制和配伍不当等原因，中药群体不良反应事件频发，中药大健康产品的安全性和有效性广受关注，我国新版《药品生产质量管理规范》（GMP）（2010年修订）对中药质量的控制要求日趋严格，中药的创新与变革势在必行。

（一）中药制造原料来源复杂多样

中药材是中药制造的原料，大部分中药材的前端被定位为农副产品，可通过人工栽培和野外收集生产，中药材流通逐渐形成了以中药材市场为核心的个体经营模式。1996年，为加强我国中药材市场管理，国家中医药管理局对全国中药材市场进行整顿，并设立了17个中药材专业市场。经过20多年的发展，以安徽亳州、河北安国、河南禹州、江西樟树为首的中药材专业市场汇集了全国各产区中药材，成为中药制造产业链条的重要环节。然而，由于中药材市场门槛低、人员素质参差不齐、市场管理与国家监管主体不明确等原因，中药材市场上的药材

来源错综复杂。

近年来，随着中药栽培基地规模和产地市场交易中心功能不断提升，产地采办成为制造企业和经销商收购药材的主要手段，中药材专业市场的市场份额急速下滑。国内知名制造企业如同仁堂、康仁堂等大多针对自身优势产品建立了符合《中药材生产质量管理规范》（GAP）的药材生产基地——“GAP 生产基地”，产地采办和构建生产基地已成为大型制造企业中药材的主要来源。然而，我国中药材种类丰富且栽培技术基础研究相对较弱，“GAP 生产基地”的规模与数量相对较小，中小型制造企业的中药材来源仍以中药材市场为主。2022 年 3 月，国家药监局、农业农村部、国家林草局和国家中医药局等四部委联合发布了最新版的《中药材生产质量管理规范》，对中药材的规范化种植与养殖、采收和产地加工、包装与储运等方面进行了全面规定，以保证中药制造企业所用的生产原料质量稳定，从源头降低中药产品质量波动的风险。

（二）中药制造原料质量波动显著

中药原料的品质与生产地域关系密切，且中药原料作为农产品，在生产和流通中易发生重金属农残超标、以次充好等质量问题。同时，在中药材种植、采收、加工和炮制等工艺中，中药原料的质量受大量隐性知识的影响，这些因素共同导致中药制造原料的质量具有较大的波动性。对中药原料质量属性的分析是中药制造质量控制的关键，传统中药原料分析鉴别主要以中药气味和颜色等特征作为判断依据，受人为经验影响较大，无法准确反映中药质量属性的变化。

现代分析技术的发展丰富了中药的数字化分析和鉴别方法，如采用近红外漫反射光谱与化学模式识别算法相结合快速识别伪劣药材，通过中药 DNA 条形码鉴别乌梢蛇、鳖甲、海马和其混淆品种，通过荧光探针技术对中药重金属含量进行快速定性和半定量分析等。光谱、色谱和分子生物等现代分析技术有利于建立中药质量的数字化追溯体系，然而，中药自身的复杂性大大增加了分析技术的操作难度，在实际应用过程中仍存在检测仪器价格昂贵、不宜携带和前处理方法复杂等问题，限制了中药数字化分析的检测条件。

（三）中药制造工艺粗放

中药制造工艺粗放一直是我国中药产业发展的痛点与难点。在 2018 年 7 月举办的“智造中药高峰论坛”上，中国工程院张伯礼院士指出：“我国中药现代化战略实施 20 多年来，中药工业总产值从不到 300 亿元增长到 9000 余亿元，中药产业规模达 2.5 万亿元。但我国中医药现代化还处于初级阶段，中药产业普遍存在生产工艺粗放、科技基础薄弱、质控水平低等问题。大部分中药生产线还仅实现了机械化或自动化生产，处于工业 2.0 水平，真正达到工业 3.0 或 4.0 水平的数字化、智能化生产线还很少。”其根本原因在于中药原料物理、化学和生物属性的复杂性严重制约了中药制造自动化的发展，同时中药制造工艺涉及提取、浓缩、醇化、干燥、灭菌等过程，呈现出生产工艺复杂、生产装备繁多、生产过程高温、高压等特性，对制造工艺和装备技术水平有较高的要求。此外，还受制于药品原研时代在医药知识、工艺技术、制造装备及药品监管政策等诸多方面的历史局限，大部分中成药品种的制造过程存在粗放、缺控、间断、低效、高耗等问题。如何在传承中医药制剂特色的前提下，基于现代生产装备和信息技术完成对大品种中成药工艺的革新，以进一步提高制剂的质量稳定性，是目前中药制造行业面临的重大挑战。

（四）中药制造工艺技术合规性不足

采用先进制造技术创新中药制造工艺，保障中药产品的安全有效，是制造企业提升企业竞争力的重要环节。然而，由于中药物质基础的复杂性，中药制造过程缺乏明确的关键质量目标，以及对制造工艺进行技术创新缺乏，难以保证生产过程中间体的质量稳定及最终产品的安全有效。在中医药高质量发展的环境下，制造企业作为中药产品的责任主体，合规成为企业生产、运营的关键，由于中成药经济属性降低，制造企业缺乏技术创新的热情。加强对中药制造过程的理解是中药制造工艺先进技术应用的重要环节，质量源于设计（quality by design，QbD）理念鼓励在大量数据支持下，将质量控制方法研究贯穿于中药制造的整个生命周期，有利于理解中药制造过程并提高工艺技术创新活力[3]。

过程分析技术（process analytical technology，PAT）是实现中药 QbD 的关键工具，现阶段 PAT 在我国中药制造过程中的应用仍存在以下几个方面问题：①科研工作基础相对薄弱，PAT 转化与创新尚不够成熟，方法学验证会受到很多因素的影响，当制造工艺从实验室小试规模向生产规模放大时，工艺规模与技术可靠性成为影响产品质量的新的变量，PAT 项目的实用性与稳健性需进一步深入研究。②在 PAT 的中试及大生产的应用阶段，制造装备的设计同样需要考虑在线过程控制的装备接口，大大增加企业的风险和成本。③PAT 在中药制造过程中的应用缺乏相关标准和指导文件，以 PAT 为核心的中药制造过程控制技术系统难以符合我国现行的 GMP 认证及药品审评中心（CDE）审批要求，基于 PAT 的中药制造工艺申报和变更受到政策限制[3]。

（五）中药制造过程数字化程度低

中药制造过程复杂，工艺控制涉及参数较多，目前国内制造车间大多仅对中药制造过程的温度、压力、反应时间等参数进行监控，中药制造模式仍停留在传统的仪表控制上，中药制造过程的数字化程度低。随着近红外光谱、紫外光谱、成像等过程分析检测方法快速发展，智能感知和制造过程数字化系统在中药制造领域的单元装备建模、控制和优化上已取得一定成果。以近红外光谱为例，编者团队采用近红外光谱实现了涵盖固体制剂和液体制剂提取、浓缩、醇沉、水解、包衣等制造过程单元的在线检测，江苏康缘药业股份有限公司的肖伟等探索了近红外光谱法在中药注射剂萃取、浓缩和醇沉等制造过程中的技术应用方法，国内其他团队也同步在进行相关研究[4]。

在中药制造过程中安装集成先进传感器，通过数字化系统收集整理信息，增加对中药制造过程的理解，发现中药制造工艺的问题并不断改良，是提升中药产品质量的重要内容。同时，将中药制造过程数字化系统与中央 MES/ERP 系统的数据对接，利用已有数学模型，对可调节工艺参数进行优化，减小中药产品质量波动，是保障中药制造过程稳定性和质量一致性的关键。然而，由于中药自身的复杂性和其作为药品的特殊性，过程分析技术在中药制造领域有待进一步加强转化应用。

（六）中药制造产品物质基础不明确

中药多组分、多靶点、多途径起效的特点决定了中药在临床上的治疗优势，然而由于中药成分、作用机制、制作工艺的复杂性及其研究思路和方法等多种因素的局限，中药制造产品的物质基础研究进展缓慢，中药质量控制指标难以准确反映中药产品的安全性和有效性。针对上述问题，中国工程院刘昌孝院士团队提出了中药质量标志物（Q-marker）的概念，基于中药生物属性、配伍理论和制造过程等多学科知识，明确了质量标志物的筛选条件，提升了中药物质基础研究水平及其系统性。北京中医药大学乔延江教授团队采用分子模拟方法，构建了“功效-药理-质量标志物”数据库及定量代谢网络，基于中药关键质量属性及其对疾病相关分子网络的调控作用机制，开发了化学标志物与生物标志物相结合的中药制造产品质量评价方法。中国中医科学院陈士林教授、刘安教授团队将饮片外形和现有已知有效成分含量的高低有机结合，提出了针对中药饮片的质量常数评价方法，制定了等级评价思路，规范了中药饮片等级的划分，进一步促进了中药饮片市场和中药制造原料控制的规范化。目前，我国中药制造产品质量控制研究水平虽然有了长足的进步，但仍不能有效解决从药材到产品全过程质量控制中物质基础传递的共性问题。

（七）中药制造过程质量标准缺乏

中药制造质量标准引领中药大健康产业的发展，然而目前我国中药制造过程质量标准缺乏国际影响力，严重制约了我国中药大健康产品的国际贸易。其原因在于前期大多关注中药成品质量标准，很少考虑中药制造过程标准及过程中成分间相互作用和各工艺环节间的质量传递规律。《国务院关于扶持和促进中医药事业发展的若干意见》明确要推动中药质量控制标准的科技创新，构建与国际化学成分生产和控制（chemical，manufacturing and control，CMC）技术规则相通的药品质量管控体系，加快我国中医药标准向国际标准转化。

为建设符合我国中药特色的质量标准体系，国家药典委员会委员肖小河教授提出了中药质量生物效价检测方法的质量控制模式。中国科学院上海药物研究所果德安研究员提出中药质量标准的构建要技术创新，应基于实用性和可操作性两个层面构建中药整体质量控制标准体系。随着中药指纹图谱、一测多评等综合分析方法在2020年版《中华人民共和国药典》（可简称《中国药典》）中的广泛应用，中药整体质量标准框架越来越清晰，从中药产品药效成分、主要化学成分和有毒有害成分等多个方面保障中药产品安全有效。然而，目前中药制造过程整体质量标准的研究规范化的文件有待进一步完善指导，且由于中药品种和工艺的复杂性，中药制造过程整体质量标准体系建设进程缓慢。

第二节　中药制造工程与智能制造关键技术

智能制造是工业4.0时代的先进生产力，针对中药大健康产业在制造工艺、制造装备和制造标准等方面的技术瓶颈，创新整合现代化信息技术、系统科学与工程、过程分析技术（PAT）等先进制造技术，保障中药大健康产品的高品质发展并领导全球大健康产业，是我国互联网+智能制造的中药大健康产业发展的核心目标。中药制造车间是保障中药大健康产品安全、有效、稳定、均一的关键环节，也是制造企业和中医药管理部门的重点监管对象。

由于中药制造工艺复杂和制造装备落后等原因，大型制造企业通过定制或技术引进，打造了自身优势品种的数字化制造车间，而中小型企业制造车间装备控制仍以模拟仪表为主，数字化程度低，制造过程依赖人工操作和一些常规控制技术，严重限制了我国中药制造的技术水平与规模效益。同时，现阶段我国中药制造质量标准的国际影响力不足，制约了中药大健康产业的发展。加强中药制造工艺的技术创新和制造装备研发，加快中药制造整体质量标准建设，提升我国中药制造车间数字化和质量控制的整体水平，是现阶段我国互联网+智能制造的中药大健康产业发展的关键需求。

一、基于PAT的中药制造工艺技术创新

基于先进的质量管理模式和制造技术，有针对性、有目标地进行中药制造工艺技术创新是保障中药大健康产业高质量发展的重要内容，也是制造企业在中药制造生命周期中提升产品质量的关键环节。在大量生产数据和质量数据的基础上，对数据进行充分挖掘和分析，明确中药制造过程工艺参数、原辅料理化性质与药品质量的相关性，理解中药制造过程是中药制造工艺技术创新的前提。

将PAT结合于中药制造工艺的研发阶段，提高中药制造过程的数字化程度，降低人员操作误差，使中药朝向高质、高效、可控的方向前进，是实现科学化、产业化、精细化和标准化的中药制造重要内容。此外，在PAT稳定应用的基础上，针对中药自身复杂性的特点，发展基于实时放行检测（RTRT）的连续制造（CPM）生产模式，可大幅度减少小型制造装备的占地面积，提高中药制造的效率和装备利用率，并有利于解决中药制造过程中质量波动性问题，符合互联网+智能制造的中药大健康产业高质量发展的趋势和需求。

二、基于装备研发的中药制造能力创新

制造装备和工艺是影响中药制造自动化、数字化的关键要素，制造装备的关键在于能够适应不同中药和制造工艺的特点。将制造工艺融入制造装备的研发中，将其设计向前推移至工艺设计阶段，在满足生产过程自动化控制与监控的同时使制造工艺与装备间具有良好的适应性，在提升中药制造过程的自动化水平的同时对企业的投入成本要求相对较小，能更大程度地满足中小型制造企业的需求。

中药互联网+智能制造不仅是要实现制造环节智能化，而且是从中药设计、研发到生产的整个生命周期和从原料到产品、再到供应销售的中药产业链的全面智能化。其中涉及科研单位、装备研发企业、制造企业、医疗服务系统和监管部门的共同努力。加强中药制造工艺与装备的设计融合的交叉学科人才的培养，解决中药制造复杂工艺与装备间的适应性问题，是互联网+智能制造的中药大健康产业持续稳定发展的关键需求。

三、基于全程控制的中药制造整体标准构建

中药大健康产品走向世界，引领全球大健康产业的关键在标准。要掌握中药国际标准的话语权，必须加强对中药制造原料、过程和成品的物质基础传递研究，据此确定中药质量评价指标，并参照国际先进质量管理经验，在中药制造过程中引入“工艺属性”和“质量属性”方面的要求，建设基于全程控制的中药制造整体质量标准体系，增强《中国药典》的国际影响力。中医药管理政策指导和规范了中药制造科技工作纵向发展和横向联系的活动空间，对中药制造整体质量标准的建设和转化应用具有决定性作用。

然而，目前国内缺乏由中医药相关管理部门出台的中药制造整体质量标准建设指导规范，仅部分大型制造企业根据自身中药优势品种需要，建立了较为完备的中药制造整体质量标准控

制体系，中药大健康产业的质量标准仍以最终产品指标成分的含量为主。完善中药制造整体质量标准相关政策，建立符合中药大健康产业特色的中药制造整体质量标准，解决中药制造过程的关键质量目标问题，保障中药大健康产品安全有效，是互联网+智能制造的中药大健康产业国际化发展的关键需求。

第三节　中药制造工程与信息交叉学科

一、中药制造信息学概述

（一）中药制造信息学的内涵外延思考

围绕国家打造“健康中国”战略契机，加快构建中药制造这一民族产业，实现中药制造工程数字化、网络化和智能化是中医药人的愿望。信息化融合是实现中药制造行业装备智能化与制造过程智能化的重要组成部分。目前，中药制造工程多为分批/间歇生产制造，制造过程鲜有进行质量评价，制造过程数据是一座座“孤岛”，整个制造过程尚未形成完整和规范的质量控制体系，无法有效用于制造过程控制与管理决策。结合国际先进制造工程技术进展，随着QbD、连续制造等先进制药理念的提出与实施，中药制造工程发展迎来了前所未有的发展机遇。

中药制造工程必须建立基于物联网技术、大数据技术、云计算技术等信息物理系统的数字化控制，实现智能化。中药制造工程应采用先进制药技术，从顶层设计的层次谋划中药制造工程发展战略，实现中药制造工程创新驱动。随着学科的发展和技术的进步要求，无论是“中药工业4.0”的战略性构想，还是中药制造工程从数字制造迈向连续、智慧制造时代，其实确切说是以工艺单元质量为核心转向以产品品质工程为目标的设计转变时代，正朝向过程的自动化、信息化和智能化的综合集成，这其实就是过程系统工程学科的研究范畴。

随着现代科学技术的发展，大数据时代来临，中药制造工程与信息科学不断碰撞、交叉乃至融合。在获取事物动态现象的运动规律和整体信息的过程中，两者均重视从数据和动态角度出发观察、研究事物。这不仅符合信息方法数据准则和规律准则，也是中药制造整体观的体现。随着信息科学向中药制造工程领域的渗透，以及对中药制造过程中从原料、中间体到成品的来源、物质基础、功能及信息流需求，促成了中药制造信息工程学的产生与发展，基于两学科的共同理论基础和方法学，中药制造信息科学的形成是学科交叉融合及学科拓展的历史必然。

中药制造信息学是指在信息学、中药学及系统科学等多学科指导下，研究中药制造原料、过程工艺及产品质量的理论、方法及实践技术，是传统中药学与现代科学技术及工程融合的一门交叉应用学科。

中药制造信息学以研究中药制造数据采集、处理加工和分析管理为根本目的，着眼于探索计算机科学、数学、统计学在中药制造问题上的应用，这是中药制造信息学的内涵思考。

进一步，中药制造信息学与中药学其他学科交叉融通是学科外延表现；同时，中药制造信息学建立在信息科学和工程及应用数学的基础上，中药制造信息学为信息科学的发展注入新命题，尤其是信息科学在复杂体系应用实践也是其学科外延的表达。

（二）中药制造信息学研究内容及技术初探

中药制造信息研究内容为中药制造信息获取、处理、存储、共享、分析、解释等各个方面，且综合运用数学、计算机科学、中医药学、化学、现代医学、药理学等技术和手段，来揭示和表达各种中药制造数据的知识规律。中药制造信息学处理的对象主要是指采用信息技术所获取的信号、文字、图像等中药制造信息。可以将中药制造信息的处理对象分为信号处理、文字处理和图像处理。文字处理也分为数值计算、数据处理和知识处理。中药制造信号、文字、图像等数据是中药信息系统基本的信息源。同时，从数学模型的角度将信息由通信和记录，数据存取、检索和数据库，计算与自动化，识别和推断，操作和控制，研究模型、开发未知领域六个层次组成。

中药制造信息学关键技术主要有多元统计分析、信号处理、模式识别、知识工程、模糊信息处理、神经元计算、数据库管理、非线性计算、科学数据可视化等。其中关键技术模型的各类或各层次系统软件的运行均需要信息系统的支持。如信号处理中的识别与重建等均需数据库、知识库、信息系统、专家系统来供给支持。介绍几种主要的技术如下。

多元统计分析技术是利用数学和统计学方法对多维复杂数据群体进行科学分析的理论和方法。它包括描述性分析方法和解析性分析方法两大类。前者包括主成分分析（principle component analysis，PCA）、对应分析、相关分析和聚类分析等；后者主要有回归分析、判别分析（discriminatory analysis，DA）和偏最小二乘回归分析等。模式识别是指用计算机实现根据客观事物的某种特性类属，将具有某些共性的事物归于一类，而将具有另一些共性的事物归于另一类。

人工神经网络（artificial neural network，ANN）是由大量基本计算处理单元通过广泛联结而构成的一种仿生信息处理系统。它以各单元间的物理联系作为知识和信息的存储形式，知识由各单元之间的连接强度来编码表达。网络的一切进化均可归结为通过学习不断地修改连接权重，而连接模式决定了信息处理的方式。ANN 特别适宜处理非线性的、模糊的、随机的、低精度的及大通量的信息，解决知识背景不清楚、推理规则不明确等复杂类模式识别问题。

模糊信息处理技术是指用模糊数学方法来分析和描述那些没有明确界限和概念的外延模糊的事物，用隶属度函数来表达这种不确定现象的方法。近年涌现的模糊神经元方法能有效地解决传统模糊模式识别方法生成与调整隶属度函数及模糊规则难度大等问题。

（三）中药制造信息学研究意义与展望

1. 中药制造信息工程助力中药产业升级

中药产业链的信息不对称是造成质量控制及评价体系难以实现的主要原因，因此以数字信息互联网技术为纽带，借助云计算、5G、大数据、物联网和人工智能等信息技术手段，协同融合数据技术于中药产业各环节中，形成智能化、网络化、数字化中药产业链，整个信息链的质量数据流闭环等，进而实现协同推动中药产业升级，解决了生产要素整合迟缓、资源配置不够优化、交易成本居高不下等问题，打破信息不对称的壁垒，完善产品质量控制评价体系，确保产品安全性和稳定性，为产业的创新提供有力支持。

在中药种植、采收、加工和炮制等工艺环节中，传统经验和隐性知识在保证中药品质中起到关键作用，中药炮制为传统特色技术，但饮片品种与规格众多、加工方法不统一、工艺技术单一机械化，饮片的质量无法严格保证，直接影响中医临床疗效，而饮片生产凭借传统经验与现代信息技术结合的前提下，可以在产业链的源头进行质量的有效控制，保证药材的道地性、优质性，之后提升饮片生产的专业化，通过相应生产设备等达到规范化、规模化生产，进一步达到生产过程自动化甚至信息化。

在中药制剂原料生产环节，中药制剂原料通常分为固体、半固体、液体三类状态，制剂原料的物理性质决定成型工艺的难易程度、加工流程的顺畅程度，以致影响终端产品的质量。在中药制剂原料环节，目前可以借助自动控制系统和在线检测系统，依靠电子计算机或控制器对生产过程进行自动化控制，以及用传感器技术及时检测各种工艺参数的信息，涵盖了提取、浓缩、醇化、干燥等工艺环节，可以自动控制、实时监测传感器的制造过程体系，可以解决部分目前中药制剂水平所存在的障碍，通过传感器、大数据技术的助力，为在线检测信息采集提供了稳固的基础，将会大幅度提升中药制造体系中对于过程的实时监控，从而做出反馈进行优化调整，为中药制剂原料产业升级奠定了坚实的基础。

在中药制剂成型环节中成药化学组成及制药工艺特点决定了其生产制造过程动态变化的高度复杂性，过程状况难以全面辨识且缺乏有效的检测技术装备，过程参数的便捷观测成为中药制药过程能及时有效调控的核心条件。通过实时信息与数据平台结合生产过程控制和管理系统，将信息化融入工业化中，实现生产的全过程控制，为中药生产环节升级到信息化提供参考[5]。

2. 中药制造信息化促进中药产业迈向“智能工厂”

中药智能制造技术成型关键在于中药制药技术的数字化、信息化、智能化改革，追求对整个产品环节的自动化调控，通过多项技术融合对工艺进行创新改进，规范工艺流程，凭借先进的技术和设备，节约成本，提升产能，减少能耗及保护环境，摆脱简单重复、智力水平较低的体力劳动及对人体造成危害的生产环境，有效提高并控制产品的质量水平。打破在传感器、自动控制和数字化技术的壁垒，加强对工业传感器、过程检测及分析仪器等数字化、智能化设备的开发及自动控制技术研究，促进中药工业绿色智能升级，逐渐向“智能工厂”迈进。

3. 中药制造数据分析信息化技术平台推动制造知识发现

针对已有的中药数据资源，应当尽快构建智能化的中药数据分析与规律发现技术平台，建立中药制造信息智能处理与解析系统，为实现从中医药数据库中发现隐含的、前所未知的知识，进而揭示中药制造过程某些规律及作用机制提供技术工具。通过运用多元统计分析技术、计算智能技术、数据挖掘技术、模式发现技术等先进的信息技术，对数据库中的海量中药数据进行多方位、多学科、多层次、多目标的智能辨析，搜索发掘其有用信息，推动中药制药行业向着开发基础共性技术、绿色制造技术、节能环保技术、信息互联互通技术及智能制造技术等标准化体系发展。凭借大数据、物联网、人工智能等先进信息技术提供有力支撑，一方面解决信息不对称的困境，达到过程可感知、生产可视化、产品可评价、质量可追溯，以保证中药的安全性、有效性、稳定性及均一性；另一方面可以为中药的研究助力，多学科、跨行业合作加速制造知识发现最终带动相关技术发展，实现中药产业升级。

二、以光谱为示范的中药制造信息学

中药制造过程是指从原料药到生产过程共性关键环节，包括提取、浓缩、醇沉、收醇、配液、干燥、制粒、混合、压片、包衣到成品一系列的工艺单元。当前，中药生产企业的生产方式多为分批生产，各工艺单元物料的投放及环节间物料运转多为人工操作，生产过程未进行或仅对少数关键环节的中间体采用离线方式进行过程质量检测，无法及时获取中间体及工艺过程的质量信息，整个生产过程尚未形成完整和规范的过程质量控制体系。目前，随着中药生产自动化程度的提高，我国大型中药制造企业中已经实现过程的连续化、管道化、关键工艺参数的原位在线化。然而，中药关键质量属性的在线分析与控制尚处于探索阶段。因此，需要进一步达到生产过程自动化甚至信息化，明晰共性工艺单元的过程质量信息，揭示生产全过程的关键质量指标传递规律，逐步实现基于质量风险最小的中药全程质量控制。

近年来，测量化学学科飞速发展，其中，过程分析化学（process analytical chemistry，PAC）的快速发展，极大地推动了过程测量技术的研究和应用。这一学术思想的提出引起了学术界同行、跨国制药公司、仪器仪表跨国企业等更加关注过程分析领域。在管理层面，2004 年美国食品药品监督管理局（food and drug administration，FDA）以指导文件的形式向所有制药企业发出了通知，支持将过程分析技术（PAT）作为现行生产质量管理规范（cGMP）更广泛的开创性组成部分。

FDA 把过程分析技术定义成一个体系，包括设计、测量和控制加工制造过程，并通过对原料、中间产品的关键品质和性能特征的过程监测，从而确保最终产品的质量。2008 年，美国 FDA 新的工艺验证指南草案中再次提到，通过 PAT 提供更高程度的工艺控制和工艺优化，并强调制造过程分析是建立在对生产过程深刻理解的基础上进行的工艺控制优化与设计。FDA 认为，在生产过程中使用 PAT，可提高对生产过程和产品的理解及控制，从而使产品质量得到保障。

中药制造工程技术指从传统测量技术发展到能提供实时或接近实时测量的过程分析技术。色谱、光谱波谱学和成像技术等是过程分析科学的学科基础。在所有的分析技术中，紫外吸收光谱[ultraviolet（UV）absorption spectrum]、红外光谱（infrared spectroscopy，IR）（包括近红外，near-infrared，NIR）及成像（imaging）技术、激光诱导击穿光谱（laser induced breakdown spectroscopy，LIBS）、太赫兹光谱[terahertz（THz）spectroscopy]、超声波成像（ultrasonic imaging）、拉曼光谱（Raman spectroscopy）和磁共振成像（magnetic resonance imaging，MRI）成为过程分析科学中活跃的研究技术领域。

光谱信息技术是过程分析技术中一个重要分支，作为近 10 年来突出的中药制造过程关键质量属性过程分析技术，满足了制造过程分析技术快速、无损、可靠、简便的要求，作为制造过程质量分析技术具有优越性。利用光谱信息结合化学计量学方法可实现对药材鉴别、痕量成分分析、固体药物质量分析、药物化学成分含量的快速检测、在线检测和药物质量监控，获取中药制造过程物理、化学、生物等品质特征。同时光谱信息可以准确感知实时运行数据，帮助中药生产实现数据快速、准确分析，有效提高工艺参数的控制精度，保证产品质量稳定性。同时提高设备的效率，达到更高的生产产出，改善中药生产车间的环境和工人的劳动强度，以及达到更高的能源效率。

没有确切的数字化表征，就无法对制造过程系统进行智能化研究。2013 年 11 月，张伯礼院士发表文章指出：应以量化模型代替药工经验，精准控制工艺参数，确保制造工艺精密度，提升中药制造工艺品质。编者团队前期提出了中药制造工程这一研究领域。以中药制造过程质量稳定可控为基础，以传感/谱学/成像联用技术、多变量分析之信息技术、实时监测共性技术为支撑，构建中药制造过程系统工程。

在此基础上从中药产业数字化、网络化和智能化角度出发，研究中药制造过程中信息传递规律，提出了中药制造信息学，旨在发展中药制造相关的信息获取、原理、方法与技术，阐释中药制造质量变化规律，实施质量持续改进策略。本书从理论方法层面介绍了光谱、图像信息的获取与原理、信息识别与解析、信息建模方法与评价等内容。从技术装备层面介绍了紫外光谱、近红外光谱、激光诱导击穿光谱、光谱成像、太赫兹光谱等技术装备，并在新交叉学科、新方法和新技术介绍的基础上，提供了中药制造多剂型、多环节、多单元、从原料到中间体到成品过程质量控制应用案例，通过案例展示中药制造信息学的理论、技术、方法和应用。

参考文献

[1] 崔蒙，吴朝晖，乔延江. 中医药信息学[M]. 北京：科学出版社，2015.

[2] 吴志生，乔延江. 中药制造测量学[M]. 北京：科学出版社，2022.

[3] 徐冰，史新元，吴志生，等. 论中药质量源于设计[J]. 中国中药杂志，2017，42（6）：10.

[4] Wu Zhisheng，Sui Chenglin，Xu Bing，et al. Multivariate detection limits of on-line NIR model for extraction process of chlorogenic acid from Lonicera japonica [J]. Journal of Pharmaceutical and Biomedical Analysis，2013，77：16-20.

[5] 丁志平，王家辉，乔延江. 中药信息学研究浅释 [J]. 中国中医药信息杂志，2003，10（4）：92-94.

第二章　中药制造建模与信息工程

第一节　概　　述

中药制造过程实时检测是实现药品质量过程控制，保证中药产品质量均一性的有效手段。近年来随着传感器技术和信息学技术的发展，特别是计算机技术与光导纤维技术的融合，使过程检测技术从温度、流量、压力、黏度等单指标高精度的传感检测，发展到了对生物学、化学和物理特性的多元系统分析，从色谱分析到光谱分析，从静态分析到动态分析，从破坏试样到无损分析，从离线分析到在线分析，从工艺指标到以化学计量学为基础的中药多组分复杂体系分析方法。目前光谱技术等过程检测技术由于其不需要预处理、非破坏性、分析速度快等优点，在中药制造过程中的应用日趋广泛。从原料识别、含量的快速测定、工艺控制点在线分析、中间体的实时检测放行，实现对中药制造过程中的关键工艺参数、关键质量属性实时测量，快速精确地获取与产品质量保证和管理决策相关的信息，为构建基于质量风险的生产过程在线分析及控制策略提供数据基础。

中药制造生产过程中的大部分数据来源于不同工艺单元，不同控制系统的设备仪器仪表，数据采集技术通过不同的接口技术，将从传感器和待测设备单元采集到的信息，按照一定的规则对数据进行加工、处理，根据数据来源、格式、特点在逻辑上或物理上进行集成，存储至数据库。随着医药企业自动化的发展和实时大数据存储的发展需求，实时数据库逐渐取代了传统的关系型数据库和分布式数据库。实时数据库一般都集成了大量的工业协议接口，可以对各类工业协议进行解析和传输，弥补了目前中药单元式控制导致的不同控制系统接口集成的技术壁垒。对于医药工业过程采集的大容量高频数据，实时数据库通过快速读写设计的时标型数据结构、高频缓存等技术，实现海量数据的快速实时读写。通过过程数据采集技术将底层制造装备、分布式控制系统/分散控制系统、生产数据库进行贯通，为中药生产工艺质量过程监测、数字化控制提供数据基础。

光谱作为中药制造过程分析的应用手段，是中药制造实现数字化、信息化、智能化的“眼睛”，是保证中药制剂疗效和质量一致性的关键技术，光谱过程分析可靠性是核心。运用主成分分析、偏最小二乘法、人工神经网络等方法建立中药制造过程的工艺特征的数据挖掘与知识发现模型，借助信息学、统计学和计算机科学的手段和方法，深入研究数据之间的联系，挖掘隐藏在数据背后的工艺质量特征和生产控制模式，实现中药制造质量信息向数字、知识转化的过程，通过中药过程系统建模与数据挖掘技术，为过程优化控制、数字化和信息化制造提供有效的技术途径。

第二节　信息的采集与处理

一、光谱信息的采集与处理

2004 年美国 FDA 颁布了过程分析技术（PAT）工业指南，指出 PAT 作为一个整体质量系统，通过采用多种方法，对原材料、中间体和过程的关键质量属性加以实时监控，对生产过程的可控性加以调节，进而为产品质量提供可靠的技术保障，为中药生产过程控制指明了方向。而光谱技术作为一种应用广泛的绿色 PAT，已在中药产业定性定量分析、在线检测和过程控制等中药分析领域中显示出了巨大的应用潜力，对提升中药生产质量控制水平、确保产品质量稳定可靠、实现中药生产自动化、智能化、规范化意义重大，是目前最为活跃的化学分析技术之一。

（一）紫外光谱

紫外（UV）光谱作为一种快速无损的检测技术，是价电子从低能级跃迁至高能级时产生的吸收光谱，可用于具有紫外吸收物质的检测，具有灵敏度高、仪器价格便宜等优点，常被用于药品生产过程中样品的快速分析。其包括测定溶液中物质的含量、鉴定化合物、研究生物大分子的构象和构型、监测反应过程及反应机制和反应动力学研究。

一般地，紫外光谱分析技术包括以下几个部分：①采样及光谱测量；②采用标准或公认的方法测定组分的性质参数（如浓度等）；③建模，即通过合适的化学计量学方法拟合量测光谱和已知性质数据两者之间的线性或非线性关系，从而建立校正模型，通常在建模之前采用一定的预处理方法对光谱数据进行标准化、平滑、求导等，以提高信噪比、消除各种因素引起的光谱干扰信息；④预测，即测定未知样本紫外光谱，通过所建的校正模型，反演未知样本的性质参数。

（二）近红外光谱

近红外光谱（near infrared spectrum，NIRS）反映出的谱带是若干个倍频与合频谱带的组合，通过对样品进行近红外检测，可得到不同分子的振动频谱信息，测定的主要是物质中含氢基团 C—H、N—H、O—H 和 S—H 振动的倍频和合频吸收。因此，可以凭借光谱特征的不同对样品进行定性及定量的快速检测分析。近红外光谱主要有两种形式，即透射光谱和漫反射光谱。光谱形式的选择主要依据具体的样品状态，液态样品（如液体制剂、提取液等）常采用透射方式，而固体样品（如药材粉末、片剂、颗粒剂等）一般采用漫反射方式。随着计算机技术的普及和样品分析的需求，化学计量学的应用涵盖了化学测量的整个过程，其中包括采样、实验、定性定量分析和信息提取等。由于 NIRS 是一种间接分析技术，因此有必要先通过参考方法确定已知样品的组成或性质，然后结合最佳化学计量方法建立校准模型，两者的结合也可以使得分析变得更为高效，主要应用于模型建立阶段，包括样本集筛选、光谱预处理、变量筛选、模型建立与评价。

（三）激光诱导击穿光谱

激光诱导击穿光谱（LIBS）是一种基于原子发射光谱和激光等离子体发射光谱的元素分析方法。LIBS 自问世以来，就被公认为是一种前景广阔的技术。LIBS 实验方法简单，在微小区域分析可弥补传统元素分析方法的不足。LIBS 技术非常适合用于药品生产质量控制、过程分析和监控。由于在气体和液体样品测量中涉及相对复杂的辅助装置，较低的采集效率，以及容易导致样品溅射污染等缺点，LIBS 更适合用于固态包括粉末状压制成片剂后的样品分析。在 LIBS 技术中，高强度激光脉冲经过光学系统聚焦到样品，样品表面电离产生等离子体，由光谱仪和探测系统收集光谱。光谱呈现出元素波长和辐射谱线信号强度，通过对特征谱线的辨识与测量，实现待测物定性与定量分析。

（四）高光谱成像

高光谱成像（hyperspectral imaging，HSI）是近年来兴起的一项前沿技术，将光谱技术与成像技术相结合，采集的数据不仅能呈现可视化的彩色图像，同时还能表达检测对象在不同波段的光谱信息。HSI 数据的采集一般有三种形式，分别为单点（point）模式、线阵（line）模式和面阵（plane）模式。单点模式是通过在二维平面内移动扫描对象的形式进行图像采集，每次数据采集只能获取几何空间中一个位点的信息，由二维平面移动产生空间位置信息，从而拼接成最终的三维数据立方体，此种采集模式的效率低下，耗费时间长。线阵模式是比单点模式更先进的采集方式，在单点模式的基础上实现线阵上多个单点同时进行数据采集，单次采集几何空间中一条线的信息，进一步由多次采集的线阵数据拼接成面状空间，该种采集模型的效率是单点模式的几倍。面阵模式是目前最先进、使用最广泛的高光谱数据采集模式，此模式的实现是基于红外焦平面阵列（focal plane array，FPA）检测器的开发。该检测器可实现单次采集时获取整个二维平面的光谱信息，一次扫描即可获取整个三维数据立方体，面阵模式的工作效率较高，可达到单点模式的平方倍。

高光谱数据处理基本流程：一是光谱和图像的校正及预处理；二是图像降维和特征信息提取；三是目标识别、分类或定量分析、分析中采用化学计量学、图像分析和模式识别等方法。

（五）太赫兹光谱

太赫兹（THz）光谱是电磁波的一种，其频率在 0.1～10THz。此频段内电磁波的波长范围在 30～3000μm，太赫兹波在高频范围与红外光重合，在低频范围与微波重合，因此太赫兹波具有宏观电子学和微观光子学的双重特性。根据工作方式的不同，可以将太赫兹光谱系统分为透射式太赫兹光谱系统和反射式太赫兹时域光谱系统，在进行测量时，针对样品的特性选择不同类型的太赫兹光谱。对于较轻薄的、透射性好、对太赫兹脉冲的吸收强度较低的样品，选择透射式太赫兹光谱系统进行检测；对于透射性较差或者厚度较大的样品，选择反射式太赫兹时域光谱系统。

太赫兹光谱技术结合机器学习对中药的检测，主要在分类和定量两个方面。依据太赫兹光谱系统的性能，找到物质在合适的谱段内存在对应的光谱。通过机器学习方法则可以划分数据空间，并对光谱进行预处理及分类，为最大限度地获取有关物质系统的成分、结构及其他相关信息起到重要作用。对于分类而言，较为常用的判别方法，如反向传递传输（back propagation，BP）人工神经网络、支持向量机（support vector machines，SVM）、随机森林等，都被证明具有比较优秀的分类效果；对于定量而言，常见的方法及模型有主成分回归、偏最小二乘回归、支持向量回归等，也都能够达到较高的准确率。

二、图像信息的采集与处理

数字图像处理检测系统包括图像采集和图像处理两部分。图像采集是指利用数码相机和图像采集卡获取实际被测对象的图像，主要任务是将光学信号转换为图像信息，再将采集到的图像送入计算机进行具体的处理分析；图像处理则是针对获取到的图像进行各种图像变换和算法操作，来获取所需要的相关特征信息，并对该特征信息进行分析，或者进行反馈控制。

图像信息处理就是利用计算机系统对数字图像进行各种目的的处理。早期的数字图像处理中，输入的是质量较差的图像，输出的是改善质量后的图像。常用的图像处理方法有图像增强、复原、编码、压缩等。还有一类图像处理是以机器为对象，处理的目的是使机器或计算机能自动识别目标，称为图像识别。图像识别输入的是改善质量后的图像，称为预处理后的图像，输出的是对图像中目标预处理、分割、特征提取和分类后的图像。计算机是图像处理的常规工具，在图像处理中涉及软件、硬件、网络、接口等多项技术，特别是并行处理技术在实时图像处理中显得十分重要。基于图像处理的检测技术具有抗干扰性、非接触性、远距离检测、直观性等优点，同时还可以在很大范围内控制检测精度。由于计算机处理速度的大幅提高，图像处理测量技术所用时间减少，图像采集方式变简单，应用成本也降低。此外，由于电荷耦合元件（CCD）的出现和迅速发展，图像采集方式不仅变得更为简单，且能使用相关软件对图像进行处理分析。在一定条件下，能够实现中药制造过程的在线测量，因此图像检测方法有着广泛的应用价值。

第三节　信 号 处 理

一、预处理方法

光谱信息不但包含了样品的化学信息和物理信息，还承载了温度环境参数等多方面的背景信息。在光谱采集过程中，样品自身物理状态和测量条件及仪器自身状态的变化都会使测量过程中有效光程发生变化，还会发生光的散射等，导致近红外光谱出现基线漂移、非线性及光谱的低重复性等问题。光谱预处理的目的就是消除光谱数据的无关信息和噪声，提取光谱中有效特征信息，提高校正模型的预测能力和稳健性，常用的预处理方法包括平滑处理和导数处理等。光谱分析中，所测量的对象的固体颗粒度、晶形等物理性质的不同，也会导致谱图的差异。这种差异是进入固体内部的散射光经过的光程和被吸收程度不同而引起的，称为散射效应。消除散射效应最常用的两种方法是多元散射校正和标准正则变换。实际应用中我们需要对不同的光谱预处理方法进行考察，优选最佳预处理方法。

（一）标准化处理

在使用多元校正方法建立光谱分析模型时，需将光谱的变动与待测性质或组成的变动进行关联。基于以上特点，往往采用数据增强算法来消除冗余信息，增加样品之间的差异，从而提高模型的稳健性和预测能力。常用的数据增强算法有均值中心化（mean centering）、标准化（standardization）和归一化（normalization）等，其中均值中心化和标准化是最常用的两种方法，在使用这两种方法对光谱数据进行处理时，往往对待测样本的数据也进行同样的变换。

（二）平滑处理

光谱信号中叠加了较多随机误差，平滑处理的基本假设是光谱含有的噪声为零，均为随机白噪声，若多次测量取平均值，可降低噪声，提高信噪比。常用的平滑方法有移动窗口平滑法、SG 平滑法（Savitzky-Golay（SG）smoothing）。平滑处理涉及处理窗口的大小，点数高时可以使信噪比提高，但同时也会导致信号失真。因此，必须考虑仪器的具体情况，适当选择平滑窗口的大小。

移动窗口平滑法，这一方法的基本假设是在移动窗口内光谱噪声的平均值是零。平滑点与左右相邻的若干个进行平均作为该点的平均结果，因此平滑窗口的宽度是一个重要参数：若窗口宽度太小，平滑去噪效果将不佳；若窗口宽度太大，进行简单的求均值运算后，会平滑掉一些有用信息，造成光谱信号失真。

SG 平滑法是由 Savitzky 和 Golay 在 20 世纪 60 年代提出来的，是应用最广泛的信号平滑方法。SG 平滑法不再假设窗口内光谱噪声的平均值为零，而将多项式拟合用于窗口内光谱吸收值，最终拟合出一条与窗口内光谱形状和峰值接近的光谱并消除光谱的随机噪声。采用多项式，再运用最小二乘法拟合原数据，更强调中心点的中心作用，其实质是一种加权平均法。选择一定宽度的平滑窗口（ $2\omega+1$ ），每个窗口有奇数个波长点，波长 k 处经平滑后的平均值为

$$X_{k,\mathrm{smooth}}=\overline{X_k}=\frac{\sum_{i=-\omega}^{+\omega}X_{k+i}h_i}{\sum_{i=-\omega}^{+\omega}h_i} \tag{2-1}$$

其中，h_i 为平滑系数，其值可以通过最小二乘原理，用多项式拟合求出，自左到右依次移动 k，即可完成对光谱数据的平滑。同样，在利用平滑法进行光谱预处理时，需要对窗口大小即平滑点数和多项式拟合的阶数进行优化[1]。

（三）导数处理

导数处理的最大特点是能够消除基线漂移，分辨重叠峰，提高光谱的分辨率，可根据需要选择一阶导数平滑和二阶导数平滑。一阶导数能够消除基线漂移，二阶导数则能够同时消除基线漂移和线性趋势，处理到三阶的较少，但同时导数处理会将噪声引入光谱。常用的光谱求导算法主要有两种：NW 导数法（Norris-Williams derivation）、SG 导数法（Savitzky-Golay derivation）。

当光谱采样点多、仪器分辨率高的时候，可以采用 NW 导数法。NW 导数法是用差分作为导数值的求导方法，虽然准确度不高，但简单易计算，应用比较广泛，例如 MATLAB 中的函数 diff 就是用差分法求导的。该方法对一组分析信号的求导是利用第 2 和 1 点计算第 1 点的导数，用第 3 和 2 点计算第 2 点的导数，以此类推。求二阶导数时，只要对一阶导数再进行一次差分即可，以此类推。对分辨率高的数据或采样点密集的数据，差分法计算的导数比较可靠，但分辨率低；对数据点稀少的数据，误差比较大，这时可采用 SG 导数法。

SG 导数法与 SG 平滑法的思想类似。SG 导数法同样是用多项式最小二乘拟合计算多项式系数，多项式本身为解析式，可以直接进行求导运算，当用最小二乘拟合方法计算出多项式的各个系数时，可同时计算数据光谱导数。

在使用导数处理时，差分宽度的选择是十分重要的。如果差分宽度太小，噪声会很大，就会影响所建分析模型的质量；如果差分宽度太大，平滑过度，就会失去大量的细节信息。一般认为宽度不应超过光谱吸收峰半峰宽的 1.5 倍。

（四）基线校正

基线校正主要用于解决光谱的基线漂移问题，常用的基线校正方法主要为常偏移量消除（constant offset elimination，COE）和直线相减（straight line subtraction，SLS）。常偏移量消除是在选择的频段区域里所有光谱减去最低的 Y 值。而直线相减是一种典型的基线校正方法，对每一个被选中的频段，以最小二乘法拟合一条直线，然后从光谱中减去该直线，以实现 Y 值中心化。

（五）标准正态变量变换

标准正态变量变换（standard normalization variate，SNV）是将原始数据各元素减去该元素所在列的元素的均值再除以该列的标准差，用于消除测量光程的变化对光谱响应产生的影响。对于液体样品而言，由于所使用的是比色皿或固定光程的样品池，因而光程一般是恒定或已知的。对于粉末样品，由于样品颗粒尺寸、均匀性等的影响，光程无法保持恒定。SNV 作用是使一列数据的每一个数据之间在数据标度上有可比性。经过标准归一化校正的光谱吸光度 $x_{i,\mathrm{cor}}$ 的校正公式为

$$x_{i,\mathrm{cor}} = (x_i - \overline{x_i}) / S_i \tag{2-2}$$

其中，x_i 为原始光谱的吸光度值；$\overline{x_i}$ 为单一样本的全部光谱波长的平均值，即所在列的平均值；S_i 为标准差，其数学表达式为

$$S_i = \sqrt{\frac{1}{n-1}\sum_{j=1}^{n}\left(x_{i,j} - \overline{x_i}\right)^2} \tag{2-3}$$

基线校正通常用于 SNV 处理后的光谱，用来消除漫反射光谱的基线漂移。

（六）多元散射校正

多元散射校正（multiple scatter correction，MSC）是建模常用的一种数据预处理方法，经过散射校正后得到的光谱数据可以有效地消除散射影响，增强了与成分含量相关的光谱吸收信息。首先计算所有样品光谱的平均光谱，然后将平均光谱作为标准光谱，每个样品的近红外光谱与标准光谱进行一元线性回归运算，求得各光谱相对于标准光谱的回归常数和回归系数，在每个样品原始光谱中减去线性平移量同时除以回归系数修正光谱的基线相对倾斜，这样每个光谱的基线平移和偏移都在标准光谱的参考下予以修正，而和样品成分含量所对应的光谱吸收信息在数据处理的全过程中没有任何影响，所以提高了光谱的信噪比。以下为具体的算法过程。

（1）计算平均光谱：

$$\overline{A_{i,j}} = \frac{\sum_{i=1}^{n} A_{i,j}}{n} \tag{2-4}$$

（2）一元线性回归：

$$\boldsymbol{A}_i = m_i \overline{\boldsymbol{A}} + b_i \tag{2-5}$$

（3）多元散射校正：

$$\boldsymbol{A}_{i(\mathrm{MSC})}=\frac{\boldsymbol{A}_i-b_i}{m_i} \tag{2-6}$$

以上公式中 $\boldsymbol{A}$ 表示 $n\times p$ 维定标光谱数据矩阵，n 为定标样品数，p 为光谱采集所用的波长点数；$\overline{\boldsymbol{A}}$ 表示所有样品的原始光谱在各个波长点求平均值所得到的平均光谱矢量，$\boldsymbol{A}_i$ 是 $1\times p$ 维矩阵，表示单个样品光谱矢量，m_i 和 b_i 分别表示各样品近红外光谱 $\boldsymbol{A}_i$ 与平均光谱 $\overline{\boldsymbol{A}}$ 进行一元线性回归后得到的回归系数和回归常数。

MSC 假设了每条光谱与标准光谱呈线性关系，样品散射效应引起的光谱变化是在每个样品中都是一样的，但实际上不同的样品受到的散射效应影响是不一样的，所以对组分性质变化较宽的样品，MSC 的处理结果较差[2]。

（七）小波变换

小波变换（wavelet transform，WT）与传统的傅里叶变换（FT）相比，具有时频局部化特性。WT 能够根据频率的不同将化学信号分解成多种尺度成分，并对大小不同的尺度成分采取相应粗细的取样补偿，从而能够聚焦于信号的任何部分，因此被称为信号的“数学显微镜”。在 WT 对光谱进行预处理过程中，需要人为选择一些合适的参数，如小波函数、压缩中的阈值、去噪中的截断尺度及分解层次等，目前对这些参数的选择尚没有客观的标准，需要靠经验和尝试来确定。尽管如此，因 WT 的时频局域性、多分辨率分析和可供选择的大量基函数等特点，其不失为一种强有力的信号处理方法。

小波定义为满足一定条件的函数通过平移和伸缩产生的一个函数族，即

$$\psi_{a,b}(t)=\frac{1}{\sqrt{|a|}}\psi\left(\frac{t-b}{a}\right),\qquad a,b\in\mathbf{R},\ a\neq 0 \tag{2-7}$$

其中，a 用于控制伸缩，称为尺度参数（scale parameter）；b 用于控制位置，称为位移参数（shift parameter）；$\psi_{a,b}(t)$ 称为小波基或小波母函数。小波基的特点是在有限的区间内迅速趋向于零或衰减为零，并且平均值为零，即 $\int_{-\infty}^{+\infty}\psi(t)\mathrm{d}t=0$。正如傅里叶变换把信号分解成不同频率的正弦波和余弦波（$e-\mathrm{i}\omega t$），小波变换把信号分解成各个不同尺度和位移的小波（$\psi_{a,b}(t)$）：

$$wf(a,b)=\frac{1}{\sqrt{|a|}}\int_{-\infty}^{+\infty}f(t)\psi_{a,b}(t)\mathrm{d}t \tag{2-8}$$

小波母函数相当于一个窗口函数，窗口的大小可以根据尺度参数进行调整，在获取低频信息时用较大的窗口，而在获取高频信息时则用较小的窗口。小波变换的这种特点使其具有多尺度信号分解的能力。

（八）正交信号校正

以上提到的光谱预处理方法，只是对谱图本身数据进行处理，并未考虑浓度阵的影响。所以，在进行预处理时，极有可能损失部分对建立校正模型有用的信息，又可能对噪声消除得不完全，而影响所建立分析模型的质量。正交信号校正方法是近几年来提出的一类新概念谱图预处理方法。目前有三种实现方式：正交信号校正（orthogonal signal correction，OSC）、直接正

交信号校正（direct orthogonal signal correction，DOSC）和直接正交（direct orthogonalization，DO），其中 OSC 存有多种具体算法。这类预处理方法的基本原理均基于在建立定量校正模型前，将光谱阵用浓度阵正交，滤除光谱与浓度阵无关的信号，再进行多元校正，达到简化模型及提高模型预测能力的目的。

正交信号校正作为正交投影方法中的一种，首先需要定义信号的伪逆矩阵 P^{-}，P^{-} 能解释 N 中大部分系统变异。N 指的是光谱中与系统变异相关的变异。类似地定义光谱中与 y 相关的变异为 C。然后将原始光谱投影到与 P^{-} 正交的子空间，得到校正光谱 X^{*}。那么 X^{*}中除含有与 y 相关的有用的信息之外，还应包括一部分噪声信息。

$$X^{*}=x[I_{\mathrm{p}}-P^{-}P^{-\mathrm{T}}] \tag{2-9}$$

其中，x 为原始信号；I_{p} 为单位矩阵信号的投影矩阵；$P^{-\mathrm{T}}$ 为信号的伪逆矩阵的转置。

OSC 可以从原始光谱中直接识别出 P^{-}，具体过程如下。

对 X 作主成分分析：

$$X=TP^{\mathrm{T}}+E \tag{2-10}$$

其中，E 为误差项，即校正后的信号，与原始信号之间的差异。

将得分 T 与 y 正交：

$$T^{-}=[I_{\mathrm{p}}-y(y^{\mathrm{T}}y)^{-1}y^{\mathrm{T}}]T \tag{2-11}$$

那么与上式 T^{-} 相对应的 P^{-} 为

$$P^{-}=(T^{-\mathrm{T}}T^{-1})^{-1}T^{-\mathrm{T}}X \tag{2-12}$$

在应用中应该注意，虽然 OSC 将光谱中与 y 无关的信息扣除掉，模型中潜变量数目明显减少，但在校正后的光谱上建立的模型的预测性能并不一定比经典的偏最小二乘（partial least squares，PLS）法好。也就是说，OSC 方法找到的与 y 相关的空间与 PLS 方法找到的空间相同，潜变量数目的减少仅有助于提高模型的解释性。另外，在应用 OSC 时，如何确定 OSC 组分数，避免过拟合也成为制约 OSC 法应用的一个重要因素。

一般地，当光谱阵与浓度阵相关性不大，或光谱阵背景噪声太大时，用 PLS 或主成分回归（principte component regression，PCR）方法建立校正模型，前几个主因子对应的光谱载荷往往不是浓度阵信息，而是与浓度阵无关的光谱信号。因此，在建立定量校正模型前，通过正交的数学方法将与浓度阵无关的光谱信号滤除，可减少建立模型所用的主因子数，进一步提高校正模型的预测能力和稳健性。此外，正交信号校正方法还可用于解决多元校正中的模型传递及奇异点的检测等问题[3, 4]。

二、特征提取

（一）紫外光谱特征提取

光谱法获取到的光谱数据量巨大，数据之间信息冗余严重，导致信息处理速度变慢，模型预测精度下降。此外，被测样本往往存在干扰，导致原始光谱谱峰重叠严重，很难通过观察了解到干扰峰与吸收峰之间的关系。因此，通过将采集到的原始光谱进行特征提取，获取到有效的信息，剔除与建模相关性低的影响峰，可以提高建模的效率和精度。特征信息的提取对分析吸收峰也有较大帮助，通过剔除冗余信息和不相关信息，可以直观分析待测有机物的吸收峰位置，有助于对小分子的种类进行分类鉴定。

目前，紫外光谱的特征提取算法包括主成分分析法、偏最小二乘算法及连续投影算法等。主成分分析的实质就是将高维数据线性投影到低维空间，实现数据的降维，简化数据结构，用较少的新指标表示原指标的信息量。以最少丢失原指标的信息为前提，主成分数完成了特征信息的提取，新指标之间互不相关，从而消除了信息间的重叠，使分析过程更简练。

偏最小二乘算法又包括间隔偏最小二乘（interval PLS，iPLS）算法、联合间隔偏最小二乘（synergy interval PLS，SiPLS）算符、反向间隔偏最小二乘（backward interval PLS，BiPLS）算法。

iPLS 算法对原始光谱进行划分，划分成不同的子区间，在每个子区间都建立 PLS 回归方程，采用评价指数对各子区间模型进行评价，筛选评价指数最优的子区间[6]。

SiPLS 算法以偏最小二乘法为基础，首先是划分区间，采用不同的区间组合方式对划分好的区间进行组合，分别建立不同组合方式的 PLS 预测模型，并对比筛选出评价指数最优的区间组合方式，此时的区间组合方式就是最能表征有机污染物含量的区间。

BiPLS 算法也是目前常用的特征区间筛选算法，该算法具有高效、准确的特点。其基本的操作步骤是对原始光谱进行划分，划分成不同的子区间，分别建立预测模型，依次剔除建模效果最差的子区间，并在剩余的子区间上建立一个联合的 PLS 模型，得到每个特征子区间的交叉验证均方根误差（RMSECV）值，直至模型的预测效果最佳。

连续投影算法（successive projections algorithm，SPA）是一种使矢量空间共线性最小化的前向变量选择算法，在有效信息获取和降低共线信息的研究中取得了较好的效果。最初的应用场景是近红外光谱的定量模型中光谱变量的选取，通过投影方式选取线性关系最小的波长组合，从光谱信息中寻找含有最低冗余信息的变量组，使得变量之间的共线性达到最小，同时保留原始数据的绝大部分特征，被选取的特征波长物理意义明确，具有很强的解释能力，因此，可以有效地提高建模的速度及模型的稳定性。

（二）近红外光谱特征提取

近红外光谱反映的是分子倍频和组合频吸收的特征，物质是一种多组分的复杂体系，各组分的近红外光谱吸收峰重重叠加，导致无法直接找到与物质组分对应的近红外谱峰及分析其代表的物化信息。随着近红外光谱技术研究和应用的深入，为了找到光谱中与目标分析成分直接相关的信息，近红外光谱特征提取成为光谱分析领域的研究热点和难点。目前常用的特征提取方法多采用化学计量学手段将光谱吸收值与目标分析物属性值相关联，应用抽样策略和统计学方法分析不同变量划分方式和组合情况下校正模型的预测结果来优选变量，最终确定与属性值最相关的变量用于建立校正模型。

目前主要的变量筛选方法有 SPA、iPLS、移动窗口偏最小二乘法（moving window partial least square，MWPLS）、无信息变量消除法（uniformative variable elimination，UVE）和遗传算法（genetic algorithm，GA）以及 OPUS、TQ Analyst 等光谱分析软件自带的变量筛选方法，它们都是一次性变量筛选方法且没有考虑到变量之间的交互作用。模型集群分析（MPA）的思想打破了传统的一次性建模思路，随机蛙跳（random frog，RF）法、竞争自适应重加权采样（competitive adaptive reweighted sampling，CARS）、变量组合集群分析法（variable combination population analysis，VCPA）及迭代保留信息变量（iteratively retains informative variables，IRIV）等都是在 MPA 思想下衍生出的变量筛选方法。其中 RF、CARS 已经广泛用于近红外光谱信息变量筛选中以提高模型性能，而对于 VCPA 与 IRIV 的应用研究较少，目前未有在中药生产过程质量检测的应用实例。

近红外光谱的特征提取方法包括导数光谱法、差谱、傅里叶去卷积、曲线拟合等。其中导数光谱法在基线校正和分辨重叠峰方面有突出优势。另外，同位素交换法、偏振光谱法用来对近红外光谱进行谱带归属。目前有使用化学计量学方法来提高近红外光谱的分辨率，其中载荷图、回归系数可以用来分辨重叠峰和进行谱带归属。二维相关光谱法和自拟合曲线分辨法是近几年发展出的用于光谱谱带归属的化学计量学方法。目前已有较多文献报道了二维相关光谱法在近红外领域的应用，主要应用领域涉及农业、食品、发酵、中药材产地和品种鉴别等[5, 7]。

二维相关光谱解析，首先利用参考光谱获得物质在外部扰动下的动态光谱：

$$\tilde{y}(\nu,t)=\begin{cases} y(\nu,t)-\overline{y}(\nu), & T_{\min}<t<T_{\max} \\ 0, & 其他 \end{cases} \tag{2-13}$$

其中，$y(\nu,t)$ 为光谱吸收信号；$\tilde{y}(\nu)$ 为参考光谱；ν 为吸收波长或波数；$T_{\min}$ 和 $T_{\max}$ 为光谱采集的时间范围。参考光谱的选择在二维相关分析中非常重要，常用的参考光谱通常将扰动平均光谱作为参考光谱，也有将 0 时或 t 时的光谱作为参考光谱。平均光谱计算公式如下：

$$\overline{y}(\nu)=\frac{1}{T_{\max}-T_{\min}}\int_{T_{\min}}^{T_{\max}} y(\nu,t)\mathrm{d}t \tag{2-14}$$

获取动态光谱后，我们需要将动态光谱进行变换，常用的有傅里叶变换和 Hilbert 变换。傅里叶变换过程复杂，它将时间域动态光谱转换成频率域，在动态光谱数目比较多时，计算较耗时。Hilbert 变换则相对简单，且给出了物理意义。它将动态光谱变换为同步相关光谱：

$$\Phi(\nu_1,\nu_2)=\frac{1}{T_{\max}-T_{\min}}\int_{T_{\min}}^{T_{\max}} y'(\nu_1,t)\times y'(\nu_2,t)\mathrm{d}t \tag{2-15}$$

同步相关光谱反映的是光谱强度变化方向的同步性。

异步相关光谱：

$$\psi(\nu_1,\nu_2)=\frac{1}{T_{\max}-T_{\min}}\int_{T_{\min}}^{T_{\max}} y'(\nu_1,t)\times z'(\nu_2,t)\mathrm{d}t \tag{2-16}$$

其中 $z'(\nu_2,t)$ 为 $y'(\nu_2,t)$ 的 Hilbert 变换：

$$z'(\nu_2,t)=\frac{1}{\pi}\int_{T_{\min}}^{T_{\max}} y'(\nu_2,t')\times\frac{1}{t'-t}\mathrm{d}t' \tag{2-17}$$

其中信号 $z'(\nu_2,t)$ 与 $y'(\nu_2,t)$ 相互正交，即将 $y'(\nu_2,t)$ 在频率域上向前或向后移动 $\pi/2$ 得到 $z'(\nu_2,t)$。异步相关光谱反映了不同光谱坐标处强度变化的时间不同步性。

通过温度扰动，采集不同温度下中药化学成分的近红外光谱，获得化合物动态光谱。二维同步自相关峰即为与该化合物结构相关的吸收谱带，不同吸收峰间的关系可由交叉峰获得，从而归属特征波段。这为近红外光谱特征波段的寻找提供了一个很好的方法。

（三）激光诱导击穿光谱特征提取

LIBS 技术的关键是对光谱信息的准确提取，并建立光谱强度与物质浓度之间的关系。通过光谱仪采集到的光谱数据为离散数字信号，是有用信号与噪声的叠加。LIBS 存在连续的背景辐射，为了准确地提取光谱信息，必须扣除背景与噪声的影响，校准峰位、还原峰强。等离子体形成过程中大量粒子之间相互碰撞，谱线展宽主要为 Lorentz 型。可以通过对离散的 LIBS 数据进行 Lorentz 线型拟合来消除背景与噪声的影响，提取相对较为“干净”的光谱信息。含有非线性参数的 Lorentz 函数拟合可以采用非线性最小二乘法。Gauss-Newton 法是一种对非线性参数进行最小二乘拟合的方法，但该方法对初值的选取要求应充分接近最小二乘估计值，否则迭代过程不容易收敛，甚至发散。为了放宽对初值的限制，已提出不少改进方法，其中 Levenberg-Marquardt 算法（L-M 算法）是较好和比较常用的一种。大量实验分析说明，L-M 算法是在 Gauss-Newton 法基础之上通过引入阻尼因子，在迭代过程中动态调整阻尼因子的大小，进而使迭代收敛性较好，收敛速度比较快。另外，为了实现对选定的一条谱线自动拟合，需要自动提取拟合数据点。考虑到由于分光系统的分辨率及环境温度的影响，实验数据中波长与标准谱线数据库中的波长存在偏差，分光系统不同，偏差也不同。又由于外界环境的影响，光谱仪往往存在波长漂移，漂移的大小及方向不但随外界环境变化，而且随波长变化而变化。在拟合数据点提取是一项关键和重要的工作，尤其是在光谱仪分辨率及采样间隔不甚理想的情况下，拟合数据点代表了更多的信息，其选取是否准确变得更为关键，必须结合实验仪器的具体性能参数来做相应的处理。

利用 LIBS 技术探测微量金属元素时，等离子体特征光谱信号较弱，连续背景的强弱和变化会影响对待测元素的分析，因此对光谱背景的扣除可以提高元素特征谱线的信噪比，有利于提高待测元素定量分析的精度。如利用滑动窗口积分斜率算法去除连续背景，提高了待测元素特征光谱的信背比和稳定性，同时该方法受实验条件和基底等因素的影响较小。轮廓曲线拟合法可以在没有阈值的情况下实现对低信噪比的等离子体光谱进行背景扣除，提高 LIBS 特征光谱信噪比及 LIBS 定量分析的准确度。连续背景极小值筛选法对 LIBS 强度进行筛选，用于减小不合理光谱的数量，减小谱线的波动范围，提高定量分析的精度。

在特征选择方法方面，主要是提取光谱中的有效信息，减少大数据的计算时间，同时保证分析结果准确度，一般与定量或者定性分析方法结合使用。特征选择方法开始主要应用在信息学、红外光谱图分析中。特征选择方法一般主要有单独最优特征组合、序列前向选择方法（SFS）、序列后向选择方法（SBS）等。

（四）光谱成像特征提取

目前已经有多种方法用于光谱成像数据的提取，它们中的大多数是从经典的光谱处理方法或图像处理领域中发展而来。选择何种方法提取图像，主要取决于已知的信息、研究体系中纯化学物质的光谱特征及实验噪声等。这些方法首先可以分为两大类：单变量分析法和多变量分析法。

1. 单变量分析法

单变量分析是获取组分分布图最简单的方法。如果待研究体系中化学成分是已知的，并能采集到它们的光谱信号且这些光谱信号具有相对的特征吸收波长（即光谱信号并不是完全重叠的），可以使用单变量分析法。单变量分析法主要包括两种，一种是选择某一化学成分的最大吸收波长处的像平面进行图像提取，另一种是计算每一个像元对应的特征光谱吸收峰的峰面积或者峰面积比，最终生成一个新的图像，图像中越大的强度对应着越高的浓度。然而，对于复杂体系而言尤其是中药体系，化学种类众多且活性成分含量较低，存在着众多的重叠信号会阻碍某一化学种类光谱在特征波长处的提取。此外，中药体系中所包含的化学种类难以完全得知，使用单变量分析法无法有效地提取出可靠的成分分布图。

2. 多变量分析法

多变量分析法考虑到了超立方体阵中的所有光谱信息。首先可以分为因子分析及无监督和有监督聚类分析。因子分析可在许多变量中找出隐藏的具有代表性的因子，将相同本质的变量归入一个因子从而减少变量的数目，它主要通过将这些代表性因子与数据进行线性建模而实现化学成像图的生成；而聚类分析将具有类似特征的光谱分为一类。样品中不同化学组分具有不同特征的吸收光谱，因而可以实现不同组分分布的可视化。

因子分析根据所处理数据的性质可分为两类：直接对三维数据进行处理，需要使用三维分析方法；对降维后的二维数据进行分析，就可以使用传统的二维分析方法。二维的因子分析根据是否需要建立校正集又可以分为两类，一类是需要建立校正集，这类方法包括 PLS 法、偏最小二乘判别分析（PLS-DA）法、经典最小二乘（CLS）法等。校正集数据可以凭借事先对样品组成的了解从图像数据阵中获得，也可以通过采集纯物质的光谱数据得到。建立的校正集模型得到验证后，便可用来预测未知样品中各组分的吸收强度或浓度，构建样品中各个组分的化学成像图。此种方式适合于预先知道所含的化学种类并可以获取相关光谱信息的中药制剂产品或中间体可视化图像的提取。另一类不需要建立校正集，这类方法包括 PCA 法、独立成分分析（ICA）法、多元曲线分辨率-交替最小二乘（MCR-ALS）法等。这类方法可直接从样品光谱图像中提取需要的化学信息，而不需要事先了解样品的组分信息或采集纯物质光谱。对于未知的中药样品或者甄别中药制剂产品的真伪，即使对样品信息一无所知或了解甚少的情况下，此类方法也能有效地提取到相关的化学信息并将其可视化。因此，使用该类方法可有效地扩大近红外成像技术在中药关键质量属性评价中的应用范围，更应得到中药领域研究者的关注和运用。

无监督模式包括 K 均值（K-means）法和层次分类（hierarchical classification）法等；有监督模式根据是否呈线性关系，分为线性有监督模式和非线性有监督模式。线性有监督方法包括线性判别分析（linear discriminant analysis，LDA）法、多变量图像分析（MIA）；非线性有监督方法包括人工神经网络（ANN）、支持向量机回归（SNM）等方法。

编者团队已经尝试使用因子分析方法中的一种——基础相关性分析（basic analysis of correlation between analytes，BACRA）法提取简单中药体系中化学种类的分布图。文献中均使用 BACRA 法提取化学成像图，分别用于可视化乳块消素片活性成分、银黄粉末混合过程中间体及复方甘草片各组分的空间分布。固体制剂的成分空间分布均匀度是其质量控制的重要指标之一，国外采用近红外成像技术对西药制剂成分分布均匀性评价开展了一定的研究。编者团队通过以上三种载体，证明了近红外成像技术也可以用于无损阐明简单中药体系的成分空间分布均匀性，为中药生产过程评价和控制提供了新的方法，同时也为近红外成像技术在中药关键质量属性快速分析和评价中的应用奠定基础[8]。

3. 图像特征提取

实际中获取的颗粒图像，往往存在着各种问题。即使通过实验室装置获取的图像，也并不会像我们预想的那样理想，总是会存在各种问题，如图像分辨率不高，光照不均匀，图像中颗粒分布不均；此外，图像在存储和传输过程中也难免会受到各种程度的污染，这些问题都会直接影响我们后期的参数测量的准确性。所以在对图像进行正式处理之前必须进行一定的预处理来消除这些影响。

1）感兴趣区域选择

感兴趣区域选定对一幅采集的图像来说，进行区域选择可以把包含大量背景而没有颗粒的部分除去，不但减少图像的面积，而且缩短处理的时间。此外，由于采集时光照不均匀或采光不足等原因，有些区域对比度较大，有些区域对比度较小，这些状况都会影响后续的图像处理。尽管可以通过相关的图像处理来改善图像质量，但这往往会引入不必要的误差，所以对一幅图像进行处理之前，进行图像处理区域选择是非常必要的一步。区域选择基本遵循下面三个原则：首先，尽量选取颗粒信息清楚，且颗粒完整的区域；其次，不选取存在大量背景而有极少颗粒的区域；最后，不选取颗粒分散过于密集，甚至出现严重重叠的区域。通常通过区域选择不仅选择出了图像质量较好的区域，而且减少了图像的面积，缩小了处理对象，提高了处理的速度。

2）光照不均校正

为了解决视觉检测过程中光照不均现象产生的一系列问题，提高识别精度同时降低识别复杂度，必须对采集到的图像进行必要的校正处理，增强图像有效信息，减少或者消除无效信息。目前的图像光照不均校正方法有很多，常采用的经典的方法有灰度变换方法，基于照明反射模型的同态滤波法和 Retinex 方法等。

灰度变换方法的典型代表是直方图均衡化，该方法在拉伸对比度方面的效果非常显著，整个过程自动完成，无须设置参数，但是无法控制增强的区域，存在灰度级合并现象，容易引起有用细节的丢失。同态滤波虽然能够将光照信息分离出来进行处理，有效地保留了图像中的细节部分，但是不太适用于光照强度变化剧烈的场合，且滤波器参数较难设置，难以估计照射分量和反射分量。Retinex 不仅能使图像得到很好的动态范围压缩，而且保证了图像的色感一致性，但是该方法对于高光细节信息效果不佳，且容易发生部分颜色扭曲现象。国内外已有文献提出了一些光照不均校正新方法，如盲反向伽马校正方法，通过分析图像的高频相关性，估计伽马校正系数，该方法在不显著改变图像外观的情况下，很好地增强了图像的对比度，但是图像清晰度较低。有学者提出了一种 Retinex 方法和基函数拟合相结合的光照补偿方法，该方法能有效校正光照不均现象且较好地保存原图像信息，但是仅对皮肤镜图像有较好效果。

3）图像增强

在获取和传输图像的过程中，由于受到各种因素的干扰，图像质量大幅下降。图像增强通过提高图像的质量，加强图像的识别效果，以达到特殊分析的需要标准。图像增强的目的是使处理后的图像更适合人眼的视觉特性或者易于机器识别，在医学成像、遥感成像、摄影等领域都有广泛的应用。图像增强同时可以作为目标识别、目标跟踪、特征匹配、图像融合、超分辨重构等图像处理算法。在针对实际图像进行处理时，要充分分析图像的特性，采取合理的增强方法。目前使用较多的是灰度变换算法，是指根据某种条件按照一定的变化关系逐点改变原图像中每个像素灰度值的方法。

设原图像为 $f(x,y)$，灰度值 f 的取值范围为 $[f_a,f_b]$，变换函数 $\omega(f)$，输出的图像为

$g(x,y)$，灰度值 g 的取值范围为 $[g_a,g_b]$，则变换公式为

$$g(x,y)=\omega(f)\times[f(x,y)-f_a]-g_a \tag{2-18}$$

4）图像分割

图像二值化是将图像分成对象与背景两部分的操作。最常用的方法是利用灰度值的大小进行二值化，首先设定一个灰度值，然后将大于、等于该值的像素判为目标，而将小于此灰度值的像素判为背景，这个起分界作用的灰度值称为分割阈值。要获取图像的参数信息，首先必须从背景中提取出对象，而背景与目标物的区分主要是从灰度级上进行的。由于通过数码相机获取的目标图像，其背景与目标灰度差别不大，所以要得到结果满意的二值图像，就必须合理设置阈值。阈值可以人工设定，也可以自动选取。

双峰法是通过人工阈值完成图像前景和背景的分离。图像灰度分布曲线近似认为由两个正态分布函数 (μ_1,σ_1^2) 和 (μ_2,σ_2^2) 叠加而成，其直方图会出现两个分离的双峰，双峰之间有波谷就是阈值所在。

OTSU 法又称自适应阈值分割法，通过图像方差自动求取最佳阈值。假设对图像 I 进行阈值为 T 的分割，前景点数占图像比例为 ω_0，平均灰度值为 u_0，背景点数占图像比例为 ω_1，平均灰度值为 u_1。那么图像的总平均灰度为

$$u_{\mathrm{r}}=\omega_0\times u_0+\omega_1\times u_1 \tag{2-19}$$

对 T 进行从最小到最大的灰度值遍历，当方差最大时，T 即最佳阈值。其中方差计算公式为

$$\sigma^2=\omega_0\times(u_0-u_{\mathrm{r}})+\omega_1(u_1-u_{\mathrm{r}}) \tag{2-20}$$

从上面的分析比较可知，人工阈值方法简单，在分析图像直方图的基础上，人工选择阈值，再通过人眼观察分割效果，不断进行交互操作，从而选择出最佳阈值。自动阈值通过分析直方图直接给出阈值，无须人工多次操作，虽然不是最佳的分割，但却是最稳定的分割。

区域生长是从一组代表不同生长区域的种子像素开始，接下来将种子像素邻域里符合条件的像素合并到种子像素所代表的生长区域中，并将新添加的像素作为新的种子像素继续合并过程，直到找不到符合条件的新像素为止，该方法的关键是选择合适的初始种子像素及合理的生长准则。

分水岭分割方法是一种基于拓扑理论的数学形态学的分割方法。分水岭对微弱边缘具有良好的响应，图像中的噪声、物体表面细微的灰度变化都有可能产生过度分割的现象，但是这也同时能够保证得到封闭连续边缘。同时，分水岭算法得到的封闭的集水盆也为分析图像的区域特征提供了可能。

基于边缘检测的图像分割算法是通过检测包含不同区域的边缘来解决分割问题，是研究最多的方法之一。边缘检测技术通常可以按照处理的技术分为串行边缘检测和并行边缘检测。串行边缘检测是要想确定当前像素点是否属于检测边缘上的一点，取决于先前像素的验证结果。并行边缘检测是一个像素点是否属于检测边缘上的一点取决于当前正在检测的像素点及与该像素点的一些邻近像素点。最简单的边缘检测方法是并行微分算子法，它利用相邻区域的像素值不连续的性质，采用一阶或者二阶导数来检测边缘点。近年来还提出了基于曲面拟合的方法、基于边界曲线拟合的方法、基于反应-扩散方程的方法、串行边界查找、基于变形模型的方法。

（五）太赫兹光谱特征提取

太赫兹光谱信号特征提取方法可以分为人工寻找特征和自动提取特征两种方法。人工寻找

特征方法在吸收峰特征提取方面的研究比较多。首先，通过观察物质的太赫兹光谱信号，使用计算机软件在光谱曲线中寻找突出的吸收峰；然后，使用计算机软件对物质的吸收峰的位置和强度进行分析；最后，根据分析的结果得出相应的结论，并且记录吸收峰的强度、位置等信息，便于下一次分析、比较。人工寻找特征的方法不仅费时、费力，而且很多物质（如生物样品、食品、部分农产品、药物等）构成成分比较复杂，内部各种成分相互影响，指认吸收峰进而达到物质定性识别存在困难。此外，很多物质在太赫兹频段并没有出现明确的吸收峰，不能根据"指纹谱"直接进行识别。对于这类没有"指纹谱"的物质，通常使用化学计量学的方法提取特征。

目前太赫兹光谱提取特征常用的方法有主成分分析、偏最小二乘法、神经网络、深度置信网络等方法，进一步使用机器学习对提取到的特征进行学习。虽然这些方法在进行物质种类较少时的物质识别有效，但提取到的特征并没有明确的物理意义，很难用于对成分含量不同的混合物进行成分检测。由于分子内原子的三维排列、低频运动及非共价化学键的影响，许多物质的太赫兹吸收谱在特定频率上会出现吸收峰。吸收峰特征由分子内部结构引起，是物质的固有属性，可以作为混合物成分检测时的重要特征，有效准确地提取这些特定吸收峰的参数，是提高识别率的关键。曲线拟合是进行吸收峰提取的重要方法。多峰拟合算法可以将复杂曲线拟合成多个标准峰函数之和，如高斯函数、洛伦兹函数等，从而提取到光谱曲线中存在的吸收峰参数。纯净物的吸收峰参数容易提取，但混合物的光谱曲线是多类物质光谱的近似线性叠加，可能会出现吸收峰相互重叠的情况。目前多峰拟合算法以各种寻峰算法结果为基础确定吸收峰所在的大致位置和数量，但在混叠光谱中很难准确定位吸收峰。

中药成分比较复杂，其中有机物大分子电偶极矩的振动能级跃迁对应频率位于红外波段，一部分转（摆）动能级跃迁对应频率位于太赫兹波段。实验结果表明，固态中药样品中的有机大分子电偶极矩在太赫兹光波的电场中不会出现振动能级跃迁与明显的转动能级跃迁，主要表现出电偶极矩小角度阻尼摆动的特征，太赫兹光波与中药材大分子的电偶极矩体系间存在能量交换。换言之，透过中药材样品的太赫兹光波携带了中药样品的电偶极矩强度及分布信息。测量中药样品的透射太赫兹波电场强度，有可能鉴别与分析中药材样品中有机物质的分子组成特征。透过中药材样品的太赫兹光波没有随中药样品不同而呈现明显的吸收频率特征，各种中药材的透射太赫兹光波电场强度时域波形极其相似，其频谱也高度相似，但却有随中药种类不同而明显变化的"阻尼振子模型"参数与太赫兹中药材滤波曲线。实验发现，透过中药材样品的太赫兹光波电场强度随样品厚度增加而减弱。但由于实验技术的限制，对于不同种类的药材，很难制作出相同厚度的中药样品，这给利用太赫兹光波电场强度采样实验与"阻尼振子模型"参数来区分中药材品种带来了困难。鉴于目前实验上很难做出各种中药材的统一厚度的样品，所以只有很好地解决了任意厚度中药材样品太赫兹光波实验数据的归一化问题，有学者提出的中药材"阻尼振子模型"方法才能取得比较可靠的中药材指纹数据。

第四节　多元分辨

一、渐进因子分析

渐进因子分析（evolving factor analysis，EFA）法是 20 世纪 80 年代中期由 Gampp 等提出

的一种新方法，并被成功地应用于化学滴定过程的数据处理，主要包括正向和反向渐进因子分析两个过程。对一系列数据矩阵进行本征分析，当一个新的吸光物种开始出现时，从误差本征值集中展现出一个本征值，其值的增大与新物种对被增大的矩阵的贡献有关，这一过程称为正向渐进因子分析。反向渐进因子分析则从最后两条光谱数据开始本征分析，按收集光谱数据的相反顺序连续地将光谱数据逐条地增加至先前的数据矩阵去进行本征分析，展现出的系列本征值标示出相应的系列吸光物种的消失。

渐进因子分析法的思想是以基本因子分析为基础，采用渐进方式反复处理数据矩阵。利用每一组分在它的浓度分布曲线中有唯一最大值的特点进行非线性迭代拟合，最终获得各独立组分的化学状态及定量分布。与传统的目标因子分析法相比，渐进因子分析法具有无模型约束、动态分析等特点，具有广泛的适用性和较高的灵敏度。

假设实验所获取的光谱数据矩阵为 $\boldsymbol{D}_{m\times n}$，其中下标代表矩阵维数为 $m\times n$（下同），m 为波数，n 为样本数。光谱按照一定的时间顺序排列，通过因子分解可将矩阵 $\boldsymbol{D}$ 表示为

$$\boldsymbol{D}_{(m\times n)}=\boldsymbol{S}_{(m\times p)}\times\boldsymbol{C}_{(n\times p)}\hat{}T \tag{2-21}$$

式中，p 为因子数，$\boldsymbol{S}$ 和 $\boldsymbol{C}$ 分别代表因子的光谱特征和浓度特征。$\boldsymbol{S}$ 和 $\boldsymbol{C}$ 矩阵通过迭代求得：首先选择初始的 $\boldsymbol{C}$ 矩阵，将其代入公式（2-21）中求 $\boldsymbol{S}$ 矩阵，并对 $\boldsymbol{S}$ 矩阵进行一定的条件约束（如非负、单峰等）；然后再将求得的 $\boldsymbol{S}$ 矩阵代入公式（2-21）中求 $\boldsymbol{C}$ 矩阵，同样对 $\boldsymbol{C}$ 矩阵进行一定的条件约束；如此循环迭代，直到解收敛为止。

二、正交投影分辨

正交投影分辨（orthogonal projection resolution，OPR）法又称正交投影法，由 Liang 和 Kvalheim 提出，他们在 Lorber 工作的基础上提出投影矩阵用于色谱分辨。正交投影分辨法与窗口因子法相似，也是利用已知的体系中含有的（n–1）个物种的窗口来对第 n 个物种进行正交投影以求得其光谱信息。OPR 是一种对“灰色体系”波谱解析非常有效的方法，它利用色谱重叠组分的光谱差异，将重叠组分的测量矩阵 $\boldsymbol{A}$ 按式（2-22）向适当的投影空间 Pr 进行投影：

$$\boldsymbol{A}_i=\boldsymbol{A}_{\mathrm{Pr}}=\boldsymbol{A}(\boldsymbol{I}-\boldsymbol{V}_{\mathrm{r}}\boldsymbol{V}_{\mathrm{r}}\hat{}T) \tag{2-22}$$

式中，$\boldsymbol{I}$ 为单位矩阵，$\boldsymbol{V}_{\mathrm{r}}$ 为测量矩阵中不含目标组分的子矩阵奇异值分解（singular value decomposition，SVD）得到的载荷矩阵（抽象光谱），重叠组分中目标组分以外的干扰组分投影结果为零，因而可以通过投影计算消去干扰组分的影响。

三、多元曲线分辨-交替最小二乘法

MCR-ALS 模型基于原始矩阵的 SVD，获得体系中纯组分光谱的线性组合，从而实现对各组分浓度的预测。其建模过程中也无须外部校正集。该模型基于交替最小二乘迭代算法，经三个步骤实现：第一步，由 PCA 法预测矩阵 $\boldsymbol{D}$ 中纯组分的数量，并对矩阵进行初始化；第二步，由第一步中得到的纯组分光谱线性组合为基准，对 ST 矩阵进行初始估计；第三步，设置约束方法，使矩阵 $\boldsymbol{D}$ 在迭代过程中不断优化约束参数直至模型收敛，常用的约束方法有光谱非负性约束、浓度非负性约束和闭包约束。失拟误差（lack of fit，LOF）和 $\boldsymbol{R}^2$ 是 MCR-ALS 模型的评价指标，一般认为中药制剂的 LOF＜10%时，模型拟合达标，$\boldsymbol{R}^2$ 越接近 1，模型性能越好。

理论上，用二维数据矩阵解析黑色体系不能得到有物理意义的唯一解，为了有效处理二维数据，获得体系中有关纯组分信息，还需要增加一些辅助条件，如纯组分的一些信息、对数据的特殊约束条件等。可通过渐进因子分析等化学计量学方法给出关于分析体系中的组分数、单组分区域等信息，例如交替最小二乘法就是利用这些信息对数据进行解析，从而获得体系中存在的纯组分浓度分布和光谱分布曲线，此法是一种简单、有效的解析方法。对于二维光谱数据矩阵可表示如下：

$$\boldsymbol{D}=\boldsymbol{C}\boldsymbol{S}^{\mathrm{T}}+E \tag{2-23}$$

该方法中矩阵 $\boldsymbol{C}$ 和 $\boldsymbol{S}^{\mathrm{T}}$ 都没有优先权，每次的迭代循环都要对 $\boldsymbol{C}$ 和 $\boldsymbol{S}^{\mathrm{T}}$ 行优化。式中，$\boldsymbol{C}$（$m\times p$）与 $\boldsymbol{S}^{\mathrm{T}}$（$p\times n$）分别为纯组分浓度分布矩阵和光谱矩阵，为量测误差矩阵，维数为 $m\times n$，p 为分析体系组分数。交替最小二乘法的计算步骤如下：

（1）确定矩阵中的因子数目，即主成分数。

（2）设定初始估计值（$\boldsymbol{C}$ 或 $\boldsymbol{S}$）。

（3）若是设定 $\boldsymbol{C}$ 的初始估计值，选择合适的约束条件，运用最小二乘法计算 $\boldsymbol{S}$ 矩阵；然后对其进行归一化，计算 $\boldsymbol{C}$ 新的估计值。

（4）进行迭代循环计算 $\boldsymbol{C}$ 和 $\boldsymbol{S}$ 直到达到收敛迭代计算结束。

$$\begin{aligned}\boldsymbol{S}&=\boldsymbol{D}^{\mathrm{T}}\boldsymbol{C}(\boldsymbol{C}^{\mathrm{T}}\boldsymbol{C})^{-1}\\ \boldsymbol{C}&=\boldsymbol{D}\boldsymbol{S}(\boldsymbol{S}^{\mathrm{T}}\boldsymbol{S})^{-1}\end{aligned} \tag{2-24}$$

在计算中，数据矩阵 $\boldsymbol{D}$ 中的组分数可以是已知的或由 PCA、EFA 等确定的。在任何情况下，都需要考虑不同的组分数对体系进行分辨。多元曲线分辨算法为了得到有物理意义的 $\boldsymbol{C}$ 与 $\boldsymbol{S}$，对近似的浓度分布矩阵或光谱矩阵的初始值进行迭代循环，进而转化成真实的浓度分布曲线或光谱曲线。

第五节　化学模式识别

一、无监督模式识别

无监督模式识别是指在不知道各样本类别的情况下，对样本进行训练或学习，从而获得样本的分类信息。这类方法通常根据样本的相似性进行类别划分，即同类样本在数据空间中的彼此距离小，而不同样本在数据空间中的彼此距离较大，从而可以通过信息处理找出合适的分类方法并实现分类。常用的无监督模式识别方法包括主成分分析（PCA）、系统聚类分析（hierarchical cluster analysis，HCA）和模糊聚类分析（fuzzy cluster analysis，FCA）等。

PCA 由英国科学家 Pearcon 在 1901 年提出，该方法是建立在原始变量间可能存在相关性的基础上，其基本思路是通过对原始变量进行重新线性组合，形成新的且相互正交的特征矢量。在化学计量学中，PCA 分解一般采用非线性迭代偏最小二乘（nonlinear iterative partial least squares，NIPLS）法或奇异值分解（SVD）。由于其具有降维且最大限度保留有用信息和数据可视化的能力，PCA 得到了广泛应用。HCA 又称谱系聚类法，其基本思路是：先将 n 个样本各自看成一类，共 n 类；然后计算 n 类之间的距离，选择距离最小的并成一类，同时计算新类坐标；重复使用相同的方式合并相近的类，每次减少一类，直到所有的样本都归为一类为止。

HCA 经常可以把聚类过程用图的形式画出来，即聚类图。与硬分类的“非此即彼”特性不同，FCA 应用模糊数学的方法进行软分类，其分类结果并非把每个样本绝对地划分为某一类，而是在不同程度上或多或少地归属不同的类。

二、有监督模式识别

有监督模式识别是对一组已知类别（有先验知识）的样本进行训练，从而建立判别模型，再对未知类别的样本进行分类。常用的有监督模式识别方法包括 *k*-最近邻（*k*-nearest neighbors，*k*-NN）法、偏最小二乘（PLS）法、簇类独立软模式（soft independent modeling of class analogy，SIMCA）法、线性判别分析（LDA）法和人工神经网络（ANN）判别法等。

k-NN 法按照样本的 *k*-最近邻的多数投票来分类，其中，*k* 通常为奇数且大于 1。对于一个给定样本的分类，首先计算样本与数据集中每个点的欧氏距离；再将这些距离按从小到大的顺序排列来确定样本的 *k*-最近邻；最后找出其中最近的 *k* 个进行判别。PLS 方法最早是由 H. Wold 开发来处理共线性数据。由于其构建的分类模型质量好且易于实现，PLS 方法已经成为常规的分类方法。SIMCA 分类方法建立在 PCA 的基础上，其核心思想是先利用 PCA 获得整个样本的分类，在此基础上，分别对各类样本建立相应的 PCA 分类模型；进一步用它们来判别未知样本。LDA 也被称为 Fisher 线性判别分析法，是经典的模式识别方法之一。该方法充分利用了已知训练样本的类别信息，通过将原问题转化为样本级类内散布矩阵和类间散布矩阵的特征值问题进行求解。该方法的核心思想是将高维数据投影到低维的矢量空间，力求高维样本数据投影后在新的模式空间中具有最大类间离散度和最小类内离散度，从而达到提取分类信息及降维的作用。ANN 的基本思想是基于生物神经元的工作原理来模拟人类思维方式，由于具有强大的非线性映射能力及初步的自组织和自适应的能力，该方法经常用于化学中非线性数据的分类。

三、化学模式识别模型的建立与评价

（一）紫外-可见光谱定性模型的建立与评价

紫外-可见光谱法是测定物质分子在紫外光区吸收光谱的分析方法，其被广泛地应用于中药的分析鉴定中。中药材化学成分复杂，其浸出液的紫外光谱实际上是所含化学成分的复杂叠加光谱，故中药材的紫外图谱应与其所含各种化学成分有着密切的关系。药材中化合物成分的结构决定其紫外光谱的特征，不同药材、不同部位、不同采收季节、不同产地、炮制品、不同溶剂，其峰位峰形、各个峰的振幅高度比各有差异。以此对中药进行区别和鉴定。

紫外-可见光谱定性模型方法包括：①单一紫外光谱线法，用某种溶剂浸泡中药材或其制剂，过滤所得滤液在紫外-分光光度计上扫描出一条紫外吸收光谱曲线，由此谱线上的峰数目与各峰位值鉴定该中药或其制剂。②紫外谱线组（ultraviolet absorption spectra lines group，UASLG）法，又可称为“内像法”，着眼于中药所含化学成分对光吸收的宏观整体效应，将传统中医药理论的整体观与现代紫外光谱技术相结合，创立的从物质分子水平上控制中药内在质量的方法。UASLG 法改单一溶剂为多种极性不同的溶剂，改单一紫外谱线为 UASLG，依照“物质相似相溶”和“紫外光谱吸收度具有叠加性”的原理，将样品物质内部化学成分的质和量与样品真伪优劣评价紧密结合起来，避免了其他鉴别鉴定方法的单一性、局限性和片面性，对基源相近、缺乏形态特征的动、植物药材也可准确、灵敏、快速地鉴别，并且具有应用不受药材形状限制、适用范围广的特性。③导数光谱法，是排除光谱干扰的一种技术。此法的一阶、二阶、三阶、四阶导数光谱已可被仪器描绘，能给出更多的信息，对测试工作非常有利，可用于区分紫外光谱相似的中药材。

（二）近红外光谱定性模型的建立与评价

近红外光谱定性检测就是直接利用光谱进行分析研究来确定样品的特性和归属。近红外光谱是物质分子振动的倍频和组合频，由于样品的多元性和测量信息的多元性，近红外光谱分析技术就是在复杂、重叠、变动背景下从光谱中提取弱信息。要进行近红外光谱定性检测，就需要通过计算机和化学计量学方法从复杂、重叠、变动的光谱中提取特征信息，通过光谱特征来对样品进行定性鉴别。定性检测属于宏观分析的范畴，其采用模式识别技术对研究对象进行“质”的方面的分析，通过计算机运算，实现数据的归纳和演绎、分析与综合及抽象与概括，达到认识事物本质、揭示内在规律的目的。在实际应用需求中，经常遇到只知道样品的类别或等级等属性信息，却难以将属性与组分及含量等量化信息对应，这时利用模式识别方法可以充分发挥定性检测技术的优势。

近红外光谱的定性检测流程如图 2-1 所示。近红外光谱定性检测分析技术步骤与定量检测步骤基本相同，主要分为建立模型和分析样品。定性检测是对样品的属性进行鉴别，如中药的产地鉴别等，建模阶段的属性标签不需要化学分析，可看成是一级分析；在一些应用如聚类分析中，甚至不需要已知属性标签，因而近红外光谱定性检测技术的应用领域更加宽广，应用前景非常广阔。由此可见，定性检测对光谱的重复性要求较高，包括吸光度的重复性和波长的重复性，同时也需要未知样本和已知样本的获取过程、光谱采集过程及处理方式完全一致，这样才能保证定性检测的准确性。

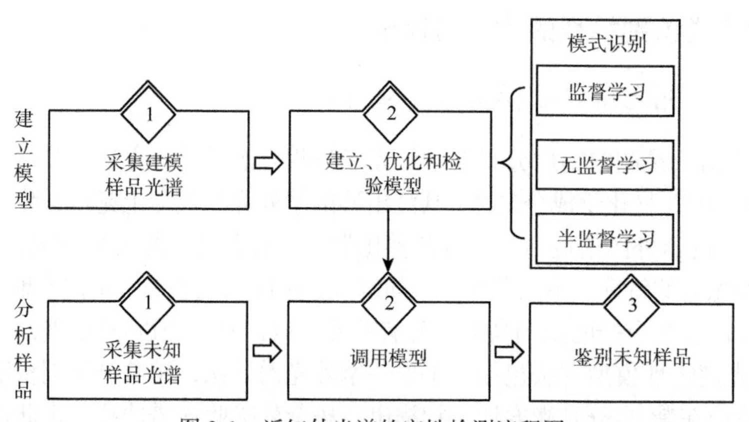

图 2-1　近红外光谱的定性检测流程图

在质量评价中，针对只需知道样品的类别或质量等级，而无须知道样品中含有的组分数和含量的问题，即定性判别问题，这时需要用到化学计量学中的模式识别方法。依据训练过程可将模式识别方法分为两大类：无监督模式识别方法和有监督模式识别方法。有监督模式识别方法的基本思路是先采用一组已知类别的样本进行训练，让计算机从训练集“学习”各类别的信息，构建分类器，从而得到能够判别未知样本的判别模型。常用的算法有 SIMCA、PLS-DA、*k*-NN、有监督的人工神经网络法如 BP 神经网络和 SVM 等。

无监督模式识别方法事先并不知道未知样品的类别，利用同类样本彼此相似特点，获得样本分类信息的方法，最终根据给定阈值来对未知样本进行分类判别，如 *K*-均值聚类（*K*-means clustering，KMC）、HCA 等。马氏距离（Mahalanobis distance）方法也是近红外光谱定性检测的常用方法，它是通过多波长下的光谱数据描述出样本离测试集样本的位置。半监督学习（semi-supervised learning，SSL）是模式识别和机器学习领域研究的重点问题，是监督学习与无监督学习相结合的一种学习方法。半监督学习使用大量的未标记数据，同时使用标记数据，来进行模式识别工作。当使用半监督学习时，将会要求尽量少的人员来从事工作，同时又能够带来比较高的准确性，因此，半监督学习目前正越来越受到人们的重视。

定性模型的评价参数如下：

（1）灵敏度和特异性。

灵敏度（sensitivity，*S*）和特异性（specificity，*Sp*）是判别分析的两个基本参数。灵敏度又称为真阳性率，特异性也称为真阴性率。总正确率（total accuracy，*TA*）为判别分析中另一个重要参数，表示正确分类的样本占总样本总量的分数。三个参数分别根据式（2-25）、式（2-26）和式（2-27）计算：

$$S = TP / (TP + FN) \tag{2-25}$$

$$Sp = TN / (TN + FP) \tag{2-26}$$

$$TA = (TN + TP) / (TP + FN + TN + FP) \tag{2-27}$$

其中，*TP*（true positive）为真阳性样本个数，*FP*（false positive）为假阳性样本个数，*TN*（true negative）为真阴性样本个数，*FN*（false negative）为假阴性样本个数。

（2）ROC 曲线与 AUC 值。

受试者工作特征（receiver operating characteristic，ROC）曲线：与上述基于统计的指标不同，ROC 曲线可考察指标量在大范围取值之间的变化，可全局化地考察模型的优势和不足。ROC 曲线的纵坐标表示真阳性的比例，横坐标表示假阳性的比例，曲线上的点表示不同假阳性阈值上的真阳性比例。因为纵坐标和横坐标分别对应灵敏度和特异性，所以该曲线也称为灵敏度/特异性图，如图 2-2 所示。

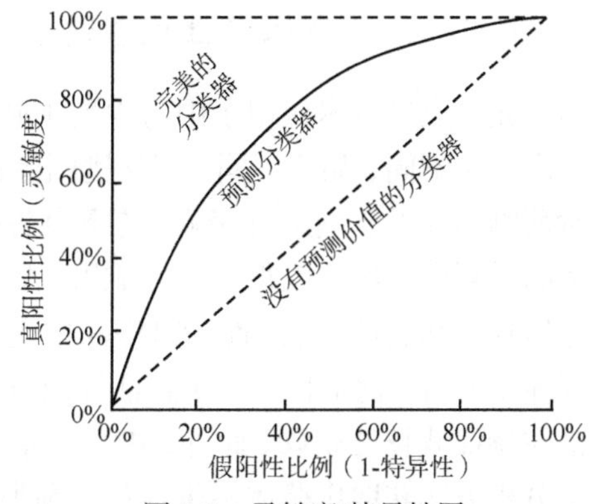

图 2-2　灵敏度/特异性图

图 2-2 中显示了 3 条曲线，假设分别对应 3 个模型。第一个模型为完美模型的 ROC 曲线，是过横坐标 0 点的竖直虚线段与过纵坐标 100%点的水平虚线段，其含义为模型的真阳性率为 100%，假阳性率为 0，即该模型正确识别所有真阳性而不会出现假阳性，这是理想的 ROC 曲线。第二个模型的 ROC 曲线是位于对角线上的虚线段，该模型发现假阳性和真阳性的概率一样，即该模型没有预测价值，是最坏情况的 ROC 曲线（在该曲线下方的 ROC 可以通过翻转决策来改进）。真实模型的 ROC 曲线介于完美模型与没有预测能力模型的 ROC 曲线之间，如图 2-2 中第三个模型的 ROC 曲线（标识测试模型的实线）。如果某个模型的 ROC 曲线靠近对角线，则说明该模型预测能力不强；越接近理想曲线，则模型能更好地识别阳性类型，如果一个模型 ROC 曲线在另一个模型曲线的上方，则我们说这个模型比另一个好；如果两条曲线相交，只能基于实

际应用中的特定需求来回答，比如高灵敏度更重要还是高特异性更重要。

AUC 值：可以用 ROC 曲线下的面积（area under the ROC，AUC）这个统计量来度量 ROC 曲线，AUC 的取值为 0.5～1，依据模型的 AUC 值可将模型分成 5 个等级：0.9～1.0，优秀；0.8～0.9，良好；0.7～0.8，一般；0.6～0.7，很差；0.5～0.6，无法区分。需要注意的是，两条形状不同的 ROC 曲线可能有相同的 AUC 值，因此，AUC 值可能有一定的误导性，此时，在考察 AUC 值的同时也应分析 ROC 曲线的特点。

（三）激光诱导击穿光谱定性模型的建立与评价

元素鉴定是激光诱导击穿光谱定性分析的一个主要应用方向。通常，样品中的每一种元素都有许多条不同强度的谱线，不同元素的不同谱线相互交叠，元素种类越丰富则光谱图也就越复杂。因此，正确地鉴定这些谱线需要有科学的方法和丰富的经验。正确识别元素谱线时，除了需要对样品本身的了解外，还要有原子光谱及其光谱数据库的知识。定性分析还包括物质成分分析、中药产地鉴别、药材真伪掺假分析等。

LIBS 技术用于被测物质的定性分析问题中物质的判别分析和聚类分析。定性分析在本质上是属于机器学习的一种统计方法，是借助计算机来揭示隐含于事物内部规律的一种综合技术。其主要的原理是：根据获取的 LIBS 谱线判断物质中是否存在某种元素来区分物质；对于成分相化的物质，可先建立已知类别样品 LIBS 定性模型，再用该模型来判别未知类别是否属于该类物质。定性分析方法依据其学习过程可分为无监督模型和有监督模型。常见的方法包括：线性判别、人工神经网络、偏最小二乘判别分析、支持向量机、簇类的独立软模式、k-最邻近域法、最小生成树、聚类分类、主成分分析等[12]。

（四）光谱成像定性模型的建立与评价

光谱成像技术应用于中药检测领域研究起步较晚。中药的种类不同、产地不同、剂型不同、生产厂家不同、品质不同，其光谱图像特征往往会有差异。高光谱技术能够在多个波段范围内对药物的细微差别进行探测，使得中药识别精度提高成为可能。光谱成像技术在中药材的识别及品质划分应用中取得了较好成果，如对西洋参、白鲜皮、香加皮等多种中药饮片或药材进行品质划分和真伪鉴别，而针对中药中化学成分的识别仍需要进一步研究。这是由于对于复杂中药体系而言，化学种类众多且活性成分含量较低，存在信号重叠问题，会阻碍某一化学种类光谱在特征波长处获取。此外，中药体系中所包含的化学种类难以完全得知，因此一般使用多变量分析方法获取中药体系中各化学种类的分布。

定性模型的评价标准主要是预测集样本的正确分类率（correct classification rate，CCR），即正确判别的样本个数占总样本个数的百分比。交互验证集样本的正确判别率为辅助评价标准。正确判别率越高（越接近 100%），则模型的判别效果越好，精度越高。定性分析建模的步骤一般由四部分组成（图 2-3）。

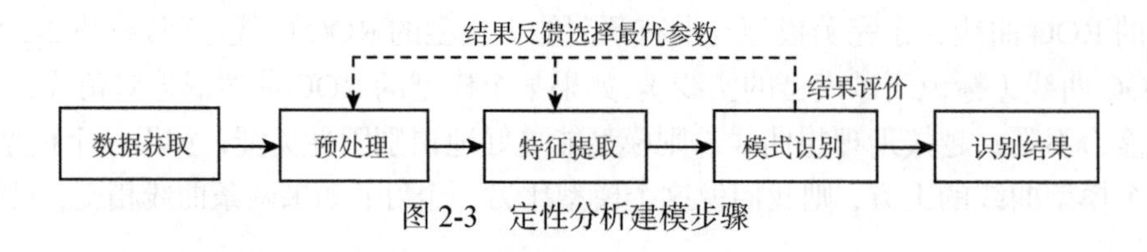

图 2-3　定性分析建模步骤

（五）太赫兹光谱定性模型的建立与评价

目前，太赫兹光谱检测技术应用于中草药诊断方面的研究比较少见，现有的方法主要是依据中草药在太赫兹波段的折射率和吸收系数的差异来进行鉴别。数学统计方法的进一步发展，为化学计量学方法在建立模型方面的研究注入了新的活力，化学计量学开始用于中草药的太赫兹光谱分析。就该技术本身来看，它将太赫兹光谱技术与数学、统计学和计算机科学知识相结合，着重从测定数据中提取信息，使太赫兹光谱检测技术在分析检测领域里得到快速发展。

太赫兹时域光谱（THz-TDS）技术获得样品的信息是通过 THz 脉冲透射穿过样品或者在样品上发生反射并测量得到电场，THz-TDS 光路分为反射型和透射型。参数提取第一步是由傅里叶变换来获得时域到频域的转换，传输函数是待测样品频域谱与参考（如空气）频域谱的比值，传输函数同样可测的样品厚度值、折射率、吸收系数等是通过传输函数和样品的厚度来获得。测定透过率的样品厚度值和相位谱可计算出折射率，用样品复折射率的虚部消光系数可计算出吸收系数。样品的传输函数是实测信号和参考信号的比值（待测样品所得光谱为实测信号，测得空气的光谱为参考信号）。对测定数据进行预处理：平滑处理、标准化、归一化、导数谱、波长选取、投影；然后进行特征提取，包括：主成分分析、自编码器；最后进行数据分类：支持向量机、Softmax 回归、PLS 回归、聚类算法。在对数据进行处理之后，采用 K 折交叉验证法和差分进化算法进行验证和优化方法。THz 鉴定中药有如下优点：①THz 光子能量低（1Hz 产生的光子能量为 4meV），对待测样品的鉴定可以达到无损的标准，样品可回收利用；②操作过程简单，方便快速；③THz 作为微波和红外光谱测定中药鉴定技术的补充，可以直接提取吸收系数和折射率作为参考指标，测定中药色散的程度，提高了精准度和可靠性；④许多中药的代谢产物在 THz 的波段中具有很强的特征吸收峰，可以用于分析研究中药中不同的代谢产物；⑤由于 THz 的脉冲宽度在皮秒和飞秒的级别，可用于测定中药的时域谱和瞬态特性。

第六节　多元校正

一、主成分回归

1933 年由 Hotelling 提出了主成分分析（principle component analysis，PCA）的方法，之后 Massy 于 1965 年根据主成分分析的思想提出了主成分回归（PCR）。主成分分析的基本思想是对变量矩阵 $\boldsymbol{X}$ 中的各个变量进行线性组合，产生新的变量，成为主成分。主成分的计算原则是经线性组合得到的主成分所能表达的方差最大，其化学意义就是所含的信息最多。如图 2-4 所示，主成分在计算时，首先按方差最大原则，计算各个变量的线性组合，得到第一主成分；然后去除第一主成分，即变量矩阵 $\boldsymbol{X}$ 减去第一主成分所表达的部分，对剩余矩阵按方差最大原则，计算各个剩余变量的线性组合，得到第二主成分；依次计算第三、第四……主成分。如此计算所得的各个主成分，除了所含信息最多外，它们还彼此正交，即它们所含信息没有重叠，无冗余。

主成分回归方法是建立在主成分正交化分解的基础上，将原有的回归变量通过正交变换转变到它的主成分上，将方差最小的主成分，即认为是包含噪声的变量除去，用剩下的主成分作回归。PCR 能有效解决多元线性回归中遇到的共线性问题以及变量数目的限制性，通过数据的平均效应，增强模型的抗干扰能力。通过主成分选择，可以有效地滤除噪声，适用于复杂分析体系。但是主成分回归方法也存在不足，即计算速度较慢；模型优化需要进行主成分分析，主成分的实际含义不明确，与因变量之间的关系不很直接，模型较难理解，且主成分数目的选择对模型预测能力有很大影响。

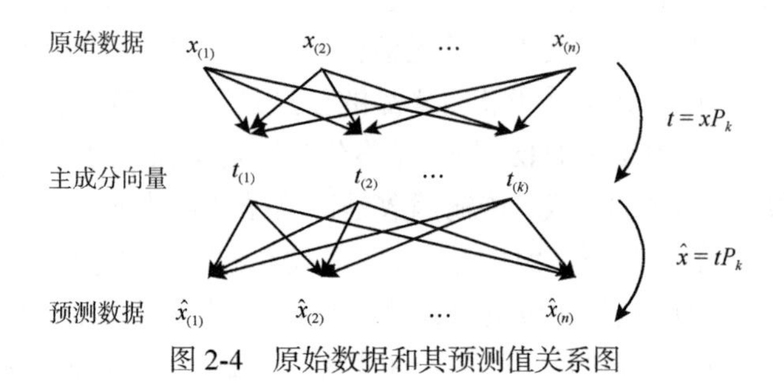

图 2-4　原始数据和其预测值关系图

二、多元线性回归

多元线性回归（multiple linear regression，MLR）是早期近红外光谱定量检测常用的建模工具，适用于线性关系特别良好的简单体系，不需要考虑组分之间相互干扰的影响，计算简单，公式含义也比较清晰。

由朗伯-比尔定律（Lambert-Beer law）有

$$\boldsymbol{Y}=\boldsymbol{XB}+\boldsymbol{E} \tag{2-28}$$

式中，$\boldsymbol{Y}$ 为校正集浓度矩阵（$n\times m$），由 n 个样本、m 个组分组成；$\boldsymbol{X}$ 为校正集光谱矩阵（$n\times k$），由 n 个样本、k 个波长组成；$\boldsymbol{B}$ 为回归系数矩阵；$\boldsymbol{E}$ 为浓度残差矩阵。

$\boldsymbol{B}$ 的最小二乘解为

$$\boldsymbol{B}=(\boldsymbol{X}^{\mathrm{T}}\boldsymbol{X})^{-1}\boldsymbol{X}^{\mathrm{T}}\boldsymbol{Y} \tag{2-29}$$

从上式可以看出，在 MLR 中只要知道样品中某些组分的浓度，就可以建立其定量模型。唯一的要求就是选择好对应于被测组分的特征光谱吸收。

但 MLR 方法存在诸多的局限性，一是由于方程维数的限制，参与回归的变量数（波长点数）不能超过样本校正集的数目，波长数量受到限制，这难免会丢失部分有用的光谱信息；二是光谱矩阵 $\boldsymbol{X}$ 往往存在共线性问题，即 $\boldsymbol{X}$ 中至少有一列或一行可用其他几列或几行的线性组合表示出来，致使 $\boldsymbol{X}^{\mathrm{T}}\boldsymbol{X}$ 为零或接近于零，成为病态矩阵，无法求其逆矩阵；三是由于在回归过程中没有考虑 $\boldsymbol{X}$ 矩阵存在的噪声，往往导致过度拟合情况的发生，从而在一定程度上降低了模型的预测能力。

三、偏最小二乘法

偏最小二乘（PLS）法作为一种常用的化学计量学方法，由 H.Wold 首次提出。从方法的提出到现在，经过几十年的发展，PLS 在理论和应用方面都得到了迅速的发展，目前已经成为工业研究和生产过程中最常用的多变量统计分析方法之一。PLS 是一种多因变量对多自变量的回归建模方法，当变量之间存在高度相关性时，采用 PLS 进行建模，其分析结论较传统多元回归模型更加可靠，整体性更强。下面介绍一下 PLS 的建模过程。

假设有 M 个自变量 $x_1 \sim x_m$，N 个因变量 $y_1 \sim y_n$，为了研究二者之间关系，观测 I 个样本，因此构成自变量矩阵 $\boldsymbol{X}$（$I \times M$），因变量矩阵 $\boldsymbol{Y}$（$I \times N$）。PLS 就是在从自变量 $\boldsymbol{X}$ 中提取潜变量（即得分）$\boldsymbol{t}$，$\boldsymbol{t}$ 作为 $\boldsymbol{X}$ 中变量的线性组合，应尽可能携带 $\boldsymbol{X}$ 的变异信息，同时 $\boldsymbol{t}$ 与 $\boldsymbol{Y}$ 的相关程度达到最大，因此在提取第一个得分 $\boldsymbol{t}_1$ 时，得到下列优化问题：

$$w_1^{\mathrm{T}} w_1 = 1 \tag{2-30}$$

式中，w_1 是第一潜变量的权重向量。

采用拉格朗日对优化目标方程求解，得到 $\boldsymbol{X}^{\mathrm{T}}\boldsymbol{Y}\boldsymbol{Y}^{\mathrm{T}}\boldsymbol{X}\boldsymbol{w}_1 = \lambda_1 \boldsymbol{w}_1$，很显然 $\boldsymbol{w}_1$ 是矩阵 $\boldsymbol{X}^{\mathrm{T}}\boldsymbol{Y}\boldsymbol{Y}^{\mathrm{T}}\boldsymbol{X}$ 的特征向量，对应的特征值为 λ_1。由于特征值要取最大值，所以 $\boldsymbol{w}_1$ 是矩阵 $\boldsymbol{X}^{\mathrm{T}}\boldsymbol{Y}\boldsymbol{Y}^{\mathrm{T}}\boldsymbol{X}$ 的最大特征值的单位特征向量。通过 $\boldsymbol{w}_1$ 可以得到得分向量 $\boldsymbol{t}_1$，计算公式如下：

$$\boldsymbol{t}_1 = \boldsymbol{X}\boldsymbol{w}_1 \tag{2-31}$$

通过 $\boldsymbol{t}_1$ 计算载荷向量 $\boldsymbol{p}_1$ 和 $\boldsymbol{q}_1$，$\boldsymbol{X}$ 和 $\boldsymbol{Y}$ 的残差矩阵 $\boldsymbol{E}$ 和矩阵 $\boldsymbol{F}$，即

$$\boldsymbol{p}_1 = \frac{\boldsymbol{X}^{\mathrm{T}}\boldsymbol{t}_1}{\boldsymbol{t}_1^{\mathrm{T}}\boldsymbol{t}_1} \tag{2-32}$$

$$\boldsymbol{q}_1 = \frac{\boldsymbol{Y}^{\mathrm{T}}\boldsymbol{t}_1}{\boldsymbol{t}_1^{\mathrm{T}}\boldsymbol{t}_1} \tag{2-33}$$

$$\boldsymbol{E} = \boldsymbol{X} - \boldsymbol{t}_1\boldsymbol{p}_1^{\mathrm{T}} \tag{2-34}$$

$$\boldsymbol{F} = \boldsymbol{Y} - \boldsymbol{t}_1\boldsymbol{p}_1^{\mathrm{T}} \tag{2-35}$$

用残差矩阵代替 $\boldsymbol{X}$ 和 $\boldsymbol{Y}$，按照式（2-32）～式（2-35）计算下一个潜变量，以此类推共得到 A 个潜变量，则

$$\boldsymbol{X} = \boldsymbol{T}\boldsymbol{P}^{\mathrm{T}} + \boldsymbol{E} \tag{2-36}$$

$$\boldsymbol{Y} = \boldsymbol{T}\boldsymbol{Q}^{\mathrm{T}} + \boldsymbol{F} \tag{2-37}$$

$$\boldsymbol{T} = \boldsymbol{X}\boldsymbol{W}^{*} \tag{2-38}$$

式（2-36）～式（2-38）中，$\boldsymbol{T}$ 表示 $\boldsymbol{X}$ 的得分矩阵，大小 $N \times A$；$\boldsymbol{P}$ 表示 $\boldsymbol{X}$ 的载荷矩阵，大小 $M \times A$；$\boldsymbol{Q}$ 表示 $\boldsymbol{Y}$ 的载荷矩阵，大小 $N \times A$；$\boldsymbol{E}$（$I \times M$）表示 $\boldsymbol{X}$ 的残差矩阵，$\boldsymbol{F}$（$I \times N$）表示 $\boldsymbol{Y}$ 的残差矩阵；$\boldsymbol{W}^{*}$ 表示 $\boldsymbol{X}$ 载荷权重矩阵，大小 $M \times A$，可通过 $\boldsymbol{X}$ 权重矩阵 $\boldsymbol{W}$ 得到，即

$$\boldsymbol{W}^{*} = \boldsymbol{W}(\boldsymbol{P}^{\mathrm{T}}\boldsymbol{W})^{-1} \tag{2-39}$$

PLS 输出的结果是概率矩阵，在最后建模时需做进一步的判别分析，即 PLS-DA。PLS-DA 将不同种类样本之间的特征偏差最大化，而将同类个体样本之间的特征偏差最小化，实现样本信息数据到样本种类的对应。在光谱数据处理中，PLS 旨在找出输入矩阵（$\boldsymbol{X}$，光谱矩阵）中的相关变量，使之与目标矩阵（$\boldsymbol{Y}$，类别矩阵）有最大的相关性。PLS-DA 是 PLS 回归算法在分类问题上的特化，即偏最小二乘模型是同时在输入矩阵和目标矩阵中找到特征变量，使得在输入矩阵中的特征变量能正确预测目标矩阵中的特征变量。在 PLS-DA 中，矩阵 $\boldsymbol{Y}$ 为虚拟矢量矩阵，用“0”和“1”代替，“1”代表一类样品，“0”代表另一类样品。矩阵 $\boldsymbol{X}$ 就代表原始数据[12]。

四、支持向量机回归

支持向量机（SVM）是 Vaplik 等基于统计学习理论（statistical learning theory，SLT）提

出的一种新的机器学习算法。此前的大多数机器学习算法采用经验风险最小化（empirical risk minimization，ERM）准则，需要较大的样本数目，降低了模型的泛化能力。而基于统计学习理论的支持向量机，采用结构风险最小化准则，在使样本点误差最小化的同时缩小模型泛化误差的上界，提高了模型的泛化能力。图 2-5 为支持向量机原理示意图，图中实线为最优决策面，与其平行的两条虚线经过离决策面最近的样本，这些样本称为支持向量（support vector）。可见，支持向量机的学习任务就是找到最大化间隔的支持向量。其基本思想是把训练数据集从输入空间非线性地映射到一个高维特征空间（Hilbert 空间），然后在此空间中求解凸优化问题，可以得到唯一的全局最优解。如图 2-6 所示，二维空间样本点 (x_1, x_2) 在二维空间中是线性不可分的，但将其映射为三维空间样本点 (z_1, z_2, z_3)，其中 $\left(z_1=x_1^2, z_2=\sqrt{2}x_1x_2, z_3=x_2^2\right)$，则可以用一个平面完全划分开。

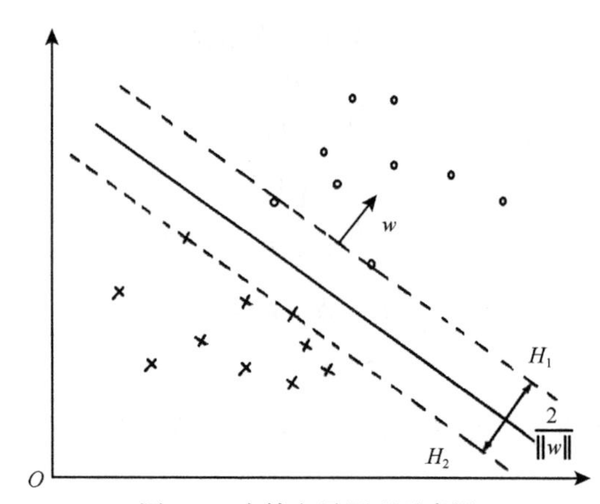

图 2-5　支持向量原理示意图

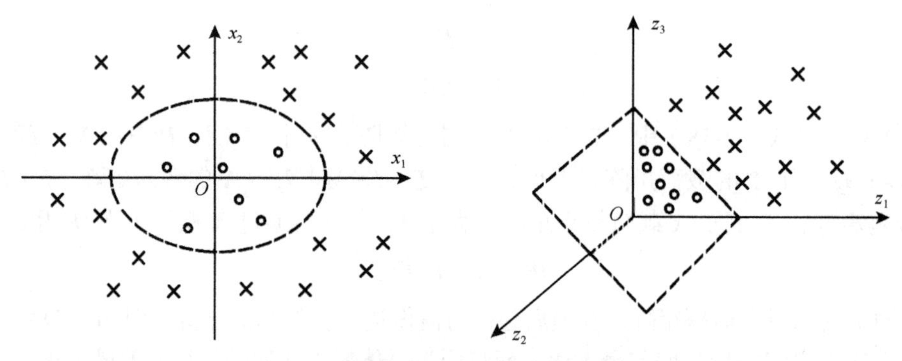

图 2-6　升维后实现线性可分例子示意图

基本原理如下：

给定一训练集 $\{(\boldsymbol{x}_i, y_i),\quad i=1,2,3,\cdots,n\}$，其中 $y_i \in \{-1,1\}$ 表示任一样本 $\boldsymbol{x}_i$ 的分类标识。如果训练集是线性可分的，SVM 就是寻求超平面：

$$f(x) = w \cdot x + b = 0 \tag{2-40}$$

使正样本 $(y_i=+1)$ 和负样本 $(y_i=-1)$ 可分，且使其边界上的点到该超曲面的距离最大。这可以转化为在以下条件

$$w \cdot x_i + b \geqslant +1(y_i=+1) \quad 和 \quad w \cdot x_i + b \leqslant -1(y_i=-1) \tag{2-41}$$

限制下求函数$\psi(w,b)=\frac{1}{2}\|w\|^2$的最小值。Lagrange 乘数法可得解：

$$w=\sum a_i y_i x_i \tag{2-42}$$

上式满足限制条件$\sum_i a_i y_i=0$，并有最优分类决策函数：

$$f(x)=\text{sign}(w\cdot x+b)=\text{sign}\left[\sum a_i y_i(x_i\cdot x)+b\right] \tag{2-43}$$

式中 sign 为分类函数。由于很多两类情形并非线性可分，为此，SVM 将样本点x通过函数$\varphi(x)$投影到高维空间以使其线性可分。但 SVM 并不是直接引入$\varphi(x)$，是通过核函数$K(x_i,x)$方法间接引入的：$k(x_i,x)=\varphi(x_i)\cdot\varphi(x)$，是通过核函数$k(x_i,x)$方法间接引入的：

$$k(x_i,x)=\varphi(x_i)\cdot\varphi(x) \tag{2-44}$$

其分类决策函数变为

$$f(x)=\text{sign}\left[\sum_i a_i y_i k(x_i,x)+b\right] \tag{2-45}$$

SVM 模型参数σ的选择是通过最小化测试集的推广误差进行的。为了实现原始数据向高维空间的映射，SVM 引进了核（kernel）函数，核函数包括线性、径向基（RBF）、多项式和 Sigmoid 等多种形式。常压函数为 RBF 核函数，即

$$K(x,y)=\exp\left[-\frac{\|x-y\|^2}{2\sigma^2}\right] \tag{2-46}$$

式中，x和y分别表示不同样本的测量数据；σ为径向基核函数的宽度，其数值需要在模型优化的过程中确定。

SVM 是一种基于统计学习的机器学习方法，同时也是一种基于核函数的学习机器。其基于结构风险最小化原理，将数据求解化为一个线性约束的凸二次规划问题，其解具有全局唯一性和最优性。通过核函数技术，将输入空间的非线性问题通过函数映射到高维特征空间构造线性判别函数，常用的核函数有四种：linear 核函数、Polynomial 核函数、RBF 核函数以及 Sigmoid 核函数。

影响 SVM 分类结果的因素有很多，其中两个较为关键，首先就是误差惩罚参数C，其次是核函数的形式及参数。C值的大小视具体问题而定，并取决于数据中噪声的数量，在确定的特征子空间中C的取值小表示对经验误差的惩罚小，学习机器的复杂度小而经验风险值较大；C取无穷大，则所有的约束条件都必须满足，这意味着训练样本必须准确地分类。每个特征子空间至少存在一个合适的C使得 SVM 结果最好。而不同形式的核函数对分类性能有影响，相同的核函数，不同参数对分类性能也有影响。将 SVM 由分类问题推广至回归问题可以得到支持向量回归，SVR 可以通过核函数得到非线性的回归结果。

五、人工神经网络

人工神经网络（ANN）[13]是模仿人脑神经网络结构和功能建立的一种信息处理系统，由数目众多的功能相对简单的功能单元相互连接形成复杂的非线性网络。ANN 具有传统方法不可比拟的优点：①ANN 是自变量和因变量的非线性映射，可避免因近似处理带来的误差；②ANN 具有学习功能，可以通过学习来提高分析的精度；③ANN 模型的抗干扰能力较为优异。与其他大多数多元统计方法不同，神经网络方法的一个优点是对样本的描述参数无须进行大量

的筛选，可以不加选择地将所有参数作为输入数据送入网络，进行训练就可以得到有意义的结果。这既是神经网络的优点，又是它的不足之处。因此，网络的最佳结构、训练次数多少都是必须认真考虑的问题[14]。

神经网络的卓越能力来自于神经网络中各个神经元之间的连接权，由于它具有自学习性、自组织性、高容错性和高度非线性描述能力等性能。根据神经元组成神经网络的方式不同，神经网络有单层神经元网络和多层神经元网络。在图 2-7 所示的单层神经元网络中有两个层次，分别是输入层和输出层。输入层里的“输入单元”只负责传输数据，不做计算，输出层里的“输出单元”则需要对前面一层的输入进行计算。

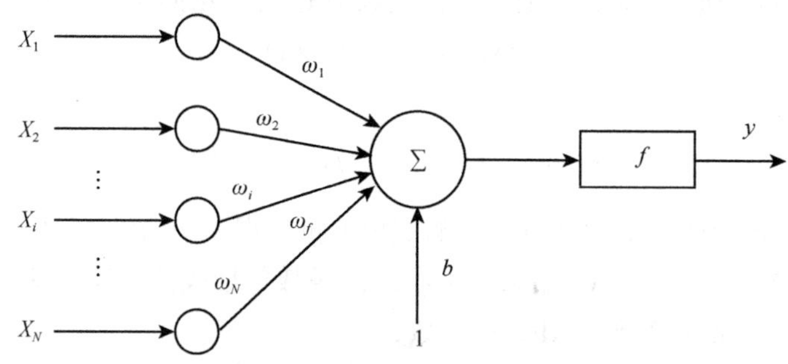

图 2-7　单层神经网络示意图

用 X 来表示所有的输入神经元，用 W 来表达神经元之间的连接权值，f 表示激活函数，b 表示偏置单元，则神经网络的输出公式可以写成

$$f(W*x+b)=y \tag{2-47}$$

扩展上节的单层神经网络，若新加一个层次，则网络变成两层，该两层网络包含一个隐藏层，如图 2-8 所示。与单层神经网络不同，两层神经网络可以无限逼近任意连续函数，即面对复杂的非线性分类任务，两层（带一个隐藏层）神经网络可以很好地分类。这样就导出了两层神经网络可以做非线性分类的关键——隐藏层。矩阵和向量相乘，本质上就是对向量的坐标空间进行一个变换。因此，隐藏层的参数矩阵的作用就是使得数据的原始坐标空间从线性不可分转换成了线性可分。

误差反向传递传输人工神经网络（back propagation artificial neural network，BP-ANN）是人工神经网络中最常见的一种前向神经网络，但由于它采用的是误差梯度下降算法，使得网络训练成为一个非常费时的过程。而且 BP-ANN 是一种全局逼近型网络，极易陷入局部极小，常常不能保证网络最后收敛。径向基函数神经网络（radial basis function artificial neural network，RBF-ANN）是一种性能良好的前向网络，其训练速度大大高于一般的 BP-ANN。它是一种局部逼近型网络，非常适合于非线性动态建模。RBF-ANN 是一种单隐层前馈网络，是由输入层、隐含层和输出层构成的多层神经网络，属于有监督学习。

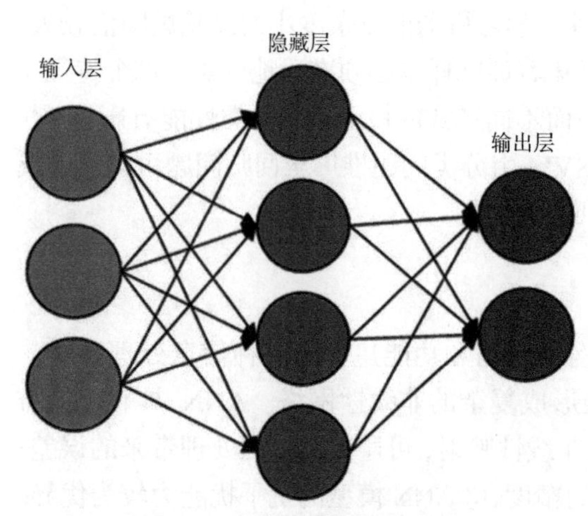

图 2-8　两层神经网络示意图

六、多元校正模型的建立与评价

（一）紫外可见光谱定量模型的建立与评价

紫外光谱定量分析方法的建立包含以下步骤。①样本集的选择。如何构建出具有代表性的建模样本往往是最容易被忽视，但同时也是最影响建模效果的因素。通过实验设计、样品混合等方法制备建模样本，将尽可能多的原料、过程变异引入模型中，有助于提高模型的预测效果及稳健性。②参考值测定及光谱采集。对于多数有效成分的含量测定，HPLC 是最常用的分析方法；对于总酚、总糖等大类成分的测定，其含量与参考方法中选择的参照物有关。值得注意的是，模型的预测效果与参考方法的准确度密切相关，若参考方法的测量值本身存在较大不确定度，光谱变量可能无法与参考值建立良好的相关关系，导致模型预测效果不佳。光谱采集时需要选择合适的波长范围及分辨率等参数，样品在紫外光谱中存在末端吸收时可将波长范围适当放宽，分辨率不能设置过大防止光谱质量不佳，这些参数可以通过预实验确定。③样本集的划分。建模样本需要划分为校正集和验证集，校正集用于建立定量模型，验证集用来验证模型。常用的样本划分算法包括随机法、肯纳德-斯通（Kennard-Stone，KS）法、基于 *x-y* 距离结合的样本划分方法（SPXY）法等。校正集与验证集在整个浓度范围内最好呈均匀分布。④光谱预处理与变量筛选。光谱预处理可以消除基线漂移、噪声等无关信息的干扰，常用的预处理方式包括散射校正、基线校正、平滑处理等，选择多种预处理算法进行组合可能会得到更好的效果。变量筛选可以剔除光谱中的无关变量，选择最相关的波段建模。变量筛选的方法包括间隔偏最小二乘、遗传算法等。⑤定量模型建立。通过多种光谱预处理与不同波段进行组合，以校正集或验证集的均方根误差为指标不断优化模型性能，直至选出最佳的预处理方式与建模波段，得到优化过的紫外光谱与指标性成分含量之间的定量模型。最常用的回归算法为偏最小二乘。值得注意的是，在建模过程中需要关注模型的主成分数。如果主成分数过多，则意味着模型可能过拟合或不够稳健。尽管此时模型的均方根误差最小，也需要减少主成分数，选择均方根误差稍大但主成分数合适的模型。虽然紫外光谱用于快速检测的研究不少，但大部分研究都只是建立分析物预测值与参考值之间的定量模型，简单说明模型的预测效果，缺乏对模型的系统验证。紫外光谱法作为一种定量分析方法，也需要依照 ICHQ2 中的各项指标对方法的可定量范围及性能实现整体评价[9]。

目前多数文献报道中都选择基于模型性能的评价指标来验证光谱分析方法，常用指标包括决定系数（R^2）、校正均方根误差（RMSEC）、交叉验证均方根误差（RMSECV）、预测均方根误差（RMSEP）、残差预测偏差（residual prediction deviation，RPD）、范围误差比（range error ratio，RER）等指标。虽然这些指标能从一定程度上反映了模型的预测性能，但并不能确切地评估模型的定量能力。此外，RMSEC、RMSECV、RMSEP 值的大小与分析物浓度有关，单独比较并无实际意义。

光谱模型建立后，常采用配对 t 检验的方法检验预测值与实测值之间是否存在显著性差异，以说明模型的预测值是否准确。若不服从正态分布，则应该采用非参数检验的方法，如 Mann-Whitney 检验。对于某些仅需监测过程趋势而非精准定量的研究中，可以考虑采用等效性检验将两者之间的差值适当放宽，符合实际生产需要即可。有研究进行了斜率截距检验（slope intercept test），为了说明回归方程的斜率和截距是否分别与 1 和 0 有显著性差异。

（二）近红外光谱定量模型的建立与评价

NIR 技术作为一门间接测量技术，必须把光谱与经典的化学测量结果关联起来，通过建立数学校正定量模型才能完成对待测成分的快速定量检测。具体的标准操纵规程文件（SOP）定量检测流程如图 2-9 所示。

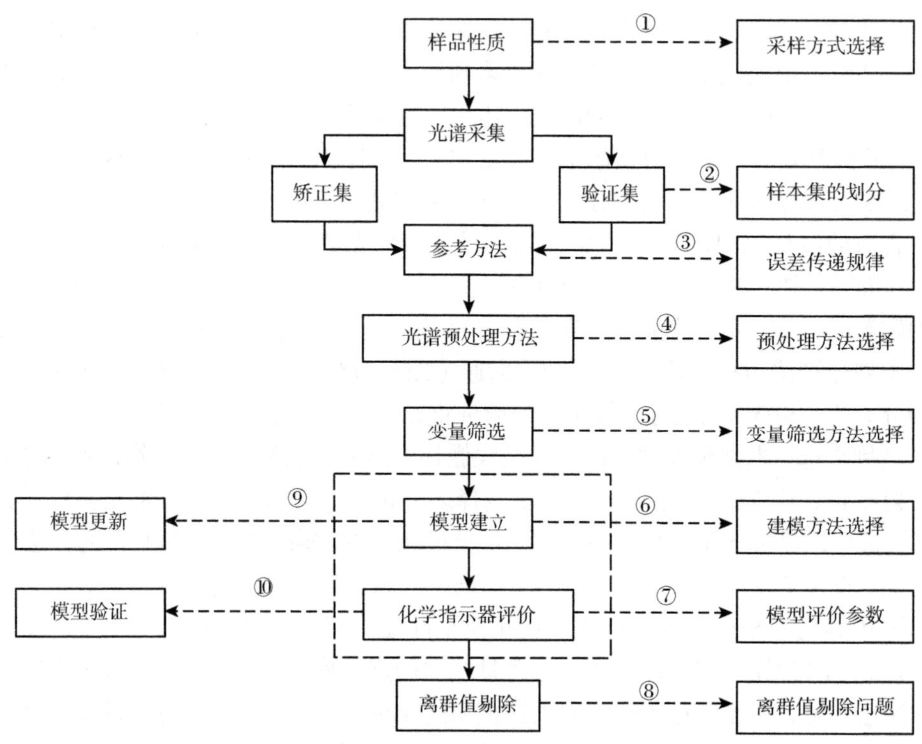

图 2-9　近红外光谱技术定量检测流程

（1）采样方式选择和 NIR 参数确定：根据样品性质选取适宜的采样方式，包括透射模式、漫反射模式和透反射模式。确定近红外光谱仪的最佳测量参数，使得选择的参数能够获得高质量的 NIR 光谱。

（2）样本集划分：方法学研究中样本集数量通常大于 30；一般将样本集的三分之二作为训练集，另三分之一作为训练集。相关的样本集划分方法如简单随机划分（RS）法，KS 法和 SPXY 法。

（3）参考方法确定：按国家标准或行业标准等法定的方法，准确测定样本待测成分的参考值。需要特别指出的是，参考方法的准确性直接影响到模型的定量结果。根据分析误差传递的规律，应尽可能选择准确性和精密度好的参考方法，如高效液相色谱方法和气相色谱方法等。

（4）预处理方法选择：NIR 吸收强度弱、灵敏度低且光谱重叠严重。这使得光谱中除了含有样品的化学信息外，还包含了冗余信息。因此，在建立 NIR 校正模型时，对原始光谱进行预处理是必不可少的。常用的光谱预处理方法主要有 SG 平滑处理、导数处理、多元散射校正、标准正则变换及它们的组合方法。在进行方法选择时，需根据样本的性质，选取最优的预处理方法。

（5）变量筛选方法选择：应用化学计量学方法建立 NIR 与目标属性间的数学模型，需先通过变量筛选方法，对光谱数据的适当处理。筛选特征变量有利于减弱各种非目标因素对光谱有用信息的干扰，提高分辨率和灵敏度，提升校正模型的预测能力和稳健性。常用的变量筛选方法有变量重要性投影、间隔偏最小二乘算法和遗传算法等。

（6）建模方法筛选选择：近红外光谱定量模型可分为线性模型和非线性模型。线性模型中常用的建模方法有逐步多元线性回归、主成分回归法和偏最小二乘回归法等。非线性模型常用的建模方法有人工神经网络法和支持向量机等。针对小样本数据，也可以采用模型群算法增强建模准确性。

（7）模型评价参数：近红外定量模型的评价包含了模型的稳健性和拟合性能评价，以及模型预测性能的评价。常用的评价参数有决定系数、验证均方根误差和预测均方根误差等。决心系数的值介于 0～1 之间，其值越大越好，用于衡量校正集模型的拟和性能。验证均方根误差和预测均方根误差用于衡量预测值和测量值之间的平均偏差，和参考值数据单位一致，其值越小说明模型的稳健性越好。

（8）离群值剔除：通常通过统计检验从训练集中剔除异常值样品。

（9）模型更新：近红外定量模型的性能会受到来自外界环境（时间或空间）的影响而改变，导致模型失效。通过添加一系列包含新信息的新样品光谱来扩充原模型校正集的变量覆盖范围，从而增强模型的预测性能。

（10）模型验证：采用误差分析方法研究近红外模型的准确度、精密度、线性、不确定度等定量检测参数[13]。

常用化学计量学指示参数选择包括决定系数（R^2）、RMSEC、RMSECV 及 RMSEP 等。新化学计量学指示参数选择包括 RPD 和性能与四分位数距离的比率（RPIQ）。其中 RPD 值越大，所对应的校正模型的预测性能越好。RPIQ 由 Veronique Bellon-Maurel 提出，主要考虑数据四分位点分布（Q1 为 25%样本位点值，Q2 为中位值，Q3 为 75%样本位点值）。四分位间距（interquartile distance，IQ）给出了在中位值周围 50%的数据量，故采用 IQ 代替 SD（标准差），产生了一种新的化学计量学指示参数[10]。

$$\mathrm{RMSEC}=\sqrt{\frac{\sum_{i=1}^{N}(\widehat{c_i}-c_i)^2}{N}} \tag{2-48}$$

$$\mathrm{RMSECV}=\sqrt{\frac{\sum_{i=1}^{N}(\widehat{c_i}-c_i)^2}{N}} \tag{2-49}$$

$$\mathrm{RMSEP}=\sqrt{\frac{\sum_{i=1}^{m}(\widehat{c_i}-c_i)^2}{m}} \tag{2-50}$$

$$R^2=1-\frac{\sum_{i=1}^{m}(\widehat{c_i}-c_i)^2}{\sum_{i=1}^{m}(\widehat{c_i}-\overline{c_i})^2} \tag{2-51}$$

$$\mathrm{RPD}=\frac{\mathrm{SD}}{\mathrm{RMSEP}} \tag{2-52}$$

$$\mathrm{SD}=\sqrt{\frac{\sum_{i=1}^{n}(c_i-\overline{c_i})^2}{n-1}} \tag{2-53}$$

$$\mathrm{RPIQ}=\mathrm{IQ}/\mathrm{RMSEP} \tag{2-54}$$

其中，N 代表样本集数目；c_i 是校正集（交叉验证集、预测集）中 i 号样品的参考值；$\widehat{c_i}$ 是校正集（交叉验证集、预测集）i 号样品的近红外光谱预测值；$\overline{c_i}$ 是校正集（交叉验证集、预测集）参考值的算术平均值；SD 是预测集数据的标准差。基于 Phil Williams 在近红外新闻（NIR news）关于 RPD 值的统计指南来评价，将所建立的模型划分为 6 个等级：当 RPD 为 0～1.9 时，模型等级为 Very Poor，难以进行模型的预测应用；当 RPD 为 2.0～2.4 时，模型等级为 Poor，仅能用于粗略区分；当 RPD 为 2.5～2.9 时，模型等级为 Fair，可以应用于区分；当 RPD 为 3.0～3.4 时，模型等级为 Good，可用于质量监测；当 RPD 为 3.5～3.9 时，模型等级为 Very Good，可以应用于过程控制；当 RPD 大于 4 时，模型等级为 Excellent，可应用于任何过程中。

此外，丹麦哥本哈根大学的 Mantanus 研究团队以及本课题组的研究成果均指明仅化学计量学指示参数作为 NIR 模型评价存在局限性即常规化学计量学指示参数是仅适用于常量组分分析而非微量组分分析的近红外模型评价指标。因此，在此基础上引入基于总误差概念（total error concept）的分析方法验证（准确性轮廓，accuracy profile），最终给出了 NIR 定量模型评价参数，包括准确性、精密度、范围、风险性、重复性、不确定性。

此外，定量限、检测限也被引入 NIR 定量模型评价中，有助于建立更为准确、灵敏和可靠的 NIR 模型评价方法。本课题组采用改进单变量检测限方程的方法，引入了假阳性误差和假阴性误差，提出一种多变量检测限和多变量定量限的计算方法。Marcel Blanco 开展了不同光谱预处理的 NIR 多变量检测限和多变量定量限研究，结果指出光谱经过正交信号校正，NIR 光谱多变量检测限可达到 20mg/L。也有学者研究表明样本集组分浓度范围越小，NIR 光谱多变量检测限和多变量定量限越低。

（三）激光诱导击穿光谱定量模型的建立与评价

LIBS 元素定量分析仍存在巨大的挑战。LIBS 在均匀样本的元素定量分析时，最基本的假设是完全烧蚀，即等离子体中的各元素的含量代表激光烧蚀前样品中各元素的实际含量。再者，若激光等离子体处于局部热平衡，则由玻尔兹曼定律可知，激发态的电子密度与等离子体对应元素的浓度有关。元素 S 的发射谱线的强度在理论上可以表示为

$$I_{ij}=FC_{\mathrm{s}}A_{ij}\frac{g_i}{U^{\mathrm{s}}(T)}\mathrm{e}^{-E_i/k_{\mathrm{B}}T} \tag{2-55}$$

其中，F 为仪器接收效率；C_{s} 为该发射线所对应的元素含量；A_{ij} 为 i 能级向 j 能级跃迁的概率；g_i 为简并度；E_i 为 i 能级的激发能；k_{B} 为玻尔兹曼常量；T 为等离子体的温度；$U^{\mathrm{s}}(T)$ 为粒子 S 在温度 T 的配分函数。光谱线参数从 NIST 的数据库中查询。

LIBS 技术定量分析的准确性受到诸多因素影响，如基质效应（matrix effects）、实验参数和实验环境的波动等。国际标准化组织对“基质效应”的定义是“除被测定物质以外样本的特征，它可以影响被测物的检测及测定结果”（ISO15189：2022）。基质效应几乎存在于所有样本中，因此，任何样本的分析测定均不可避免地要受到“周围的物质”的影响。同时，由等离子体的形成

机制可知，谱线强度和元素浓度之间的关系会受到多种因素的影响，如样品中元素浓度的影响、等离子体的物理特性参数的变动等。因而，两者之间难以简单地建立定标模型。所以，提高定量分析精度仍然是LIBS技术亟待解决的难题。LIBS技术的定量分析主要有以下几种方法。

1）传统定量模型

与常规的定量分析一样，LIBS技术的传统定标模型以待测元素浓度和特征谱线强度为坐标轴，通过拟合得到标准曲线，利用标准曲线分析法建立待测元素浓度和特征谱线强度之间的量化关系式。

赛伯-罗马金（Scheibe-Lomakin）公式，是光谱分析的理论基础，是光谱定量分析中最重要的一个公式。第i个元素的谱线强度I_i和分析样品中该元素含量C_i之间的关系表达式如下：

$$I_i = a_i C_i^{b_i} \tag{2-56}$$

式中，a_i是与被测样品、待测元素、谱线特征以及激发条件等有关的系数；b_i为特征谱线自吸收系数，是待测元素浓度的函数，$b_i = b_i$（C_i）。在固定的工作条件下，a_i和b_i为固定的常数。

传统定量模型原理简单，计算简捷，对于成分简单、纯度较高的样品具有较好的预测性能。但在实际等离子形成的过程中，光子在发射过程中存在一定程度的自吸收现象，忽略标准曲线的非线性会降低分析结果的准确性。因此，实际测量中应注意以下两点：当元素含量较低时，无自吸收现象发生，自吸收系数$b \approx 1$，特征谱线信号强度与元素的浓度呈线性关系；当元素含量较高时，发生自吸收现象，自吸收系数$b<1$，标准曲线发生弯曲，难以满足元素定量的要求。

2）内标定量模型

内标法是一种相对的校准方法，通过选用一种含量稳定元素作为"内定标元素"，消除操作条件波动带来测量误差。内标模型是通过选择样品中"内定标元素"的某条特征谱线（光谱强度I_0），建立待测元素的特征谱线强度I的关系式，I和I_0的比值与被测元素含量之间的定标模型如下：

$$\frac{I}{I_0} = \frac{aC^b}{a_0 C_0^{b_0}} \tag{2-57}$$

其中，I和I_0分别为分析谱线和内标谱线的信号强度；C和C_0分别为待测元素和内标元素的浓度；b、b_0为自吸收系数。令$A = a / a_0 C_0^{b_0}$，则

$$R = \frac{I}{I_0} = AC^b \tag{2-58}$$

将式（2-58）两边取对数，则有

$$\lg R = b\lg C + \lg A \tag{2-59}$$

内标定量模型的前提假设是相同含量的元素在任何样本中的LIBS信号强度相等。然而，受基质效应影响，实际上定标样本和被测样本的属性并非完全一致，并且内标元素难以确定，导致内定标模型存在一定局限性。

3）自由定标模型

为了避免基质效应，A. Ciucci等于20世纪末提出自由定标（calibration free）LIBS法，即CF-LIBS法，该方法摒弃传统的建立模型过程，直接根据光谱数据来计算样品中的浓度信息。CF-LIBS定标模型的三个重要的前提假设：①使等离子体是光学薄，即忽略原子分析谱线中心自吸收效应的影响；②假设在测量空间范围内，等离子体处于局部热平衡（LTE）状态，或尽可能接近LTE；③样本的原子组成能够正确地反映样本的物质组成，而且样本光谱的特征

谱线强度真实地反映了激光烧蚀前样品中的各种元素的实际含量，也称为理想配比激光烧烛。

分别定义：$x = E_i$，$y = \ln\dfrac{I_{ij}}{g_i A_{ij}}$，$a = -\dfrac{1}{k_B T}$，$q_s = \ln\dfrac{C_s F}{U^s(T)}$，将四个参量代入方程（2-51）中，即可得到如下表达式：

$$y = ax + q_s \tag{2-60}$$

式（2-60）绘制的曲线称为玻尔兹曼曲线，通过线性拟合直线的斜率计算等离子体的电子温度及截距 q_s。截距 q_s 表示待测样本元素的浓度信息，包含实验参数 F、粒子含量 C_s 和配分函数 $U^s(T)$。

$$\sum_k C_k = \frac{1}{F}\sum\nolimits_k U^s(T)e^{q_s} = 1 \tag{2-61}$$

依据所有元素浓度归一化，由式（2-7）计算得到实验参数 F：

$$F = \sum\nolimits_k U^s(T)e^{q_s} \tag{2-62}$$

综合式（2-7）、式（2-8）即可以计算出单个元素的含量：

$$C_k = \frac{U^s(T)e^{q_s}}{F} \tag{2-63}$$

CF-LIBS 可以进行全元素测量，同时能够实现远程在线实时分析等。CF-LIBS 定标模型的缺点如下。①浓度归一化的局限性。对于元素组成简单、含量高的样本，自由定标模型简单、实用，而对于元素种类复杂的样本，忽略微量元素会引起较大的误差。②计算理论参数的不准确性，如因光谱学参数自身的误差而影响 Stark 展宽系数和等离子体温度计算结果的准确性。③等离子体的非理想性。自由定标模型是建立在 3 个假设的条件，但实际测量中光谱自吸收效应等不可避免，使上述条件无法完全满足，给计算结果带来误差。

4）光谱化学计量学

光谱化学计量学是通过多变量分析方法拟合特征光谱与元素浓度之间的关系。

$$C_m = a_0 + \sum_{m=1}^{p} a_{mn} f_n(I_n) \tag{2-64}$$

其中，C_m 为被测元素的含量；I_n 为波长 nm 处的特征谱线强度；a_0 和 a_{mn} 为拟合系数。多元线性回归模型（即取（f_n（I_n）=I_n））是化学计量学中普遍的一种模型，参数估计的原理与一元线性回归模型相似，即采用最小二乘法进行拟合并获得参数。仅计算程序较一元线性回归模型复杂。多元线性回归的基本假设是解释变量（即 I_k）之间不存在共线性关系，若解释变量之间有多重线性关系，则利用线性模型拟合回归模型将影响模型的精确性和可靠性[11]。

（四）光谱成像定量模型建立与评价

近年来，光谱成像在中药含量分析方面主要用于中药、中成药及中药制剂中活性成分的测定。该技术也成功应用于中药生产的在线监控，包括药物干燥、粉末混合、包衣过程等多方面的检测。定量分析建模的步骤如图 2-10 所示，可以看到，与模式识别过程最大的不同是，定量建模采用回归模型进行组分预测。多元校正方法的探究一直是光谱分析研究的热点问题。常用的定量建模方法有多元线性回归（MLR）、主成分回归（PCR）、偏最小二乘回归 PLSR（partial least squere regression，PLSR）、支持向量回归（SVR）、MCR-ALS 以及人工神经网络等。偏最小二乘法是一种多元因子回归方法，与其他常用的定量建模方法相比，优势在于：对光谱阵和浓度阵同时进行分解确定主成分数，可有效地降维，并消除变量间可能存在的多重共线性的影响，旨在提取更多的有用信息，以便建立更稳健的模型。最小二乘法凭借其独特的优势，在光谱成像研究中应用最为广泛。MCR-ALS 是高光谱成像分析的常用化学计量学方法之一，尤其适合于同时分辨存在多种成分的未知混合体系，能够提供体系数据中主成分对应的纯光谱和相对浓度。与主成分分析、独立组分分析为代表的硬模型相比，其解析结果能够很容易地解读，可以更方便地获取数据中所包含的样本理化性质信息。MCR-ALS 另外一个优点就是可以方便地根据已知信息对模型进行约束，以期获得更精确解或唯一解。人工神经网络具有很强的非线性映射能力，已经发展为多元校正方法中解决非线性问题的最优方法之一。在诸多神经网络中，目前应用最广泛的是误差反向。

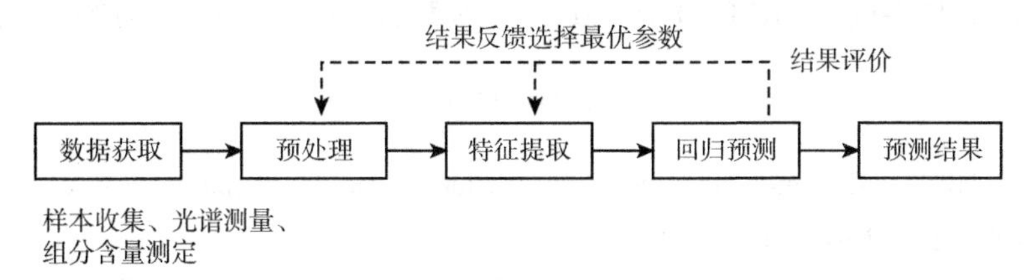

图 2-10　定量分析建模步骤

定量模型的性能主要是采用样本测量值和预测值之间的相关系数和均方根误差判定。模型的相关系数越接近 1，均方根误差越接近 0，则模型的预测性能越好，精度越高。预测集样本的相关系数（R^2）和 RMSEP 是模型的主要评价标准，建模集和交互验证集样本的相关系数（R_C 和 R_{CV}）和建模 RMSEC 及 RMSECV 是辅助评价标准。样品数量较少时往往采用交叉验证法作为评价模型预测精度的方法，而样品数量相对较多时采用外部验证法能更客观（避免过拟合）地评价模型的预测能力[15]。

（五）太赫兹光谱定量模型建立与评价

对于获取的太赫兹光谱数据，选取其中的一部分进行样品光谱的建模，用另一部分进行模型的验证。对于建模所用的样品光谱数据，首先，利用背景噪声扣除、基线漂移校正、多尺度校正等算法进行光谱的预处理；其次，利用主成分分析空间偏离法、SIMCA 模型预测值法等判别异常光谱；最后，设置参数，利用标准正态变换和多元散射校正等背景和散射校正方法、多尺度数据驱动算法等进行多尺度建模。对于模型验证所用的样品光谱数据，将其代入前述多尺度建模算法中，利用多元统计过程控制技术、统计量判断标准法等动态评价与自动更新算法，进行样品光谱的验证。由此，对比预测集与实际值的误差，获得该多尺度数据驱动定量分析模型的误差。

相对于太赫兹时域光谱技术在中药材定性鉴别中的应用，其定量分析中的应用情况要少很多。由于太赫兹光谱实验直接获得的光谱数据不仅携带了被测样品的特征信息，还含有测量系统的背景噪声、基线漂移等引起的干扰信息，这些干扰信息将对测量数据中的有用信息的提取和处理产生一定的覆盖。因此，在对太赫兹光谱数据进行定量分析之前，需进行原始光谱数据的预处理，将干扰信息对有用信息的影响降低至最小，使后续数据处理的准确性增强。常用的光谱预处理方法有均值中心化、小波变换、导数光谱法等。对太赫兹透射光谱数据进行预处理后，削弱了背景噪声和基线漂移引起的干扰信息，但处理后的光谱数据中还含有大量的冗余信息，需要从中提取与待分析的样品性质密切相关的关键特征变量，并建立样品性质与特征变量之间的对应关系。在此过程中涉及的方法有竞争自适应重加权算法、主成分分析等。

定量分析最简单的情况是单变量校准，是根据 THz 光谱某个单一参数与分析物浓度函数关系的校准曲线的构造。这个校准曲线一般被认为是线性的。校准曲线的准确度一般通过线性最小二乘回归法来评估。当太赫兹光谱具有明显吸收峰时，由于单一光谱特征是足以获得良好的校准，所以单变量分析方法是优先选择。然而，当光谱包含许多与变化参数相关光谱特征时，有必要转向多元分析。常用的多元分析方法，如多元线性回归、偏最小二乘回归等，强调的是，在进行 PLS 建模时筛选出特征频段区间可以使预测模型更加稳健，并可提高预测能力，一般使用相关分析法或方差分析法。

对定量分析模型的预测能力进行评估的环节，主要应用决定系数（R^2）、RMSEP 等参数。在评估过程中，R^2 越接近 1，RMSEP 越接近 0，则表示定量分析模型的预测效果越好。

参 考 文 献

[1] Savitzky A，Golay M J E，Smoothing and differentiation of data by simplified least squares procedures[J]. Analytical Chemistry，1964，36：1627-1639.

[2] Geladi P，MacDougall D，Martens H. Linearization and scatter-correction for near-infrared reflectance spectra of meat[J]. Appl. Spectrosc.，1985，39：491-500.

[3] Wold S，Antti H，Lindgren F，et al. Orthogonal signal correction of near-infrared spectra[J]. Chemometr. Intell. Lab. Syst.，1998，44：175-185.

[4] Westerhuis J A，de Jong S，Smilde A K. Direct orthogonal signal correction[J]. Chemometr. Intell. Lab. Syst.，2001，56：13-25.

[5] 吴志生，刘晓娜，谭鹏，等. 基于 2D-COS 红外光谱的附子炮制过程时序段解析研究[J]. 光谱学与光谱分析，2017，37（6）：1745-1748.

[6] Norgaard L，Saudland A，Wagner J，et al. Interval partial least-squares regression（iPLS）：a comparative chemometric study with an example from near-infrared spectroscopy[J]. Appl. Spectrosc.，2000，54：413-419.

[7] Zou X，Zhao J，Huang X，et al. Use of FT-NIR spectrometry in non-invasive measurements of soluble solid contents（SSC）of ‘Fuji’ apple based on different PLS models[J]. Chemometr. Intell. Lab. Syst.，2007，87：43-51.

[8] 吴志生，史新元，徐冰，等. 中药质量实时检测：NIR 定量模型的评价参数进展[J]. 中国中药杂志，2015，40（14）：2774-2781.

[9] Centner V，Massart D L，de Noord O E，et al. Elimination of uninformative variables for multivariate calibration[J]. Anal. Chem.，1996，68：3851-3858.

[10] Wu Z S，Ma Q，Lin Z Z，et al. A novel model selection strategy using total error concept[J]. Talanta，2013，107（30）：248-254.

[11] Arakawa M，Yamashita Y，Funatsu K. Genetic algorithm-based wavelength selection method for spectral calibration[J]. J. Chemometr.，2011，25：10-19.

[12] Liu X N，Zhang Q，Wu Z S，et al. Rapid elemental analysis and provenance study of blumea balsamifera DC using laser-induced breakdown spectroscopy[J]. Sensors，2014，15（1）：642-655.

[13] 吴志生. 中药过程分析中 NIR 技术的基本理论和方法研究[D]. 北京中医药大学，2012.

[14] Khan J，Wei J S，Ringner M，et al. Classification and diagnostic prediction of cancers using gene expression profiling and artificial neural networks[J]. Nature Medicine，2001，7：673-679.

[15] Wu Z S，Sui C L，Xu B，et al. Multivariate detection limits of on-line NIR model for extraction process of chlorogenic acid from Lonicera japonica[J]. J. Pharm. Biomed. Anal.，2013，77：16.

本章彩图

第三章　中药制造紫外光谱信息学

第一节　紫外光谱信息基础

一、紫外光谱信息的发展及特点

紫外线是一种波长为100～400nm，介于可见光和X射线之间的高能量的电磁波。紫外线根据其波长可分为三种：短波紫外线的波长为100～280nm，其中100～200nm为真空紫外。中波紫外线的波长为280～315nm；长波紫外线的波长为315～400nm。紫外吸收光谱法是基于分子内电子跃迁产生的吸收光谱进行分析的一种常用光谱分析方法。利用紫外分光光度仪在一定波长范围内对物质进行紫外扫描所得的曲线就是紫外吸收光谱曲线[1]。

物质中分子内部的运动可分为电子的运动、分子内原子的振动和分子自身的转动，因此具有电子能级、振动能级和转动能级。而三种能级跃迁所需能量是不同的，需用不同波长的电磁波去激发。当分子被光照射时，将吸收能量引起能级跃迁，即从基态能级跃迁到激发态能级。电子跃迁是否产生吸收峰，受宇称选择和自旋选择定则的约束，宇称和自旋不允许的跃迁是禁阻的。吸收峰的位置与电子跃迁的始态和终态有关。各种物质都有各自的吸收光带，故从电子吸收光谱可以得到许多有关结构和能级的信息，它可用于研究配合物成分及含量，这是光度法进行定性分析的基础。根据朗伯-比尔定律：当入射光波长、溶质、溶剂以及溶液的温度一定时，溶液的光密度和溶液层厚度及溶液的浓度成正比，若溶液的厚度一定，则溶液的光密度只与溶液的浓度有关，吸光度与被测物质的浓度成正比，这就是光度法定量分析的依据。

紫外吸收光谱法具有设备简单、适用性广、准确度和精密度高等特点，是一种快速、简单的分析方法，它在分析领域中的应用已有三十多年的历史。紫外分光光度法已经成为有机化学、生物化学、食品检验等各个分析领域应用最广泛的分析方法之一。

二、紫外光谱的基本原理

紫外吸收光谱（ultraviolet absorption spectrum）是物质吸收紫外光后，其价电子从低能级向高能级跃迁所产生的吸收光谱。不同样品所含物质的成分及成分的不饱和程度有差异，其紫外光吸收谱带的数目、所在位置、强度以及形状亦有所差异。

紫外光谱可反映出物质的内部结构信息，不同物质对紫外区波段的电磁波的吸收特性不同，每种物质的紫外吸收光谱曲线图具有特异性，因此，可以进行未知化合物的鉴定及结构分析，主要用于有机化合物的分析。紫外光谱的吸收遵循朗伯-比尔定律，该定理表明，吸光度与吸光物质的浓度有良好线性相关性，这个定理对所有吸光物质都适用。它的数学表达式为

$$-\log T=\varepsilon bc=A \tag{3-1}$$

式中，T为透射比；b为光通过吸光物质的光程长度；c为吸光物质的浓度；ε为物质的摩尔吸光系数；A为吸光度。

朗伯-比尔定律是用紫外分光光度法进行定量分析的基本理论依据。如果吸光物质是多组

分复杂体系，则物质的吸光度具有加和性。朗伯-比尔定律需要满足严格的前提条件，但实际情况往往偏离该定理。由于紫外吸收光谱比较简单，特征性不强，各组分信号之间相互交叠，因此混合物中多组分的同时测定很难实现。化学计量学方法把统计学、数学、计算机科学等多门学科的理论方法融合在一起推动着数据挖掘技术的不断进步，将化学计量学方法应用到光谱数据解析中，以数学分离代替物理或化学分离，为光谱分析技术的发展营造出一番新天地。

与常规分析方法相比，现代紫外光谱分析技术可以在不经任何物理或化学前处理的条件下，直接检测每个样品中多组分的浓度或其他性质参数，检测时间短至几秒钟，获得分析结果的速度较快；另外，无须使用化学试剂预分离，这避免了样品的损坏以及环境的二次污染。

现代紫外光谱分析技术所用的仪器稳定性好、价格低廉、操作简便、分析速度较快、不破坏样品、环境友好，而且具有较高的灵敏度和准确度，易实现现场检测和实时在线分析[1]。

三、紫外光谱的应用

测定溶液中物质的含量：紫外分光光度法可用于测定溶液中物质的含量。测定标准溶液（浓度已知的溶液）和样品溶液（浓度待测定的溶液）的吸光度，进行比较。也可以先测出不同浓度的标准液的吸光度，绘制标准曲线，在选定的浓度范围内标准曲线应该是一条直线，然后测定出样品溶液的吸光度，即可从标准曲线上查到与其相对应的浓度。

紫外光谱鉴定化合物：用各种波长不同的单色光分别通过某一浓度的溶液，测定此溶液对每一种单色光的吸光度，然后以波长为横坐标，以吸光度为纵坐标绘制吸光度-波长曲线，此曲线即吸收光谱曲线。各种物质有其一定的吸收光谱曲线，因此用吸收光谱曲线图可以进行物质种类的鉴定。同一种物质的紫外吸收光谱应完全一致，但具有相同吸收光谱的化合物其结构不一定相同。

研究生物大分子的构象和构型：柯惟中等用紫外吸收光谱研究牛血清蛋白的构象，发现牛血清白蛋白（BSA）水溶液在 276nm 和 193nm 有两个吸收峰，前者主要是蛋白质中酪氨酸、色氨酸的光吸收；后者主要是由基团的吸收而产生的。由紫外线光谱的性质知，193nm 附近的吸收峰是肽链 α（螺旋和无规则卷曲构象的主要识别峰），而肽链 β（折叠构象型的吸收峰）应在波长 198nm 附近。故可推测此 BSA 溶液中没有肽链 β（折叠构象或极少）。

监测反应过程：用示差分光光度法研究生物大分子与配基之间的相互反应。示差分光光度法所得的示差光谱，既可用以分析生物大分子与配基之间是否发生反应，提供定性的证据，也可对这种反应进行定量分析。

研究反应机制：人血清白蛋白是由 585 个氨基酸残基组成的单肽链蛋白质，17 个二硫键使分子稳定，它在体内起着重要的运输作用。它的铜运输机制以及铜与组氨酸的作用可用紫外可见吸收光谱来考察。

进行反应动力学研究：利用日本岛津公司生产的 UV2550 型紫外-可见分光光度计可进行酶反应动力学方面的相关测试。

一般地，紫外光谱分析技术包括以下几个部分：①采样及光谱测量；②采用标准或公认的方法测定感兴趣组分的性质参数（如浓度等）；③建模，即通过合适的化学计量学方法拟合量测光谱和已知性质数据二者之间的线性或非线性关系，从而建立校正模型，通常在建模之前采用一定的预处理方法对光谱数据进行标准化、平滑、求导等，以提高信噪比、消除各种因素引起的光谱干扰信息；④预测，即测定未知样本紫外光谱，通过所建的校正模型反演未知样本的性质参数。

样品光谱的代表性是构建稳定可靠数学模型必须考虑的因素之一，选择合理、准确的建模方法更为重要，适宜的建模方法往往事半功倍。光谱分析中的化学计量学方法主要包括光谱预处理、变量选择以及定性/定量建模三个方面。具体方法见第二节内容[2]。

第二节　中药制造紫外光谱装备

紫外分光光度法所使用的仪器称为紫外分光光度计。各种型号的分光光度计的基本结构都相同，由如下五部分组成：光源（钨灯、卤钨灯、氢弧灯、氘灯、汞灯、氙灯、激光光源）；单色器（滤光片、棱镜、光栅、全息栅）；样品吸收池；检测系统（光电池、光电管、光电倍增管）；信号指示系统（检流计、微安表、数字电压表、示波器、微处理机显像管）。

随着分光元器件及分光技术、检测器件与检测技术、大规模集成制造技术等的发展，以及单片机、微处理器、计算机技术的广泛应用，分光光度计的性能指标不断提高，并向自动化、智能化、高速化和小型化等方向发展迅速。在分光元器件方面，经历了棱镜、机刻光栅和全息光栅的过程，商品化的全息闪耀光栅已迅速取代一般机刻光栅。在仪器控制方面，从早期的人工控制进步到了自动控制。在显示、记录与绘图方面，早期采用表头（电位计）指示，用绘图仪绘图，后来用数字电压表数字显示，如今更多地采用液晶屏幕或计算机屏幕显示。在检测器方面，早期使用光电池、光电管，后来更普遍地使用光电倍增管甚至光电二极管阵列。阵列型检测器和凹面光栅的联合应用，使仪器的测量速度发生了质的飞跃，且性能更加稳定可靠，受到仪器用户的青睐。在仪器构型方面，从单光束发展为双光束。随着集成电路技术和光纤技术的发展，联合采用小型凹面全息光栅和阵列探测器以及 USB 接口等新技术，已经出现了一些携带方便、用途广泛的小型化甚至是掌上型的紫外可见分光光度计。而光电子技术的发展，使得有可能将分光元件和探测器集成在一块基片上，制作微型分光光度计。重庆大学在微型多通道光谱仪方面开展了卓有成效的研究工作[3]。

第三节　中药制造原料紫外光谱信息学实例

一、中药制造原料栀子提取液中栀子苷紫外光谱信息定量研究

本研究旨在基于紫外光谱和高效液相色谱相关分析法，实现了栀子苷的准确、快速定量，并在此基础上建立了栀子提取液准确、快速、灵敏的质量评价方法，中药生产过程中单味药材提取液的在线质量评价提供了参考思路。

（一）仪器与材料

Agilent1100 高效液相色谱仪（美国 Agilent 公司），HP-8453 紫外-可见分光光度仪（美国 Agilent 公司）。栀子苷对照品购自中国药品生物制品鉴定所（批号：110749-200309）。栀子提取液由指定药厂提供。乙腈为色谱纯，购自美国 Fisher 公司。

（二）样品制备与检测

各批次栀子提取液稀释 500 倍时 UV 光谱在 242nm 的吸光度值范围是 1.2～0.8，适合准确定量，因此，选择栀子提取液稀释 500 倍作为 HPLC 和 UV 的测定样品。栀子提取液用去离子水稀释 500 倍后，测定 200～400nmUV 谱，记录各波长点的吸光度值。UV 光谱图见图 3-1。从图 3-1 可见，栀子提取液和栀子苷具有相似的 UV 光谱图，并且吸收峰位置相同，都在 238nm。

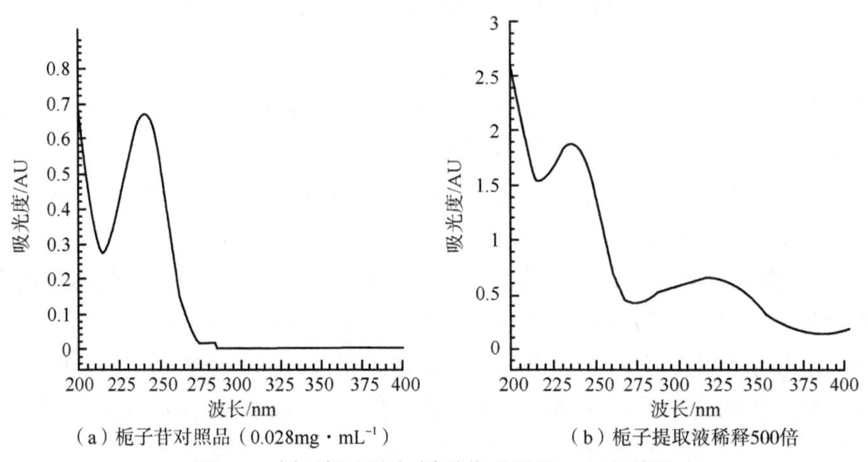

图 3-1　栀子提取液与栀子苷对照品 UV 光谱图

（三）光谱波点选择与预处理

取生产日期为 2004-12-09、2004-12-16、2004-12-23、2004-12-30、2005-01-20 的五批栀子提取液，进行含量与吸光度值之间的相关性分析，发现在多个波长点下紫外吸光度和栀子苷含量都具有良好的相关性，其中 242nm 的相关系数最大，为 0.9921，结合栀子苷的 UV 光谱，选择 242nm 建模。以 200～400nm 的 201 个波长点为横坐标，以不同波长点的所对应的相关系数为纵坐标，作图，结果见图 3-2。从图中可以看出第 43 个波长点附近所对应的相关系数最大，且曲线较为平滑，说明选择 242nm 具有合理性。

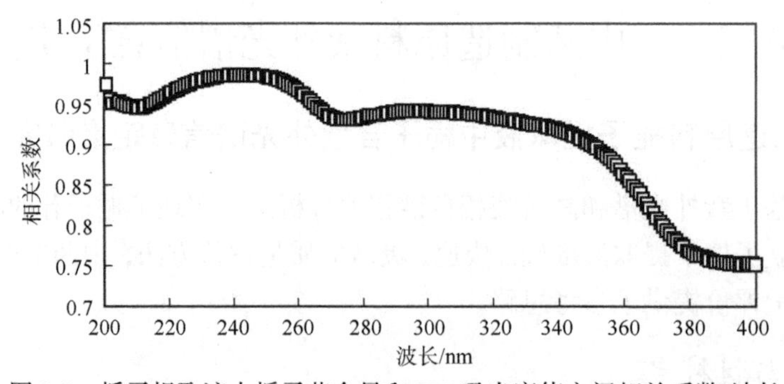

图 3-2　栀子提取液中栀子苷含量和 UV 吸光度值之间相关系数-波长

（四）定量模型的建立

HPLC 测定栀子苷含量的色谱图见图 3-3，栀子苷分离效果理想。标准曲线的回归方程：$Y=1.70\times10^{6}X-1.16$，$r=0.9999$，见图 3-4。

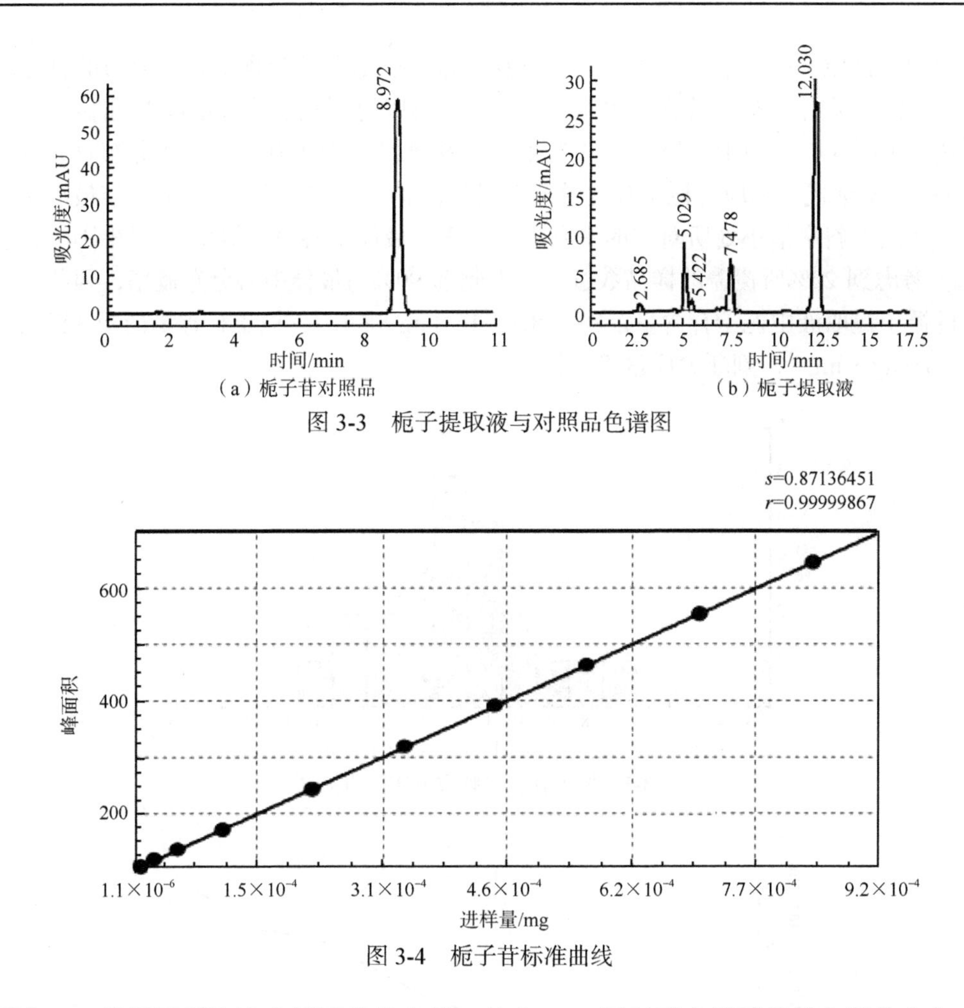

图 3-3　栀子提取液与对照品色谱图

图 3-4　栀子苷标准曲线

测定 21 批栀子提取液中栀子苷的含量，从表 3-1 可以看出栀子苷的含量分布在 7.96～16.28mg · mL^{-1}。

表 3-1　21 批栀子提取液中栀子苷含量 HPLC 法测定结果

批号	栀子苷/（mg/mL）	批号	栀子苷/（mg/mL）
510301	7.96	510607	15.47
5104	8.68	510608	16.28
510408	9.04	5107	11.82
5105	10.29	510701	11.63
510508	10.68	510702	12.17
5106	14.57	510703	11.85
510601	13.96	510704	11.43
510602	14.67	510705	12.07
510603	13.80	510706	12.39
510604	13.96	510707	12.74
510606	15.43		

根据 21 批栀子提取液中栀子苷的含量及分布，绘出栀子苷含量频数分布的直方图（图 3-5）。根据表 3-1 数据及栀子苷含量频数分布直方图可以得到栀子苷含量范围间距-中心分布概率相关曲线（图 3-6），图中横坐标代表 21 批栀子提取液中栀子苷含量频数分布直方图的中心分布概率，纵坐标代表相应的栀子苷含量范围间距，即在此分布概率下的最大与最小栀子苷含量之差，曲线上斜率最小处所对应的中心分布概率为最佳中心分布概率，从图中可见为 20%和 90%，考虑到 20%所覆盖的样品数过少，因此选 90%为最佳中心分布概率，因此，确定质量合格的栀子提取液中栀子苷含量范围为 8.5～16.0mg · mL^{-1}，栀子苷含量低于 8.5mg · mL^{-1}或高于 16.0mg · mL^{-1}，判断为质量不合格。

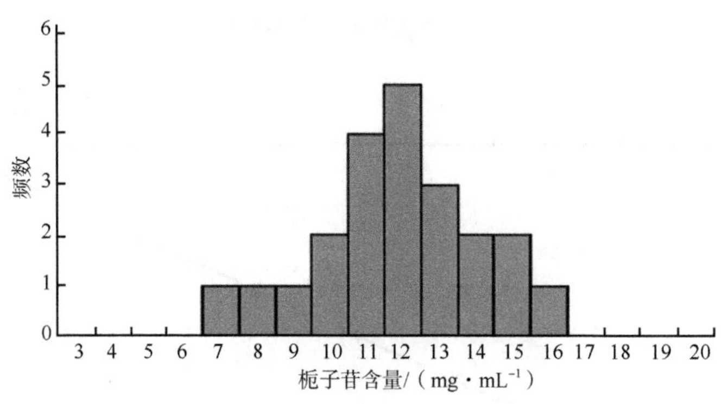

图 3-5　栀子苷含量频数分布的直方图

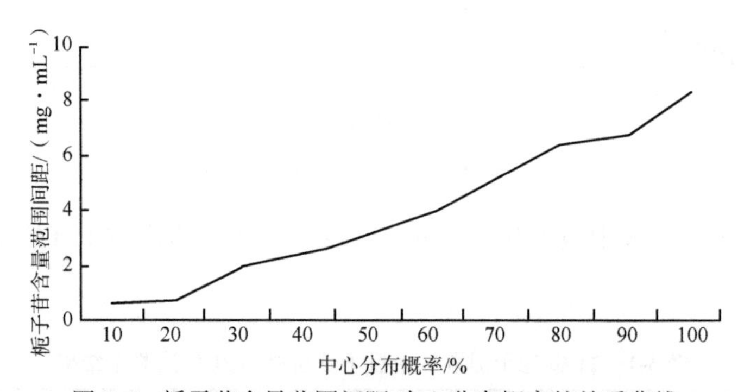

图 3-6　栀子苷含量范围间距-中心分布概率的关系曲线

取 21 批栀子提取液，选择 242nm 的吸光度值和 HPLC 测得的样品中栀子苷含量（结果见表 3-1），进行相关性分析，得到预测栀子苷含量的方程：

$$C_{\mathrm{geniposide}}\,(\mathrm{mg\cdot mL^{-1}})=8.80\times A_{242\mathrm{nm}}-0.05,\qquad r=0.9921,\ n=22$$

（五）模型验证

应用 HPLC 法和 UV 法对 20 批栀子提取液中的栀子苷进行含量测定的结果及偏差见表 3-2。表中数据表明，UV 法测定结果同 HPLC 法测定结果具有较好的一致性。两种方法比较的相关分析见图 3-7。从图 3-7 可见，HPLC 法的相关性很好。检验结果表明，紫外光谱预测方程准确、可靠，在生产过程中能够代替 HPLC 法对栀子苷进行准确定量，实现栀子提取液中栀子苷的快速质量评价。

表 3-2　栀子苷含量的 UV 法与 HPLC 法测定结果比较

批号	吸光度（242nm）	栀子苷含量（HPLC）	栀子苷含量（UV）	偏差	相关系数
5106a	0.4373	7.85	7.60	−0.25	
5107a	0.6188	10.16	10.79	0.63	
5108a	0.6292	11.03	10.97	−0.06	
5109a	0.8795	14.64	15.38	0.74	
5110a	0.9101	16.11	15.92	−0.19	
5111a	0.8988	15.54	15.72	0.18	
5112a	0.5704	9.05	9.94	0.89	
5113a	0.6242	10.14	10.89	0.75	
5114a	0.6551	11.03	11.43	0.40	
5115a	0.5390	8.95	9.39	0.44	0.99005
5106b	0.4346	7.84	7.55	−0.29	
5107b	0.6184	10.17	10.78	0.61	
5108b	0.6283	11.11	10.96	−0.15	
5109b	0.8961	14.89	15.67	0.78	
5110b	0.9182	16.00	16.06	0.06	
5111b	0.8977	15.47	15.70	0.23	
5112b	0.5698	9.03	9.93	0.90	
5113b	0.6255	10.10	10.91	0.81	
5114b	0.6506	11.05	11.35	0.30	
5115b	0.5363	8.93	9.34	0.41	

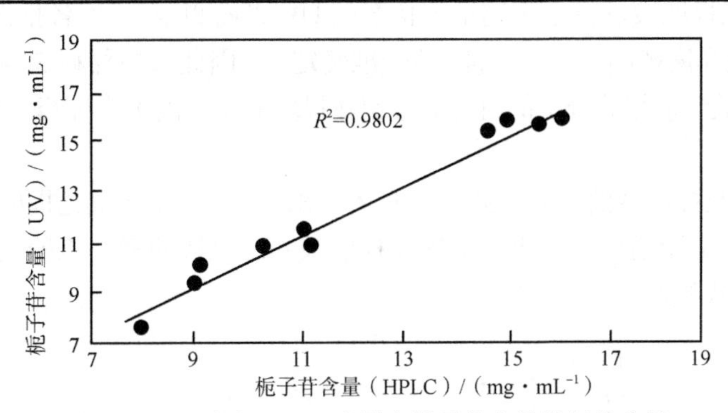

图 3-7　UV 法和 HPLC 法测定栀子苷含量的相关分析

（六）栀子提取液质量评价方法

若 $8.5 < 8.80 \times A_{242nm} - 0.05 < 16.0$（mg·mL^{-1}），则判断为质量合格；若栀子苷含量低于 8.5mg·mL^{-1} 或高于 16.0mg·mL^{-1}，则判断为质量不合格。

上述研究利用 UV 法快速、简便、信息量大的特点，同时借助 HPLC 法定量准确的有利条件，以两种定量方法的相关分析建立快速预测栀子苷含量的方程，结果表明，该方法快速准确，可应用于栀子提取液的在线质量评价。实验中发现，在栀子提取液的 HPLC 法图谱中，按面积百分比法计算，栀子苷峰面积约占总峰面积的 70%，另外几个峰面积之和约占 30%，采用 UV 检测方法实际上控制的是所有峰叠加的总和，在栀子苷符合要求的同时亦对其他峰进行了控制，符合在线质量控制的思想。

通过对有代表性的 21 批栀子提取液中栀子苷的含量测定，绘出了栀子提取液中栀子苷含量分布范围的直方图，确定了合格的栀子提取液中栀子苷的含量范围，为栀子提取液的质量评价提供了依据，达到了以栀子苷为判断标准的栀子提取液在线质量评价的要求。该方法为其他单味药提取液的在线质量控制提供了借鉴。

二、中药制造原料金银花提取液中绿原酸紫外光谱信息定量研究

本研究基于紫外光谱和高效液相色谱相关分析法，建立了通过测定一定波长下紫外吸光度快速预测金银花提取液中绿原酸含量的方法。经高效液相色谱法检验，紫外预测方程准确、快速、方便，可用于清开灵注射液生产过程中金银花提取液的在线质量评价。

（一）仪器与材料

绿原酸对照品购自中国药品生物制品鉴定所（批号：110753-200212）；配制清开灵注射液的金银花提取液由指定药厂提供。甲醇为色谱纯，购自 Fisher 公司，甲酸为分析纯，购自北京化学试剂厂。Agilent1100 高效液相色谱仪，包括：四元泵、真空脱气泵、自动进样器、柱温箱、DAD 二极管阵列检测器（DAD）、惠普（HP）数据处理工作站。HP-8453 紫外-可见分光光度仪。

（二）样品制备与检测

对 18 批金银花提取液进行了不同稀释倍数的 UV 光谱测定，发现各批次稀释 500 倍时 UV 光谱在 294nm 的吸光度范围是 0.2～1.4，适合准确定量，因此选择稀释 500 倍的金银花提取液 UV 光谱进行绿原酸含量相关分析的研究。金银花提取液用去离子水稀释 500 倍后，在 200～400nm 测定 UV 谱。

绿原酸和金银花提取液的 UV 原始光谱见图 3-8，绿原酸和金银花提取液的 UV 一阶导数光谱见图 3-9。从以上图谱可以看出，金银花提取液和绿原酸的紫外原始光谱有差异，而它们的一阶导数光谱形状相近。

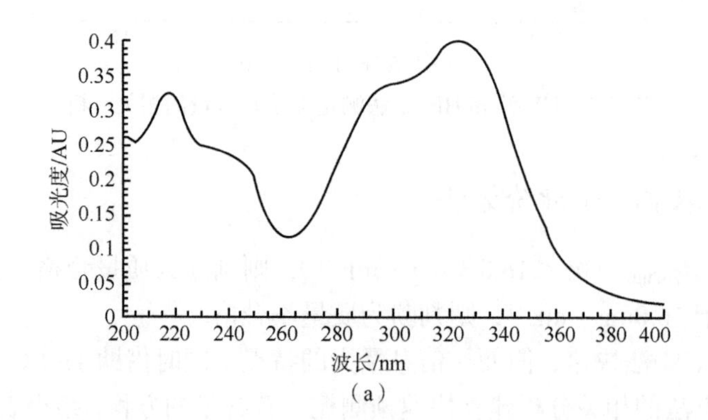

（a）

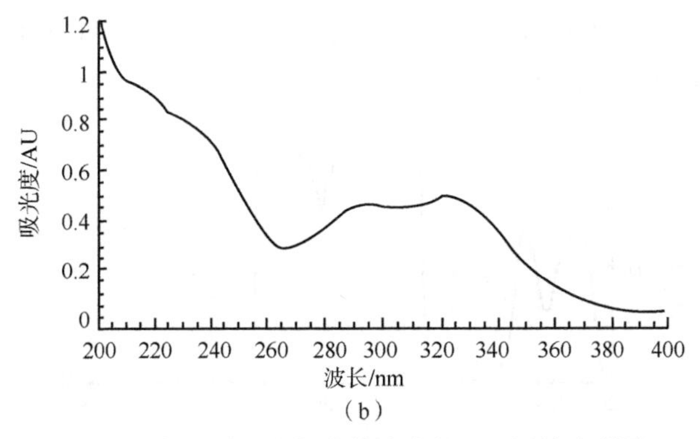

图 3-8　绿原酸和金银花提取液的 UV 原始光谱图

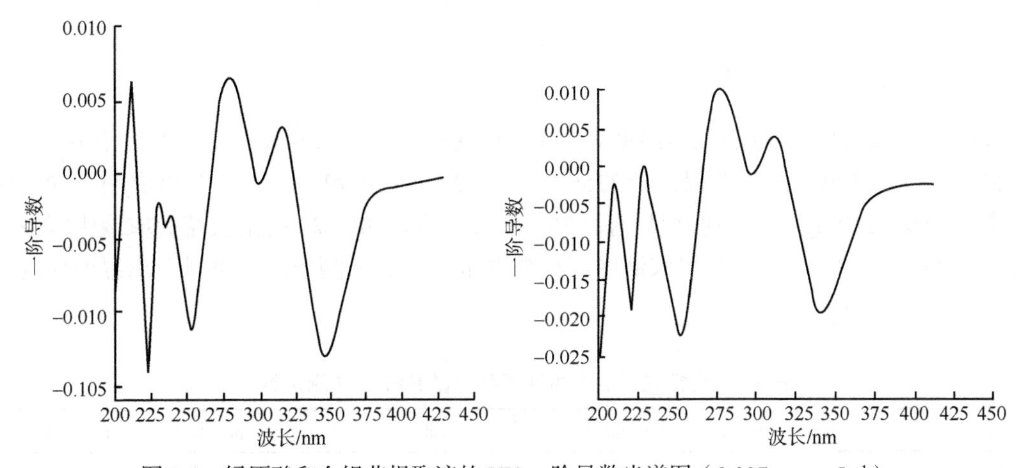

图 3-9　绿原酸和金银花提取液的 UV 一阶导数光谱图（0.007mg · mL^{-1}）

（三）光谱波点选择与预处理

对表 3-3 金银花提取液中绿原酸含量 HPLC 法测定结果中 28 批金银花提取液的原始光谱每隔 1nm 的吸光度值与 HPLC 测得的绿原酸的含量进行相关性分析，筛选相关系数最大的波长点，结果如图 3-10 所示，表明 UV 原始光谱中和绿原酸含量相关性最好的波长点为 294nm（r=0.9919，n=28）。

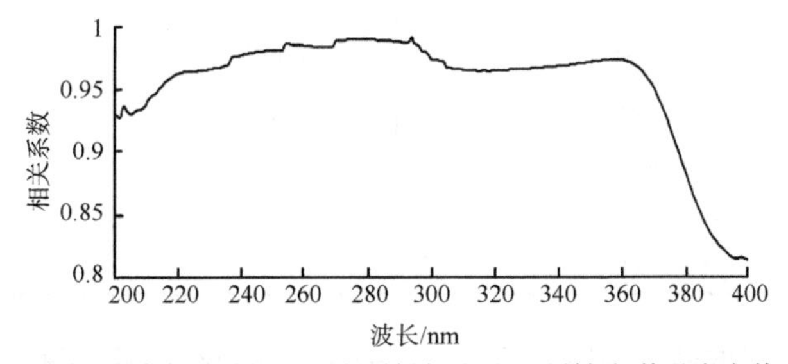

图 3-10　金银花提取液中绿原酸含量（HPLC 法测得）和 UV 原始光谱吸光度值之间相关系数-波长图

对表 3-3 金银花提取液中绿原酸含量 HPLC 法测定结果中 28 批金银花提取液的 UV 一阶导数光谱每隔 1nm 的吸光度值与 HPLC 法测得的绿原酸的含量进行相关性分析，筛选相关系数最大的波长点，结果如图 3-11 所示，表明 UV 一阶导数光谱中和绿原酸含量相关性最好的波长点为 316nm（r=0.9959，n=28）。

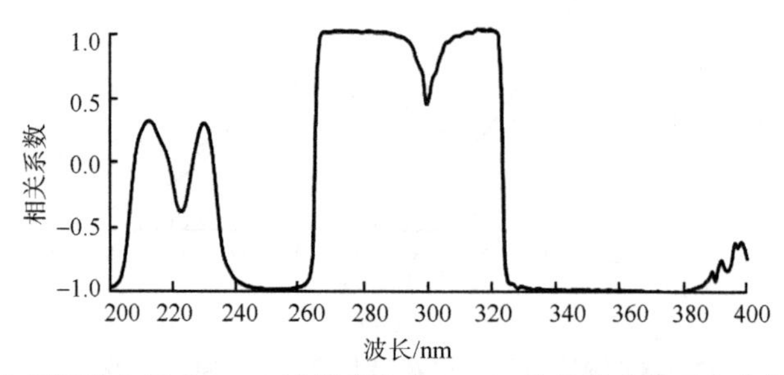

图 3-11　金银花提取液中绿原酸含量（HPLC 法测得）和 UV 一阶导数光谱吸光度值之间相关性系数-波长图

（四）定量模型的建立

HPLC 测定绿原酸含量的色谱图见表 3-3 金银花提取液中绿原酸含量 HPLC 法测定结果，绿原酸分离效果理想。回归方程：Y=2256.77X+2.22（r=0.9999，n=7）。结果表明，绿原酸在进样量为 0.09～2.25μg 内与峰面积具有良好的线性关系。测定 28 批金银花提取液中绿原酸的含量，结果见表 3-3，从金银花提取液中绿原酸含量 HPLC 法测定结果可以看出绿原酸的含量分布在 0.38～4.50mg · mL^{-1}。

表 3-3　金银花提取液中绿原酸含量 HPLC 法测定结果

批号	绿原酸（HPLC）/（mg · mL^{-1}）	批号	绿原酸（HPLC）/（mg · mL^{-1}）
511101	2.49	511503	1.99
511102	2.30	511601	3.52
511103	2.77	511602	3.82
511201	1.56	511603	3.42
511202	1.47	511701	4.50
511203	1.02	511702	4.08
511301	2.62	511801	1.73
511302	2.62	511802	1.83
511303	2.74	511803	2.22
511401	0.38	511901	2.91
511402	0.88	511902	2.88
511403	0.51	511903	3.20
511501	2.04	512001	4.25
511502	2.00	512002	3.93

根据 28 批金银花提取液中绿原酸的含量及分布，绘出绿原酸含量频数分布的直方图（图 3-12）。根据表 3-3 数据及绿原酸含量频数分布直方图可以得到绿原酸含量范围间距-中心分布概率相关曲线（图 3-13），图中横坐标代表 28 批金银花提取液中绿原酸含量频数分布直方图中心分布概率，纵坐标代表相应的绿原酸含量范围间距，即在此分布概率下的最大与最小绿原

酸含量之差，曲线上斜率最小处所对应的中心分布概率为最佳中心分布概率，从图中可见为20%和90%，考虑到20%所覆盖的样品数过少，因此选90%为最佳中心分布概率，因此，确定质量合格的金银花提取液中绿原酸含量范围为 0.4～4.0mg · mL^{-1}，绿原酸含量低于0.4mg · mL^{-1}或高于4.0mg · mL^{-1}，判断为质量不合格[4]。

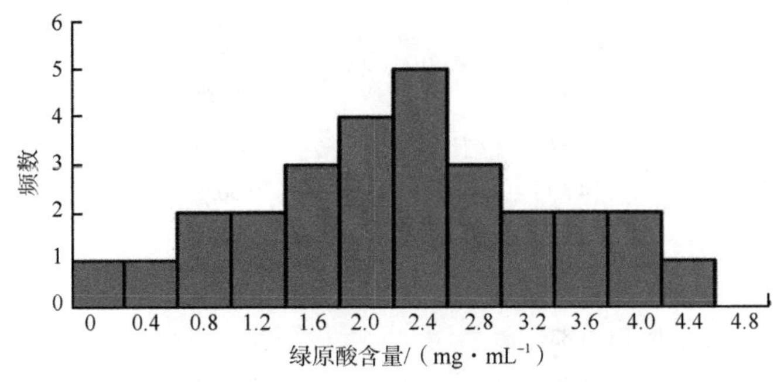

图 3-12　绿原酸含量频数分布的直方图

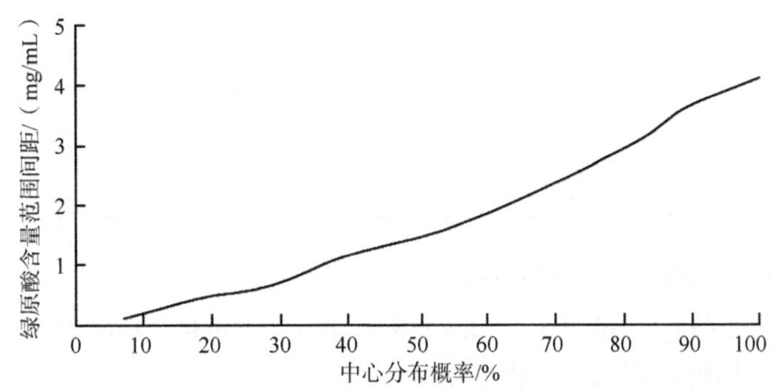

图 3-13　绿原酸含量范围间距-中心分布概率的关系曲线

用于建立预测绿原酸含量的 UV 和 HPLC 线性相关方程的数据见表 3-4。

表 3-4　金银花提取液中绿原酸含量（HPLC）及 UV 光谱数据

批号	绿原酸（HPLC）/（mg · mL^{-1}）	A_{294nm}	D_{316nm}
511101	2.49	2.8148	2.49621
511102	2.30	2.1302	2.30678
511103	2.77	2.9071	2.75956
511201	1.56	1.5623	1.54956
511202	1.47	1.4731	1.46706
511203	1.02	1.0552	1.02345
511301	2.62	2.6672	2.58723
511302	2.62	2.6552	2.50916
511303	2.74	2.6853	2.75987
511401	0.38	0.4051	0.38271
511402	0.88	0.9627	1.00231
511403	0.51	0.5431	0.51965

续表

批号	绿原酸（HPLC）/（mg·mL⁻¹）	A_{294nm}	D_{316nm}
511501	2.04	2.0765	2.02763
511502	2.00	1.9872	2.00942
511503	1.99	2.0314	2.11232
511601	3.52	3.7689	3.73281
511602	3.82	4.0236	3.6087
511603	3.42	3.1348	3.72345
511701	4.50	4.5625	4.49956
511702	4.08	4.3265	4.07965
511801	1.73	2.0346	1.72965
511802	1.83	2.0892	1.82378
511803	2.22	2.8148	2.49621
511901	2.91	2.1302	2.30678
511902	2.88	2.9071	2.75956
511903	3.20	1.5623	1.54956
512001	4.25	1.4731	1.46706
512002	3.93	1.0552	1.02345

UV 原始光谱预测绿原酸含量的方程：

$C_{chlorogenicacid}$（mg·mL^{-1}）$=2.654498\times A_{294nm}-0.0934$（$r$=0.9919，$n$=28）

UV 一阶导数光谱预测绿原酸含量的方程：

$C_{chlorogenicacid}$（mg·mL^{-1}）$=506.2543\times D_{316nm}+0.1771$（$r$=0.9959，$n$=28）

（五）UV 法和 HPLC 指数相关方程的建立

指数参数的数值指数方程：$Y=a+bX^{C}+\varepsilon$，当选取 c=1.15 时，得到最大 R^2=0.9635，R=0.981565。代入模型得 $Y=a+bX^{1.15}+\varepsilon$，再利用最小二乘法获得的 a、b 估计，a=−0.0424，b=2.9712，ε=0.2141，从而得到预测模型为 $Y=-0.0424+2.9712X^{1.15}$。用于建立指数方程的金银花提取液的 UV 光谱见图 3-14。

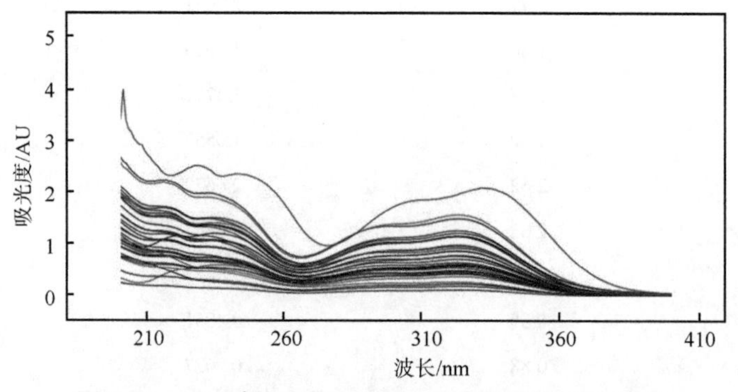

图 3-14　用于建立指数方程的金银花提取液 UV 光谱

指数方程 $Y=a+bX^{1.15}+\varepsilon$ 中相关系数最大的波长点应用 $Y=a+bX^{1.15}+\varepsilon$，对 200～400nm 每隔 1nm 的紫外吸光度值与绿原酸含量进行相关性分析，结果见图 3-15。从图 3-15 可以看出第 104 点即 304nm 下相关系数最大，max（R）=0.9566。应用最小二乘法建立 304nm 金银花提取液的吸光度值和绿原酸含量的关系方程为

$$C_{\text{geniposide}}（\text{mg}\cdot\text{mL}^{-1}）=0.0317+2.4286（A_{304\text{nm}}）1.15（r=0.9566，n=19）$$

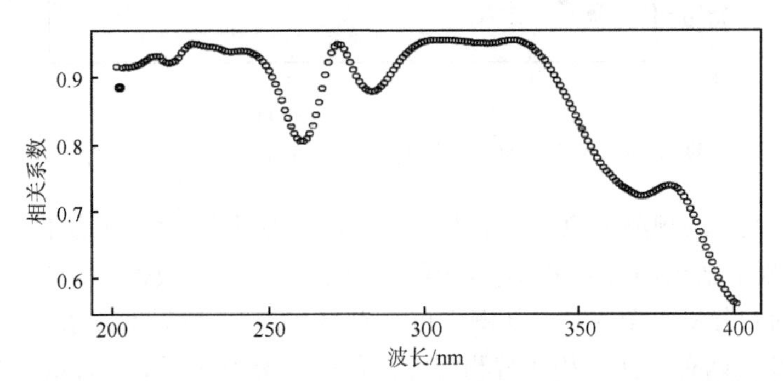

图 3-15　金银花提取液中绿原酸含量（HPLC 法测得）和指数方程中 UV 吸光度值之间相关性系数-波长图

（六）模型验证

UV 原始光谱预测绿原酸含量方程的检验结果见表 3-5，从表中数据可以看出，UV 法测定结果同 HPLC 法测定结果具有较好的一致性，并且具有快速、简便的特点。

表 3-5　UV 法与 HPLC 法测定绿原酸结果比较

批号	绿原酸（HPLC）	绿原酸含量（UV）	偏差	相关系数 *i*
511104	2.27	2.53	0.26	0.9825
5116b	2.37	2.26	−0.11	
5117a	0.73	0.57	−0.16	
5117b	1.55	1.74	0.19	
5118a	1.03	1.11	0.08	
5118b	1.56	1.50	−0.06	
5119a	2.11	2.30	0.19	
5119b	2.65	2.64	−0.01	
5120a	0.87	0.79	−0.08	
5120b	2.31	2.51	0.20	

UV 法和 HPLC 法比较的相关分析见图 3-16，从图中可以看出，HPLC 和 UV 的相关性很好，说明可以应用 UV 原始光谱预测绿原酸含量的方程代替 HPLC 实现金银花提取液中绿原酸的快速定量。

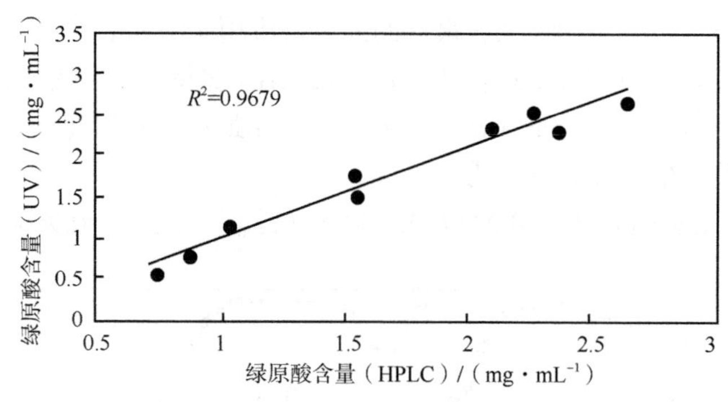

图 3-16　测定绿原酸含量的 UV 法和 HPLC 法相关分析

UV 一阶导数光谱法预测绿原酸含量方程的检验结果见表 3-6，从表中数据可以看出，UV 一阶导数光谱法测定结果同 HPLC 法测定结果具有较好的一致性。UV 一阶导数光谱法和 HPLC 法比较的回归分析见图 3-17，从图中可以看出，UV 一阶导数光谱法和 HPLC 法相关性很好，说明可以应用两种方法互相代替测定金银花提取液中绿原酸的含量。

表 3-6　UV 一阶导数光谱法与 HPLC 法测定绿原酸结果比较

批号	绿原酸（HPLC）/（mg · mL⁻¹）	绿原酸含量（UV）/（mg · mL⁻¹）	偏差	相关系数
511105	2.36	2.37	0.01	0.9971
511204	1.56	1.48	–0.08	
511205	0.87	0.91	0.04	
511206	1.35	1.26	–0.09	
511305	2.31	2.35	0.04	
511404	0.73	0.70	–0.03	
511406	1.03	1.01	–0.02	
511505	1.75	1.72	–0.03	
511804	1.55	1.53	–0.02	
511807	1.83	1.85	0.02	

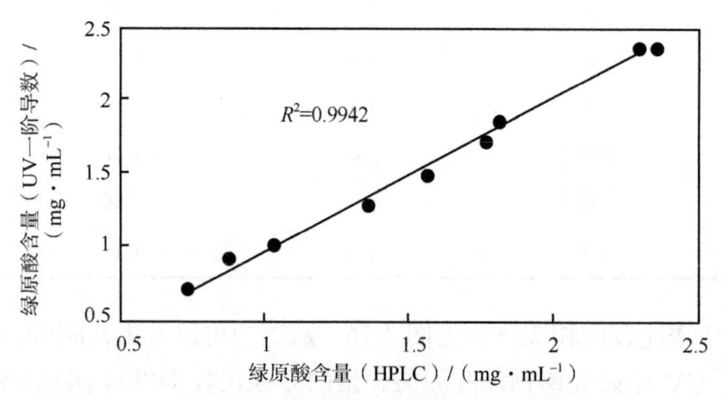

图 3-17　UV 一阶导数法和 HPLC 法测定绿原酸含量的相关分析

指数方程：Y=–0.0424+2.9712×1.15 预测绿原酸含量检验结果见表 3-7，和 HPLC 法比较的相关分析见图 3-18。

表 3-7　平均值指数方程与 HPLC 法测定绿原酸含量结果比较

批号	吸光度平均值（200～400nm）	绿原酸（HPLC）	绿原酸含量（UV）	偏差	相关系数
5119	1.1551653	3.41	3.46	−0.05	0.9888
5120	0.8522992	2.74	2.43	0.31	
5121	1.6052827	4.87	5.08	−0.21	
5122	0.9269560	2.75	2.68	0.07	
5123	0.6505085	1.62	1.77	−0.15	
5124	0.8406787	2.24	2.39	−0.15	
5125	0.1811898	0.55	0.37	0.18	
5126	0.6607661	1.70	1.80	−0.10	
5127	0.4992897	1.16	1.29	−0.13	
5128	0.7971838	1.92	2.25	−0.33	

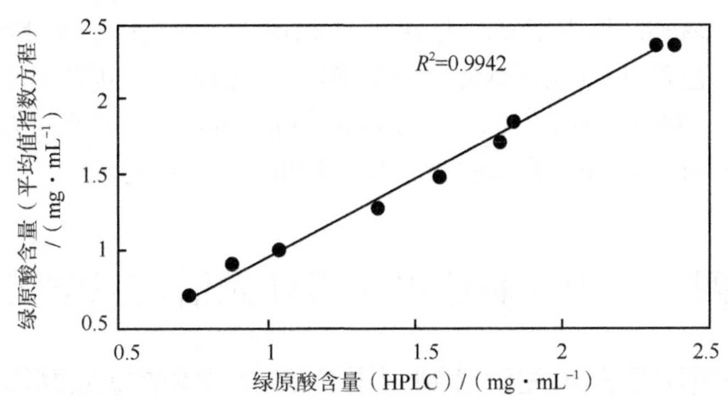

图 3-18　平均值指数方程法和 HPLC 法测定绿原酸含量的相关分析

指数方程：$C_{geniposide}$（mg·mL^{-1}）=0.0317+2.4286（A_{304nm}）1.15，预测绿原酸含量检验结果见表 3-8，和 HPLC 比较的相关分析见图 3-19。

表 3-8　吸光度指数方程与 HPLC 法测定绿原酸含量结果比较

批号	吸光度（306nm）	绿原酸（HPLC）/（mg·mL^{-1}）	绿原酸含量（UV）/（mg·mL^{-1}）	偏差	相关系数
5119	1.40549	3.41	3.62	0.21	0.9908
5120	1.03981	2.74	2.57	−0.17	
5121	1.81587	4.87	4.85	−0.02	
5122	1.13746	2.75	2.85	0.10	
5123	0.787951	1.62	1.88	0.26	
5124	1.03376	2.24	2.55	0.31	
5125	0.20803	0.55	0.43	−0.12	
5126	0.790409	1.70	1.88	0.18	
5127	0.505008	1.16	1.14	−0.02	
5128	0.879118	1.92	2.13	0.21	

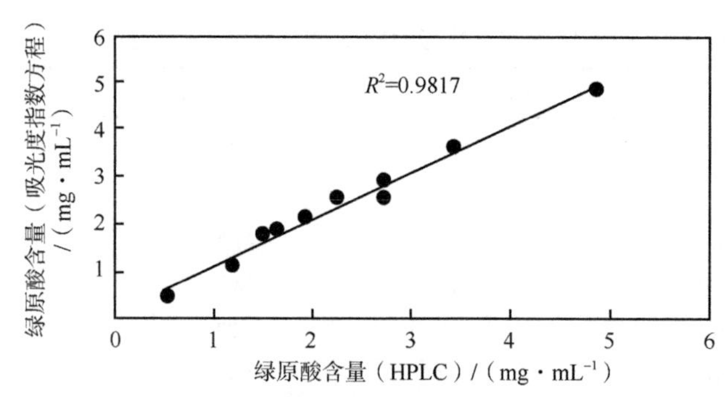

图 3-19　吸光度指数方程法和 HPLC 法测定绿原酸含量的相关分析

以上四种绿原酸含量的预测模型，都能对金银花提取液中绿原酸实现快速准确定量。但经比较发现，UV 和 HPLC 的线性相关方程比幂指数相关方程测定绿原酸的偏差更小，两种线性预测模型中，虽然利用导数光谱定量比直接利用原始光谱定量具有更大的相关系数，导数光谱的图形和对照品绿原酸的图形很相似，但是原始光谱应用于在线质量评价更为简便，并且直接测定 294nm 处的吸光度值已能实现绿原酸的准确定量，因此，金银花提取液的快速质量评价方法为：若 $0.4<2.654498\times A_{294nm}-0.093438<4.0$（mg · mL^{-1}），则判断为质量合格，若绿原酸含量低于 0.4mg · mL^{-1} 或高于 4.0mg · mL^{-1}，则判断为质量不合格。

第四节　中药制造单元紫外光谱信息学实例

一、中药制造过程清开灵注射液制剂银黄液中间体的绿原酸和黄芩苷紫外光谱信息定量研究

本研究旨在基于紫外光谱和高效液相色谱相关分析法，利用双波长法同时建立了绿原酸和黄芩苷的含量预测方程，从而实现对银黄液的质量进行快速评价。经 HPLC 法验证，紫外预测方程准确、快速、方便，可用于清开灵注射液生产过程中银黄液的在线质量评价。

（一）仪器与材料

绿原酸对照品购自中国药品生物制品鉴定所（批号：110753-200212）。黄芩苷对照品购自中国药品生物制品鉴定所（批号：110715-200212）。黄芩液、金银花提取液、银黄液由指定药厂提供。甲醇为色谱纯，购自 Fisher 公司。甲酸为分析纯，购自北京化学试剂厂。Agilent1100 高效液相色谱仪，包括：四元泵、真空脱气泵、自动进样器、柱温箱、DAD 二极管阵列检测器、HP 数据处理工作站。HP-8453 紫外-可见分光光度仪。

（二）样品制备与检测

银黄液用去离子水稀释合适倍数后，在 200～400nm 测定 UV 光谱见图 3-20。

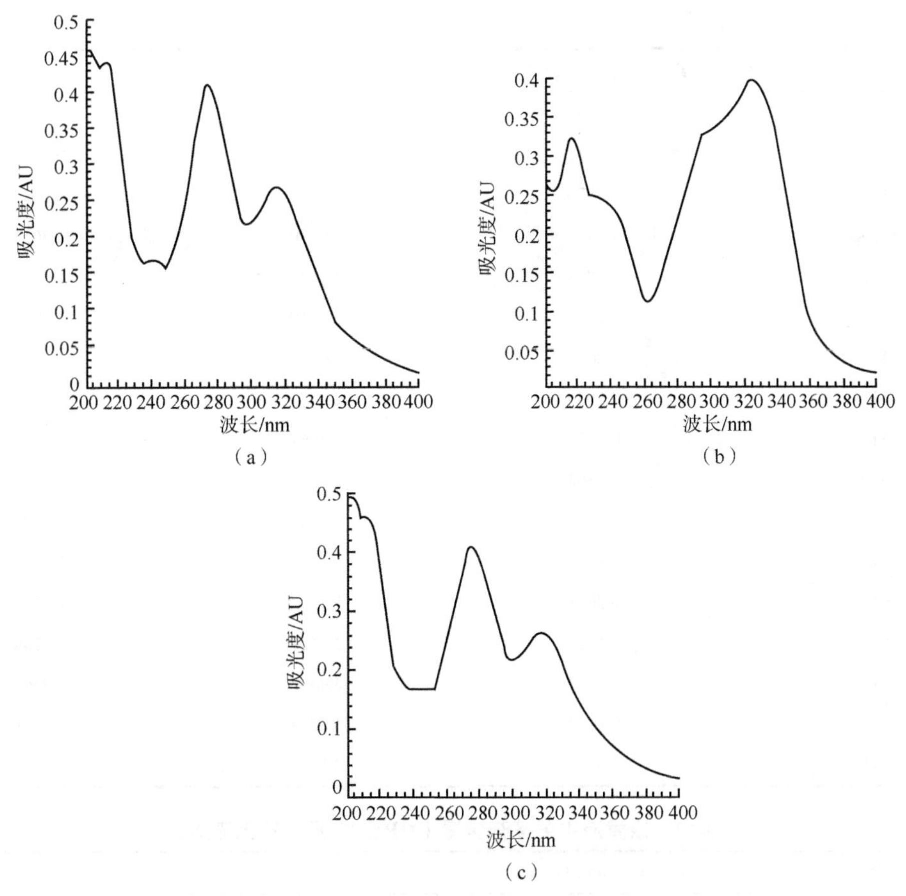

图 3-20　黄芩苷（a）、绿原酸对照品（b）与银黄液（c）UV 光谱图

（三）定量模型的建立

对表 3-9 和表 3-10 中银黄液的 UV 光谱在 276nm 和 323nm 处的吸光度值与 HPLC 法测得的绿原酸和黄芩苷的含量进行回归分析，建立回归方程为

$$C_{chlorogenicacid}\,(\mathrm{mg\cdot mL^{-1}}) = -0.0015\times A_{276nm}+0.0026\times A_{323nm}\quad (r=0.9187,\ n=25)$$

$$C_{baicalin}\,(\mathrm{mg\cdot mL^{-1}}) = 0.0299\times A_{276nm}-0.0216\times A_{323nm}\quad (r=0.9906,\ n=28)$$

表 3-9　银黄液中绿原酸含量（HPLC）及 UV 光谱数据

批号	绿原酸含量（HPLC）	A_{276nm}	A_{323nm}
511110	0.0852	0.4216	0.2552
511112	0.0744	0.4123	0.2483
511113	0.0569	0.4033	0.2444
511115	0.0683	0.4064	0.2468
511201	0.1763	0.4186	0.2571
511203	0.1929	0.4204	0.2579
511204	0.1892	0.4219	0.2590
511206	0.1920	0.4149	0.2544

续表

批号	绿原酸含量（HPLC）	A_{276nm}	A_{323nm}
511207	0.1848	0.4181	0.2563
511214	0.1732	0.4192	0.2555
511215	0.1730	0.4215	0.2573
511604	0.2468	2.0870	1.3055
5117	0.1888	2.0826	1.3259
5120	0.2491	2.0719	1.3084
512209	0.2676	2.0303	1.2668
5124	0.1936	2.0075	1.2601
5125	0.0506	1.7967	1.0862
5128	0.1863	1.9425	1.2155
5129	0.1957	1.9541	1.2427
5131	0.1260	1.8672	1.1739
6102	0.2648	1.9207	1.2260
6105	0.1855	2.1429	1.3244
6106	0.1167	2.0307	1.2469
6109	0.1122	2.0738	1.2801
6110	0.0714	2.0745	1.2746

表 3-10　银黄液中黄芩苷含量（HPLC）及 UV 光谱数据

批号	黄芩苷含量（HPLC）	A_{276nm}	A_{323nm}
511009	33.60	0.4133	0.2550
511110	33.72	0.4216	0.2552
511112	32.96	0.4123	0.2483
511201	30.27	0.4186	0.2571
511203	28.29	0.4204	0.2580
511204	28.82	0.4219	0.2590
511213	28.84	0.4305	0.2629
511214	28.31	0.4192	0.2555
511508	30.27	2.0322	1.2721
511604	31.48	2.0870	1.3055
5118	31.12	2.0000	1.2290
5119	31.91	2.0831	1.3208
512209	32.37	2.0303	1.2668
5123	32.42	1.9862	1.2429
5125	30.21	1.7967	1.0862
5126	39.47	2.0335	1.2815
5128	32.62	1.9425	1.2156
5129	30.69	1.9541	1.2428
5131	30.29	1.8672	1.1739

续表

批号	黄芩苷含量（HPLC）	A_{276nm}	A_{323nm}
6101	30.38	1.8817	1.1536
6103	33.01	1.9688	1.2477
6105	38.97	2.1429	1.3244
6108	35.53	1.9616	1.2266
511301	30.03	0.4072	0.2477
511303	30.50	0.4132	0.2482
511304	31.71	0.4349	0.2643
511311	30.62	0.4200	0.2552
511312	29.84	0.4216	0.2562

回归曲线见图 3-21。

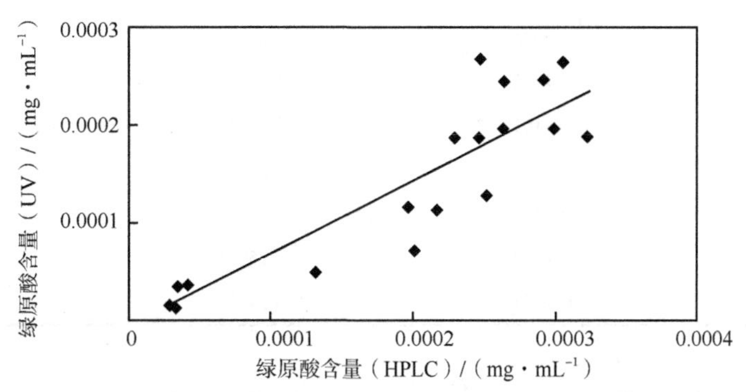

图 3-21　测定银黄液中绿原酸含量的 UV 法和 HPLC 法相关分析

（四）模型验证

另取银黄液样品，绿原酸和黄芩苷含量的 UV 法定量结果见表 3-11 和表 3-12，与 HPLC 法测定结果的相关性见图 3-22。结果表明，UV 法与 HPLC 法的测定结果具有较好的一致性，并且具有快速、简便的特点，因此可以应用 UV 光谱实现对银黄液中绿原酸和黄芩苷的快速定量。

表 3-11　UV 法与 HPLC 法测定绿原酸含量结果

批号	A_{276nm}	A_{323nm}	绿原酸含量（UV）/（mg · mL^{-1}）
511114	0.4043	0.2453	0.1564
511202	0.4228	0.2587	0.1929
511205	0.4300	0.2628	0.1915
511213	0.4305	0.2629	0.1890
511508	2.0322	1.2721	0.2592
5118	2.0004	1.2290	0.1953
5123	1.9863	1.2429	0.2521
5127	1.9963	1.2443	0.2409

续表

批号	A_{276nm}	A_{323nm}	绿原酸含量（UV）/（mg·mL^{-1}）
5130	1.8861	1.1851	0.2521
5103	1.9688	1.2477	0.2907
5108	1.9616	1.2266	0.2468

表 3-12　UV 法与 HPLC 法黄芩苷测定结果比较

批号	A_{276nm}	A_{323nm}	黄芩苷（UV）/（mg·mL^{-1}）
511111	0.4100	0.2466	34.67
511202	0.4228	0.2588	35.26
511205	0.4300	0.2628	35.90
511215	0.4215	0.2573	35.22
5117	2.0826	1.3259	33.63
5120	2.0719	1.3084	33.69
5124	2.0075	1.2601	32.80
5127	1.9962	1.2443	32.81
5130	1.8861	1.1851	30.80
6102	1.9207	1.2260	30.95
6106	2.0307	1.2469	33.78
511302	0.4135	0.2503	34.78
511309	0.4084	0.2478	34.29

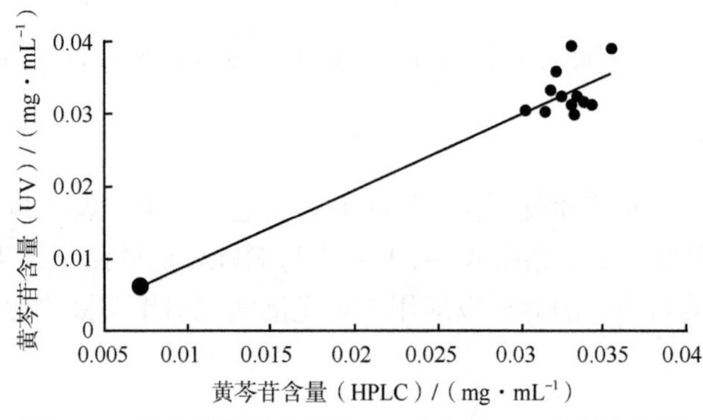

图 3-22　测定黄芩苷含量的 UV 法和 HPLC 法相关分析

（五）银黄液质量评价方法

采用双波长法建立了银黄液中绿原酸和黄芩苷含量的 UV 预测方程，实现对银黄液中的绿原酸和黄芩苷的快速定量。银黄液的快速质量评价方法为：$0.055<(-0.0015\times A_{276nm}+0.0026\times A_{323nm})\times$稀释倍数$<0.42$，并且 $21.21<(0.0299\times A_{276nm}-0.0216\times A_{323nm})\times$稀释倍数$<35.15$ 判为合格，否则一律判为不合格。

二、中药制造过程清开灵注射液制剂四混中间体合格品的紫外光谱信息判别研究

本研究建立的四混液快速质量评价方法包括两部分，一是对四混液中指标成分——总氮和

栀子苷的快速定量，二是对四混液整体性、均一性的快速评价。利用 UV 法建立了对四混液整体性、均一性的快速评价方法，即根据四混液中指标成分含量的上下限及其生产工艺，配制具有代表性的四混液样本，分别测定其 UV 光谱，进行相似度比较，确定合格样本的相似度范围，建立四混液整体性、均一性的评价模型，并通过检验集验证。实验结果表明：四混液快速质量评价方法准确、快速、可靠，可应用于清开灵注射液生产过程中四混液的快速质量评价。同时，该方法也为中药注射液及口服液生产过程中中间体的在线质量控制研究提供了参考思路。

（一）仪器与材料

1100 型高效液相色谱仪（美国 Agilent 公司），包括：四元泵、真空脱气泵、自动进样器、柱温箱、二极管阵列检测器（DAD）、HP 数据处理工作站。HP-8453 紫外-可见分光光度仪（美国 Agilent 公司）。PHS-3C 精密 pH 计（上海雷磁科学仪器厂）。栀子苷对照品（批号 110749-200309）购自中国药品生物制品检定所；四混中间体及配制四混中间体所需的栀子提取液、珍珠母和水牛角水解液、板蓝根提取液均由指定药厂提供。色谱纯乙腈（Fisher 公司），分析纯磷酸（天津市天大化学试剂厂）、分析纯氢氧化钠（北京化工厂有限责任公司），去离子水。

（二）样品制备与检测

四混中间体中栀子提取液和栀子苷的含量测定分别按 2005 年版《中华人民共和国药典》清开灵注射液和栀子苷的定量方法进行。珍珠母和水牛角水解液、板蓝根提取液及四混液中总氮的含量测定按 2005 年版《中华人民共和国药典》附录 IXL 氮测定法第一法进行。根据四混中间体中各指标成分（总氮、栀子苷）含量的上下限，配制合格与不合格的四混中间体。

最小二乘支持向量机（LS-SVM）中的参数对计算结果有很大的影响。本研究采用径向基核函数（RBF），它需要调节两个参数：σ^2 为 RBF 核的核参数，γ 为回归误差的权重。若 σ^2 的值太小，则会对样本数据造成过学习的现象；若 σ^2 的值太大，则会对样本数据造成欠学习现象。LS-SVM 采用二次格点搜索法和交叉验证对训练集进行训练以得到最佳参数。网格搜索选择参数时，先选定参数 γ 和 σ^2，在 γ-σ^2 坐标系上构成一个二维网格，对每一组 γ 和 σ^2 利用交叉验证评价算法，找到结果最好的一组参数 γ 和 σ^2，然后以该组参数为中心选定一个小的搜索区域再进行细搜索，从而找到使模型结果最优的一组参数 γ 和 σ^2。

正确率能通过下面四个指示器来评价：真阳性（TP），真阴性（TN），总正确率和 ROC 下的面积。TN、TP、FN 和 FP 分别表示真阴性、真阳性、假阴性以及假阳性。阳性和阴性分别表示合格与不合格的清开灵四混液样本。真阳性、真阴性以及总正确率这三个指标是如下定义的：

$$S=\frac{TP}{TP+FN}\text{；}\quad SP=\frac{TN}{TN+FP}\text{；}\quad \text{Total}=\frac{TN+TP}{TP+FN+TN+FP}$$

ROC 曲线经常用来评价二分类模型性能。一个完美的分类器，ROC 下的面积等于 1；当 ROC 下的面积小于 0.5 时，即可认为所建之分类模型已不具备判别能力。ROC 下的面积越大，模型的分类能力也就越强。当使用 ROC 曲线分析时，以 TP（真阳性率）作为 X 轴，FP（假阳性率）为 Y 轴，TP 和 FP 也分别称为灵敏度和特异性，分别表示两类样本的分类准确率。

（三）数据采集与分析

清开灵四混中间体四个批次中包括 116 个合格样本和 80 个不合格样本，总共 196 个样本。随机选择 147 个样本组成训练集，剩余的 49 个样本组成预测集。样本的紫外光谱波长扫描范围为 200～400nm，每隔 1nm 采集 1 个数据点。SVM 算法由台湾大学林智仁提供的“Lib SVM”改编；LS-SVM 算法工具包由 Suy kens 等提供网络共享（http：//www.esat.Kuleuven.ac.be/sista/lssvmlab/）。各计算程序均自行编写，采用 MATLAB 软件工具计算。

（四）光谱波段选择与预处理

由于测量的紫外光谱可能包含了大量冗余信息，影响建模的准确度，因此需要对波长变量进行选择。图 3-23 是代表性样本的原始紫外光谱，由于 190～230nm 波段包含末端吸收，因而噪声较大；而在 318～400nm 范围内，响应较低，吸光度较小，很难找出谱图之间的差别。所以选择波长 231～317nm 作为本实验研究范围，在此波长范围内的一阶微分紫外光谱如图 3-24 所示。而且为了消除背景干扰和噪声，同时选择一阶微分、二阶微分、Daubechies 小波变换压缩等方法对数据进行预处理。导数光谱主要是提高光谱的信噪比和样本间的光谱差异；而 Daubechies 小波变换压缩主要是压缩光谱，减少变量输入，降低模型的复杂程度，同时消除噪声。

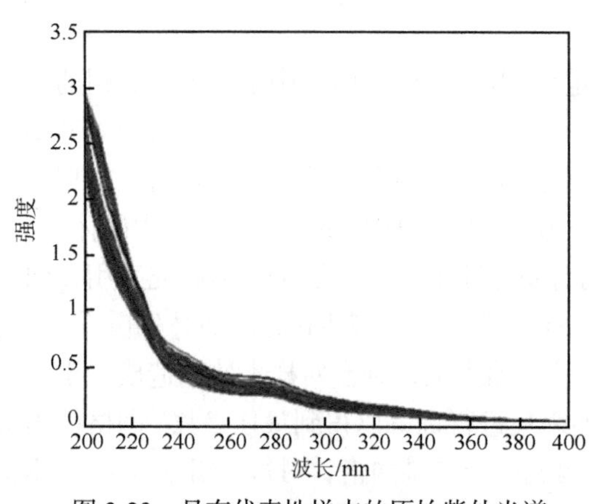

图 3-23　具有代表性样本的原始紫外光谱

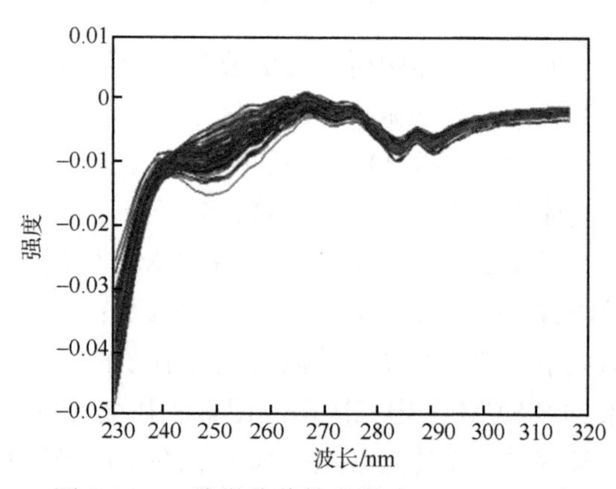

图 3-24　一阶微分紫外光谱（231～317nm）

表 3-13 给出了在不同的波长下，选择不同的数据预处理而得到的结果。由结果可知，较之原始波长，选择的 231～317nm 波长段鉴别率较高；而一阶微分处理的结果优于二阶微分处理的结果；如果采用原始波长，无论对原始数据采取小波压缩一次还是二次，改善的效果都不明显；所以本章选取了在 231～317nm 下，再对此波长下的吸光度进行一阶微分，作为模型的输入。

表 3-13　不同的数据前处理方法以及选择不同的光谱区域对 LS-SVM 预测集鉴别率的影响

预处理方法及波段	TN/%	TP/%	总精度	ROC 曲线下的面积
原始光谱	86.3	96.3	91.8	0.924
一阶微分（200～400nm）	83.3	100	91.8	0.931
二阶微分（200～400nm）	62.5	100	75.5	0.793

续表

预处理方法及波段	TN/%	TP/%	总精度	ROC 曲线下的面积
小波压缩一次（200～400nm level1）	90.5	96.3	91.8	0.924
小波压缩二次（200～400nm level2）	90.5	96.3	91.8	0.924
筛选波段（231～317nm）	90.0	93.1	91.8	0.916
筛选波段一阶微分（231～317nm）	95.2	100	98.0	0.983
筛选波段二阶微分（231～317nm）	82.6	96.2	90.0	0.906

（五）定性模型的建立

对于验证方法的比较，本书采用交叉验证法评价算法。首先把1个样本点随机地分成 k 个互不相交的子集，即 k 折 S_1，S_2，…，S_k，每个折的大小大致相等。共进行 k 次训练与测试，即对 i=1，2，…，k 进行了 k 次迭代，第 i 次迭代的做法是，选择 S_i 为测试集，其余 S_1，…，S_{i-1}，S_{i+1}，…，S_k 为训练集根据训练集求出决策函数后，即可对测试集 S_i 进行测试，得到测试集的鉴别正确率。k 次迭代完成后，再取其平均值作为此算法的评价标准，该方法称为 k 折交叉验证。本书分别采用了两种交叉验证方法：留一交叉验证（leave-one-out cross-validation）算法，即取 k=1，以及十折交叉验证（10-fold cross-validation）算法，即取 k=10。从表 3-14 中我们可以看出两种交叉验证方法的各个指标的差异。

表 3-14　不同的交叉验证方法对鉴别率的影响

交叉验证方法	TN/%	TP/%	总精度/%	ROC 曲线下的面积
留一交叉验证算法	90.5	96.4	93.9	0.941
十折交叉验证算法	95.2	100	98.0	0.983

在系统地研究了建模波段以及数据预处理的基础上，γ 和 σ^2 的搜索范围分别设为 0.1～1000 和 0.1～1000，由于数量级相差较大，对 γ 和 σ^2 作对数处理，寻优过程与结果如图 3-25、图 3-26 所示。寻优过程由粗选和精选两个步骤组成：粗选格点数 10×10，用“·”表示，搜索步长较

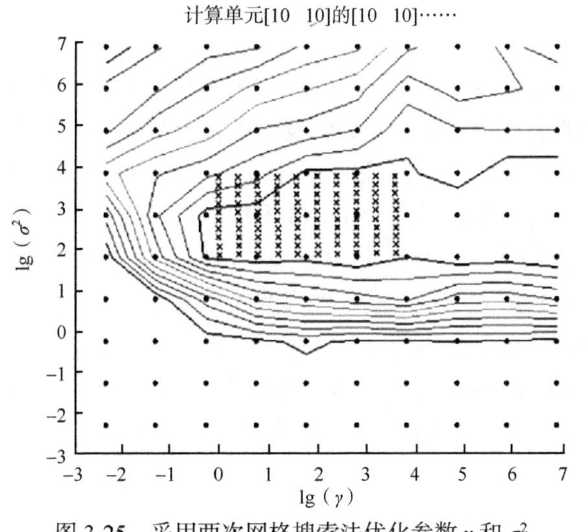

图 3-25　采用两次网格搜索法优化参数 γ 和 σ^2

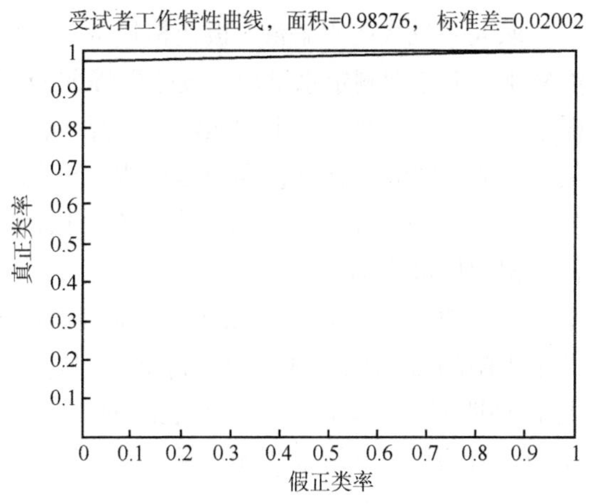

图 3-26　采用 LS-SVM 得到的 ROC 曲线

大，采用误差等高线确立最优参数范围；精选格点数仍为 10×10，用“×”表示，在粗选基础上，以较小步长更加细致地搜索。最优 γ 和 σ^2 分别为 16.5 和 10.0。TP、TN、总精度的准确率和 ROC 曲线下的面积四个参数值分别为 95.2%、100%、98.0%、0.983%[5]。

本书分别用经典的 SVM 和 LS-SVM 方法对所研究的问题作了建模和预测，SVM 分类模型也采用了 RBF 核函数。从表 3-15 可以看出，就鉴别的正确率来说，LS-SVM 与 SVM 的 TN 值相当，而对 TP 值 LS-SVM 比 SVM 高。因而，对总的正确率以及 ROC 曲线面积，LS-SVM 比 SVM 都要高；而且就运算时间来说，LS-SVM 比 SVM 要短。

表 3-15　两种建模方法的比较

方法	TN/%	TP/%	总精度/%	ROC 曲线面积
SVM	95	96.6	95.9	0.958
LS-SVM	95.2	100	98.0	0.983

本书采用径向基核函数的 LS-SVM 方法，根据中药清开灵四混中间体的紫外光谱，对 196 个样本进行了分类判别，鉴别结果满意。最小二乘支持向量机具有学习速度快、准确率高、泛化能力强等优点，可为中药注射液的生产过程质量控制提供一条有效途径。

三、中药制造过程清开灵注射液制剂四混中间体整体性、均一性快速评价方法研究

（一）仪器与材料

Agilent1100 高效液相色谱仪（美国 Agilent 公司），包括四元泵、真空脱气泵、自动进样器、柱温箱、DAD 二极管阵列检测器、HP 数据处理工作站。HP-8453 紫外-可见分光光度仪（美国 Agilent 公司）。Antaris 傅里叶变换 NIR 光谱仪（美国 Thermo Nicolet 公司）近红外光谱仪，TQAnalystV6 光谱分析软件。栀子苷对照品购自中国药品生物制品鉴定所（批号：110749-200309）。乙腈为色谱纯，购自 Fisher 公司。配制四混液所需的栀子提取液、水解液、板蓝根提取液均由指定药厂提供。

（二）样品制备与检测

取同一批次的水解液、板蓝根提取液、栀子提取液，按如下步骤配制用于建立模型的四混液样本。①分别测定水解液、板蓝根提取液和四混液中总氮含量，以及栀子提取液和四混液中栀子苷含量。②通过多批次四混液样品的测定，确定组成四混液的各指标成分含量范围：A 总氮，包括水解液的含氮量和板蓝根提取液的含氮量；B 栀子苷含量。③根据四混液中各指标成分的含量范围，配制典型的合格与不合格四混液样本，具体配制方法为：按四混液中水解液、板蓝根提取液含氮量和栀子苷含量的上下限，分别取水解液、板蓝根提取液和栀子液的三个水平（上、中、下）进行交叉组合，配制 27 种合格的四混液样本（见表 3-16），取高于上限或低于下限的 20%的三种溶液进行交叉组合，配制 14 种不合格的四混液样本（见表 3-17），以上 41 种四混液样本用于建立四混液的质量评价模型，另配制 18 种合格或不合格的四混液样本，连同取自药厂的四混液用于检验所建立模型的可靠性。

以色谱柱为 Agilent ZORBAXSB-C18（4.6mm×250mm，5mm），流动相为乙腈-水（15∶85）；流速为 1.0mL·min^{-1}，检测波长为 238nm，柱温 30℃等色谱条件，将四混液稀释 50 倍后进样量为 10μL，测定四混液中栀子苷的含量。采用凯氏定氮法测定水解液、板蓝根提取液、四混液中总氮含量。

（三）数据采集

水解液、板蓝根提取液、栀子提取液、四混液用去离子水稀释 500 倍后，以水为参比，在 200～400nm 测定 UV 谱，见图 3-27～图 3-30。四混液以板蓝根提取液为参比的 UV 谱图见图 3-31，以水解液为参比的 UV 谱图见图 3-32，以栀子提取液为参比的 UV 谱图见图 3-33，以“水解液+板蓝根提取液”为参比的 UV 谱图见图 3-34，以板蓝根提取液+栀子提取液为参比的 UV 谱图见图 3-35，以“水解液+栀子提取液”为参比的 UV 谱图见图 3-36。

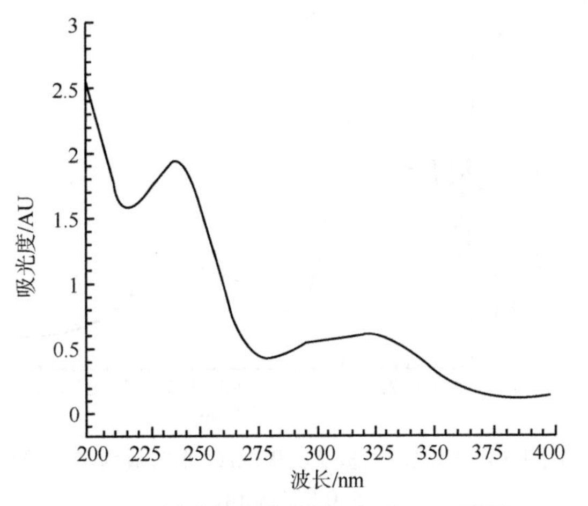

图 3-27　栀子提取液稀释 500 倍 UV 谱图

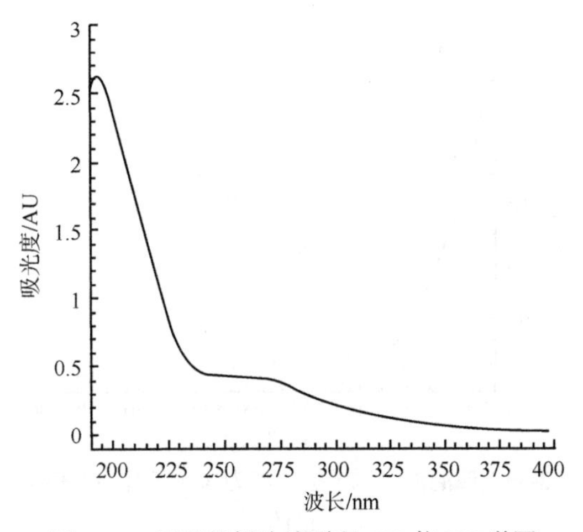

图 3-28　板蓝根提取液稀释 500 倍 UV 谱图

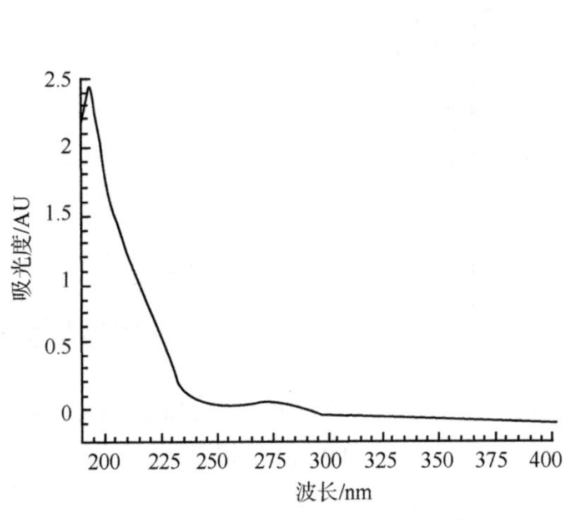

图 3-29　水解液稀释 500 倍 UV 谱图

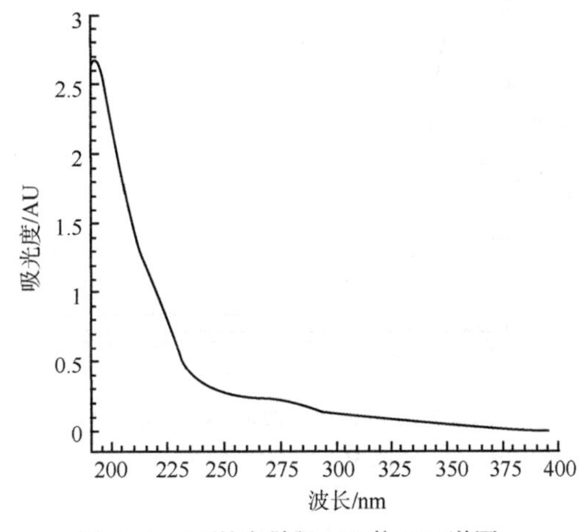

图 3-30　四混液稀释 500 倍 UV 谱图

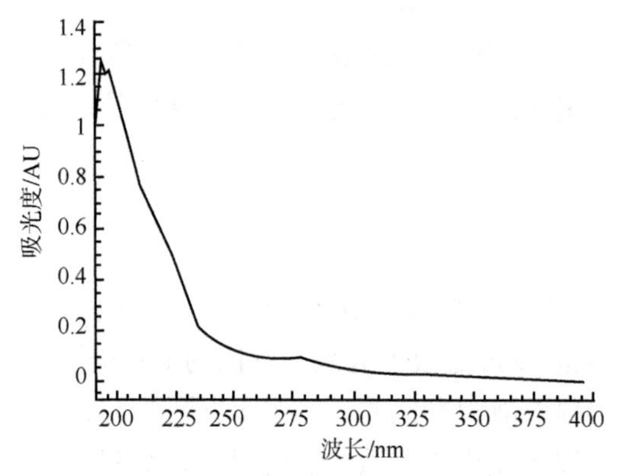

图 3-31　四混液以板蓝根提取液为参比稀释 500 倍 UV 谱图

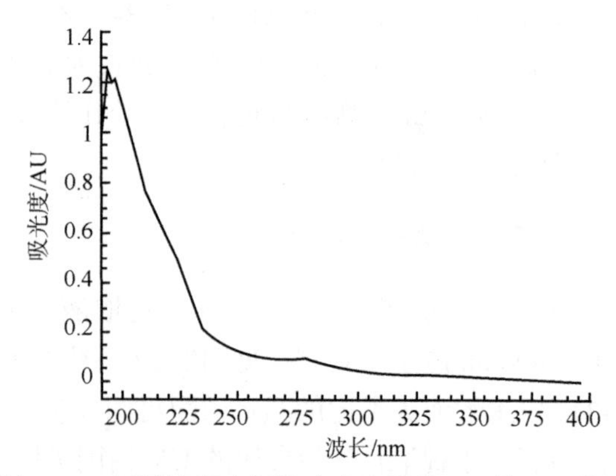

图 3-32　四混液以水解液为参比稀释 500 倍 UV 谱图

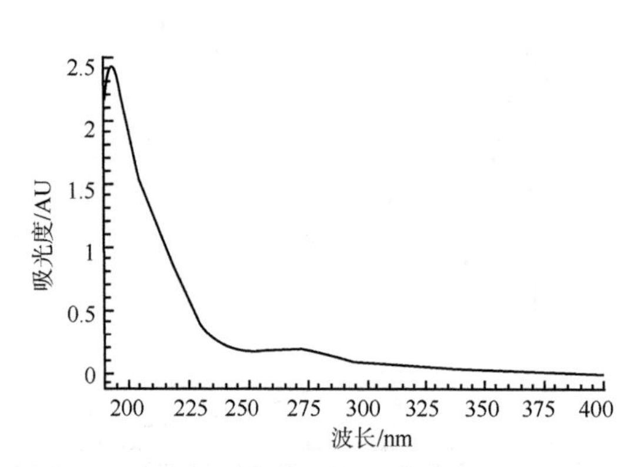

图 3-33　四混液以栀子提取液为参比稀释 500 倍 UV 谱图

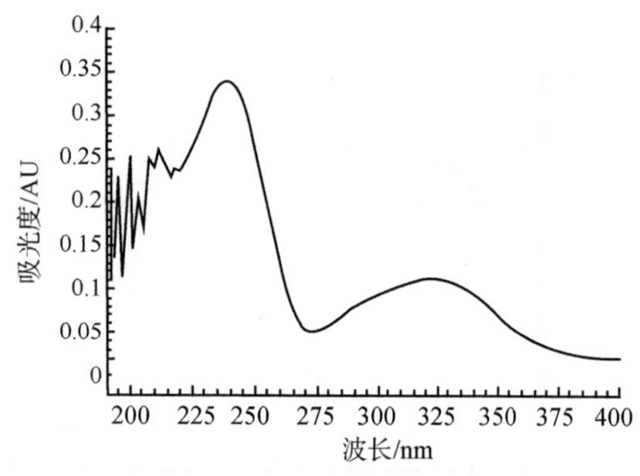

图 3-34　四混液以板蓝根提取液+水解液为参比稀释 500 倍 UV 谱图

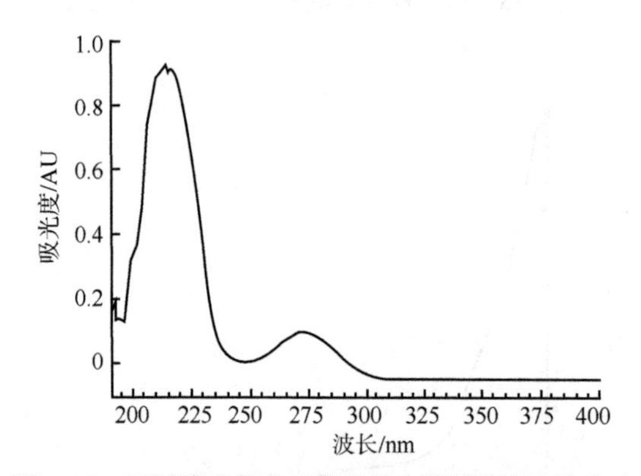

图 3-35　四混液以板蓝根提取液+栀子提取液为参比稀释 500 倍 UV 谱图

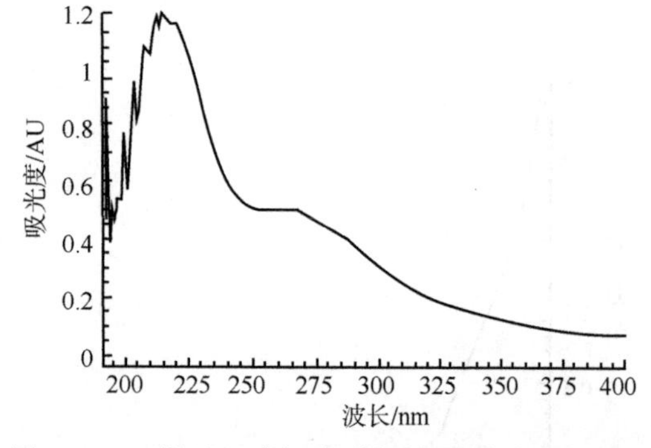

图 3-36　四混液以水解液+栀子提取液为参比稀释 500 倍 UV 谱图

（四）质量评价模型建立

取 5124 批样品，经测定栀子提取液中栀子苷的含量为 11.27mg · mL^{-1}、水解液中总氮含量为 9.04mg · mL^{-1}，板蓝根提取液中总氮含量为 8.4mg · mL^{-1}。根据四混液中栀子苷的含量范围、水解液的总氮含量范围和板蓝根提取液的总氮的含量范围，计算出 166mL 合格四混液需栀子提取液 10.65～21.3mL、水解液 80.53～88.5mL、板蓝根提取液 57.62～72.98mL。分别根据四混液中栀子苷的含量、水解液的总氮含量、板蓝根提取液的总氮含量的上中下限，计算出配制稀释 500 倍的四混液 100mL 所需各样品溶液的体积。27 种指标成分含量合格的四混液，具体配制方法见表 3-16。分别按高于四混液中栀子苷含量、水解液的总氮含量、板蓝根提取液的总氮含量的上限的 20% 和低于下限的 20% 配制 14 种指标成分含量不合格的四混液，具体配制方法见表 3-17。检验集包括药厂生产的四混液在内的共 18 种，具体配制方法见表 3-18，各样品溶液按表中数据取样，置于 100mL 容量瓶中，加去离子水稀释至刻度线。

表 3-16 27 种质量合格的四混液的配制方法及相似度检验结果

实验编号	栀子提取液/mL	板蓝根提取液/mL	水解液	相似度
1	1.28	6.9	9.7	1
2	1.92	6.9	9.7	1
3	2.57	6.9	9.7	1
4	1.28	7.8	9.7	1
5	1.92	7.8	9.7	1
6	2.57	7.8	9.7	1
7	1.28	8.8	9.7	1
8	1.92	8.8	9.7	1
9	2.57	8.8	9.7	1
10	1.28	6.9	10.2	1
11	1.92	6.9	10.2	1
12	2.57	6.9	10.2	1
13	1.28	7.8	10.2	1
14	1.92	7.8	10.2	1
15	2.57	7.8	10.2	1
16	1.28	8.8	10.2	1
17	1.92	8.8	10.2	1
18	2.57	8.8	10.2	1
19	1.28	6.9	10.7	1
20	1.92	6.9	10.7	1
21	2.57	6.9	10.7	1
22	1.28	7.8	10.7	1
23	1.92	7.8	10.7	1
24	2.57	7.8	10.7	1
25	1.28	8.8	10.7	1
26	1.92	8.8	10.7	1
27	2.57	8.8	10.7	1

表 3-17　14 种质量不合格的四混液的配制方法及相似度检验结果

实验编号	栀子提取液/mL	板蓝根提取液/mL	水解液/mL	相似度
1	1.92	7.80	7.30	0.8406
2	1.92	7.80	13.90	0.8457
3	1.92	5.20	10.20	0.7363
4	1.92	11.40	10.20	0.4975
5	0.90	7.80	10.20	0.5721
6	3.34	7.80	10.20	0.4030
7	1.92	11.40	7.30	0.4026
8	1.92	5.20	13.90	0.3910
9	3.34	7.80	7.30	0.3258
10	0.90	7.80	13.90	0.3742
11	3.34	5.20	10.20	0.5162
12	0.90	11.40	10.20	0.2845
13	3.34	11.40	7.30	0.5933
14	0.90	5.20	13.90	0.2674

表 3-18　18 种检验集四混液的配制方法及相似度检验结果

实验编号	栀子提取液/mL	板蓝根提取液/mL	水解液/mL	配制比例（合格/不合格）(T/F)	相似度	判断正确率/%
1	2.50	8.60	9.80	T	0.9303	100
2	1.30	7.00	10.60	T	0.9801	
3	2.00	8.50	7.20	F	0.6716	
4	2.00	7.20	14.00	F	0.8557	
5	2.00	5.10	10.50	F	0.7313	
6	2.00	11.50	10.00	F	0.4279	
7	0.90	7.80	10.20	F	0.5323	
8	3.40	7.80	10.20	F	0.3284	
9	2.00	11.50	7.20	F	0.3582	
10	2.00	5.00	14.00	F	0.3333	
11	3.40	7.80	7.20	F	0.2338	
12	0.90	7.80	14.00	F	0.3383	
13	3.40	5.00	10.20	F	0.4328	100
14	0.90	11.50	10.20	F	0.1990	
15	3.40	11.50	7.20	F	0.5821	
16	0.90	5.00	14.00	F	0.2139	
17	1.92	7.80	10.20	T	1	
18	2.50	7.00	9.80	T	1	

（五）模型验证

对 5124 批样品来说，27 种质量合格的四混液的实验结果见表 3-16，从表 3-16 可以看出，27 种质量合格的四混液样品中相似度均为 1。14 种质量不合格的样品的实验结果见表 3-17，不合格样品中相似度最高为 0.8457。因此，规定相似度达到 0.9000 为质量合格的四混液，相似度低于 0.9000 为不合格的四混液。18 种检验集样品的实验结果见表 3-18，判断正确率达 100%，说明该方法判断四混液的质量准确、可靠。

四、中药制造过程清开灵注射液制剂六混中间体合格品紫外光谱信息判别研究

该研究利用 UV 光谱能够反映样品整体性质的特点，根据六混液中指标成分含量的上下限，配制具有代表性的合格六混液样本，分别测定 UV 光谱，经过一阶导数变换，选择富含六混液信息的紫外光谱区域，确定合格样本各波长点一阶导数值的范围，根据未知样本的测定结果与该范围的匹配程度，即相似度，评价未知样本的质量。通过验证，该方法准确、快速，可用于清开灵注射液生产过程中间体六混液的在线质量控制。

（一）仪器与材料

栀子苷对照品购自中国药品生物制品鉴定所（批号：110749-200309）。胆酸对照品购自中国药品生物制品鉴定所（批号：724-9104）。六混液及配制六混液所需的栀子提取液、水解液、板蓝根提取液均由指定药厂提供。乙腈为色谱纯，购自 Fisher 公司。磷酸为分析纯，购自北京化工厂有限责任公司。氢氧化钠为分析纯，购自公司北京化工厂有限责任公司。

Agilent1100 高效液相色谱仪（美国 Agilent 公司），包括四元泵、真空脱气泵、自动进样器、柱温箱、DAD 二极管阵列检测器、HP 数据处理工作站。HP-8453 紫外-可见分光光度仪（美国 Agilent 公司）。

（二）样品制备与检测

取同一批次的水解液、板蓝根提取液、栀子提取液和六混液，按如下步骤配制用于建立模型的六混液。①分别测定水解液、板蓝根提取液和六混液中总氮含量，栀子提取液和六混液中栀子苷含量，六混液中胆酸含量。②通过多批次六混液样品的测定，确定组成六混液的各指标成分的含量范围：A 总氮，包括水解液的含氮量和板蓝根提取液的含氮量；B 栀子苷含量；C 胆酸含量。③根据六混液中各指标成分的含量范围，配制典型的合格六混液与不合格六混液样本，具体配制方法如下。A 合格六混液的配制：取已知指标成分含量的六混液样品，以一定浓度的组成液（水解液、板蓝根提取液、栀子提取液、胆酸水溶液）为参比，使测得的某个指标成分含量达到六混液中该指标成分含量的下限，即为反映该指标成分含量下限的样品；向六混液中加入一定浓度的组成液（水解液、板蓝根提取液、栀子提取液、胆酸水溶液），使测得的某个指标成分含量达到六混液中该指标成分含量的上限，即为反映该指标成分含量上限的样品，按六混液中水解液的含氮量、板蓝根提取液的含氮量、栀子苷含量和胆酸含量每个指标成分的上下限两个水平，进行交叉组合，配 16 种指标成分含量合格的典型的六混液，具体配制方法见表 7-1；B 不合格六混液样本的配制：按指标成分含量高于上限或低于下限的 20% 作为不合格的范围，取已知指标成分含量的六混液样品，以一定浓度的组成液（水解液、板蓝根提取液、栀子提取液、胆酸水溶液）为参比，使测得的某个指标成分含量低于下限的 20%，即为反映该指标成分含量不合格的样品；向六混液中加入一定浓度的组成液（水解液、板蓝根提取液、栀子提取液、胆酸水溶液），使测得的某个指标成分含量高于上限的 20%，即为反映该指标成分含量不合格的样品，按水解液的含氮量、板蓝根提取液的含氮量、栀子苷含量和胆酸含量的低于下限或高于上限两个水平，进行交叉组合，配制 16 种指标成分含量不合格的六混

液，具体配制方法见表 7-2，另配制 10 种合格或不合格的六混液用于检验，取自药厂的六混液也用于检验模型的准确性。

猪去氧胆酸不作为六混液质量控制成分，配制过程中所用的去离子水需经氢氧化钠溶液调至 pH=10。

（三）数据采集

六混液稀释 250 倍后，UV 一阶导数光谱在 190～400nm 的吸光度范围适合建模，因此选择各样品的稀释倍数为 250 倍。六混液的 UV 光谱图见图 3-37，其一阶导数光谱图见图 3-38。

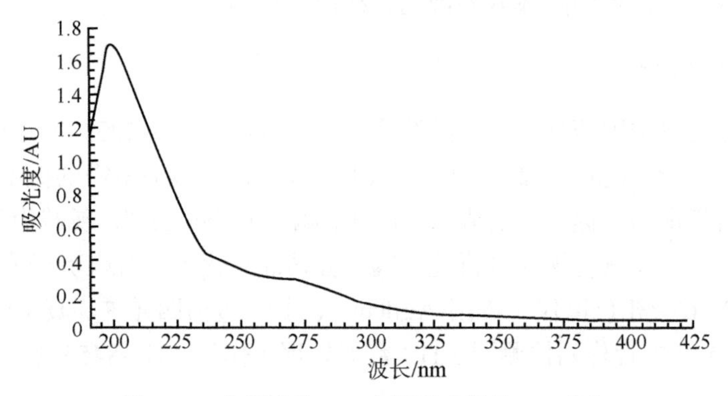

图 3-37　六混液的 UV 光谱图（稀释 250 倍）

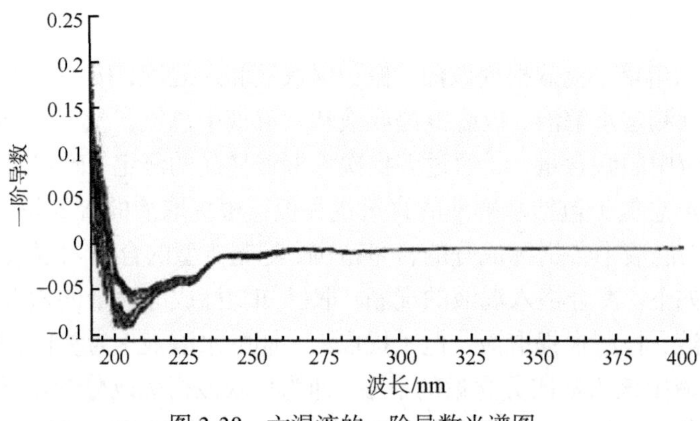

图 3-38　六混液的一阶导数光谱图

（四）光谱预处理

六混液的 UV 一阶导数光谱图在起始波段噪声较大，而末端波段的响应值太低，故最终选择 231～317nm 的数据进行分析。

（五）质量评价模型建立

用于建立合格六混液导数光谱范围的 64 个样本的相似度均为 1。另外 90 个检验集样本中，首先选取 60 个样本在验证该检测方法的同时（结果见表 3-19），还要确立合格与不合格六混液相似度的分界值（图 3-39）。从图中可以看出，60 个样本中合格样本误判 1 个，不合格样本误判 2 个，误判率为 5.00%，分界值为 0.86。余下 30 个样本对该检测方法及分界值的检验结果见表 3-20，误判率为 0.00%。综合分析，合格与不合格六混液相似度分界值定为 0.86，误判率为 3.33%。结果表明该方法用于六混液质量评价准确、可靠。

表 3-19　60 个检验集样本的相似度检验结果

样本属性（合格/不合格）（T/F）	相似度	相似度判断结果（T/F）	样本属性（合格/不合格）（T/F）	相似度	相似度判断结果（T/F）
T	0.9195	T	F	0.3333	F
T	0.8851	T	F	0.2529	F
T	1	T	F	0	F
T	0.8851	T	F	0.8506	F
F	0.8506	F	F	0.8161	F
F	0.7012	F	T	0.9885	T
F	0.7586	F	T	1	T
F	0.9540*	T*	T	0.7126*	F
F	0.5287	F	F	0.7586	F
T	1	T	F	0.7012	F
T	1	T	F	0.7241	F
F	0.8506	F	F	0.3563	F
F	0.6782	F	F	0.2989	F
F	0.3563	F	F	0.7356	F
T	1	T	F	0.2989	F
F	0.6897	F	F	0.4598	F
F	0.7701	F	F	0.5862	F
F	0.3103	F	F	0.4713	F
F	0.1379	F	F	0.1839	F
F	0.6322	F	F	0.4483	F
F	0.6207	F	F	0.9425*	T*
F	0.5747	F	F	0.7816	F
F	0.2184	F	F	0.6897	F
F	0.5747	F	F	0.8391	F
F	0.0920	F	F	0.7356	F
F	0.0690	F	F	0.5747	F
T	1	T	F	0.7701	F
F	0.7241	F	F	0.6667	F
F	0.6897	F	F	0.0575	F
F	0.7816	F	F	0.3218	F

注：带“*”为误判样本。

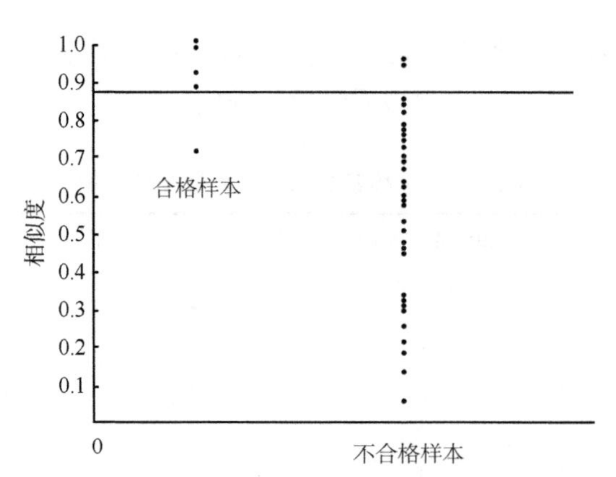

图 3-39　60 个检验集样本的相似度判断结果

表 3-20　30 个检验集样本相似度检验结果

样本属性（合格/不合格）（T/F）	相似度	相似度判断结果（T/F）	样本属性（合格/不合格）（T/F）	相似度	相似度判断结果（T/F）
F	0.5977	F	F	0.5747	F
F	0.6322	F	F	0.7241	F
F	0.3678	F	T	1	T
F	0.3678	F	T	1	T
F	0.1609	F	F	0.7126	F
F	0.4943	F	F	0.5747	F
F	0.7126	F	F	0.6897	F
F	0.4828	F	F	0.5402	F
F	0.5747	F	F	0	F
F	0.8046	F	F	0.2529	F
F	0.8161	F	F	0.2978	F
T	1	T	F	0.4713	F
T	1	T	F	0.0345	F
F	0.7471	F	F	0.2644	F
F	0.5058	F	T	1	T

五、中药制造过程清开灵注射液制剂六混中间体合格品紫外光谱信息 SVM 方法判别研究

该研究采用径向基核函数的 SVM 方法，根据中药清开灵六混中间体的紫外光谱，对四个单批次以及其混合批次的样本进行了分类判别。在优化的参数条件下，对这些样本的鉴别取得了满意的结果。这表明 SVM 具有学习速度快、准确率高、泛化能力强等优点，可为中药注射液的生产过程质量控制提供一条有效途径[6]。

（一）仪器与材料

1100 型高效液相色谱仪（美国 Agilent 公司），包括：四元泵、真空脱气泵、自动进样器、柱温箱、DAD 二极管阵列检测器、HP 数据处理工作站。HP-8453 紫外-可见分光光度仪（美国 Agilent 公司）。PHS-3C 精密 pH 计（上海雷磁科学仪器厂）。栀子苷对照品（批号 110749-200309）、胆酸对照品（批号 078-9312）及猪去氧胆酸对照品（批号 724-9104）均购自中国药品生物制品检定所。六混中间体及配制六混中间体所需的栀子提取液、水解液、板蓝根提取液均由指定药厂提供。乙腈（Fisher 公司）为色谱纯，磷酸（天津市天大化学试剂厂）、氢氧化钠（北京化工厂有限责任公司）均为分析纯，水为去离子水。

（二）样品制备与检测

六混中间体中胆酸、栀子提取液和栀子苷的含量测定分别按 2005 年版《中华人民共和国药典》清开灵注射液中胆酸和栀子苷的定量方法进行。水解液、板蓝根提取液及六混液中总氮的含量测定按 2005 年版《中华人民共和国药典》附录 IXL 氮测定法第一法进行。根据六混中间体中各指标成分（总氮、栀子苷、胆酸）含量的上下限，配制合格与不合格的六混中间体。

图 3-40 和图 3-41 分别为对照品栀子苷和胆酸水溶液的紫外吸收光谱图，最大吸收波长分别为 237nm 和 200nm。

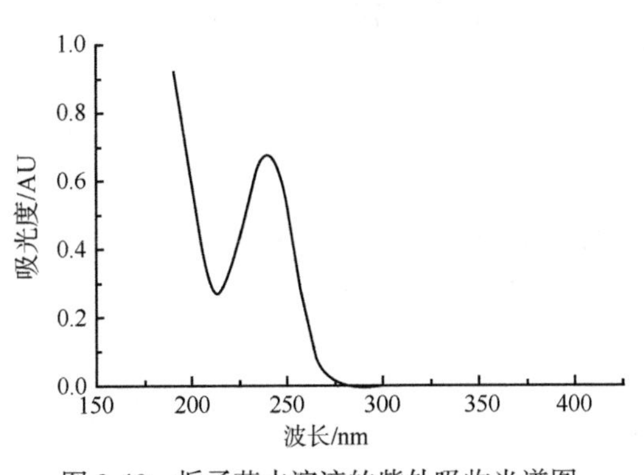

图 3-40　栀子苷水溶液的紫外吸收光谱图（$0.028mg \cdot mL^{-1}$）

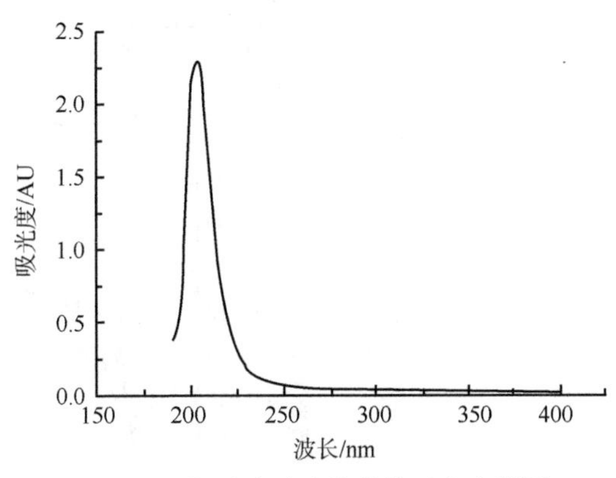

图 3-41　胆酸水溶液的紫外吸收光谱图（$7.736mg \cdot mL^{-1}$）

（三）数据采集

清开灵六混中间体四个批次共计 75 个合格样本和 72 个不合格样本。光谱波长扫描范围为 190～400nm，每隔 1nm 采集 1 个数据点。为了验证数学模型的可靠性和预报能力，本书采用留一交叉验证法，这样每个样品作为检验样本 1 次，作为训练集样本 $n-1$ 次。

（四）数据处理软件

本工作中使用上海大学化学系计算机化学研究室编制的支持向量机软件 Chem SVM，用径向基函数作为核函数。将已知合格和不合格清开灵注射液的输出类别编码分别设为 1、2，再与其对应的导数 UV 光谱数据一起以文本文件的形式输入 Chem SVM 软件。函数运算开始时，需输入标准化范围，然后对数据进行归一化处理。函数运算每完成一次就要调整参数一次，直到达到最大的鉴别正确率为止。

（五）光谱波段选择与预处理

由于紫外光谱的全谱包含了大量冗余信息，影响建模的准确度，因此需要对波长变量进行选择。在相同光谱预处理条件下，波段选择有利于模型预测精度。从图 3-42 给出的批次 No.6103 的 33 个样本看，由于 190～230nm 波段包含末端吸收，因而噪声较大，而在 318～400nm 范围内，响应较低，吸光度较小，很难找出谱图之间的差别，所以选择波长 231～317nm 作为本实验研究范围。在此波长范围内的平滑和一阶导数光谱如图 3-43 所示。

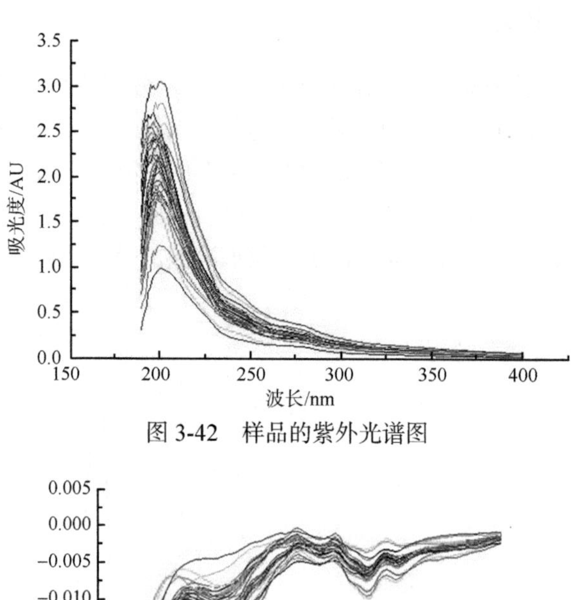

图 3-42 样品的紫外光谱图

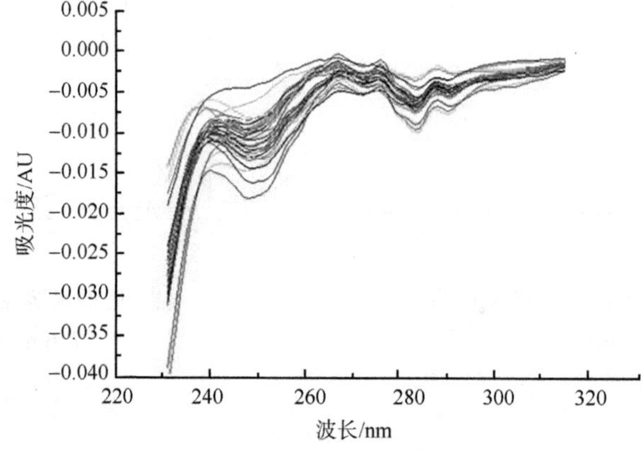

图 3-43 平滑和一阶导数得到的紫外光谱图（231～317nm）

本书对一阶微分和 Daubechies 小波变换压缩数据预处理方法做了比较。以批次 No.6105 为例，不同光谱预处理下的模型预测性能见表 3-21。为了减少噪声的影响，我们首先将光谱数据用 Savizky-Golay 方法做了平滑。从中可见，平滑与一阶微分光谱相结合的预处理效果较好。

表 3-21 不同的预处理方法对模型准确率的影响

预处理方法	准确率
SG+一阶微分	95.4%
SG+一阶微分+小波变换压缩 1 次	93.0%
SG+一阶微分+小波变换压缩 2 次	93.0%

（六）定性模型的建立

核函数的类型是一个很重要的参数。在支持向量分类问题中，常用径向基核函数，其表达式形式为：$y=\exp(-\gamma^* \mid \mu-v \mid 2)$，其中 γ 是核函数的参数，它控制着径向基函数的振幅，因而控制着支持向量机的泛化能力；μ 和 v 是两个独立的变量。以 No.6105 的样本为例，我们考察了在 0～12 之间，γ 值对鉴别正确率的影响情况。如图 3-44 所示，参数 γ 值在 0～2 之间鉴别正确率是先减小再增大；γ 值在 2.1～6.7 之间，鉴别正确率最高，达到 95.4%；而 γ 值在 6.8～12 之间，鉴别正确率又降低。在这里，我们选择了 γ=2.1 作为分类模型的径向基核函数参数输入值。

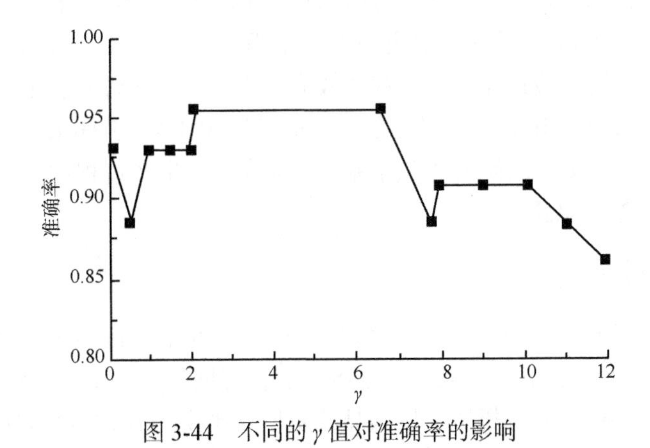

图 3-44　不同的 γ 值对准确率的影响

惩罚参数 C 表示对超出 ε 管道的样本的惩罚，C 越小，惩罚就越小，从而使训练误差变大，而由结构风险最小化原则，系统的结构风险受限于经验风险和置信范围之和，因此大的训练误差会导致大的结构风险，系统的泛化能力变差；C 值太大，与置信范围相关的权重相应变小，使得系统的泛化能力下降，因此 C 的选择对系统的泛化能力有重要影响。我们考察了在 5～100 之间，C 值对鉴别正确率的影响情况。如图 3-45 所示，C 值在 5～20 之间，鉴别准确率迅速减小，C 值在 20～100 之间，鉴别准确率不再发生变化。在这里，我们选择了 C=5 作为分类模型的惩罚参数输入值。

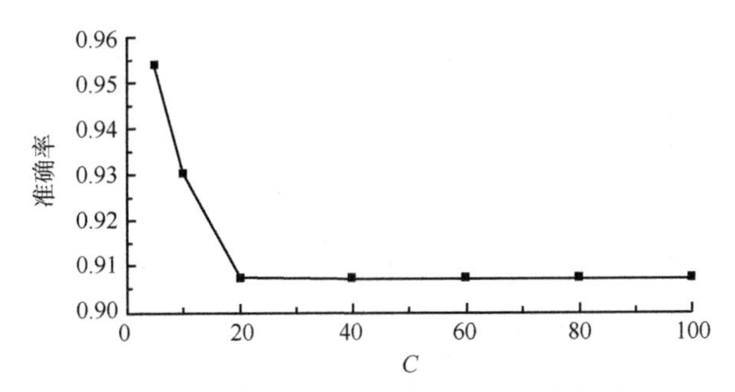

图 3-45　不同的惩罚参数对准确率的影响

在前面系统地研究了 SVC 径向基参数 γ 和惩罚参数 C 对分类正确率影响的基础上，本书得到了优化参数。在所选定的优化参数下，对 231～317nm 波段的 UV 光谱进行处理，得到的结果列于表 3-22 中。

表 3-22　不同批次清开灵所对应的结果和参数

批次	6103	6105	6108	6109	四批次
样本编号	33	43	37	34	147
C	10	5	10	10	10
γ	1	2.1	1	1	1
正确率	100%	95.4%	97.3%	100%	97.3%

六、中药制造过程国公酒提取液中间体橙皮苷紫外光谱信息定量分析研究

国公酒的生产工艺是将三十味药材与适量的红糖和蜂蜜用白酒回流提取三次，第一次40min，第二、三次各30min，滤过，合并滤液，静置3～4个月，吸取上清液，滤过，灌封。生产中由于温度较高，提取液过于混浊，基体效应严重，因此本研究制定的两个在线检测点分别定在提取液过滤合并之后和成品灌封之前。本研究应用UV与HPLC相关分析法实现了橙皮苷的快速定量，为进一步深入研究奠定了基础，也为中药生产过程中多种药材混合提取液的在线质量分析提供了参考思路。

（一）仪器与材料

Agilent-1100高效液相色谱仪：包括在线脱气机，四元泵，自动进样器，柱温箱，二极管阵列检测器，Agilent化学工作站。Agilent-8453紫外-可见分光光度计。SartoriusBP211D型电子天平。橙皮苷对照品购自中国药品生物制品检定所（批号：110721-200512）。乙腈为色谱纯，其他试剂均为分析纯。国公酒样品由同仁堂药酒厂提供。

（二）样品制备与检测

本研究对国公酒基酒、按处方量配制的红糖溶液（稀释20倍）、蜂蜜溶液（稀释20倍）以及去除含橙皮苷的4味药材制成的阴性溶液的紫外光谱进行了比较，光谱图见图3-46。由图可知红糖溶液的紫外吸收很大，去除含橙皮苷的4味药材制成的阴性溶液的紫外光谱图与其基本一致。由于制备去除含橙皮苷4味药材的阴性溶液工艺烦琐，且多批阴性溶液的紫外吸收差异较大，因此本书选取了按处方量配制的稀释20倍后的红糖溶液作为紫外测定时的参比溶液。

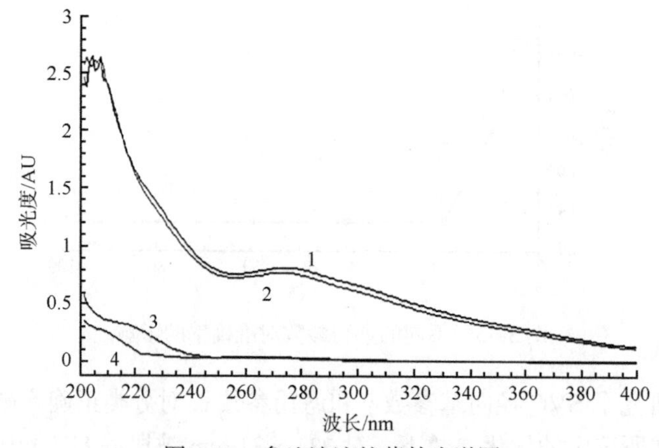

图3-46　参比溶液的紫外光谱图

1. 阴性溶液；2. 红糖溶液（稀释20倍）；3. 蜂蜜溶液（稀释20倍）；4. 国公酒基酒

为保证尽量扣除红糖对紫外光谱的干扰，本研究选取国公酒稀释 20 倍后的溶液作为供试品溶液。从图 3-47 可以看出供试品溶液与橙皮苷对照品溶液吸收峰位置相同，均在 284nm，且多批样品的吸光度在 0.2～0.5 之间，符合定量要求。

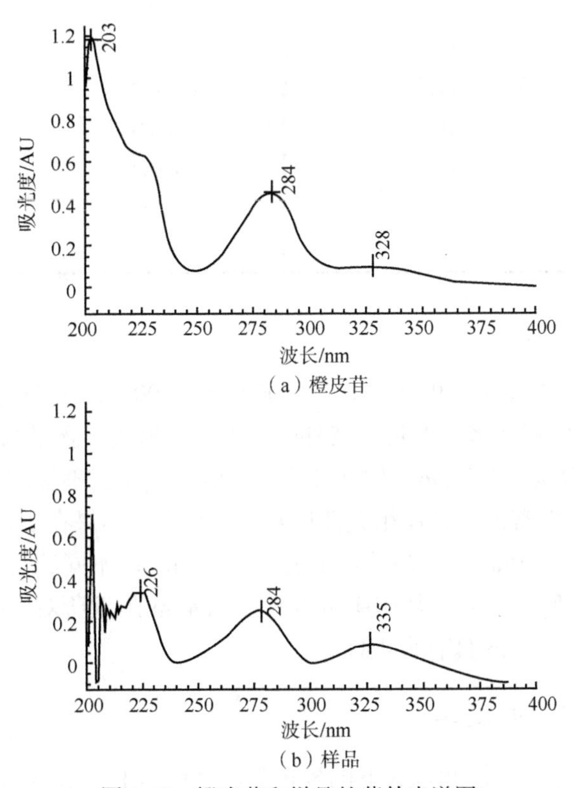

图 3-47　橙皮苷和样品的紫外光谱图

（三）含量测定

对 33 批号的国公酒样品进行了含量测定，为快速定量方法提供了准确的参考数据。33 批国公酒样品的含量测定结果见表 3-23。

表 3-23　33 批国公酒样品的含量测定结果（n=2）

批号	橙皮苷含量/（μg・mL^{-1}）	批号	橙皮苷含量/（μg・mL^{-1}）
1183050	151.7	4180004	151.8
1184022	162.1	4180005	139.9
1189078	131.5	4180035	151.2
2189008	124.6	4180070	141.0
2189009	123.3	4180087	143.6
2189011	149.1	4180098	146.2
3180060	141.8	4121049	149.1
3180062	138.0	5011002	144.9
3180065	134.0	5011003	141.0

续表

批号	橙皮苷含量/（μg · mL⁻¹）	批号	橙皮苷含量/（μg · mL⁻¹）
5011004	163.1	5180069	161.0
5021005	141.3	5180070	149.5
5021006	135.6	5180071	147.1
5031007	133.2	5180072	144.4
5031009	164.5	5180073	146.6
5041010	156.9	5180074	150.5
5041012	176.0	6041018	143.8
5180068	156.6		

（四）波长点的选择

取批号 5011003、5011004、5021005、5031007、5031009 的五批样品，进行含量与吸光度值之间的相关性分析，发现在多个波长下紫外吸光度值和橙皮苷含量都具有良好的相关性，其中 398nm 的相关系数最大，为 0.96，但此波段的吸收值过小，不能满足定量要求。因此，结合橙皮苷对照品的 UV 光谱，来寻找相关性最好的波长点，结果在 284nm 处相关性最好，相关系数为 0.91。以 225～400nm 的 176 个波长点为横坐标，以不同波长点的所对应的相关系数为纵坐标，作图，结果见图 3-48。从图中可以看出 284nm 附近所对应的相关系数较大，且曲线较为平滑，说明选择 284nm 具有合理性。

（五）UV 定量方程的建立

取 22 批国公酒样品，测定 284nm 下的校正吸收度值与 HPLC 测得的样品中橙皮苷含量，进行相关性分析，得到橙皮苷含量的预测方程：

$$C_{橙皮苷}(\mu g \cdot mL^{-1}) = 347.4 \times A_{284nm} + 56.29 \qquad (r=0.9160,\ n=22)$$

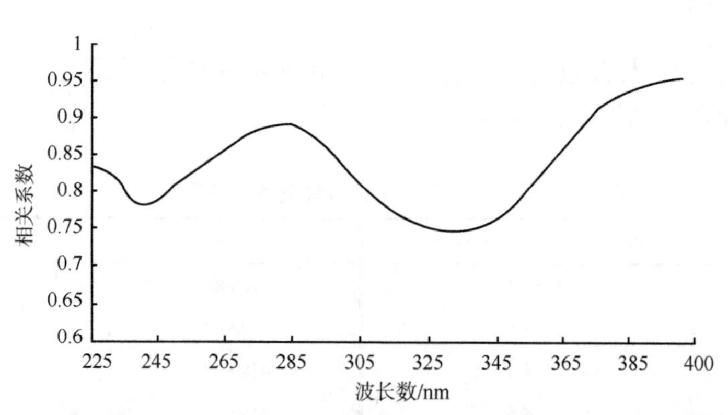

图 3-48　国公酒中橙皮苷含量（HPLC 法测得）和紫外吸光度值之间相关系数-波长图

（六）紫外法测定橙皮苷含量方程的检验

应用 HPLC 法和 UV 法对 11 批国公酒中的橙皮苷进行含量测定，结果及偏差见表 3-24。数据表明，UV 法测定结果同 HPLC 测定结果具有较好的一致性，表明紫外预测方程较准确，能满足橙皮苷快速定量的要求。

表 3-24　UV 法与 HPLC 法橙皮苷含量测定结果比较

批号	橙皮苷含量（HPLC）/（μg/mL）	橙皮苷含量（UV）/（μg/mL）	偏差	相对偏差	平均相对偏差
1183050	151.7	156.2	4.5	3.0	
2189009	123.3	136.8	13.5	10.9	
3180060	141.8	148.3	6.5	4.6	
3180065	134.0	149.7	15.7	11.7	
4121049	149.1	152.8	3.7	2.5	
4180004	151.8	148.7	−3.1	2.0	5.5
4180070	141.0	148.3	7.3	5.2	
4180087	143.6	136.1	−7.5	5.2	
5180071	147.1	153.3	6.2	4.2	
5180072	144.4	151.1	6.7	4.6	
6041018	143.8	135.1	−8.7	6.0	

实验研究表明，在国公酒的 HPLC 谱图中，按面积百分比法计算，橙皮苷色谱峰的峰面积约占总峰面积的 30%，采用 UV 检测方法实际上控制的是 HPLC 色谱图中所有色谱峰总和，在橙皮苷符合要求的同时亦对其他峰进行了控制，从而间接反映了产品的质量，符合在线质量控制的思想[7]。

参考文献

[1] 黄君礼，鲍治宇. 紫外吸收光谱法及其应用[M]. 北京：中国科学技术出版社，1992.

[2] Bostijn N，Hellings M，van der Veen M，et al. In-line UV spectroscopy for the quantification of low-dose active ingredients during the manufacturing of pharmaceutical semi-solid and liquid formulations[J]. Anal. Chim. Acta，2018，1013：54-62.

[3] 李昌厚. 紫外可见分光光度计[M]. 北京：化学工业出版社，2005.

[4] 高晓燕，李娜，范强，等. 清开灵注射液生产过程中金银花提取液的在线质量控制方法研究[J]. 光谱学与光谱分析，2006，26（5）：904-907.

[5] 高晓燕. 清开灵注射液生产在线检测与质量评价方法研究[D]. 北京：北京中医药大学，2006.

[6] 朱向荣，李娜，史新元，等. 支持向量机与紫外光谱用于鉴别清开灵注射液六混中间体[J]. 光谱学与光谱分析，2008，28：1626-1629.

[7] 朱向荣. 化学计量学方法在清开灵注射液与国公酒光谱分析中的应用研究[D]. 北京：首都师范大学，2008.

第四章　中药制造近红外光谱信息学

第一节　近红外光谱信息基础

一、近红外光谱信息的发展及特点

近红外（NIR）光谱区域按照美国材料试验协会（American Society of Testing Materials，ASTM）定义是指波长在 780～2526nm 范围内的电磁波，是人们最早发现的非可见光区域，距今已有两百多年的历史[1]。Brackett 测得第一张高分辨的 NIR 光谱图，并对有关基团的光谱特征进行了解释，预示着近红外光谱有可能作为分析技术的一种手段得到应用。Kaye 于 20 世纪 50 年代研制出能准确得到 NIR 谱图的仪器。1960 年，Kaye 综述了 20 世纪 50 年代 30 篇关于经典的 NIR 分析在定量分析中应用的报告，大部分是关于液体中水、乙醇或苯等含量的测定。相较于（中）红外光谱技术，近红外区域内谱带重叠严重，低吸收系数又使近红外光谱技术对仪器的噪声要求十分苛刻。因此，20 世纪 60 年代中期，随着（中）红外光谱技术的迅速发展，NIR 分析进入了一个沉默的时期，除在农副产品分析中开展一些工作外，几乎没有开拓新的应用领域。随后，简易型近红外光谱仪器的出现以及 Norris 等在近红外光谱漫反射技术上所做的大量工作，掀起了近红外光谱应用的一个小高潮，近红外光谱在测定农副产品（包括谷物、饲料、水果、蔬菜、肉、奶、蛋等）得到了广泛的应用，并提出采用多元校正方法处理谱峰重叠严重的 NIR 图，成功地建立了 NIR 定量分析技术。80 年代后期，随着计算机技术的迅速发展，带动了分析仪器的数字化和化学计量学学科的发展，通过化学计量学方法在解决光谱信息提取及背景干涉方面取得良好效果，NIR 在各领域中的应用研究陆续展开，限制 NIR 应用的吸收弱、谱带复杂、重叠多等瓶颈问题逐步得到了解决。在诸多因素的推动下，近红外光谱分析技术得到迅速推广，成为一门发展最快、引人注目的分析技术，在众多领域内的研究及应用文献几乎呈指数增长。

二、近红外光谱基本原理

NIR 光谱主要是由 C—H、N—H 和 O—H 等含氢基团的倍频与组合频的吸收谱带组成。近红外光谱的产生与强度主要取决于样品分子的非谐性，而非谐性最高的化学键是含有最轻原子，即氢原子的化学键，因此与 X—H 官能团有关的谱带在近红外光谱中占有主导地位。

当辐射光通过具有红外吸收特性的物质时，物质分子将吸收相应的能量而产生能级跃迁。其中频率相同的光和基团将发生共振现象，光的能量通过分子偶极矩的变化传递给分子；若光的频率和样品的振动频率不相同，该频率的光就不会被吸收。通常分子基频振动产生的光谱位于中红外区域，分子振动能级跃迁所产生的倍频和组合频位于近红外波段。因此，选用连续改变频率的 NIR 光照射待测对象时，由于分子对不同频率 NIR 光的选择性吸收，通过待测对象后的 NIR 光线在某些波长范围内变弱，而在另外一些波长范围内变强，这样透射的红外光线就携带有机物组分和结构的信息。通过分析透射或反射光线的光密度，从而确定该组分的组成和含量。

近红外光谱主要有两种形式，即透射光谱和漫反射光谱。光谱形式的选择主要依据具体的样品状态，液态样品（如液体制剂、提取液等）常采用透射方式，而固体样品（如药材粉末、片剂、颗粒剂等）一般采用漫反射方式。不同的光谱形式所对应的数学表达式是不同的。

（一）近红外透射光谱测量原理

进行近红外透射分析时，一般将样品放于玻璃或石英样品池中，或采用浸透式光纤探头进行测量，其基本原理均是近红外光透过固定光程的样品后，载有一定的样品信息到达检测器。对于均匀澄清无散射效应的液体样品来说，测量得到的吸收光谱符合朗伯-比尔定律（4-1），特定波长下的光谱吸收强度主要与光程有关。

$$A = \lg\frac{I_0}{I_t} = \lg\frac{1}{T} = a_i c_i l \tag{4-1}$$

式中，A 为吸光度；I_0 为入射光强度；I_t 为出射光强度；T 为透射率；a_i 为组分 i 的吸光系数；c_i 为组分 i 的浓度；l 为光程。

（二）近红外漫反射光谱测量原理

漫反射光是分析光进入样品内部后，经过多次反射、折射、衍射、吸收后返回表面的光。采集固体样品的漫反射光谱可采用普通漫反射附件、积分球或者漫反射光纤探头。漫反射光是分析光和样品内部分子发生了相互作用后的光，因此不仅负载了样品的组成信息，也包含了样品的结构信息。在进行化学成分测定时，其样品粒径的大小和分布等物理因素均对漫反射光的强度有一定的影响，因而漫反射光的强度与样品组分的含量并不符合朗伯-比尔定律。

近红外漫反射光谱定量分析时采取简化模型，以消除规则反射与透射的影响：用足够厚的样品，使透射光可忽略；仪器检测用的特殊的设置方式，可消除规则反射光对测定的影响。因此，我们在对漫反射光谱定量分析理论讨论中可以只考虑样品对光的吸收与散射。

下面引入以下几个光谱参数。K 为样品的吸光系数，其含义与透射光谱的吸收系数相当，取决于样品的化学组成；S 为散射系数，表示由于样品对光的散射，光在样品中经过单位光程后的衰减程度，取决于样品的物理特性；R 为漫反射率，是出射光与入射光的比率。当样品层为无穷厚（实际上样品厚度只需 1mm 左右即可）时，得样品无穷厚度绝对漫反射率：

$$R'_\infty = 1+\frac{K}{S}-\left[\left(\frac{K}{S}\right)^2+2\times\left(\frac{K}{S}\right)\right]^{1/2} \tag{4-2}$$

R'_∞ 为样品厚度无穷大时的绝对漫反射率。由于 R'_∞ 不易测定，实际应用中测定相对漫反射率，即以一个在近红外区域无吸收的材料作为参比，如 $BaSO_4$，参比材料的 $R'_\infty \approx 1$，$K \approx 0$，可得到待测样品厚度无穷大时的相对漫反射 R_∞。

$$R_\infty = \frac{R'_{\infty,\text{样品}}}{R'_{\infty,\text{参比}}} \approx 1+\frac{K}{S}-\left[\left(\frac{K}{S}\right)^2+2\times\left(\frac{K}{S}\right)\right]^{1/2} \tag{4-3}$$

R_∞ 与样品中的组分浓度不成线性关系，常用的用以表示 R_∞ 与组分含量呈线性关系的函数有两种，即反射吸光度与 Kubelka-Munk 函数。

1. 漫反射吸光度

反射吸光度 A 的定义与透射光谱吸光度相似，有

$$A=\log\left(\frac{1}{R_\infty}\right)=-\log\left\{1+\frac{K}{S}-\left[\left(\frac{K}{S}\right)^2+2\times\left(\frac{K}{S}\right)\right]^{1/2}\right\} \tag{4-4}$$

由上式可以看出，漫反射体的反射吸光度 A 与 K/S 的关系为一对数曲线。在一定的 K/S 范围内，A 与 K/S 的关系可以线性表示为

$$A=a+b\times KS \tag{4-5}$$

对于只含一种组分的样品，当样品浓度不高时，吸光系数 K 与样品浓度 C 成一定比例。

$$K=\varepsilon\times C \tag{4-6}$$

其中，ε 为摩尔吸光系数。因此，若 S 为常数（保持 S 不变），并把式（4-5）和式（4-6）中的 S 及 ε 等有关常数都包含到 b 中，则式（4-5）可写为

$$A=a+b\times C \tag{4-7}$$

即漫反射吸光度 A 与样品浓度 C 呈线性关系。但漫反射吸光度 A 与浓度 C 的线性关系只有在散射系数 S 保持不变，以及前述样品的粒度合适，透射光、规则反射光及仪器光谱特性的影响可以不计等各个条件满足时才能成立，这是近红外漫反射光谱分析法从样品制备到数据处理的全过程中必须注意的。此外，线性方程（4-7）是由拟合得到的，样品的浓度范围不能很大，A 与 C 的线性关系中存在一个截距 a，这是与透射光谱比尔定律的重要差别。在比尔定律中，A 与 C 不仅为线性关系，而且是成比例的（截距等于 0）；在漫反射光谱中，截距 a、斜率 b 以及线性程度都与样品的浓度范围有关。当样品浓度较高时，可在较宽的浓度范围内保持较好的线性关系，但此时 a 较大，b 较小，用于测定时灵敏度较低；当样品浓度较低时，a 较小，b 较大，即用于测定样品时可以得到较高的灵敏度，这对于测定低浓度样品是有利的。

2. Kubelka-Munk 函数

将式（4-3）变形，得到

$$\frac{K}{S}=\frac{(1-R_\infty)^2}{2\times R_\infty} \tag{4-8}$$

将式（4-8）右侧定义为一个函数，这个函数称为 K-M 函数。

$$F(R_\infty)\equiv\frac{(1-R_\infty)^2}{2\times R_\infty}=\frac{K}{S} \tag{4-9}$$

当样品散射系数 S 为一常数时，在某一波长处，K-M 函数与吸收系数 K 成正比，亦即与样品浓度成正比，所以有

$$F(R_\infty)=\frac{K}{S}=b\times c \tag{4-10}$$

这种表达形式与比尔定律相似，不同的是系数 b 不仅与摩尔系数及光程有关，还与样品的散射系数有关，样品的粒径大小及分布和形状等多种因素均影响样品对光的散射。

三、近红外光谱的应用

近红外光谱所含信息量丰富，不同的官能团在 NIR 区域具有不同的吸收位置。表 4-1 列出了各种含氢官能团在 NIR 区域的谱带归属，即使是相同的基团在不同的化学环境中对近红外的吸收波长都有明显差别。近红外光谱法的主要特点是分析速度快、样品无损、绿色无污染、可实现多组分同时检测，同时它还具有全息性特点，可同时反映待测物质的多个属性，包括化学属性、物理属性甚至生物学属性。它的不足则在于存在吸收强度弱、谱带重叠、信噪比低等问题，无法使用经典定性、定量方法，因此利用 NIR 分析方法测定物质性质必须要借助于化学计量学方法。

表 4-1　各种含氢官能团在 NIR 区域的特征吸收谱带

	芳烃 C—H	甲基 C—H	亚甲基 C—H	N—H	O—H
一级倍频	1680	1700	1745	1540	1450
合频	1435	1397	1405	—	—
二级倍频	1145	1190	1210	1040	960
合频	—	1015	1053	—	—
三级倍频	875	913	934	785	730
四级倍频	714	746	762	—	—

近红外光谱技术可用于定性及定量分析。对于定性分析问题，多是利用已知类别的样品，结合模式识别方法，提取不同的类别信息，然后实现对未知样品的分类。分类方法主要包括有监督的模式识别和无监督的模式识别。作为一项间接测量技术，近红外光谱技术进行待测组分的含量测定以进行质量评价时，需要将样品的光谱与其物化参数相关联，利用化学计量学方法建立校正模型后才能用于测定物质的性质或组成。

近红外光谱技术最早应用于农业，之后又应用于石化、制造、食品和饲料等多个领域。它可以快速高效地测定样本中的化学组成和物化性质，为企业带来了丰厚的经济效益。20 世纪 90 年代初，近红外光谱技术被引入中药质量控制领域，其应用涉及多个方面，包括中药原料药、中药辅料、中药制剂的质量分析，以及中药制造过程的在线监测与质量控制。其中原料药方面，主要是对活性成分进行含量测定，或对中药材的产地、品种、真伪及培育方式进行判别，以保证中药质量。对于中药制剂的应用则多集中于对药品指标性成分的定量分析，一些学者也开展了对中药制剂品牌的鉴别分析。

第二节　中药制造近红外光谱装备

一、近红外光谱装备系统与类型

（一）仪器的基本构成

近红外光谱仪器是实施近红外分析的硬件基础。近红外光谱仪一般由光学系统、电子系统、机械系统和计算机系统等部分组成。其中，电子系统由光源电源电路、检测器电源电路、信号放大电路、A-D 转换、控制电路等组成；计算机系统则通过接口与光学和机械系统的电路相连，主要用来操作和控制仪器的运行，除此之外还负责采集、处理、存储、显示光谱数据等。

光学系统是近红外光谱仪的核心，主要包括光源、分光系统、测样附件和检测器等部分。

近红外光谱仪最常用的光源是卤钨灯，通过卤化钨的再生循环过程使灯丝可以在更高温度下工作，从而获得更高的亮度、更高的色温和更高的发光效率，并且灯丝的使用寿命得到了很大延长（平均无故障时间可达 5 年）。发光二极管（LED）也可作为光源，不同材料制成的 LED 光源光谱覆盖范围不同。如 GaAIAs 材料制成的 LED 光源的光谱覆盖 600～900nm，InGaAs 材料的 LED 光源的光谱覆盖 1000～1600nm。

分光系统也称单色器，其作用是将复合光变成单色光。实际上，单色器输出的光并非真正的单色光，也具有一定的带宽。色散型仪器的单色器由准直镜、狭缝、光栅（或棱镜）、滤光片、干涉仪（如傅里叶干涉仪）等构成。

测量附件是指承载样本的器件。目前，针对不同的测量对象，有多种形式的测量附件。液体样本可使用玻璃或石英样本池，在短波近红外区，常使用较长光程的样本池（20～50mm），在长波区，光程通常为 0.5～5mm。固体样本可使用积分球或漫反射探头，在短波或中短波区，也可采用透射方式测量固体颗粒（如谷物或聚合物颗粒）或厚度固定的固体薄片样本（如药片或胶囊），现场分析和在线分析则常用光纤附件。

检测器可将携带样本信息的近红外光信号转变为电信号，再通过 A-D 转变为数字形式输出。响应范围、灵敏度、线性范围是检测器的三个主要指标，取决于它的构成材料以及使用条件，如温度等。常用的检测器为 Si 检测器、PbS 或 InGaAs 检测器。其中，InGaAs 检测器的响应速度快，信噪比和灵敏度更高，但响应范围相对较窄，价格也较高。PbS 检测器的响应范围较宽，价格相对较低，但其响应呈较高非线性。为了提高检测器的灵敏度、扩展响应范围，在使用时往往采用半导体制冷器或液氮制冷，以保持较低的恒定温度。

（二）分光类型

现代的近红外光谱仪器从分光系统分可以分为固定波长滤光片、光栅色散、傅里叶变换和声光可调滤光器 4 种类型。近红外光谱仪经历了如下的几个发展阶段。

1）滤光片型

第一台近红外光谱分光系统是 20 世纪 50 年代后期出现的滤光片分光系统。滤光片型的近红外仪器一般用来进行离散点的测量，即通过测量几个特定的波长点的光谱数据来建立光谱数据与样品浓度之间的关系。它分为滤光片盘式近红外仪器与滤光片轮式近红外仪器。用此仪器进行近红外光谱的扫描，必须要对样品进行预先干燥并且使样品所含有的水分小于 15%，然后将样品磨碎使其粒径小于 1mm 再装入样品池。此类仪器只能在单一或者少数几个波长下测定，灵活性、波长稳定性和重现性均较差。如果样品的状态发生改变，则会引起较大的测量误差。“滤光片”型近红外仪器被称为第一代分光技术。

2）色散型

20 世纪 70 年代中期至 80 年代，光栅扫描分光系统开始应用，通常被称为色散型仪器，是现在最常见的近红外仪器。这类仪器与化学分析常用的紫外可见光谱仪具有通用的光学设计，只要更换光源、光栅、滤光片和检测器就可构成近红外光谱仪。但是也有其缺点，如光谱扫描较慢，波长的重现性差，内部移动部件多，最大的缺点是此类仪器在连续使用之后很容易磨损而影响波长的精度和重现性。因此，这类仪器不太适合做过程分析，“光栅”被称为第二代分光技术。图 4-1 为全息光栅近红外光谱仪器基本原理示意图。

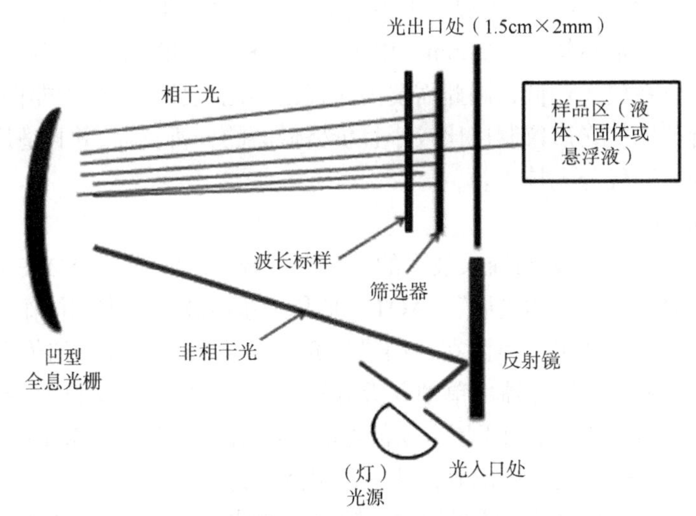

图 4-1　全息光栅近红外光谱仪基本原理示意图

目前，绝大多数的紫外-可见光谱仪，以及早期的中红外光谱仪均采用这种分光方式，最早的商品化的近红外光谱仪也是从色散型紫外-可见光谱仪上发展过来的。

这类仪器的特点是结构不复杂，容易制造。与中红外光谱仪相比，由于近红外光谱仪区可采用高能量的光源和高灵敏度的检测器，其信噪比相对较高。但仪器的分辨率较傅里叶变换型仪器稍差，单台仪器的波长准确性和仪器之间的一致性也随之有所下降。此外，因光栅转动，为保证仪器的长期稳定性，需要进行特殊的设计考虑，对仪器的装配也有很高的要求。

3）傅里叶变换型

20 世纪 80 年代中后期到 90 年代的中前期，“傅里叶变换”分光系统开始应用，这类仪器不仅能实现常量样品的分析，也能通过附件的结合实现微量样品的分析。其基本原理为光源发出的光被分束器分为两束，一束经反射到达动镜，另一束经透射到达定镜。两束光分别经定镜和动镜反射再回到分束器，动镜以一恒定速度做直线运动，因而经分束器分束后的两束光形成光程差，产生干涉。干涉光在分束器会合后通过样品池，通过样品后含有样品信息的干涉光到达检测器，然后通过傅里叶变换对信号进行处理，最终得到透过率或吸光度随波数或波长的红外吸收光谱图。傅里叶变换近红外光谱仪所用的光学元件少，没有光栅或棱镜分光器，降低了光的损耗，而且通过干涉进一步增加了光的信号，因此到达检测器的辐射强度大，信噪比高。因采用傅里叶变换对光的信号进行处理，避免了电机驱动光栅分光时带来的误差，重现性比较好。傅里叶变换近红外光谱仪是按照全波段进行数据采集的，得到的光谱是对多次数据采集求平均后的结果，且完成一次完整的数据采集只需要 1 至数秒，扫描速度快，而色散型仪器则需要在任一瞬间只测试很窄的频率范围，一次完整的数据采集需要 10～20min。傅里叶变换近红外光谱仪采用空冷式新型高辉度陶瓷光源，结构简单，性能稳定且使用寿命长。光学系统采用镀金反射镜等精度光学元件，实现能量的高效率利用。但是由于此类仪器中动镜的存在，仪器的在线可靠性受到限制。特别是此类仪器对于放置环境有非常严格的要求，比如室温、湿度、杂散光、震动等。“傅里叶变换”被称为第三代分光技术。

4）发光二极管型

20 世纪 90 年代中期，开始应用二极管阵列技术的近红外光谱仪。这种近红外光谱仪有固定的光栅扫描方式，用 LED 作为光源，由不同的二极管来产生不同的波长，但是波长的范围和分辨率有限，波长通常不超过 1750nm，由于该波段检测到的都是关于样品的三级和四级倍频，样品的摩尔吸收系数比较低，因此需要的光程也会比较长。二极管器件体积小，消耗低，只需要几个二极管就能将光谱仪制成比较小且价格低廉的分析仪器，并且适用于过程分析。“二极管阵列”被称为第四代分光技术。

5）声光可调滤光器型

在 20 世纪 90 年代末，来自航天技术的“声光可调谐滤波器”（AOTF）的问世，被称为“90 年代近红外光谱仪最突出的进展”。AOTF 是利用超声波与特定晶体作用产生的分光光电器件。其工作原理主要是利用了声波在各向异性介质中传播时对入射到传播介质中的光的布拉格衍射作用。声光可调谐滤光器由单轴双折射晶体（通常采用的材料为 TeO_2），黏合在单轴晶体一侧的压电换能器，以及作用于压电换能器的高频信号源组成。当输出一定频率的射频信号时，AOTF 会对入射多色光进行衍射，从中选出波长为 λ 与射频频率 f 有一一对应的关系，只要通过电信号的调谐即可快速、随机地改变输出光的波长。图 4-2 为 AOTF 近红外光谱仪的工作原理图。

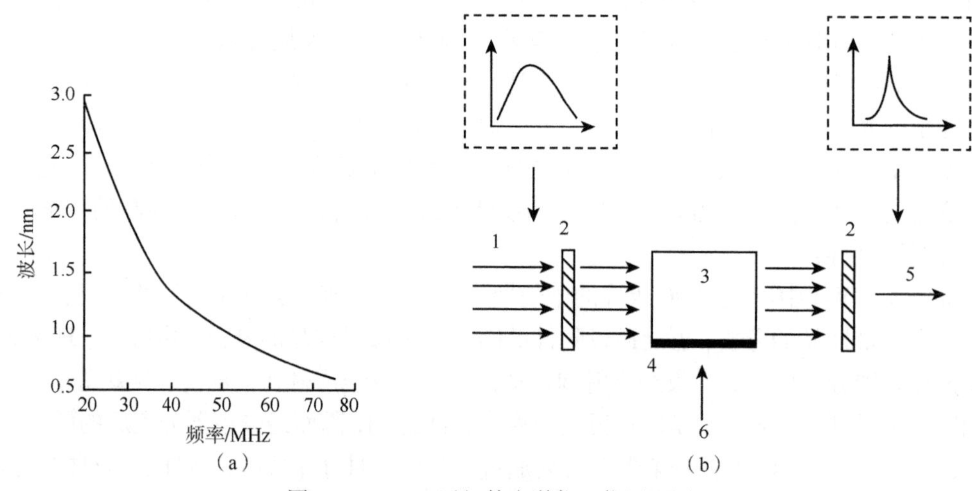

图 4-2　AOTF 近红外光谱仪工作原理图

1——入射光；2——偏光镜；3——TeO_2 晶体；4——压电换能器；5——出射光；6——高频源

AOTF 滤光器体积小、质量轻，可以做到光谱仪器的小型化；精度高，采用双光路、双检测器设计，可以最大限度剔除背景的干扰，极大提高仪器的抗干扰能力；分辨率高，可以达到 1nm；扫描速度快，可以达到 16000 波长点/秒；波长稳定性好，最长时间不超过 0.01nm；信号能量大，信噪比高，通常会比傅里叶仪器高 1～2 个数量级。除此之外，由于仪器的外部防尘和仪器内部的温度湿度集成控制装置，此类仪器有较好的适应外部环境的能力，再加上无移动性部件，可以程序化控制等优点，因此近年来 AOTF 在工业在线和现场分析中有比较广泛的应用。

6）阵列检测器型

固定光路阵列检测器型仪器是 20 世纪 90 年代发展起来的一种新型仪器。这类仪器多采用后分光方式，即光源发出的光首先经过样本，再由光栅分光，光栅不需要转动，经过色散后的光聚焦在阵列检测器的焦面上同时被检测。

在短波区域多采用 Si 基的电荷耦合器件（CCD），在长波区域则采用 InGaAs 或 PbS 基的光敏二极管阵列（PDA）检测器，可选的阵列检测器的像元数有 256、512、1024 和 2048 等。这类仪器的特点是分光系统中无可移动光学部件，成本低，极易实现小型化，且扫描速度快。这类仪器看似结构简单，但实现光学设计与整机部件的优化装配并非易事，而且此类仪器的分辨率相对较低，仪器之间的一致性比光栅扫描型仪器更加难保证。在对强吸收物质进行测量时，还需要注意杂散光的影响。表 4-2 是不同的近红外光谱仪的各自优缺点。

表 4-2　不同近红外光谱仪器优缺点比较

近红外仪器类型		优点	缺点
固定波长近红外系统	滤光片型	快速扫描，高动态范围，坚固	有移动部件，带宽变化，波长数目有限，准确度和精度有限
	LED 型	无移动部件，快速扫描高动态范围，坚固	带宽变化，波长数目有限，准确度和精度有限
扫描型近红外系统	全息光栅	快速扫描，高动态范围，坚固，可扩展扫描范围	有移动部件
	干涉仪	快速扫描，大孔径	有移动部件，对环境敏感，带宽变化
	AOTF	无移动部件，快速扫描	带宽变化，对射频和温度敏感
	多通道（PDA，CCD）	无移动部件，快速扫描，坚固	有限动态范围，对温度敏感，像素变化

7）其他类型

除了上述几种常见的分光类型，近些年基于微电子机械系统（micro electro mechanical systems，MEMS）开发出了多款新型的近红外光谱仪，这类仪器具有尺寸小、质量轻、功耗低、价格低等优点。由于这些仪器在国内没有普及应用，此处不再赘述。

二、中药制造近红外光谱在线检测装备

在线近红外光谱分析技术是将实验室离线近红外光谱采集分析技术与工业化现场实时监测系统相结合的产物。该分析方法需在线采集有代表性的光谱及其对应基础数据，建立数学分析模型。对在线分析而言，由于液体物料的组成及性质在短期内变动范围有限，要收集一定数量且目标属性变化范围较宽的样品需要经历一个较长的过程。此外，在线采集 NIR 光谱的过程中，样品受温度变化、流动状态、光谱漂移、检测器热稳定噪声、线路热噪声等影响导致光谱数据存在显著差异。

随着化学计量学、信息技术、光纤等的应用与发展，近红外光谱仪器以其独特的优势成为医药、食品、化工等领域争相应用研究的热点。特别是中药制药行业，多个关键生产环节一直以来缺乏有效的过程检测手段，药品生产过程凭借主观经验进行质量控制。在线 NIR 技术能够为这些单元操作提供有效的过程检测手段，实现制药过程进程数字化和定量化运行。

（一）在线近红外光谱分析系统的组成

与实验室型的近红外光谱分析仪相比，工业在线监测近红外光谱分析系统需要应对来自采

样系统、环境等多方面要求。工业现场所用在线近红外光谱分析系统主要由硬件、软件和分析模型三大部分组成。下面详细阐述各组成部分具体功能。

1. 硬件组成

在线近红外光谱分析系统的硬件主要包括光谱仪、采样系统、样品预处理系统、测样装置等。此外，也可根据实际需要，设置防爆系统、独立分析室、样品抓取系统等。

1）光谱仪

光谱仪是在线分析系统的重要组成部分。选择在线光谱仪时，应根据实际需要，如检测载体、分析场所等，综合评价仪器的各种性能，如波长范围、分辨率、采集时间、信噪比等。大多数在线 NIR 分析仪主要采用光纤远距离传输光信号。光纤价廉，使用寿命长，安装和维护方便，化学和热稳定性高，对电磁干扰不敏感，可用在对操作环境条件要求苛刻的工业生产现场，进行原位、实时跟踪检测，还可用于遥测分析；更重要的是，通过光纤多路转换器，很容易实现多通路同时检测，提高仪器利用率。

2）采样系统

采样系统的任务是从过程中获取足够有代表性的样品信号且在最短时间内传送分析仪器。在实际过程分析中，采样系统（包括测样装置）是造成故障问题和错误结果的主要原因。因此，采样系统设计是否合理直接影响分析结果的精确性，决定了整个分析系统设计的优劣。

凭借近红外光谱在光纤中的良好传输性，近红外光谱分析得以应用于中药生产过程在线分析。采用光纤方式远距离传输近红外光谱，安装成本降低，安装地点随机，可以使在线 NIR 分析仪器应用到危险环境或者复杂的工业生产中，通过与计算机技术联用，使得生产过程的实时监控方便。光在光纤中传输会产生损耗，因此在使用光纤时，光纤的长度应根据所用材料确定。根据测量的对象差异，有不同形式的光纤测量附件。对于固体测量来说，有反射光纤探头；对于液体来说，有透射探头；对于悬浊液来说，有透反射探头等。

相比于液体制剂，在线近红外光谱分析技术应用到固体制剂生产过程较少，且主要集中在其共性提取环节，对于固体制剂特有环节，仅有少数应用，如凭借可拆卸式近红外仪器在线监测物料的混合环节，对于其他环节在线监测，仍是近红外光谱分析技术应用的难点和热点。

对于液体分析体系，采样系统主要有三种方式，即泵抽采样、压差引样和定位测量（原位检测）。泵抽采样通过在旁路上附加动力供给系统（通常为泵）实现，一般采样点与测样装置之间无压力差。压差引样是借助压力差将主管路或装置中的样品经旁路引至测样装置。以上两类采样系统与测样装置之间常加有样品预处理系统，以降低采样条件对分析结果的影响，提高在线分析准确度。定位测量是将测样装置直接安装到装置流程或主管路。该方式反馈速度快，实现了真正意义上的实时分析，但受外界干扰严重，对采样环境要求苛刻。

3）测样装置

根据所测样品的实际情况选择合理的检测方式和检测装置。对于透明和半透明液体，一般采取透射或透反射方式采集光谱，检测装置主要有流通池和插入式光纤探头两种形式。一般而言，只要测量速度满足生产装置要求，优选光纤流通池作为液体的测样装置。

4）样品预处理系统

样品预处理系统常用于液体样品过程分析，且起到举足轻重的作用。主要功能是控制采样环境（如温度、压力、气泡、固体杂质等）的干扰，使分析结果准确可靠。对不同的研究载体，可以灵活调整预处理系统组成单元模块，以实现除杂、滤过、维持恒温恒压等检测需求。

5）其他部分

除了以上提到的各组成部分外，在线近红外光谱分析系统必要时还涉及防爆系统、独立分析室、样品抓取系统等，以提供良好的操作运行环境，增强系统的可靠性，确保分析控制安全有序进行。

2. 分析软件

在线近红外光谱分析系统的软件在功能上应包含以下几个方面内容：仪器初始化、光谱采集、数据和信息显示、光谱数据及分析模型管理、故障诊断、预警与安全监控、数据传输通信。

3. 分析模型

与实验室研究不同，建立稳健、预测性能良好的在线近红外光谱数学模型较为复杂。一般来讲，在过程分析系统建立运行之初，便开始在线收集代表性样品用以建立初始模型，随着对过程检测的不断进行及检测外环境等（如系统改造升级等）变更，不断维护和更新模型的覆盖范围。在线检测环境波动较大，会影响模型预测能力，可以通过人为添加扰动来提升模型抗干扰能力等。此外，还可通过校正分析结果等方法，与实验室或不同仪器间进行模型传递。

（二）近红外数据通信系统

在线近红外测量技术主要是由数据通信系统和生产装备组成。其中，数据通信系统包括数据采集、数据分析等，主要表现在以下几个方面。

1. 光线技术

凭借近红外光谱在光纤中的良好传输性，近红外光谱分析得以应用于中药生产过程在线分析。采用光纤方式远距离传输近红外光谱，安装成本降低，安装地点随机，可以使在线 NIR 分析仪器应用到危险环境或者复杂的工业生产中，通过与计算机技术联用，使得生产过程的实时监控方便。光在光纤中传输会产生损耗，因此在使用光纤时，光纤的长度应根据所用材料确定。根据测量的对象差异，有不同形式的光纤测量附件。对于固体测量来说，有反射光纤探头（图 4-3（a））；对于液体来说，有透射光纤探头（图 4-3（b））；对于悬浊液来说，有透反射光纤探头等。

2. 多通道测量技术

在线近红外测量的另一优势在于可以对多种样品同时进行测量，凭借多通道测量附件，在不同品种中药生产过程中，仅仅依靠一台在线近红外测量仪器就可实现多个生产过程的实时分析；在同一生产过程中，依靠一台在线近红外仪可以实现多个监测点的在线测量。

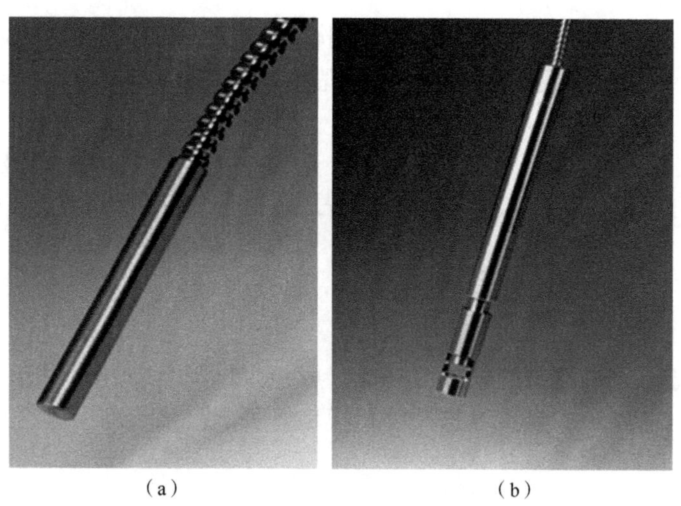

（a）　（b）

图 4-3　反射光纤探头（a）与透射光纤探头（b）

3. 实时通信技术

计算机技术和数据通信技术飞速发展，在线近红外测量已不单纯依靠近红外测量仪器的独立操作来完成对生产的监控，已经发展成为多学科、多技术、多手段的先进分析系统。在中药生产过程中，在线近红外测量技术通过与控制系统建立数据通信，可以使分析仪器与操作人员远离生产现场，实时向控制系统反馈近红外测量仪器信息以及生产设备的内部信息，如分析仪器状态参数、模型报警、预处理参数、生产过程的压力、搅拌桨转速、冷凝水温度等；同时，控制系统下达的命令也传递给设备，如分析仪器开关、预热、采集光谱、结束光谱采集等，做到了生产过程区域少人化甚至无人化，减少影响生产的不稳定客观因素。

由于在线近红外测量仪器繁多，各种控制硬件（如仪表、传感器、温控设备）各式各样，两者之间的通信连接亦不同。目前在线近红外测量仪器与控制系统之间的通信大多数采用 Modbus-RTU 通信协议方式，Modbus 是一种串行通信协议，是 Modicon 公司开发研究的一种通信协议，是工业电子设备之间常用的连接方式。Modbus 允许多个设备连接在同一网络上进行通信，但其网络主要在本地通信，难以实现远程控制。此外，相比较于中药过程分析与控制研究领域，数据通信人才缺乏，难以自行完成在线分析仪器与控制系统的数据通信连接，加大了操作难度。为解决上述问题，可采用一种简单、统一的接口方式，满足在线近红外测量系统与控制系统的通信功能，完善数据传输读写通道，适应中药生产过程特色要求。

OPC（OLE for process control）技术，即过程控制的对象连接和嵌入技术，为不同的厂商设备提供统一标准的接口，使其数据间的转化更加简单化。用户不需要具有专业的计算机知识，不必依靠特定的语言开发环境，就可实现分析系统与控制系统的完美对接。操作人员采用 OPC 的 Client/Server 模式，其客户端由使用设备的用户自己遵循 OPC 规范开发，从而实现数据的灵活配置和多种系统的集成。在控制系统的计算机和分析系统的计算机分别安装 Client 与 Server 软件，两者通过 OPC 通信协议，可以做到相互访问，数据相互传输。

（三）中药制造近红外光谱生产装备

在线近红外光谱分析技术是将实验室离线近红外光谱采集分析技术与工业化现场实时监测系统相结合的结果。其检测分析平台涉及设备、仪表、电气、工艺、自控系统、数据处理软件等技术，在搭建过程中需综合各方面因素进行设计、选配、试运行、管理等事宜，以确保测量结果真实准确可靠。

1）整体设计与仪器选配

成熟的实验室研究体系和丰富的实践经验，是开展在线近红外检测分析的前提。在线分析系统的整体设计应首先明确设备、过程进程概况及研究载体的性质，在此基础上考虑必要的安全装备，选择合适的采样方式，是否需要样品准备处理系统及其构成单元。待分析大环境确定，选择光谱分析仪类型、配件及检测系统搭建方式，调试软件，调整并优化设计方案。

2）验证与维护

初始分析系统安装完毕，依据设计说明及其他技术指标，对在线检测分析系统的软硬件进行验收，逐项验证各项指标是否满足要求。试运行，收集组成分布足够宽的样品建立初始分析模型并验证之，计算标准偏差，一般不低于基本测试方法重现性的 70%，而后通过统计学检验考察模型适用性程度，并定期检验已更新和维护模型，确保模型预测性能良好。

3）管理模式与人员素质

在线近红外检测分析系统是一套复杂系统，因此在管理模式和人员配备及专业技能方面的要求层次较高，只有通过仪器仪表相关专业知识背景及分析技术人员的紧密配合，同时应注重节省和优化人力资源，才能满足对分析仪器维护、校对，分析模型构建、更新的需求。

（四）中药制造近红外测量装备平台

在中药生产过程中，对包括工艺参数、理化指标在内的中间体及成品的稳定性、均一性进行规范实时客观的控制，保证生产过程中工艺的可控性及产品的稳定性，建立生产线上可靠快速的质量评价方法是提高中药质量标准科学性的关键。

提取环节是大多数中药制药生产的起始点，提取液的质量直接影响后续诸多制剂工艺。目前，对提取环节的质量控制缺乏有效的实时监测手段。实际生产中提取工艺确定后，基本不考虑原料药材质量差异和工况波动导致的提取终点变化，因而易造成不同批次提取液质量存在差异，降低能源利用率、企业效益等。因此，研发对中药提取过程的实时快速在线检测方法，有助于解决提取过程中关键工艺环节的质量控制问题，从制剂生产源头确保中药产品质量均一稳定。近年来，中药提取过程在线近红外测量研究成为国内学者的研究热点，并为中药制造工程数字化在线控制提供指导。

针对中药提取过程在线分析的迫切需求，本课题组自行组织开发了基于中药制造工程体系的全息光栅型提取过程在线近红外光谱测量平台，主要包括药液提取系统、旁路外循环系统、光谱仪系统、光纤及其附件、检测流通池系统和数据分析软件系统，见图 4-4，预处理系统及其功能如表 4-3 所示。

该在线近红外光谱测量平台检测速度快，立足实际生产环境，可同时测量多通道样品，符合医药卫生环境安全标准，系统装备设计合理、紧凑和可传递性强，且长期稳定。在线近红外检测分析系统基本构造如下。

图 4-4　提取过程在线近红外光谱测量平台

表 4-3　预处理系统及其作用

调节装置	作用
气动喷射泵	噪声低，抽送中高度流体，不向外泄漏介质
在线过滤器	防止药渣、泥土等堵塞旁路管道，影响光谱采集
电子温度显示器	实时显示流通池内样品的温度，具有时效性
流动池及其光纤	可实现远距离的现场测量，多通道同时测量
法兰式单向阀	维持药液流动稳定，使流速处于稳定均一状态

药液提取系统：中试规模多功能提取罐，罐体受热方式为夹套式蒸气加热，内附平桨式搅拌器。根据提取系统特征，首先考虑搭建易于实现的旁路外循环系统。在保证提取设备正常生产过程中热量供给不受旁路进料管影响，故旁路进料管位置略高于夹套，此方式既能确保采样具有均一代表性，又不影响罐体正常受热。

旁路外循环系统：它由旁路动力供给系统、被测物料管线快速回路、法兰式单向阀、固形物过滤装置、滤器反冲等单元组成。

旁路动力供给系统：在中药体系及医药卫生工作环境条件下，选用噪声低、震动小、做工精细、能抽送中高黏度流体、性能好、动力强劲以及不向外泄漏介质的气动隔膜泵作为旁路系统动力供给。

被测物料管线快速回路：具有被测物料管线死体积较小、传质传热传动效率较高、在动力系统的推进下物料于回路内滞留时间更短、几乎不存在理化性质改变、可滤除影响光谱测量的影响因素等特色及优势。

法兰式单向阀：为避免光谱扫描过程药液流动状态混乱情况，安装于扫描系统前端，用以稳定流速，使物料流处于连贯均一状态。

固形物过滤装置：主要是防止药材、药渣及细粉等堵塞环路系统，其将 100 目筛网罩于罐内进料管入口外，并于外旁路分别安装不同目数过滤器，以期在采集光谱前滤过部分影响光谱扫描的固形物。

滤器反冲：考虑可能会造成药渣拥堵滤器等环路系统不畅的问题，设置反冲环路，即通过反向药液流动冲击滤器网孔上阻塞、滞留的固形物，消除旁路阻塞隐患。

光谱仪系统：美国福斯近红外系统公司（Foss NIR Systems Inc.）推出在线近红外光谱仪可直接安装在生产流程中进行实时检测，辅助生产控制。本研究平台所使用全息光栅型在线近红外光谱仪稳定性更高，适合现场进行长期不间断无故障运行；扫描速度快；显著提高光谱信噪比；有利于信息提取，成本也相对较低。

光纤及其附件：该在线装置使用光纤和流通池式测量，可实现远距离的现场测量；每个测量点需要 2 根光纤（导入和导出），光纤的长度根据现场情况而定；通过光纤多路转换器和软件控制配合，实现一台仪器同时测量多通道样品的功能；采用了光纤技术，有利于各部分依据工作条件不同而重组。

检测流通池系统：由于环境温度及流体流动状态等因素的影响，将药液流动方向、状态、性质与样品池安装方式相关联，设置适合中药提取液的光谱扫描系统条件。根据载体性质的不同，选择合适的光程，并对其进行优化。

数据分析软件系统：具备数据分析工具，光谱仪系统与软件系统通过通信接口连接。能够实现对光谱仪状态控制、在线测量控制与装置控制系统间的数据传递，以及模型建立、模型维护、模型传递和存储在线测量的数据，建立反映装置运行情况（被检测的数据结果、装置条件变化等有价值的数据）的数据库。

第三节　中药制造原料近红外光谱信息学实例

一、中药制造原料不同粒径党参与玄参近红外光谱信息定量研究

本研究以党参中党参炔苷（lobetyolin）以及玄参中哈巴俄苷（harpagoside）的定量分析为研究对象，考察粒径对纤维性根茎类中药材的近红外定量分析结果。

（一）仪器与材料

近红外光谱仪（瑞士万通中国有限公司）；VISION 工作站（瑞士万通中国有限公司）；Waters2695 高效液相色谱仪及其 Waters2996 二极管阵列检测器（美国 Waters 公司）；赛多利斯 MA-35 快速水分分析仪（德国 Sartorius 公司）。

党参药材（购自贵阳道真药材基地）；玄参药材（购自贵阳道真药材基地）；党参炔苷标准品（四川省维克奇生物技术有限公司，批号：136085-37-5）；哈巴俄苷标准品（中国食品药品检定研究院，批号：111730-201307）；乙腈（色谱纯，Fisher 公司）；娃哈哈纯净水（杭州娃哈哈集团有限公司）；提取用水为自制高纯水。

收集道真县 10 个批次的党参和玄参样品。将党参药材粉碎依次过 10 目、24 目、50 目、65 目、80 目、100 目、120 目、150 目筛，分别得到粒径为 355～850μm、250～355μm、180～250μm、150～180μm、125～150μm、90～125μm 和小于 90μm 的样品。从每个批次中取 3 个样本数，每个目数均有 30 个样本。

玄参药材的制度方法与党参药材相同，得到粒径大小为 355～850μm、250～355μm、180～

250μm、150～180μm、125～150μm、90～125μm 和小于 90μm 的样品。同样从每个批次中取 3 个样本数，每个目数均有 30 个样本。

（二）含量测定

对照品溶液的制备：精密称取党参炔苷 2.04mg 于 100mL 容量瓶中，配制成浓度为 0.0204mg · mL^{-1} 对照品溶液。

供试品溶液的制备：精密称取“仪器与材料”项下每个目数的党参样品 1g，置于 50mL 锥形瓶中，加入 25mL 80%乙醇溶液超声提取 30min，冷却至室温，摇匀，滤过，取续滤液，即得。

色谱条件：Dikma ODS 色谱柱（250nm×4.6μm，5μm）；流动相：*A* 为 0.1%乙酸溶液，*B* 为乙腈；洗脱方式为梯度洗脱，见表 4-4；流速为 1.0mL ·min^{-1}，柱温 30℃；检测波长为 267nm；进样量为 10μL。

表 4-4　洗脱梯度时间表

时间/min	*A*/%	*B*/%
0～20	92～74	8～26
20～30	74～55	26～45
30～35	55～35	45～65
35～65	35～0	65～100
65～75	0～92	100～8

对照品溶液的制备：精密称取哈巴俄苷对照品 2.432mg 于 100mL 容量瓶中，配制成浓度为 0.02432mg · mL^{-1} 对照品溶液。

供试品溶液的制备：精密称取“仪器与材料”项下每个目数的玄参样品 1g，置于 100mL 锥形瓶中，加入 50mL 50%甲醇溶液超声提取 45min，冷却至室温，摇匀，滤过，取续滤液，即得。

色谱条件：Dikma ODS 色谱柱（250nm×4.6μm，5μm）；流动相：*A* 为 0.4%乙酸溶液，*B* 为乙腈；洗脱方式为梯度洗脱，见表 4-5；流速为 1.0mL · min^{-1}，柱温为 30℃；检测波长为 280nm；进样量为 10μL。

表 4-5　洗脱梯度时间表

时间/min	*A*/%	*B*/%
0～10	5～10	95～90
10～25	10～33	90～67
25～35	33～50	67～50
35～40	50～60	50～40
40～45	60～70	40～30
45～55	70～80	30～20
55～60	80～5	20～95

量取1g不同粒径的党参药材粉末置于测试盘上，快速水分分析仪测试条件设置为：加热温度105℃，加热10min，每份样品测试3次，取平均值作为党参的水分含量。

量取约1g不同粒径的玄参药材粉末置于测试盘上，快速水分分析仪测试条件设置为：加热温度105℃，加热10min，每份样品测试3次，取平均值作为玄参的水分含量。

（三）近红外光谱数据采集

光谱采集方式：以积分球漫反射模式采集光谱，以仪器内部的空气为背景，分辨率为0.5nm，扫描波长为780～2500nm，扫描次数64次，每个样品平行测定3次，取平均光谱用于分析。

（四）数据分析

Unscrambler数据分析软件（Version9.6，CAMO软件公司）和MATLAB（Version7.0，The MathWorks Inc.）软件上进行数据处理。采用Kennard-Stone法划分样本集，采用不同的预处理方法，建立PLS模型，评价参数为RPD、RMSEC、RMSECV、RMSEP及其相应决定系数（R^2）。

（五）定量模型的建立

不同批次党参中党参炔苷、玄参中哈巴俄苷和二者水分含量测定结果分别如图4-5～图4-7所示，可知不同批次间的党参炔苷、哈巴俄苷含量之间有差异。党参和玄参样品的水分含量并无明显差异，并且所有样品的水分含量均在5%以下。文献报道近红外光谱受水分和粒径因素影响程度较大，故可在此基础上进行不同粒径间的定量模型的研究。

图4-8是不同粒径党参和玄参样品的原始近红外光谱图。图中每条光谱代表的是不同粒径样品的平均光谱图。由图可见，不同粒径样品的光谱之间的形状相同，粒径对于近红外光谱主要的影响是基线偏移。

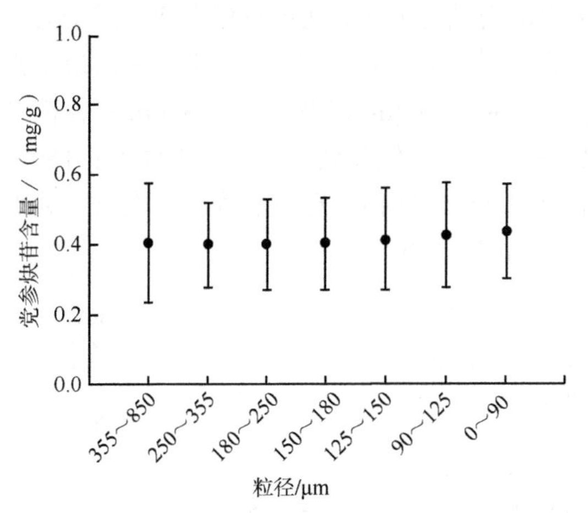

图4-5　不同批次党参中党参炔苷的HPLC分析结果

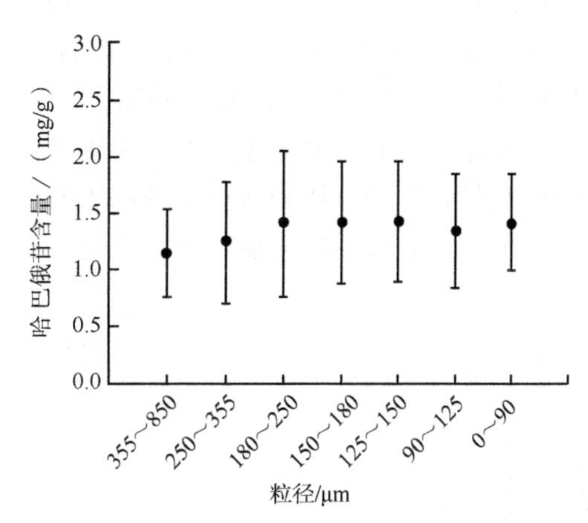

图4-6　不同批次玄参中哈巴俄苷的HPLC分析结果

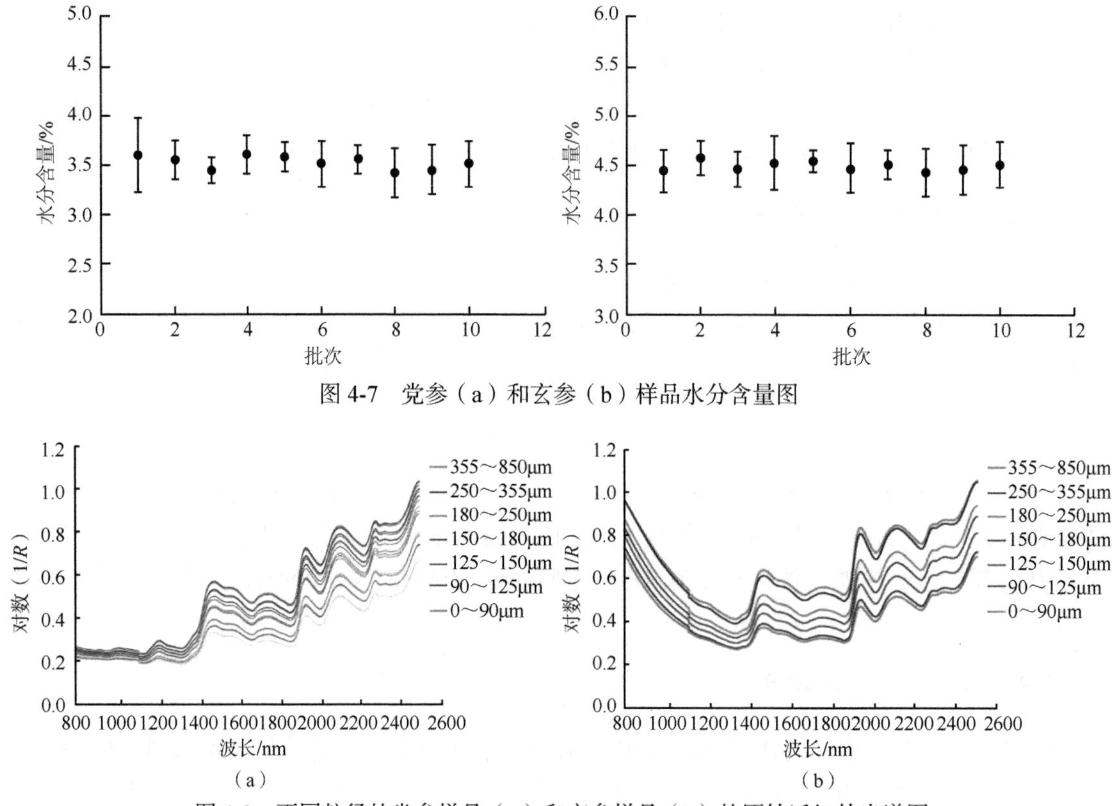

图 4-7　党参（a）和玄参（b）样品水分含量图

图 4-8　不同粒径的党参样品（a）和玄参样品（b）的原始近红外光谱图

本研究对不同数据预处理方法进行了考察，以消除噪声和基线漂移等影响，提高模型的预测精度，使所得模型更加稳健。为了优化光谱，采用多元散射校正（MSC）、标准正则交换（SNV）、扩展多元信号校正（EMSC）预处理方法来试图消除样本颗粒分布不均匀及颗粒大小不同产生的散射对光谱的影响。SG 平滑法可以通过在移动窗口内对数据进行最小二乘多项式拟合而滤除光谱中的高频噪声，提高信噪比。采用内部交叉验证法，通过考察潜变量因子对预测残差平方和（PRESS）的影响，选择合适的预处理方法。图 4-9 表明，以 PRESS 值最小为评价标准，对于不同目数的党参样品，355～850μm、250～355μm 以及 125～150μm 粒径范围内的党参样品的最佳预处理方法为 SG9 平滑；180～250μm 最佳预处理方法为 EMSC；150～180μm 最佳预处理方法为 SNV；90～150μm 和小于 90μm 最佳预处理方法为原始光谱（数据见表 4-6）。由此采用最佳预处理方法建立不同粒径范围内的 PLS 模型。

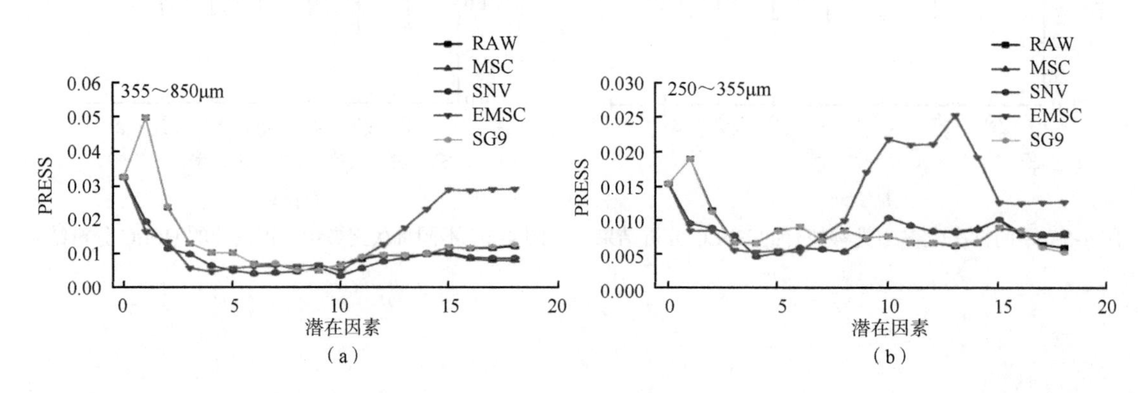

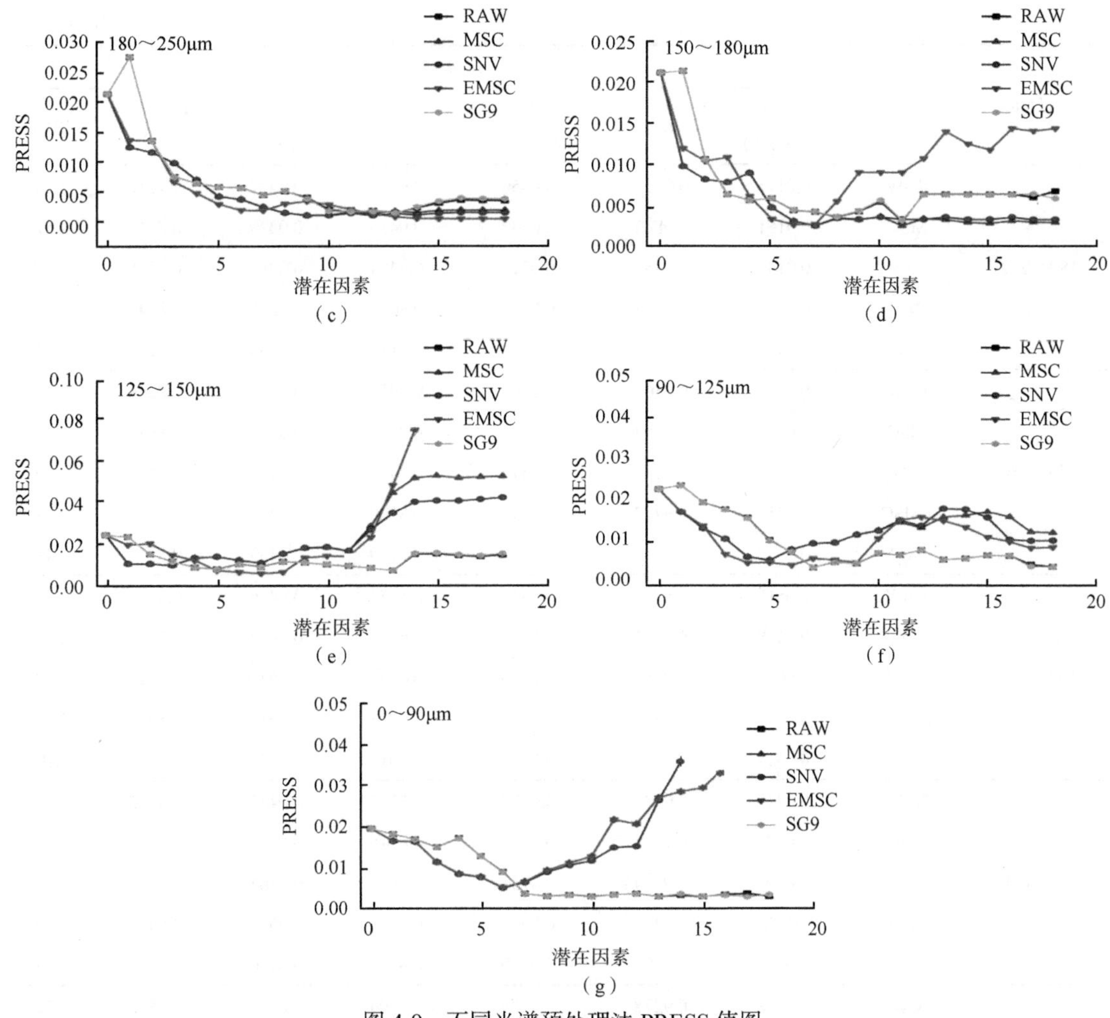

图 4-9　不同光谱预处理法 PRESS 值图

表 4-6　党参炔苷不同目数的预处理结果

粒径/μm	预处理	模型评价参数						
		RMSEC/（mg · g^{-1}）	R^2_{cal}	RMSECV/（mg · g^{-1}）	R^2_{cv}	RMSEP/（mg · g^{-1}）	R^2_{pre}	RPD
355～850	RAW	0.0277	0.9739	0.0733	0.8347	0.0727	0.7700	2.20
	MSC	0.0328	0.9633	0.0654	0.8684	0.0789	0.7288	2.02
	SNV	0.0328	0.9632	0.0654	0.8682	0.0788	0.7293	2.03
	EMSC	0.0432	0.9362	0.0693	0.8523	0.0909	0.6399	1.76
	SG9	0.0277	0.9739	0.0731	0.8354	0.0724	0.7715	2.21
250～355	RAW	0.0576	0.7599	0.0816	0.5653	0.0655	0.7100	1.96
	MSC	0.0432	0.8651	0.0681	0.6969	0.0662	0.7037	1.94
	SNV	0.0432	0.8652	0.0681	0.6972	0.0661	0.7043	1.94
	EMSC	0.0467	0.8423	0.0728	0.6540	0.0685	0.6829	1.87
	SG9	0.0576	0.7599	0.0814	0.5676	0.0655	0.7101	1.97

续表

粒径/μm	预处理	模型评价参数						
		RMSEC/（mg · g^{-1}）	R_{cal}^2	RMSECV/（mg · g^{-1}）	R_{cv}^2	RMSEP/（mg · g^{-1}）	R_{pre}^2	RPD
180～250	RAW	0.0115	0.9932	0.0450	0.9053	0.0432	0.7810	2.25
	MSC	0.0151	0.9882	0.0332	0.9486	0.0379	0.8318	2.57
	SNV	0.0149	0.9885	0.0329	0.9494	0.0381	0.8298	2.56
	EMSC	0.0239	0.9704	0.0444	0.9080	0.0341	0.8640	2.86
	SG9	0.0116	0.9931	0.0431	0.9132	0.0434	0.7792	2.24
150～180	RAW	0.0350	0.9365	0.0666	0.7921	0.0455	0.8249	2.52
	MSC	0.0291	0.9657	0.0575	0.8450	0.0396	0.8672	2.89
	SNV	0.0290	0.9562	0.0574	0.8452	0.0396	0.8674	2.89
	EMSC	0.0317	0.9477	0.0597	0.8329	0.0412	0.8563	2.78
	SG9	0.0353	0.9353	0.0668	0.7909	0.0459	0.8214	2.49
125～150	RAW	0.0518	0.8749	0.0847	0.6973	0.0476	0.8834	3.09
	MSC	0.0689	0.7785	0.0956	0.6151	0.0642	0.7881	2.29
	SNV	0.0689	0.7786	0.0956	0.6150	0.0633	0.7941	2.32
	EMSC	0.0330	0.9493	0.0712	0.7864	0.0511	0.8657	2.88
	SG9	0.0517	0.8752	0.0842	0.7013	0.0475	0.8842	3.10
90～125	RAW	0.0246	0.9708	0.0622	0.8317	0.0445	0.9115	3.54
	MSC	0.0391	0.9264	0.0751	0.7545	0.0660	0.8055	2.39
	SNV	0.0391	0.9264	0.0751	0.7542	0.0664	0.8030	2.37
	EMSC	00372	0.9332	0.0667	0.8066	0.0584	0.8478	2.70
	SG9	0.0246	0.9709	0.0620	0.8324	0.0446	0.9112	3.53
小于 90	RAW	0.0358	0.9278	0.0627	0.7999	0.0443	0.8858	3.12
	MSC	0.0403	0.9083	0.0737	0.7238	0.0484	0.8637	2.86
	SNV	0.0401	0.9094	0.0730	0.7290	0.0533	0.8350	2.59
	EMSC	0.0403	0.9083	0.0737	0.7238	0.1037	0.3752	1.33
	SG9	0.0358	0.9278	0.0625	0.8011	0.0444	0.8856	3.11

在建立玄参不同粒径样品的 PLS 模型前，本书采用 MSC、SNV、EMSC 以及 SG 平滑法等预处理方法优化光谱。采用内部交叉验证法，通过考察潜变量因子对 PRESS 的影响，选择合适的预处理方法。图 4-10 表明，以 PRESS 值最小为评价标准，对于不同目数的玄参样品，355～850μm 以及小于 90μm 粒径范围内的玄参样品的最佳预处理方法为原始光谱；250～355μm 最佳预处理方法为 EMSC；180～250μm 和 150～180μm 最佳预处理方法为 SG9 平滑法；125～150μm 最佳预处理方法为 SNV；90～150μm 最佳预处理方法为 MSC（数据见表 4-7）。由此采用最佳预处理方法建立不同粒径范围内的 PLS 模型。

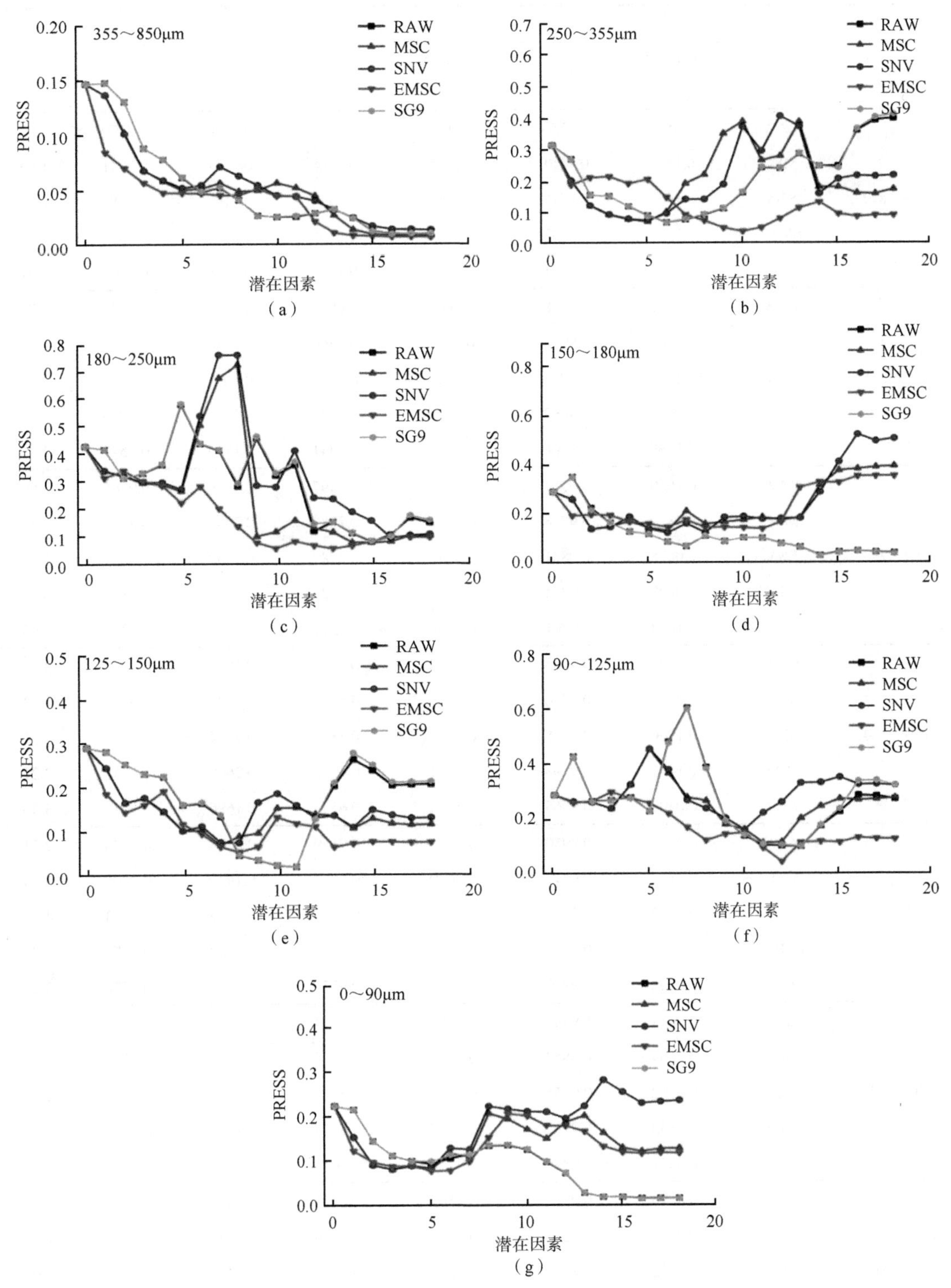

图 4-10 不同光谱预处理方法 PRESS 值图[5]

表 4-7　哈巴俄苷不同目数的预处理结果

粒径/μm	预处理	模型评价参数						
		RMSEC/（mg·g^{-1}）	R^2_{cal}	RMSECV/（mg·g^{-1}）	R^2_{cv}	RMSEP/（mg·g^{-1}）	R^2_{pre}	RPD
355～850	RAW	0.0576	0.9750	0.1642	0.8167	0.2094	0.7279	2.02
	MSC	0.1451	0.8414	0.2248	0.6568	0.2187	0.7031	1.93
	SNV	0.1450	0.8418	0.2288	0.6444	0.2169	0.7082	1.95
	EMSC	0.1345	0.8638	0.2194	0.6730	0.2194	0.7014	1.93
	SG9	0.0575	0.9751	0.1635	0.8184	0.2098	0.7269	2.01
250～355	RAW	0.1497	0.9208	0.2601	0.7843	0.1884	0.8541	2.76
	MSC	0.1701	0.8978	0.2657	0.7750	0.2050	0.8272	2.54
	SNV	0.1704	0.8974	0.2715	0.7651	0.2051	0.8270	2.53
	EMSC	0.0625	0.9862	0.1996	0.8730	0.1643	0.8890	3.16
	SG9	0.1498	0.9208	0.2602	0.7841	0.1885	0.8540	2.76
180～250	RAW	0.1050	0.9714	0.5666	0.2497	0.1729	0.9265	3.89
	MSC	0.0839	0.9818	0.3406	0.7289	0.2840	0.8017	2.37
	SNV	0.0678	0.9881	0.5278	0.3489	0.4332	0.5387	1.55
	EMSC	0.0800	0.9834	0.2339	0.8721	0.2198	0.8812	3.06
	SG9	0.1074	0.9701	0.5736	0.2312	0.1709	0.9281	3.93
150～180	RAW	0.0304	0.9965	0.3150	0.6562	0.1699	0.9038	3.40
	MSC	0.2911	0.6746	0.3686	0.5291	0.3783	0.5232	1.53
	SNV	0.1566	0.9058	0.3459	0.5854	0.2484	0.7945	2.33
	EMSC	0.1436	0.9208	0.3801	0.4992	0.2609	0.7733	2.21
	SG9	0.0300	0.9965	0.3154	0.6553	0.1696	0.9041	3.40
125～150	RAW	0.0362	0.9950	0.1537	0.9189	0.2224	0.7726	2.21
	MSC	0.1172	0.9477	0.2630	0.7623	0.1470	0.9006	3.34
	SNV	0.1082	0.9554	0.2760	0.7384	0.1029	0.9513	4.78
	EMSC	0.0777	0.9770	0.2324	0.8145	0.1247	0.9285	3.94
	SG9	0.0362	0.9950	0.1553	0.9171	0.2225	0.7722	2.21
90～125	RAW	0.0644	0.9840	0.3724	0.5164	0.1722	0.7574	2.14
	MSC	0.0604	0.9859	0.4020	0.4365	0.1460	0.8257	2.52
	SNV	0.0612	0.9855	0.4016	0.4376	0.1728	0.7557	2.13
	EMSC	0.0833	0.9732	0.3505	0.5718	0.1655	0.7760	2.23
	SG9	0.0651	0.9836	0.3768	0.5049	0.1715	0.7596	2.15
小于 90	RAW	0.0620	0.9809	0.3505	0.4493	0.1298	0.8600	2.82
	MSC	0.2352	0.7252	0.2808	0.6466	0.3437	0.0175	1.06
	SNV	0.2352	0.7253	0.2810	0.6460	0.3444	0.0133	1.06
	EMSC	0.1560	0.8791	0.2745	0.6623	0.2471	0.4920	1.48
	SG9	0.0627	0.9805	0.3523	0.4437	0.1302	0.8590	2.81

筛选出的最佳预处理方法，对党参不同粒径样品建立偏最小二乘模型，采用内部样本集对模型预测性能进行验证，模型评价参数（表 4-6）如下：355～850μm 的 RMSEC 为 0.0277mg·g^{-1}，RMSECV 为 0.0731 mg·g^{-1}，预测均方根误差（RMSEP）为 0.0724 mg·g^{-1} 及其对应的校正集决定系数（R_{cal}^2）为 0.9739，预测集决定系数（R_{pre}^2）为 0.7715，RPD 为 2.21；250～355μm 粒径范围 RMSEC、RMSECV 和 RMSEP 分别为 0.0576mg·g^{-1}、0.0814mg·g^{-1} 和 0.0655mg·g^{-1}，R_{cal}^2 和 R_{pre}^2 分别为 0.7599 和 0.7101，RPD 为 1.97；180～250μm 粒径范围 RMSEC、RMSECV 和 RMSEP 分别为 0.0239mg·g^{-1}、0.0444mg·g^{-1} 和 0.0341mg·g^{-1}，R_{cal}^2 和 R_{pre}^2 分别为 0.9704 和 0.8640，RPD 为 2.86；150～180μm 粒径范围 RMSEC、RMSECV 和 RMSEP 分别为 0.0290mg·g^{-1}、0.0574mg·g^{-1} 和 0.0396mg·g^{-1}，R_{cal}^2 和 R_{pre}^2 分别为 0.9562 和 0.8674，RPD 为 2.89；125～150μm 粒径范围 RMSEC、RMSECV 和 RMSEP 分别为 0.0517mg·g^{-1}、0.0842mg·g^{-1} 和 0.0475mg·g^{-1}，R_{cal}^2 和 R_{pre}^2 分别为 0.8752 和 0.8842，RPD 为 3.10；90～125μm 粒径范围 RMSEC、RMSECV 和 RMSEP 分别为 0.0246mg·g^{-1}、0.0622mg·g^{-1} 和 0.0445mg·g^{-1}，R_{cal}^2 和 R_{pre}^2 分别为 0.9708 和 0.9115，RPD 为 3.54；小于 90μm 粒径范围 RMSEC、RMSECV 和 RMSEP 分别为 0.0358mg·g^{-1}、0.0627mg·g^{-1} 和 0.0443mg·g^{-1}，R_{cal}^2 和 R_{pre}^2 分别为 0.9278 和 0.8858，RPD 为 3.12。不同粒径党参的近红外漫反射光谱预测值与参考值的相关图见图 4-11。由图可以看出，在 90～125μm 粒径范围预测结果最佳。

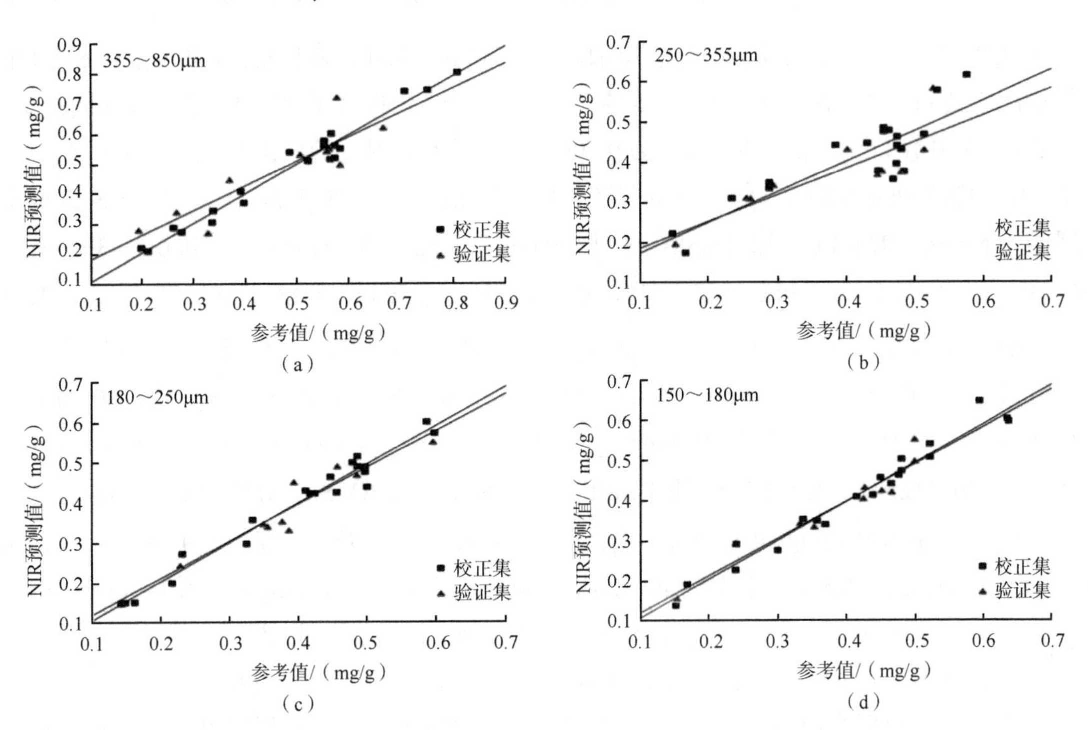

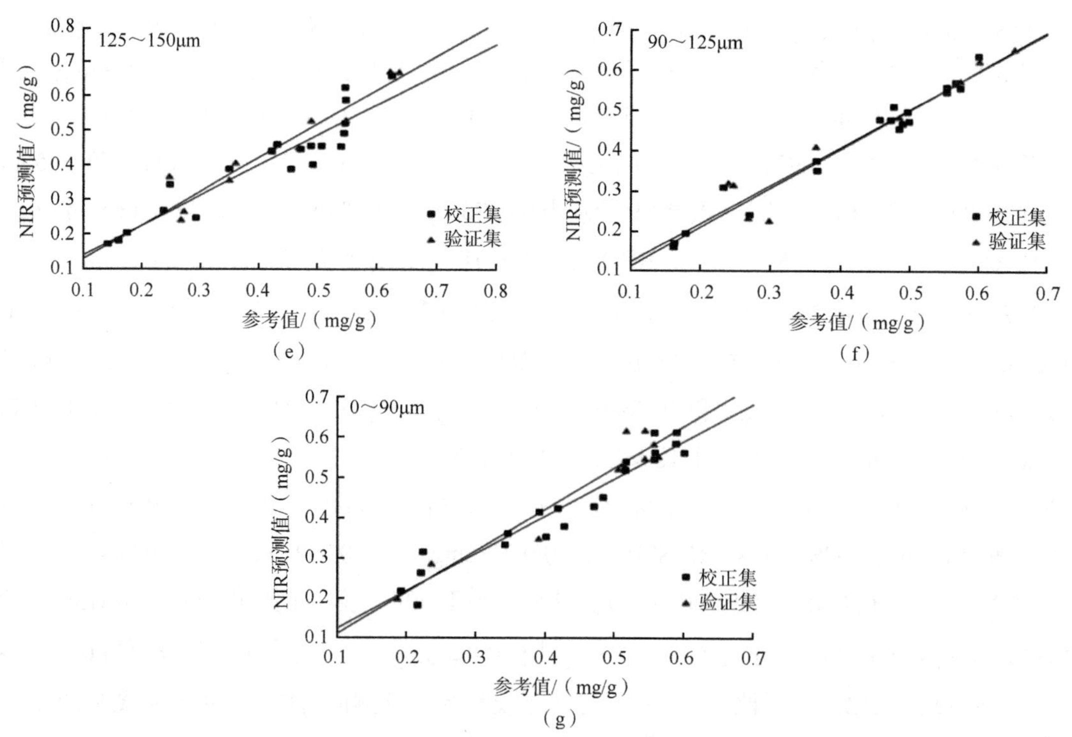

图 4-11 不同粒径党参的近红外漫反射光谱预测值与参考值的相关图[5]

筛选出的最佳预处理方法，对玄参不同粒径样品建立偏最小二乘模型，采用内部样本集对模型预测性能进行验证，模型评价参数（表 4-7）如下：355～850μm 的 RMSEC 为 0.0576mg · g^{-1}，RMSECV 为 0.1642mg · g^{-1}，RMSEP 为 0.2094mg · g^{-1} 及其对应的校正集决定系数（R_{cal}^2）为 0.9750、预测集决定系数（R_{pre}^2）为 0.7279，相对预测偏差（RPD）为 2.02；250～355μm 粒径范围 RMSEC、RMSECV 和 RMSEP 分别为 0.0625mg · g^{-1}、0.1996mg · g^{-1} 和 0.1643mg · g^{-1}，R_{cal}^2 和 R_{pre}^2 分别为 0.9862 和 0.8890，RPD 为 3.16；180～250μm 粒径范围 RMSEC、RMSECV 和 RMSEP 分别为 0.1074mg · g^{-1}、0.5736mg · g^{-1} 和 0.1709mg · g^{-1}，R_{cal}^2 和 R_{pre}^2 分别为 0.9701 和 0.9281，RPD 为 3.93；150～180μm 粒径范围 RMSEC、RMSECV 和 RMSEP 分别为 0.0300mg · g^{-1}、0.3154mg · g^{-1} 和 0.1696mg · g^{-1}，R_{cal}^2 和 R_{pre}^2 分别为 0.9965mg · g^{-1} 和 0.9041mg · g^{-1}，RPD 为 3.40；125～150μm 粒径范围 RMSEC、RMSECV 和 RMSEP 分别为 0.1082mg · g^{-1}、0.2760mg · g^{-1} 和 0.1029mg · g^{-1}，R_{cal}^2 和 R_{pre}^2 分别为 0.9554 和 0.9513，RPD 为 4.78；90～125μm 粒径范围 RMSEC、RMSECV 和 RMSEP 分别为 0.0604mg · g^{-1}、0.4020mg · g^{-1} 和 0.1460mg · g^{-1}，R_{cal}^2 和 R_{pre}^2 分别为 0.9859 和 0.8257，RPD 为 2.52；小于 90μm 粒径范围的样品 RMSEC、RMSECV 和 RMSEP 分别为 0.0620mg · g^{-1}、0.3505mg · g^{-1} 和 0.1298mg · g^{-1}，RPD 为 2.82。不同粒径玄参的近红外漫反射光谱预测值与参考值的相关图见图 4-12。由图可以看出，在 125～150μm 粒径范围预测结果最佳。

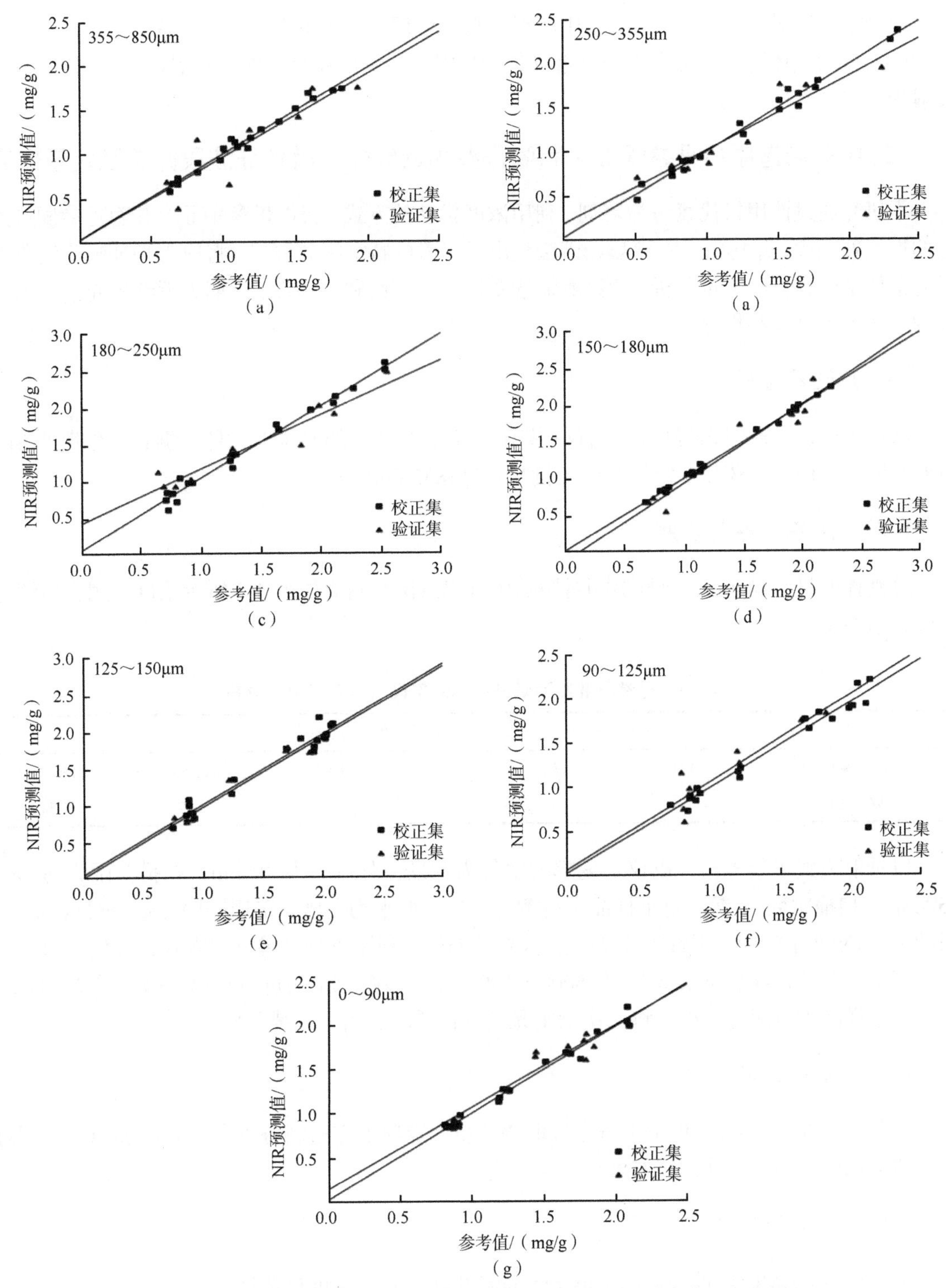

图 4-12　不同粒径玄参的近红外漫反射光谱预测值与参考值的相关图

结果表明粒径对近红外漫反射光谱有一定的影响，不同粒径的建模结果不同，并且不同粒径的独立模型的预测结果发现党参在 90～125μm 粒径范围以及玄参在 125～150μm 粒径范围预测结果更准确。这表明针对党参和玄参两种纤维性根茎类中药材而言，粒径在较小的范围内所建粒径模型结果准确。上述结果对中药材的粉碎处理有一定的参考意义，后续建议从业者以其他中药材为载体进一步考察中药材近红外漫反射分析中的粒径影响，以指导中药在近红外漫反射光谱中的应用。

二、中药制造原料丹参酮ⅡA和隐丹参酮近红外光谱特征波段筛选及定量研究

本研究通过使用氘代氯仿为溶剂，利用浓度扰动的方式，获得丹参酮ⅡA和隐丹参酮对照品的近红外光谱，并利用二阶导数光谱法找出了二者的特征吸收波段。将所得特征吸收波段用于复杂体系中物质的定量分析，考察所筛选变量的真实性和可靠性，以期为近红外光谱特征波段的筛选提供借鉴和指导。

（一）仪器与材料

FOSSRLA 全息光栅近红外光谱仪；美国剑桥 CIL 公司的 CDCl3，丹参酮ⅡA 和隐丹参酮对照品购于中国食品药品鉴定研究院（批号：110852-200806）。

（二）样品制备与检测

分别称取丹参酮ⅡA、隐丹参酮对照品用氘代氯仿配制成如表 4-8 所示浓度，用于后续近红外光谱的采集。

表 4-8 丹参酮ⅡA和隐丹参酮的氘代氯仿溶液浓度分布

	取样浓度/（mg/mL）					
丹参酮ⅡA	3.56	5.15	8.33	10.05	11.55	13.47
隐丹参酮	2.27	3.77	5.17	8.51	9.97	11.54

以透射模式采集光谱，以仪器内部的空气为背景，分辨率为 0.6nm，扫描范围为 400～2500nm，扫描次数 32 次，每个样品平行测定 3 次，取平均光谱。采用美国 Thermo Nicolet 公司的 AntarisI傅里叶变换近红外光谱仪进行光谱采集，利用积分球漫反射方式，以仪器内部空气为背景，光谱分辨率为 8cm^{-1}，在 4000～10000cm^{-1} 波数范围内进行扫描，每个样品扫描 32 次，每个样品重复测定三次，将三次测定光谱进行平均后用于后续分析。

（三）含量测定

按照《中国药典》2010 版中丹参提取物含量测定项下方法制备丹参酮ⅡA 和隐丹参酮对照品溶液和供试品溶液并进行 HPLC 含量测定。

（四）数据处理软件

采用挪威 CAMO 软件公司的 Unscrambler7.0 软件对数据进行处理。

（五）定量模型的建立

图 4-13 为丹参酮ⅡA 和隐丹参酮的氘代氯仿溶液的原始光谱图。原始光谱图中，由于氘代氯仿自身在 1520nm、1870nm、2250nm、2480nm 处的强吸收，丹参酮ⅡA 和隐丹参酮的特

征吸收被掩盖，且原始光谱中丹参酮ⅡA 和隐丹参酮吸收曲线没有太大差异，无法从原始光谱中找出特征吸收区域。二阶导数光谱能够分辨重叠峰，消除基线漂移，故对丹参酮ⅡA 和隐丹参酮进行二阶导数处理，光谱如图 4-14 和图 4-15 所示。图 4-14 为丹参酮ⅡA 二阶导数光谱图局部放大图，从图中可以看出，丹参酮ⅡA 在 1369～1440nm，1600～1677nm，1718～1800nm，2100～2159nm，2300～2352nm，2425～2440nm 处出现随浓度扰动变化较大的区域。而隐丹参酮二阶导数光谱图 4-15 中，主要在 1380～1420nm，1630～1660nm，1710～1800nm，2120～2168nm，2300～2360nm 处出现随浓度扰动变化较大的区域。这些区域的组合可以用于定量分析中分别定量丹参酮ⅡA 和隐丹参酮的含量。通过两者对比，可以发现二者在 2100～2160nm 处的吸收差异较大，可以考虑将这一波段的吸收用于同时定量丹参酮ⅡA 和隐丹参酮的含量[6]。

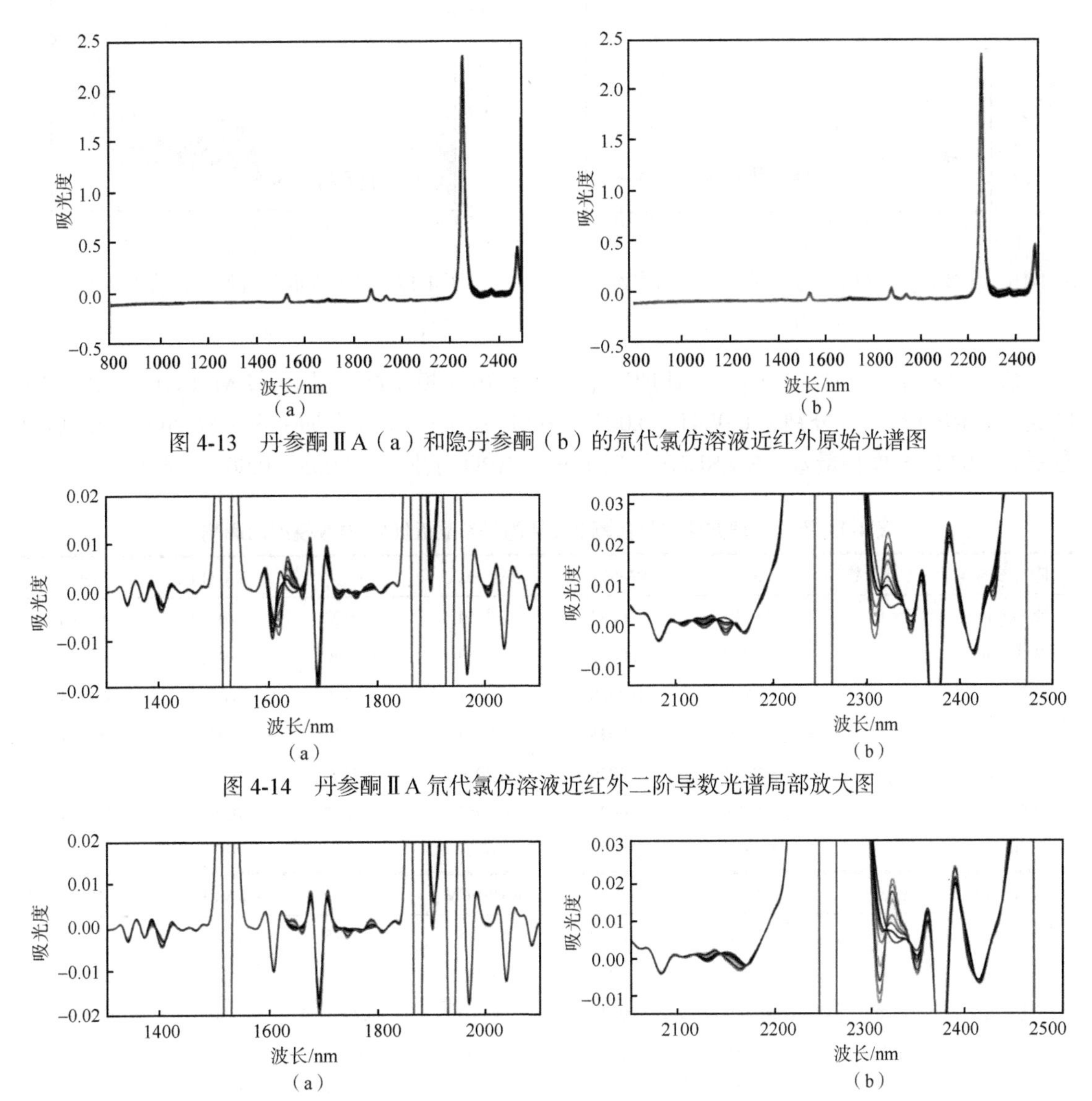

图 4-13　丹参酮ⅡA（a）和隐丹参酮（b）的氘代氯仿溶液近红外原始光谱图

图 4-14　丹参酮ⅡA 氘代氯仿溶液近红外二阶导数光谱局部放大图

图 4-15　隐丹参酮氘代氯仿溶液近红外二阶导数光谱局部放大图

不同批次丹参酮提取物中丹参酮ⅡA和隐丹参酮的含量分布情况如图4-16所示，并采集了所有丹参酮提取物样品的近红外光谱，用于建立丹参酮ⅡA和隐丹参酮的近红外定量模型。丹参提取物近红外原始光谱如图4-17所示，丹参提取物近红外原始光谱基线漂移严重，吸收特征并不明显。平滑和归一化可以消除光程差异带来的光谱变动，平滑可以提高信噪比，导数法可以改变光谱分辨率和灵敏度，标准正则变换则可以消除固体颗粒散射的影响，故后续考察了近红外光谱预处理（包括平滑（SG），基线校正（baseline），归一化（normalize），标准正则变换（SNV），一阶导数加平滑（SG1st），二阶导数加平滑（SG2nd））对建模结果的影响。

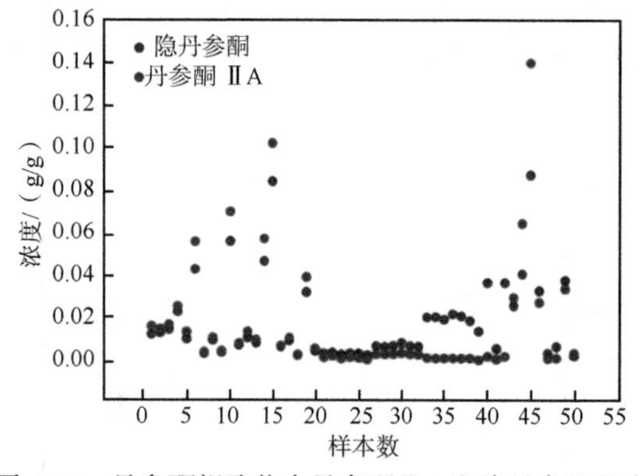

图4-16　丹参酮提取物中丹参酮ⅡA和隐丹参酮的含量分布图

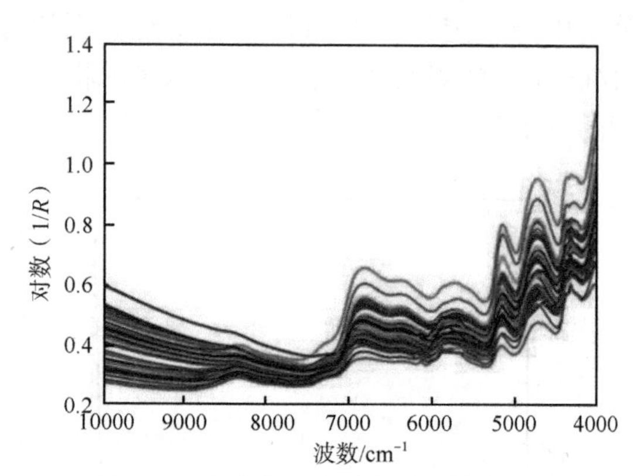

图4-17　丹参提取物近红外原始光谱[6]

结果如表4-9所示，经归一化处理后隐丹参酮PLS模型结果最好，RMSECV和RMSEP最低，且RPD最大，分别为0.0041、0.0018、6.5114。经二阶导数加平滑（SG2nd）处理后丹参酮ⅡA的PLS模型最好，RMSECV、RMSEP、RPD分别为0.0055、0.0020、6.0645。

表4-9　不同处理方法对丹参酮ⅡA和隐丹参酮近红外PLS模型的影响

隐丹参酮	潜变量数	R^2_{cal}	RMSEC	RMSECV	R^2_{pre}	RMSEP	RPD
原始光谱	8	0.9740	0.0033	0.0054	0.9308	0.0029	4.0096
基线校正	8	0.9757	0.0032	0.0053	0.9490	0.0025	4.6680
归一化	7	0.9819	0.0028	0.0041	0.9738	0.0018	6.5114
SG	8	0.9740	0.0033	0.0054	0.8737	0.0040	2.9661
SG1st	4	0.9653	0.0039	0.0050	0.9429	0.0027	4.4135
SG2nd	3	0.9803	0.0029	0.0052	0.9027	0.0035	3.3794
SNV	7	0.9806	0.0029	0.0046	0.9565	0.0023	5.0538
丹参酮ⅡA	潜变量数	R^2_{cal}	RMSEC	RMSECV	R^2_{pre}	RMSEP	RPD
原始光谱	8	0.9612	0.0059	0.0105	0.6515	0.0066	1.7849
基线校正	10	0.9833	0.0038	0.0095	0.7978	0.0051	2.3433
归一化	8	0.9860	0.0035	0.0069	0.7961	0.0051	2.3336
SG	8	0.9611	0.0059	0.0104	0.6495	0.0067	1.7798
SG1st	8	0.9929	0.0025	0.0053	0.9693	0.0020	6.0183
SG2nd	4	0.9859	0.0035	0.0055	0.9698	0.0020	6.0645
SNV	7	0.9829	0.3896	0.0054	0.9171	0.0032	3.6597

进一步将二阶导数光谱特征吸收区域用于建立丹参酮ⅡA 和隐丹参酮的 PLS 定量模型，选用原始光谱建模，所选波段如图 4-18 所示。PLS 建模结果如表 4-10 所示，由结果可知，与原始光谱全谱建模相比，利用图 4-18 中所标示特征波段组合的建模效果均比全谱原始光谱建模结果好，且隐丹参酮波段筛选后甚至比全谱最佳预处理下的 PLS 模型结果更好，RPD 由原来的 4.0096 上升到 7.9004。丹参酮ⅡA 经波段筛选后所建模型与全谱最佳预处理方法下的 RPD 相似，分别为 5.8202 和 6.0645。

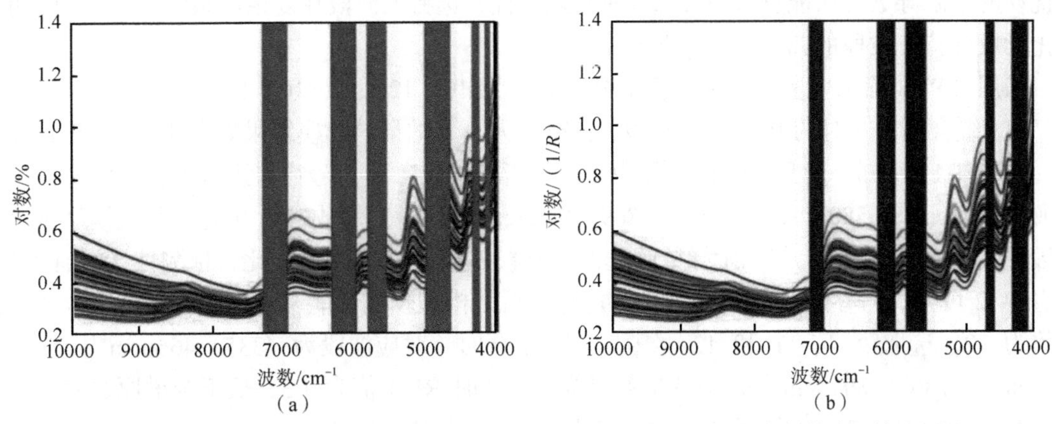

图 4-18　丹参酮提取物中丹参酮ⅡA（a）和隐丹参酮（b）近红外光谱波段筛选图[6]

表 4-10　波段筛选后丹参酮ⅡA 和隐丹参酮近红外原始光谱 PLS 模型结果

隐丹参酮	潜变量数	R_{cal}^2	RMSEC	RMSECV	R_{pre}^2	RMSEP	RPD
筛波段组合	6	0.9725	0.0034	0.0045	0.9822	0.0015	7.9004
1380～1420	6	0.9675	0.0037	0.0126	−0.3962	0.0132	0.8922
1630～1660	3	0.8959	0.0067	0.0079	0.6572	0.0065	1.8006
1710～1800	7	0.9937	0.0016	0.0056	0.7069	0.0060	1.9473
2120～2168	4	0.8631	0.0077	0.0100	-2.28×10^{-7}	53.1427	0.0002
2300～2360	6	0.9675	0.0037	0.0054	0.8301	0.0049	2.4008
丹参酮ⅡA	潜变量数	R_{cal}^2	RMSEC	RMSECV	R_{pre}^2	RMSEP	RPD
筛波段组合	11	0.9923	0.0026	0.0055	0.9672	0.0020	5.8202
1369～1440	9	0.9868	0.0043	0.0034	0.8522	0.0043	2.7412
1600～1677	7	0.9932	0.0025	0.0043	0.8724	0.0040	2.9500
1718～1800	6	0.9719	0.0050	0.0068	0.7850	0.0052	2.2727
2000～2100	8	0.9782	0.0044	0.0078	0.8969	0.0036	3.2816
2100～2159	7	0.9809	0.0041	0.0063	0.8665	0.0041	2.8839
2300～2352	6	0.9875	0.0033	0.0057	0.9811	0.0015	7.6699

将隐丹参酮各特征波段分别建立 PLS 模型时，效果则不太理想，结果如表 4-10 所示，且出现了过拟合的现象。这表明隐丹参酮近红外吸收特征区域是这些波段的组合，而并非用单一波段就能代表隐丹参酮的吸收，而对于丹参酮ⅡA，将图 4-18 中的各波段分别建立 PLS 定量模型时，2100～2000nm 和 2300～2352nm 处建模 RPD 大于 3，且 2300～2352nm 处建模甚至比各特征吸收区域组合建模效果还要好。丹参酮ⅡA 和隐丹参酮在结构上的差异主要在于丹参

酮ⅡA 分子五元环上为双键 C—H，而隐丹参酮为单键 C—H。文献报道的环戊烯中双键 C—H 在 2140nm 组合频区以及 1640nm 一级倍频区有不同于环戊烷的特征吸收。隐丹参酮氘代氯仿溶液近红外二阶导数光谱则分别在 1600～1677nm，2100～2160nm 和 2300～2352nm 这三个区域吸收差异较大，这一差异与上述文献报道区域基本吻合，可以初步断定为是由结构差异引起的，表明利用浓度扰动在二阶导数中所观察到的特征吸收差异能够代表物质特征的吸收。

接着分别在丹参酮ⅡA 和隐丹参酮最佳光谱预处理条件下进行波段筛选建模，说明利用浓度扰动的二阶导数方法能够有效筛选特征波段，且所选特征波段在复杂体系中仍然适用，可以为化学成分特征波段的归属提供借鉴和指导。

采用 SiPLS 筛选变量，分别考察了窗口数目为 10、12、14、16、18、20、22、24、26、28、30，组合数为 3 时的 PLS 定量模型，各窗口大小下的最佳建模结果如表 4-11 和表 4-12 所示。由表 4-11 可知，隐丹参酮窗口数为 10，选取第 1、4 和 9 号窗口进行组合（对应波段为 4000～4998cm^{-1}、5804～6402cm^{-1}、8809～9403cm^{-1}），潜变量数目为 9 时，所建模型预测性能最好，RPD 值为 4.6，与二阶导数筛选波段建模所得 RPD 值 7.9 相比，预测性能没有下降。由表 4-12 可知，丹参酮ⅡA 经 SiPLS 变量筛选后，模型预测性能未见提高，最佳组合对应窗口数为 12，选取第 4、11 和 12 号窗口进行组合时（对应波段为 4335～4666cm^{-1}、5677～6009cm^{-1}、7863～8010cm^{-1}），潜变量数目为 9，此时 RPD 值为 1.3，低于全谱原始光谱建模时 RPD 值为 1.78，也低于二阶导数筛选波段建模所得 RPD 值 5.8。

表 4-11　经 SiPLS 波段筛选后隐丹参酮近红外原始光谱 PLS 模型结果

窗口数	选定窗口组	潜变量数	校正集		验证集		RPD
			R^2	RMSE/（g/g）	R^2	RMSE/（g/g）	
10	[1，4，9]	9	0.9516	0.0035	0.9755	0.0026	4.6
12	[4，5，8]	10	0.9377	0.0031	0.9715	0.0052	2.2
14	[1，5，6]	8	0.8672	0.0038	0.9495	0.0091	1.3
16	[1，6，8]	10	0.8521	0.0031	0.9431	0.0109	1.1
18	[2，6，12]	8	0.9471	0.0032	0.9509	0.0035	3.4
20	[6，7，8]	9	0.9285	0.0034	0.9414	0.0045	2.6
22	[6，7，8]	9	0.9271	0.0032	0.934	0.0044	2.7
24	[7，8，9]	8	0.927	0.0031	0.9478	0.0043	2.7
26	[2，8，16]	10	0.9405	0.0034	0.9485	0.0058	2.0
28	[2，5，9]	10	0.903	0.0044	0.937	0.0077	1.5
30	[8，10，11]	9	0.9275	0.0032	0.9329	0.0045	2.6

表 4-12　经 SiPLS 波段筛选后丹参酮ⅡA 近红外原始光谱 PLS 模型结果

窗口数	选定窗口组	潜变量数	校正集		验证集		RPD
			R^2	RMSE/（g/g）	R^2	RMSE/（g/g）	
10	[4，9，10]	10	0.8933	0.0046	0.8751	0.009	41.3
12	[4，11，12]	9	0.913	0.0048	0.889	0.0093	1.3
14	[5，6，11]	10	0.8532	0.004	0.5351	0.0141	0.8
16	[6，12，16]	10	0.8565	0.0036	0.6674	0.0127	0.9

续表

窗口数	选定窗口组	潜变量数	校正集		验证集		RPD
			R^2	RMSE/（g/g）	R^2	RMSE/（g/g）	
18	[6，7，14]	10	0.8876	0.0041	0.7166	0.0103	1.2
20	[6，8，19]	10	0.8791	0.0039	0.6592	0.0129	0.9
22	[3，8，16]	10	0.774	0.0035	0.5735	0.0103	1.2
24	[8，9，24]	10	0.8842	0.0037	0.8871	0.0097	1.2
26	[9，10，21]	10	0.8431	0.0042	0.6779	0.0138	0.9
28	[10，21，25]	8	0.833	0.0032	0.6042	0.0134	0.9
30	[10，11，22]	10	0.8368	0.0035	0.6867	0.0132	0.9

丹参酮ⅡA 在 1369～1440nm、1600～1677nm、1718～1800nm、2000～2100nm、2100～2159nm 和 2300～2352nm 有与浓度相关的特征吸收；隐丹参酮则在 1380～1420nm、1630～1660nm、1710～1800nm、2120～2168nm 和 2300～2360nm 有与浓度相关的特征吸收。二者由于结构中五元环是否有双键 C—H 导致 NIR 光谱差异主要出现在 1600～1677nm、2100～2159nm 和 2300～2352nm，分别为双键 C—H 的一级倍频和组合频吸收。进一步将二阶导数所筛选的特征波段作为丹参酮提取物中丹参酮ⅡA 和隐丹参酮的近红外原始光谱 PLS 定量模型的变量，隐丹参酮所建模型 RPD 均比全谱最佳预处理下建模结果好，隐丹参酮 RPD 由 6.5 升高到 7.3，丹参酮ⅡA 所建模型 RPD 为 5.8 与全谱建模 RPD 值相当。二阶导数所筛波段与 SiPLS 最佳变量组合下建模结果相比，隐丹参酮 SiPLS 变量筛选所建模型 RPD 为 4.6，丹参酮ⅡA 的 RPD 值为 1.3，均低于二阶导数所筛变量所建模型的 7.9 和 5.8，表明浓度扰动下二阶导数方法所筛选的丹参酮ⅡA 和隐丹参酮特征波段在复杂体系中同样具有适用性，且与化学计量学特征波段筛选相比，更具有解释性和稳定性。这为近红外特征波段的筛选提供了借鉴和指导。同时，二阶导数筛选特征波段的组合建模结果比各波段单独建模预测性能好，表明物质的 NIR 光谱特征波段为波段的组合，并非单个波段。这为近红外光谱特征波段筛选方法提供了指导，建模时应尽量采用多波段组合来提高模型的预测性能。

三、中药制造原料甘草与炙甘草近红外光谱信息分类鉴别研究

（一）仪器与材料

Nicolet Antaris 傅里叶近红外光谱分析仪（美国 Thermo Nicolet 公司），配有漫反射光纤探头，光纤分析模块，Results 操作软件。稳健算法的工具包由 Michal 等提供网络共享，其他各计算程序自行编写，采用 MATLAB 软件工具（The MathWorks Inc.）计算[7]。

主成分判别分析选用 35 个甘草和炙甘草样本，包括 25 个炙甘草（11～35 号）样本和 10 个为甘草（1 号～10 号）样本，其近红外光谱数据均来自近红外光谱数据库[7]。

径向基神经网络判别分析选用 50 个甘草和炙甘草样本建立的数据库中近红外光谱数据，其中 25 个为甘草样本，25 个为炙甘草样本。

支持向量机判别分析本工作研究用的 35 个甘草和炙甘草样本为实验建立的数据库中近红外光谱数据，其中 25 个为炙甘草样本（1～25 号），10 个为甘草样本（26～35 号）。

（二）NIR 光谱采集

甘草与炙甘草样品不经处理，用漫反射光纤探头直接扫描，扫描次数 32 次，分辨率为 $8cm^{-1}$。甘草与炙甘草样本的波长扫描范围为 10000～$4000cm^{-1}$，每隔 $4cm^{-1}$ 采集一个数据点。我们可以从图 4-19（上方的为炙甘草，下方的为甘草）样本的原始谱图看到，炮制前后甘草的近红外光谱有差别，但差别不大。

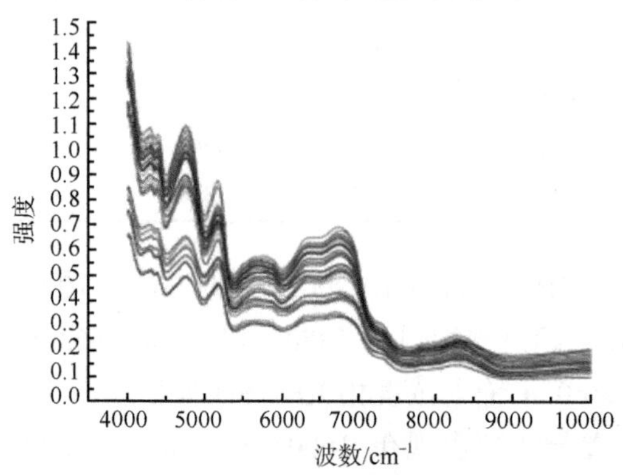

图 4-19　甘草与炙甘草样本的原始近红外光谱图

（三）主成分判别分析

现以两种主成分分析法（PCA）区分甘草与炙甘草两种药材差异为例，其中 10 个甘草（1～10 号）为近红外样本，25 个炙甘草（11～35 号）为近红外样本。对 35 个混合样本的近红外光谱做出其主成分图，其中横坐标为第一主成分，纵坐标为第二主成分。图 4-20 为甘草与炙甘草样本的近红外光谱经典 PCA 分析，可以看到，甘草与炙甘草样本较为分散，各类样本没有聚集，而且两类样本没有清晰的分界面。原因可能有两个：一个是由于实验的操作因素或样本本身的原因，经常会有离群样本点存在的现象；另一个是由于一些炙甘草样本在炮制后个体之间有较大的差异，这些非保守性的样本会造成同一类样本在 PCA 的得分图上距离较远，并且使不同类之间有相互的交叉，难以达到正确的分类。传统协方差矩阵的计算方法对这些异常值没有进行处理，因此，特征值和特征向量的计算不能得出正确的结果。

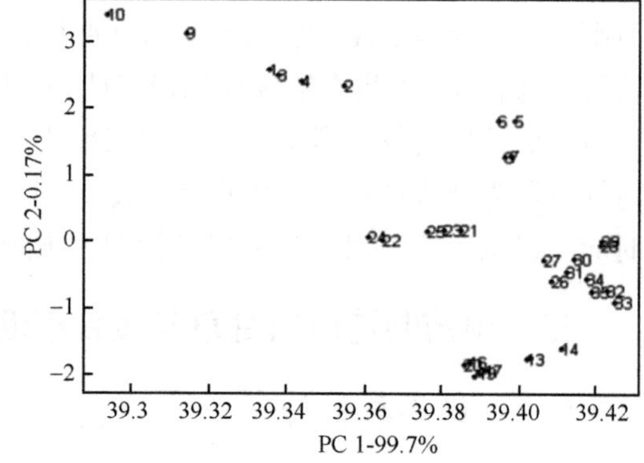

图 4-20　甘草与炙甘草样本的近红外光谱经典 PCA 分析

图 4-21 为甘草与炙甘草样本的近红外光谱的稳健 PCA 分析图。从图 4-21 可以看到左下方为 1 个甘草样本（1～10 号），右上方为 25 个炙甘草（11～35 号），每一类样本基本能够聚集在一起，类和类之间也有一个比较清晰的线性分界面。这种结果与稳健的 PCA 是采用稳健的马氏距离有关，而稳健马氏矩阵所采用均值向量和协方差矩阵都是在基于 PP 和 MCD 估计中所算出的稳健估计量，所以很好地消除了异常值对其影响。

（四）径向基函数神经网络与近红外光谱鉴别甘草与炙甘草

对甘草与炙甘草样本研究范围的 NIR 光谱采用 SG 平滑法进行平滑，消除了斜坡背景，SG 平滑法采用多项式在最小二乘意义下拟合原数据，用 Hamming 窗或者 Harming 窗来代替平均窗口平滑方法中的矩形窗口，从而不会使峰形失真。为减少光谱的变量，从而减少 RBF 网络输入的维数，提高运算速度，利用小波变换，将光谱中的 1557 个数据压缩为 98 个数据，压缩后能保证特征谱图（图 4-22）。然后将压缩后的数据按（0，1）范围进行标准化，即光谱数据中的最大值变换为 1，最小值则对应 0。采用单输出 RBF 神经网络，将归一后的 98 个变量作为甘草与炙甘草样本的输入，“1”代表炙甘草，“–1”代表甘草样本作为输出层单元。其中 38 个样本作为训练集,包括 19 个炙甘草样本和 19 个甘草样本,以及 12 个样本作为预测集，包括 6 个炙甘草（1～6 号）样本和 6 个甘草（7～12 号）样本。

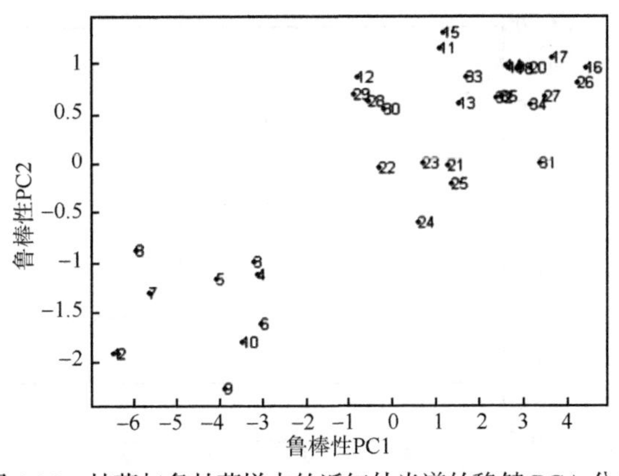

图 4-21　甘草与炙甘草样本的近红外光谱的稳健 PCA 分析

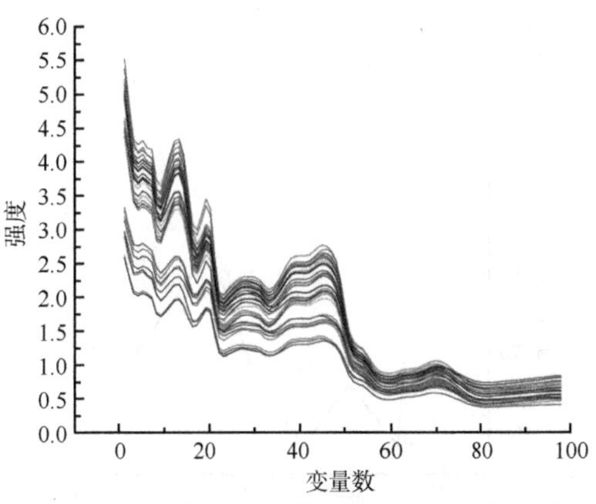

图 4-22　甘草与炙甘草压缩后的近红外光谱

对于本书采用的 newrb 函数来说，影响结果的参数主要有神经元的最大数目（mn），目标误差（goal），径向基函数的散布常数（spread）。预设的神经元的最大数目和目标误差影响到网络的循环和最终输出结果。预定的神经元的最大数目如果大于或等于样本数，则神经元的最大数目对输出的结果没有影响，如果神经元的最大数目比给定的样本数小得多，那么网络将达不到给定的误差，或者是精度会降低；但是给定的精度又不能太大，那样输出的结果就可能是错误的。在本书中，由于所选训练样本数为 98 个，数目不多，所以将最大神经元个数设为其样本数，即 98，不会对运算造成负担。散布常数的大小应用 newrb 函数进行径向基函数神经网络设计时，它是一个非常重要的参数，散布常数越小，对函数的逼近就越精确，但是逼近的过程就越不平滑；散布常数越大，逼近过程就比较平滑，但是逼近误差会比较大。后面的实例将演示散布常数对网络设计的影响。

目标误差的值对整个网络的训练影响很大，如果过小的话，可能会过学习；而若太大的话，则会导致整个网络欠学习。所以本书考察了目标误差对预测正确率的影响。我们首先固定散布常数的值，令散布常数为 1.5，然后优化参数目标误差。由图 4-23 可以看到，当 goal 的值小于 0.003 时，预测率较低，为 66.7%；而当 goal 的值为 0.003～0.05 时，预测率达到 83.3%，趋于稳定；而当 goal 的值为 0.05～0.1 时，预测率又逐渐降低到 66.7%。我们取 goal=0.005 作为整个网络训练的目标误差参数输入值。

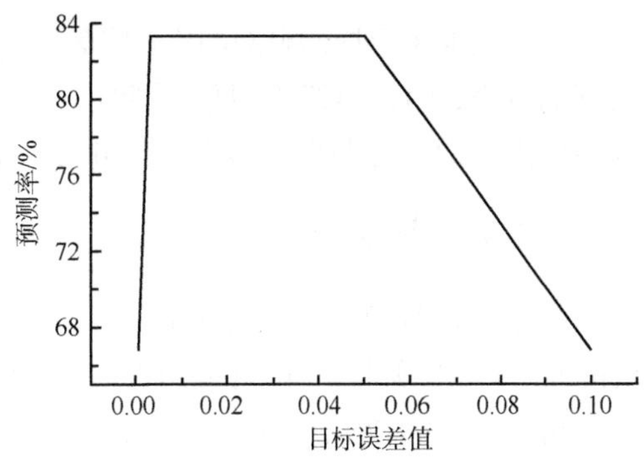

图 4-23　不同的目标误差值对预测率的影响

固定 goal=0.005、mn=98（训练的样本数），调整参数 spread，得到不同 spread 对应生甘草与炙甘草样本不同的鉴别正确率。调整 spread 分为两步，第一步进行粗调：spread 的范围为[1，10]，当 spread=1 时，所对的鉴别率是最高的，达到 88.9%；然后在[1，2]范围内对 spread 的值再进行调整，当

spread=1.05 时，鉴别率是最高的，达到了 91.7%（图 4-24）。

通过参数优化，创建了目标误差为 0.005，径向基函数分布密度为 1.05，中间层神经元个数最大值为 98 个、显示间隔为 3 的 RBF 网络。当中间层神经元个数增加至 27 个时，网络输出的误差平方和（SSE）已经接近于零，误差曲线如图 4-25 所示。

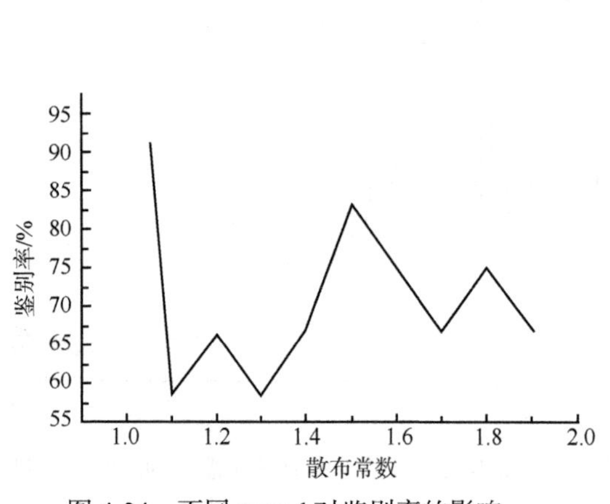

图 4-24　不同 spread 对鉴别率的影响

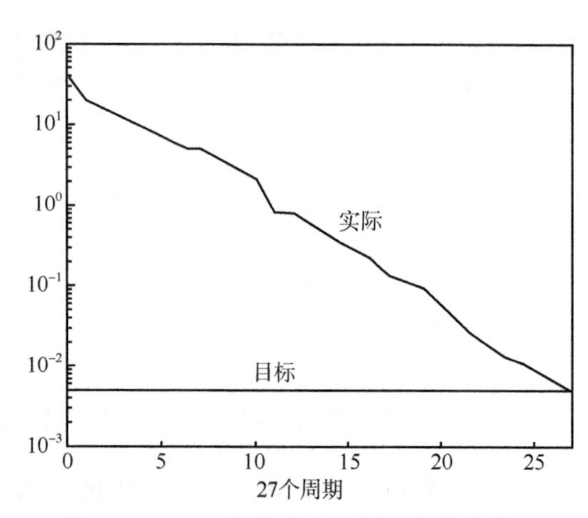

图 4-25　RBF 网络建立过程的误差曲线

对原始数据进行平滑，然后再进行小波压缩变换，通过上述参数优化，以 38 个甘草与炙甘草样本作为训练集，建立模型，然后用 12 个混合样本进行预测。在最佳目标参数 goal=0.005，spread=1.05 下，除了 1 号样本没能正确预测以外，其他的样本基本都能正确预测，此时甘草与炙甘草样本鉴别正确率为 91.7%。鉴别结果如表 4-13 所示。

表 4-13　12 个预测样本训练值与目标值的对比

样本号	目标值	预测值	样本号	目标值	预测值
1	1	0.755	7	−1	−1.010
2	1	0.922	8	−1	−0.906
3	1	0.922	9	−1	−0.933
4	1	1.060	10	−1	−0.902
5	1	1.050	11	−1	−0.961
6	1	1.010	12	−1	−0.929

建立的 RBF 神经网络可用于甘草与炙甘草样本的分类鉴别，RBF 神经网络能对样品进行较好的分类，但是界线不明显，同时也存在阈值选择问题，只能产生一个局部最优点而不是全局最优点，而且参数调整复杂，泛化能力较弱，存在过拟合问题。

（五）支持向量机判别分析

甘草与炙甘草样品不经处理，用漫反射光纤探头直接扫描，扫描次数 32 次，分辨率为 $8cm^{-1}$，甘草与炙甘草样本的波长扫描范围为 10000～$4000cm^{-1}$，每隔 $4cm^{-1}$ 采集一个数据点。我们可以从图 4-26（上方的为炙甘草，下方的为甘草）样本的原始谱图看到，炮制前后甘草的近红外光谱有差别，但差别不大。

对甘草与炙甘草样本研究范围的 NIR 光谱采用 SG 平滑法进行平滑去噪（图 4-27），为减少光谱的变量，从而减少 RBF 网络输入的维数，提高运算速度，使用 MATLAB 的小波分析工具箱进行一维小波变换，将光谱中的 1557 个数据压缩为 98 个数据，压缩后能保证特征谱图（图 4-28）。然后对压缩后的数据进行标准化，将光谱数据按（0，1）范围标准化，范围标准化后用于 RBF 核函数，这样能提高运算速度和精度。为了验证数学模型的可靠性和预报能力，本书采用留一交叉验证法，每个样品作为检验样本 1 次，作为训练集样本 n–1 次。

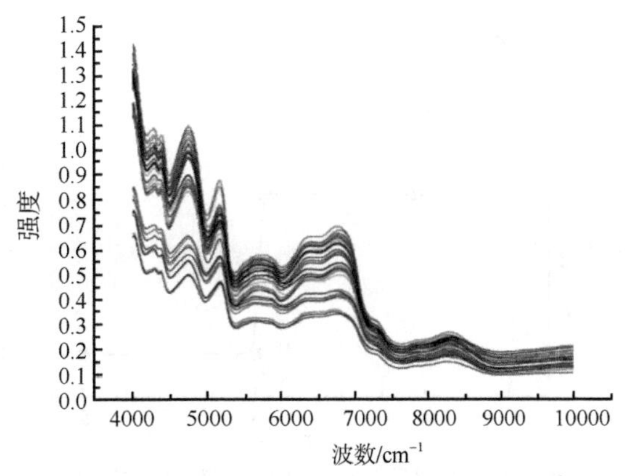

图 4-26　甘草与炙甘草样本的原始近红外谱图

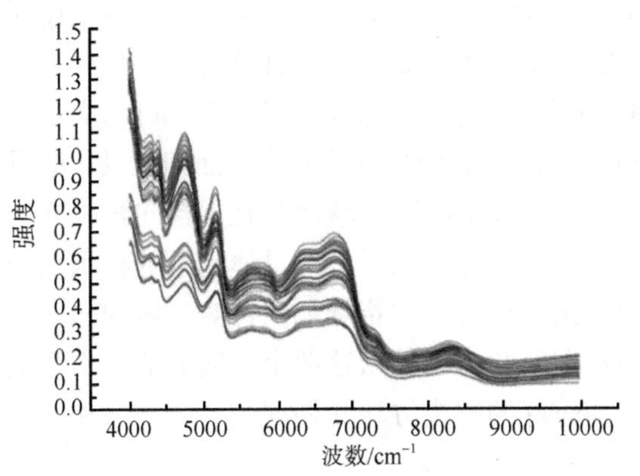

图 4-27　甘草与炙甘草样本平滑后的近红外谱图

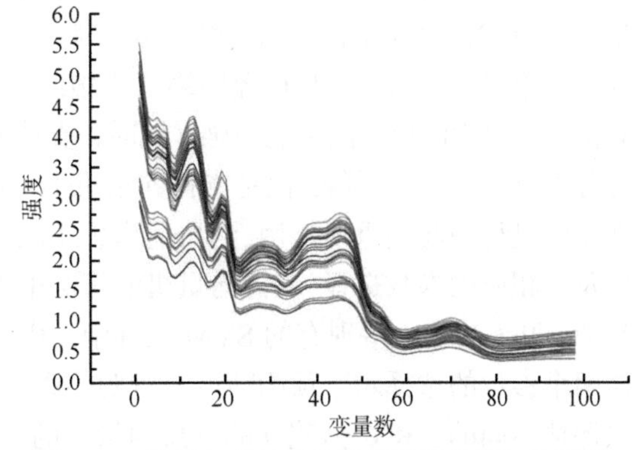

图 4-28　甘草与炙甘草光谱压缩后的近红外谱图

本工作中应用上海大学化学系计算机化学研究室编制的基于统计学习理论的数据挖掘软件 ChemSVM 的 4 个径向基核函数及其参数，将甘草与炙甘草的类别分别设为 1、2，再与其对应的压缩后的数据一起以文本文件的形式输入 ChemSVM 软件，输出为错误的样本号和错误率。为了使结果表示得更加简单明了，我们将其转化为样品鉴别的正确率。函数运算开始时，需要对输入数据进行标准化，这里只需输入标准化范围即可。函数运算每完成一次就要调整参数一次，直到达到最大的鉴别正确率为止。

惩罚参数 C 表示对超出 ε 管道的样本的惩罚，C 越小，惩罚就越小，从而使训练误差变大，而由于结构风险最小化原则，系统的结构风险受限于经验风险和置信范围之和，因此大的训练误差会导致大的结构风险，系统的泛化能力变差；C 值太大，与置信范围相关的权重相应变小，从而使得系统的泛化能力下降，因此 C 的选择对系统的泛化能力有重要影响。由参考文献和我们的经验表明，分类模型的预测很少受 C 的影响。为了使常用饮片近红外光谱数据库建立及识别研究使学习过程比较稳定，赋予 C 一个较大的值（C=100）。因此，在本书中，我们没有优化参数 C。

核函数的类型是一个很重要的参数。对于核函数的选择，因为线性核函数是径向基核函数的特例，对于特定的参数，S 形核函数功能与径向基核函数相同，核函数自身参数的个数太多

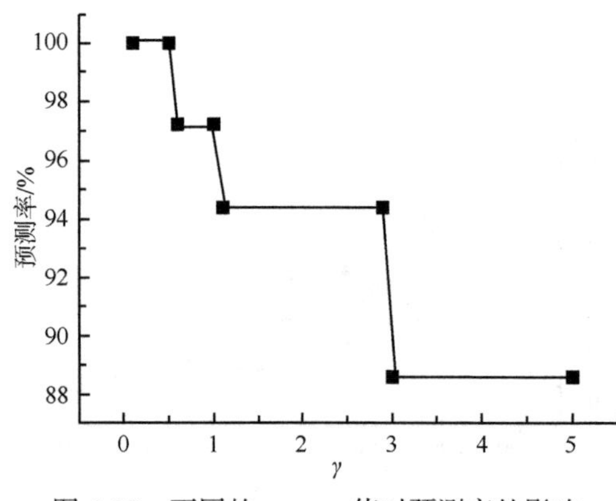

图 4-29　不同的 gamma 值对预测率的影响

不利于参数的选择，在支持向量分类问题中，径向基核函数是比较通用的核函数，本书选择径向基核函数为 SMV 的核函数，其表达式形式为 $y=\exp(-\gamma\cdot|\mu-v|2)$，其中 γ 是核函数的参数，它控制着径向基函数的振幅，因而控制着支持向量机的泛化能力；μ 和 v 是两个独立的变量。我们考察了在 0.1～5，γ 值对鉴别正确率的影响情况。我们先固定 c=100，如图 4-29 所示，参数 γ 值为 3～15，鉴别正确率最低，为 88.6%；γ 值为 1.1～2.9，鉴别正确率降为 94.3%，γ 值为 0.6～1 时，鉴别正确率为 97.1%；γ 值为 0.1～0.5 时，鉴别正确率最高，达到 100%；因此，选择 γ=0.5 作为分类模型的径向基核函数参数输入值。

鉴别甘草与炙甘草的结果表明，支持向量机鉴别准确率高，针对甘草与炙甘草样本在惩罚参数 C=100，径向基核函数参数 γ=0.5 时，鉴别准确率能达到 100%，是甘草与炙甘草样本鉴别的简单可靠的方法。与神经网络算法相比，支持向量机绕过了局部最小的陷阱，可以实现全局优化，使用简单，泛化能力强。同时，支持向量机也是一个相当好的非线性回归工具，能进行分类且有良好的界线。但是支持向量机不可避免有一定的局限性。核函数在支持向量机非线性化的过程中起到重要作用，到目前为止还没有一种具体的方法指导针对具体问题的核函数选择及其相应的参数选择。支持向量机的算法中没有给出具体的方法指导如何针对具体问题选择参数 ε 和 C。在一些现有的 SVM 软件中，由用户根据经验自己输入这两个参数的值。事实上这两个参数的选择对于预测精度有重要的影响。目前较好的解决方法是根据交叉验证法和留一法评估不同的 ε 和 C 值建立的支持向量机的性能。

第四节　中药制造单元近外光谱信息学实例

一、中药制造提取单元乳块消片水提液近红外光谱信息定量研究

本研究中以丹参素、原儿茶醛、橙皮苷、丹酚酸 B 4 种化学成分作为质量控制指标，建立了测定水提液中 4 种成分的常规 HPLC 含量测定方法，并进行了快速质量评价方法的研究。该方法的建立为中药制剂生产过程中类似水提过程的快速质量评价提供一种研究思路[8]。

（一）仪器与材料

丹参素钠（批号：110855-200507）、原儿茶醛（批号：110810-200506）、橙皮苷（批号：110721-200512）、丹酚酸 B（批号：111562-200504）（纯度均大于 98%）购自中国药品生物制品检定所。甲醇为色谱纯，水为娃哈哈纯净水，其他试剂均为分析纯。水提液由指定药厂提供。

Agilent-1100 高效液相色谱仪：包括在线脱气机，四元泵，自动进样器，柱温箱，DAD 二极管阵列检测器，Agilent Chemstation。SartoriusBP211D 型电子天平。Antaris 傅里叶变换近红外光谱仪（美国 Thermo Nicolet 公司）配有 InGaAs 检测器、透射分析模块、Result 操作软件、TQAnalystV6 光谱分析软件，MATLAB 软件工具（The MathWorks Inc.）。

（二）NIR 扫描条件

采用透射检测系统，NIR 光谱扫描范围 4000～10000cm^{-1}，扫描次数 32，分辨率为 16cm^{-1}，增益为 2，以内置背景为参照，每份样品重复测定 3 次，取均值。

（三）含量测定

采用 HPLC 法测定浓缩液中 4 种主要成分的含量。含量测定结果见表 4-14。

表 4-14　浓缩液中 4 种主要成分 HPLC 含量测定结果

		丹参素	原儿茶醛	橙皮苷	丹酚酸 B
一煎水提液	$\bar{x}\pm s$	0.0364±0.0171	0.0043±0.0020	0.1414±0.0646	0.4934±0.2102
	Max	0.0619	0.0091	0.2449	0.7863
	Min	0.0081	0.0007	0.0328	0.1135
	range	0.0538	0.0084	0.2121	0.6728
二煎水提液	$\bar{x}\pm s$	0.0601±0.0136	0.0102±0.0011	0.0792±0.0139	0.2699±0.0443
	Max	0.0844	0.0125	0.1085	0.3488
	Min	0.0442	0.0084	0.0572	0.1692
	range	0.0401	0.0041	0.0513	0.1796

（四）NIR 光谱图

水提液的 NIR 透射原始光谱图见图 4-30。

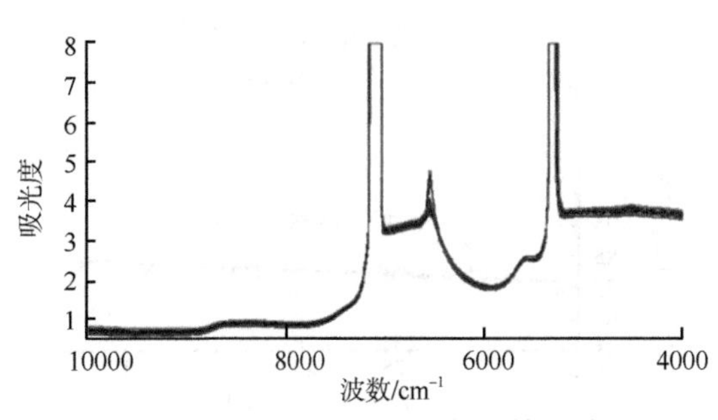

图 4-30　水提液的 NIR 透射原始光谱图

（五）建模方法的选择

分别对一煎液和二煎液中 4 种主要成分模型的建立方法进行比较，比较结果见表 4-15、表 4-16、图 4-31 和图 4-32，一煎液 4 种主要成分的建模方法均为 PLS 法，对于二煎液中的主要成分，均采用逐步多元线性回归（SMLR）法。

表 4-15　水提液丹参素不同建模方法的比较

	方法	*R*	RMSECV
一煎水提液	SMLR 法	0.8622	8.52
	PLS 法	0.9221	6.50
	PCR 法	0.8739	8.27
二煎水提液	SMLR 法	0.8579	6.61
	PLS 法	0.8556	8.02
	PCR 法	0.7829	7.66

表 4-16　水提液原儿茶醛不同建模方法的比较

	方法	R	RMSECV
一煎水提液	SMLR 法	0.6977	1.27
	PLS 法	0.8459	0.948
	PCR 法	0.6531	1.35
二煎水提液	SMLR 法	0.7142	0.744
	PLS 法	0.5485	0.900
	PCR 法	0.5858	0.585

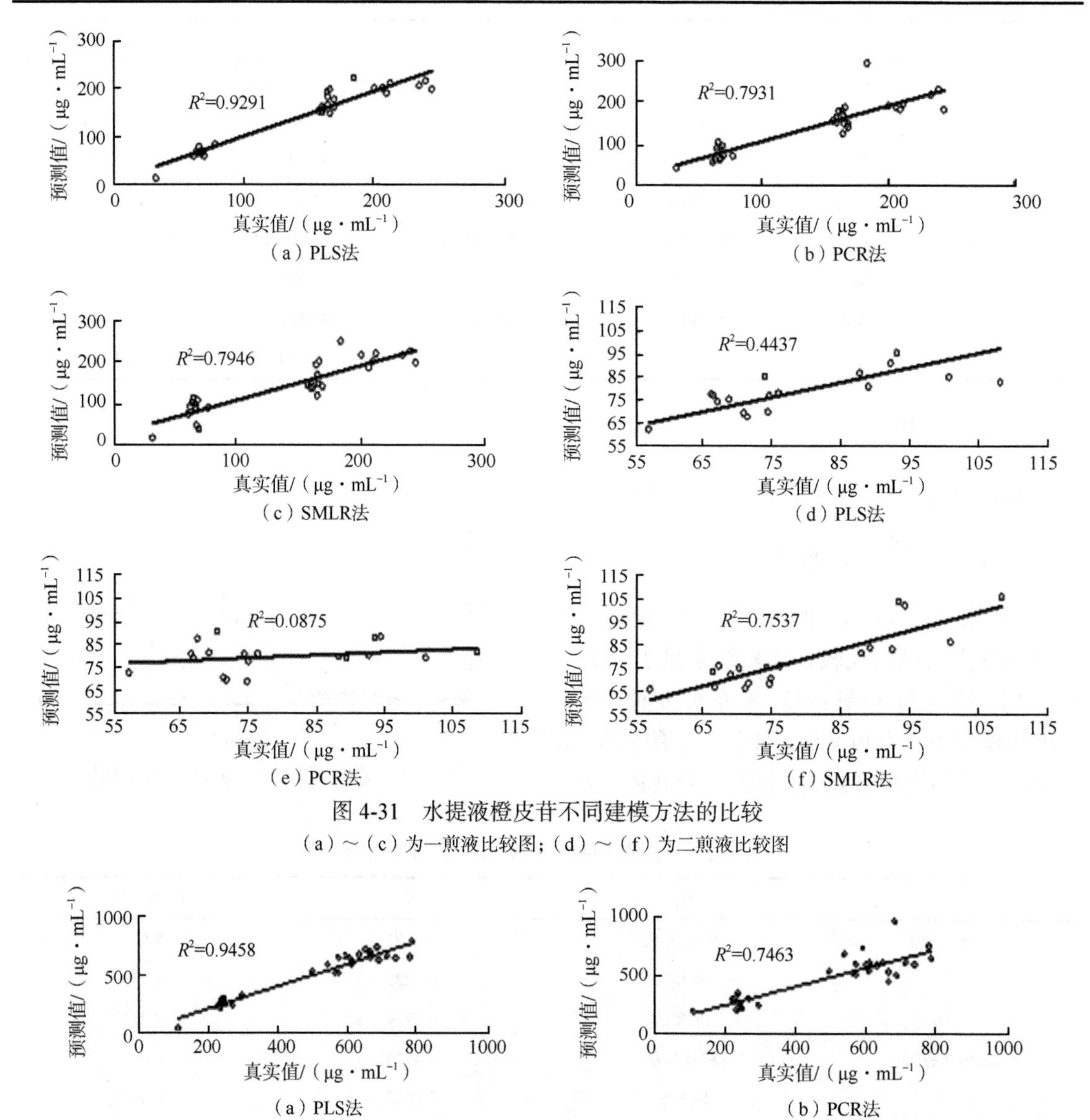

图 4-31　水提液橙皮苷不同建模方法的比较

（a）～（c）为一煎液比较图；（d）～（f）为二煎液比较图

（a）PLS法　　（b）PCR法

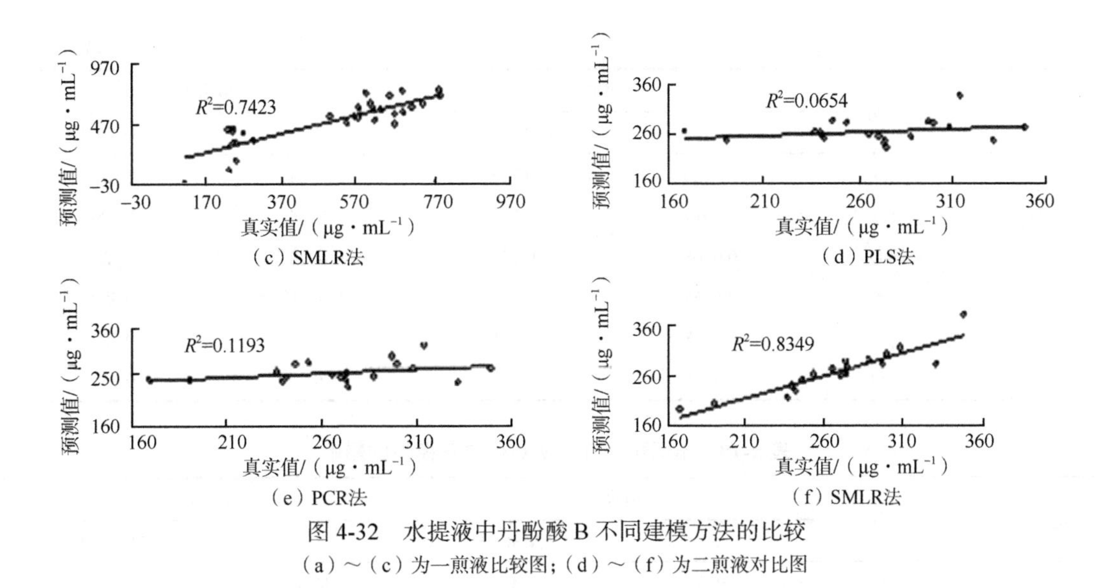

图 4-32　水提液中丹酚酸 B 不同建模方法的比较

（a）～（c）为一煎液比较图；（d）～（f）为二煎液对比图

（六）波段筛选及光谱预处理

一煎水提液丹参素、原儿茶醛、橙皮苷、丹酚酸 B 含量测定中，以 PLS 法进行 NIR 模型的建立，比较了 7297.32～8676.20cm^{-1}、5445.99～7001.38cm^{-1}、4257.77～5204.72cm^{-1} 3 个波段单一或组合用于模型的建立，通过比较 R 及 RMSECV，最终确定其建模波段分别为 7297.32～8676.20cm^{-1}、5445.99～7001.38cm^{-1}。分别比较了导数光谱法（1D 法、2D 法），平滑法（SG 平滑法、ND 平滑法）对模型性能的影响，从而确定其最佳预处理方法，结果见表 4-17～表 4-20。

表 4-17　不同预处理方法对丹参素模型的影响

光谱类型	平滑	一煎水提液		二煎水提液	
		R	RMSECV	R	RMSECV
原谱	no	0.9354	5.95	0.8680	6.61
	SG	0.9221	6.50	0.8681	6.61
1D	no	0.8381	9.44	0.9200	5.18
	SG	0.8393	9.34	0.9200	5.16
	ND	0.8566	8.71	0.8410	7.24
2D	no	0.7478	11.8	0.8272	7.50
	SG	0.8457	9.03	0.8858	6.19
	ND	0.8515	8.94	0.8749	6.43

表 4-18　不同预处理方法对原儿茶醛模型的影响

光谱类型	平滑	一煎水提液		二煎水提液	
		R	RMSECV	R	RMSECV
原谱	no	0.9070	0.747	0.7142	0.744
	SG	0.9048	0.757	0.7064	0.756

续表

光谱类型	平滑	一煎水提液		二煎水提液	
		R	RMSECV	R	RMSECV
1D	no	0.9126	0.726	0.6824	0.788
	SG	0.8914	0.799	0.7466	0.699
	ND	0.9108	0.740	0.6222	0.828
2D	no	0.6268	1.40	0.8421	0.568
	SG	0.9018	0.761	0.8330	0.580
	ND	0.9018	0.765	0.7820	0.653

表 4-19　不同预处理方法对橙皮苷模型的影响

光谱类型	平滑	一煎水提液		二煎水提液	
		R	RMSECV	R	RMSECV
原谱	no	0.9251	24.7	0.8681	6.75
	SG	0.9277	24.3	0.8680	6.75
1D	no	0.9574	18.6	0.9405	4.61
	SG	0.9631	17.4	0.9467	4.37
	ND	0.9299	23.6	0.8826	6.40
2D	no	0.8780	30.6	0.8042	8.13
	SG	0.9755	14.1	0.8241	7.75
	ND	0.9639	17.2	0.8467	7.22

表 4-20　不同预处理方法对丹酚酸 B 模型的影响

光谱类型	平滑	一煎水提液		二煎水提液	
		R	RMSECV	R	RMSECV
原谱	no	0.9725	48.4	0.6495	33.7
	SG	0.9780	49.6	0.6367	34.3
1D	no	0.9659	53.9	0.8371	24.4
	SG	0.9676	52.5	0.8626	22.0
	ND	0.9702	50.2	0.8069	25.5
2D	no	0.7766	133	0.6637	32.6
	SG	0.9631	55.7	0.7560	28.5
	ND	0.9713	49.2	0.6456	33.6

一煎水提液中 4 种主要成分的建模方法均为 PLS 法，结合交互验证法及 R、RMSEC 和 RMSEP 进行其潜变量数的确定，比较结果见图 4-33 和表 4-21。确定丹参素、原儿茶醛、橙皮苷、丹酚酸 B 的潜变量数分别为 4、6、7、7。

二煎水提液中 4 种主要成分的建模方法均为 SMLR 法，通过比较 R 及 RMSEC 和 RMSEP，确定其最佳入选变量数，比较结果见图 4-34 和表 4-22。分析可知丹参素、原儿茶醛、橙皮苷、丹酚酸 B 的入选变量数分别为 2、2、2、3。

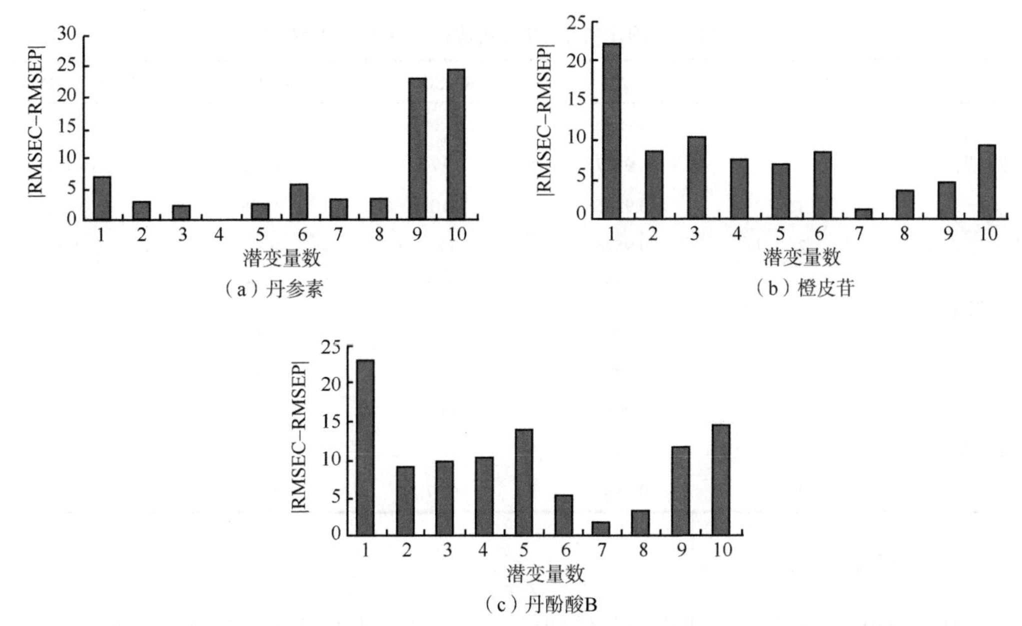

图 4-33　一煎水提液 PLS 法建模潜变量数的确定

表 4-21　一煎水提液原儿茶醛 PLS 法建模潜变量数的确定

潜变量数	R	RMSEC	RMSEP	|RMSEC-RMSEP|
5	0.9516	0.539	0.420	0.119
6	0.9803	0.346	0.433	0.087
7	0.9448	0.254	0.531	0.277

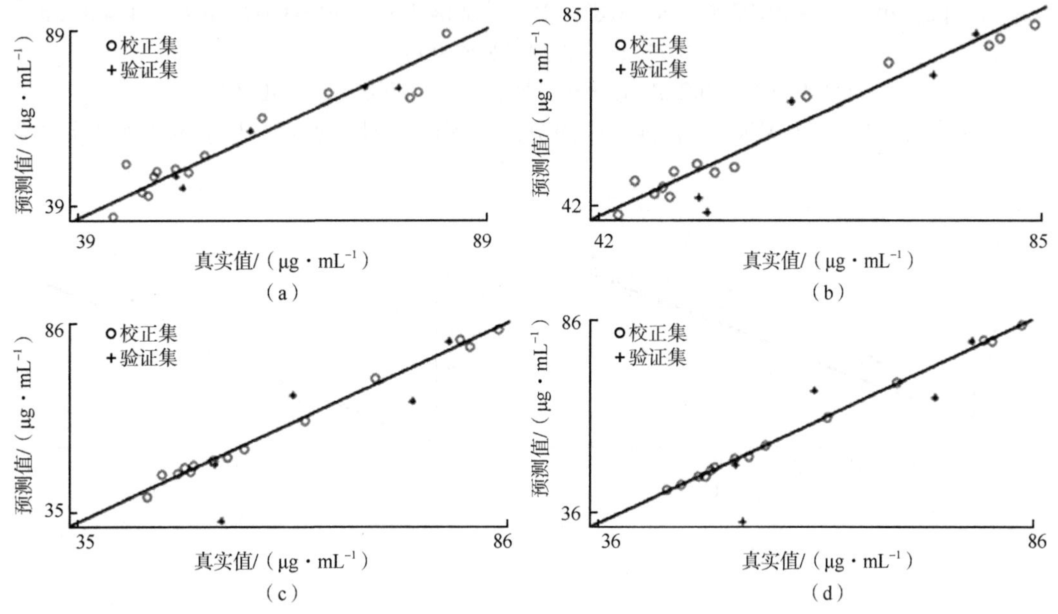

图 4-34　不同入选变量数对二煎水提液中丹参素模型的影响

((a)～(d) 的变量数分别为 2、3、4、5)

表 4-22　二煎水提液 PLS 法建模潜变量数的确定

	变量数	R	RMSEC	RMSEP	∣RMSEC–RMSEP∣
原儿茶醛	2	0.9585	0.261	0.615	0.354
	3	0.9827	0.170	0.642	0.472
	4	0.9935	0.104	0.738	0.634
橙皮苷	2	0.9545	3.81	6.81	3.00
	3	0.9780	2.67	6.42	3.75
	4	0.9908	1.73	5.18	3.45
	5	0.9963	1.10	5.66	4.56
丹酚酸 B	2	0.9052	19.1	20.3	1.20
	3	0.9713	10.7	11.5	0.80
	4	0.9886	6.77	14.5	7.73

（七）模型的建立

水提液的 NIR 原始光谱经适当的预处理后，一煎水提液采用 PLS 法建立模型，二煎水提液以 SMLR 法建模。二煎水提液中丹参素、原儿茶醛、橙皮苷、丹酚酸 B 的回归方程分别为

$$C_{丹参素}（\mu g \cdot mL^{-1}）=0.8543\times10^{2}+4.5474\times10^{6}D^{(1)}9318.35cm^{-1}-0.0577\times10^{4}D^{(1)}6780.49cm^{-1}$$

$$r=0.9511（42.2215\mu g \cdot mL^{-1}\leqslant C\leqslant86.3585\mu g \cdot mL^{-1}）$$

$$C_{原儿茶醛}（\mu g \cdot mL^{-1}）=16.8497-9.8462\times10^{5}D^{(2)}8793.81cm^{-1}+8.9151\times10^{5}D^{(2)}9580.62cm^{-1}$$

$$r=0.9585（8.1647\mu g \cdot mL^{-1}\leqslant C\leqslant12.6820\mu g \cdot mL^{-1}）$$

$$C_{橙皮苷}（\mu g \cdot mL^{-1}）=2.9708\times10^{2}+5.1410\times10^{6}D^{(1)}9225.79cm^{-1}-1.1138\times10^{2}D^{(1)}5260.86cm^{-1}$$

$$r=0.9545（54.6639\mu g \cdot mL^{-1}\leqslant C\leqslant111.0751\mu g \cdot mL^{-1}）$$

$$C_{丹酚酸B}（\mu g \cdot mL^{-1}）=1.9793\times10^{3}+2.6181\times10^{6}D^{(1)}8084.13cm^{-1}+1.6326\times10^{4}D^{(1)}4474.04cm^{-1}-0.7721\times10^{6}D^{(1)}9896.89cm^{-1}$$

$$r=0.9713（60.2220\mu g \cdot mL^{-1}\leqslant C\leqslant357.7607\mu g \cdot mL^{-1}）$$

一煎水提液和二煎水提液中 4 种主要成分的实测值（即真实值）与预测值的相关图见图 4-35。

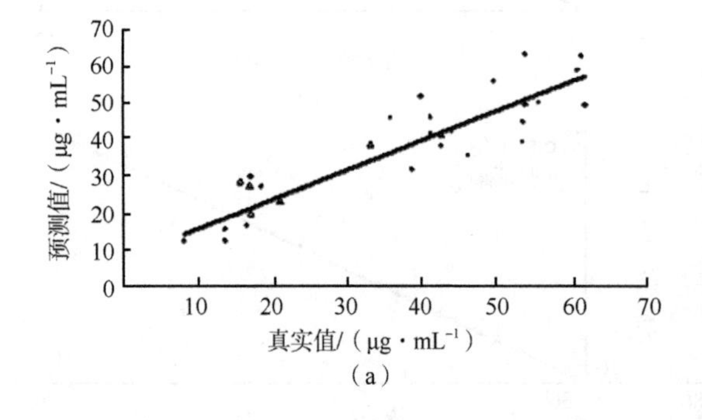

（a）

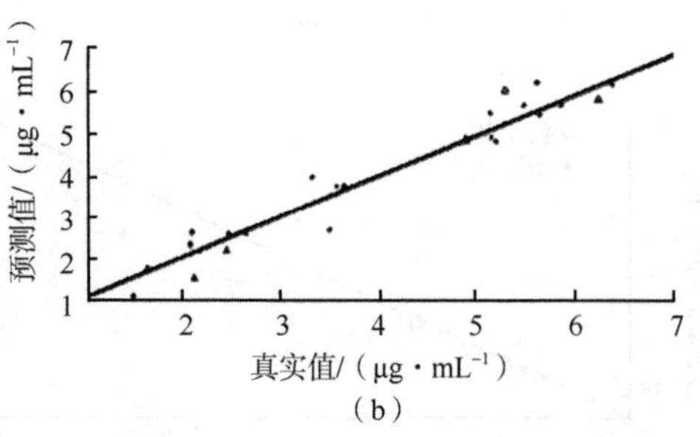

（b）

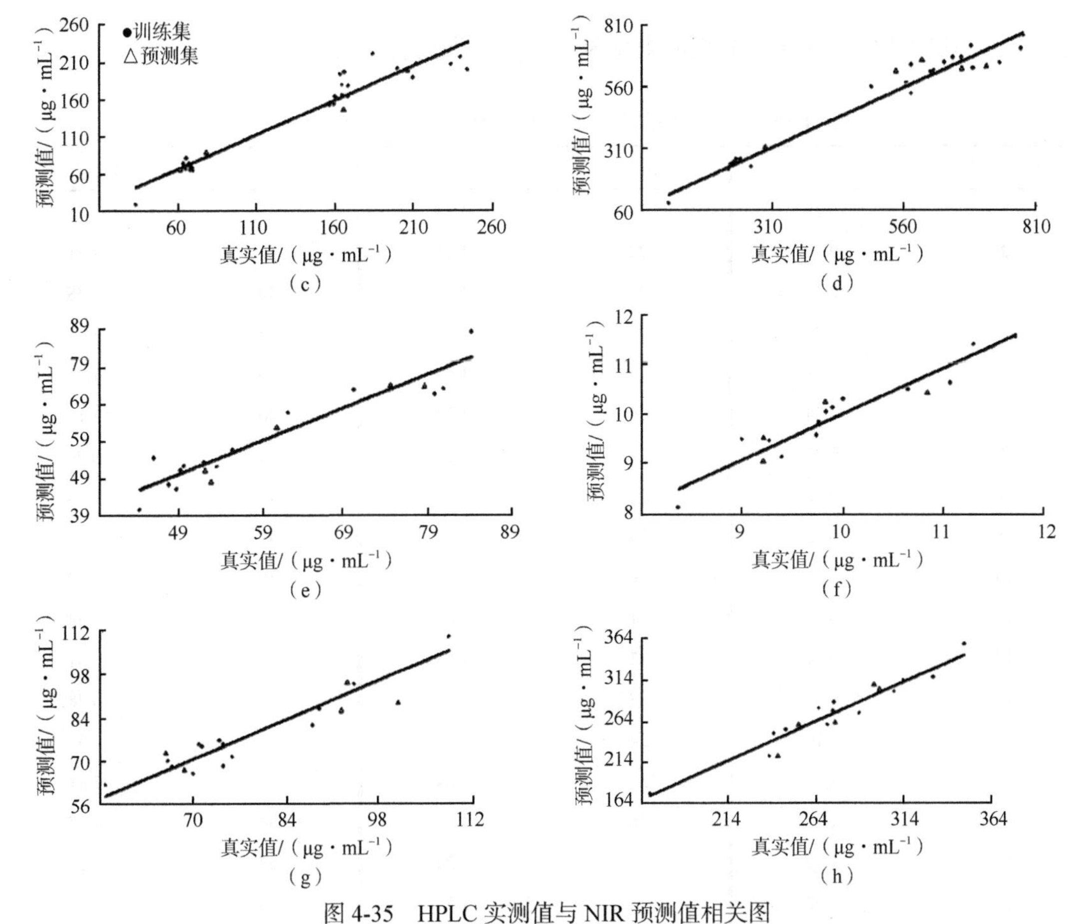

图 4-35 HPLC 实测值与 NIR 预测值相关图

（a）～（d）分别为一煎水提液中丹参素、原儿茶醛、橙皮苷、丹酚酸 B 的相关图；（e）～（h）分别为二煎水提液中丹参素、原儿茶醛、橙皮苷、丹酚酸 B 的相关图

二、中药制造提取单元乳块消片醇提液近红外光谱信息定量研究

本研究中以丹参素、原儿茶醛、橙皮苷、丹酚酸 B 4 种化学成分作为质量控制指标，建立了乳块消片醇提液中 4 种成分的常规 HPLC 含量测定方法，并进行了快速质量评价方法的研究。该方法的建立为中药制剂生产过程中存在类似醇提过程的快速质量评价提供了一种研究思路。

（一）仪器与材料

Antaris 傅里叶变换近红外光谱仪（美国 Thermo Nicolet 公司）配有 InGaAs 检测器、透射分析模块、Result 操作软件、TQAnalystV6 光谱分析软件。醇提液由指定药厂提供。

（二）NIR 扫描条件

采用透射检测系统，NIR 光谱扫描范围为 4000～10000cm^{-1}，扫描次数 16，分辨率为 16cm^{-1}，增益为 2，以内置背景为参照，每批样品平行测定 3 次，取均值。

（三）含量测定

取药厂提供的醇提液样品，经适当稀释后，备用。采用传统的凯氏定氮法测定醇提液中总氮的含量。用凯氏定氮法测得醇提液中总氮含量，结果见表 4-23。

表 4-23　醇提液中总氮的含量测定结果（单位：mg · g^{-1}）

样品编号	总氮含量	样品编号	总氮含量	样品编号	总氮含量
1	0.28	21	1.24	41	1.25
2	0.30	22	1.24	42	1.11
3	0.38	23	1.22	43	1.38
4	0.29	24	1.23	44	1.17
5	0.28	25	1.21	45	1.20
6	0.34	26	1.32	46	1.19
7	0.28	27	1.28	47	0.99
8	0.28	28	1.26	48	0.94
9	0.40	29	1.36	49	1.19
10	0.35	30	1.85	50	1.10
11	0.45	31	1.62	51	0.44
12	0.67	32	1.63	52	0.51
13	0.41	33	1.46	53	0.48
14	1.10	34	1.55	54	0.32
15	1.20	35	1.64	55	1.41
16	1.18	36	1.86	56	1.27
17	1.22	37	1.24	57	1.15
18	1.22	38	1.50	58	1.08
19	1.40	39	1.20	59	1.15
20	1.22	40	1.18		

（四）NIR 图谱

醇提液的 NIR 原始光谱见图 4-36。

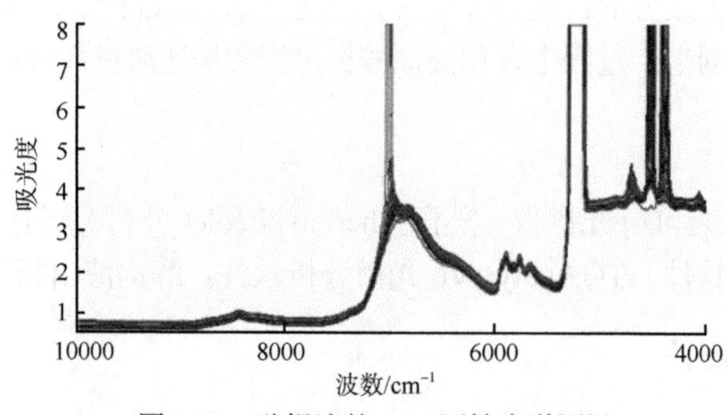

图 4-36　醇提液的 NIR 原始光谱图[8]

（五）建模方法的选择

比较了 SMLR 法、PLS 法、PCR 法所建模型的性能参数，确定以 PLS 法对其进行模型的建立，结果见表4-24。

表4-24　不同建模方法的比较

建模方法	R	RMSECV
SMLR法	0.7925	0.283
PLS法	0.9396	0.160
PCR法	0.5101	0.434

（六）波段的选择及光谱预处理

以R和RMSECV为评价参数，筛选建模的最优波段，最终确定以7158.06～8341.02cm^{-1}、5955.11～5592.55cm^{-1}作为醇提液总氮含量模型建立的波段。本研究比较了导数光谱分别与SG平滑法、ND平滑法相结合进行光谱的预处理对模型的影响，最终确定最佳光谱预处理方法为SG平滑法，结果见表4-25。

表4-25　不同光谱预处理方法的比较

光谱类型	平滑	R_c	RMSECV
原谱	No	0.9633	0.122
	SG	0.9636	0.121
1D	No	0.9505	0.141
	SG	0.9518	0.139
	ND	0.9603	0.126
2D	No	0.9152	0.182
	SG	0.9268	0.170
	ND	0.8540	0.235

（七）潜变量数的确定

以交互验证法结合RMSEC和RMSEP，对PLS建模时所需潜变量数进行确定，结果见表4-26。

表4-26　潜变量数的确定

潜变量数	R	RMSEC	RMSEP	|RMSEC−RMSEP|
5	0.9685	0.112	0.106	0.00600
6	0.9707	0.109	0.108	0.00100
7	0.9782	0.0938	0.110	0.0162

（八）模型的建立

醇提液的原始光谱经过预处理后，以PLS法对其进行模型的建立，结果见图4-37。由图4-37分析，NIR预测值与凯氏定氮法实测总氮的含量相关性较好，结果趋于一致。

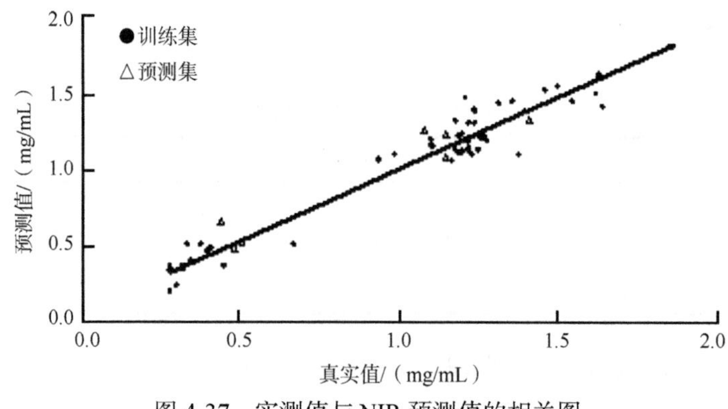

图 4-37　实测值与 NIR 预测值的相关图

三、中药制造过程清开灵注射剂中六混液总氮和栀子苷近红外光谱信息定量研究

近红外透射分析技术可分为 NIT 和 NIDT，前者用于溶液的分析，后者可用于混悬液和乳浊液的分析。中药注射剂及其生产过程中间体多为真溶液体系。虽然真溶液的定量分析符合朗伯-比尔定律，但由于谱带重叠严重，且大多数溶剂在近红外区有吸收，干扰待测组分的测定，因此需借助化学计量学方法净化谱图，提取有用信息，建立定量模型。本研究以清开灵注射剂生产过程中间体和成品为研究载体，进行 NIT 在中药注射剂生产过程中间体和成品的在线检测与质量评价方面的应用研究，为中药注射剂及口服液生产过程的在线质量控制提供研究思路[9]。

（一）仪器与材料

Antaris 傅里叶变换近红外光谱仪（Thermo Nicolet 公司）。TQAnalystV6 光谱分析软件（Thermo Nicolet 公司），MATLAB 6.5 软件（The MathWorks Inc.）。六混液由指定药厂提供。

（二）NIR 扫描条件

采用透射方式采集光谱，分辨率为 $4cm^{-1}$，扫描范围为 10000～$4000cm^{-1}$，扫描次数 32 次，增益为 4，每个样品平行测 3 次，取平均光谱。

（三）NIR 光谱图

六混液的 NIT 图见图 4-38。在六混液的 NIR 图中主要看到水的吸收。

（四）建模方法的筛选

运用 TQ Analyst 软件，对 20 个六混液样品组成的训练集进行数据分析，各方法筛选结果见表 4-27。由表中数据可知，三种数学方法所建模型均较好，以 PLS 模型拟合效果最佳。因此，选择 PCR 与原始光谱（original spectrum，OS）数据建立六混液中总氮、栀子苷和胆酸含量的 NIR 预测模型。

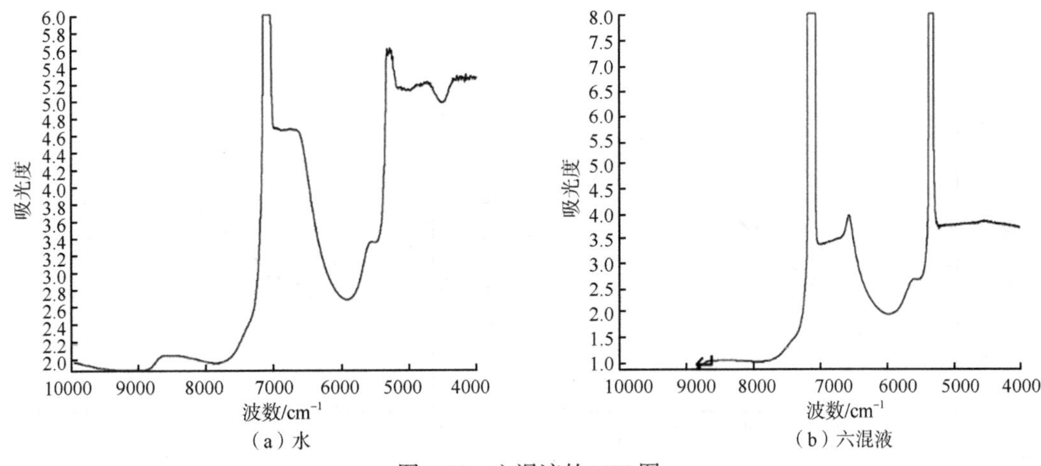

图 4-38　六混液的 NIT 图

表 4-27　六混液指标成分定量的 NIR 建模方法的筛选结果

方法	总氮			栀子苷			胆酸		
	OS	1stDS	2ndDS	OS	1stDS	2ndDS	OS	1stDS	2ndDS
SMLR	0.9357	0.9887	0.9792	0.9257	0.9856	0.9792	0.9425	0.9858	0.9800
	0.288	0.122	0.166	0.0686	0.0291	0.0395	0.203	0.102	0.121
PCR	0.9955	0.9546	0.8816	0.9948	0.9427	0.8811	0.9952	0.9563	0.8783
	0.0776	0.243	0.386	0.0185	0.0579	0.0918	0.0594	0.178	0.291
PLS	0.9998	0.9999	0.9021	0.9998	0.9999	0.9038	0.9998	0.9999	0.8983
	0.0153	0.00414	0.353	0.00364	0.00986	0.0840	0.0118	0.00300	0.267

注：1stDS——一阶导数光谱，2ndDS——二阶导数光谱。

（五）定量模型的建立

运用 TQ Analyst 计算软件，对光谱数据与凯氏定氮法（KD）和 HPLC 定量结果分别采用 SMLR、PCA 和 PLS 进行分析，以 20 个训练集样品含量拟合值与真值的 r 和 RMSECV 为指标筛选建模方法，优化建模参数。r 越大，RMSECV 越小，模型越佳。运用 MATLAB6.5 软件，根据方法筛选和参数优化结果，建立定量模型。利用 7 个检验集样品对模型进行验证。原始数据先经 7 点多项式平滑和中心化处理，PCR 和 PLS 建模数据还需要标准化处理。

采用 PCR 对六混液样品的 NIR-OS 与指标成分含量建立数学模型，筛选波段为 7018.07～5410.62cm^{-1} 和 8923.54～7196.72cm^{-1}，主成分数为 6（累积贡献率为 88.0%）。NIR-PCR 模型对总氮、栀子苷和胆酸含量的拟合值（即估计值）与真值的 R 分别为总氮 0.9955、栀子苷 0.9948 和胆酸 0.9952，相关分析图见图 4-39。

（六）模型的检验

另取 7 批六混液样品对 NIR 定量模型进行检验，总氮、栀子苷和胆酸含量的预测值（即估计值）与真值的 R 分别为 0.9940、0.9936 和 0.9941，相关分析图分别见图 4-40。结果表明，该方法用于六混液中总氮、栀子苷和胆酸的定量准确可靠，而且快速方便，可作为清开灵注射剂生产过程中六混液的在线检测方法。

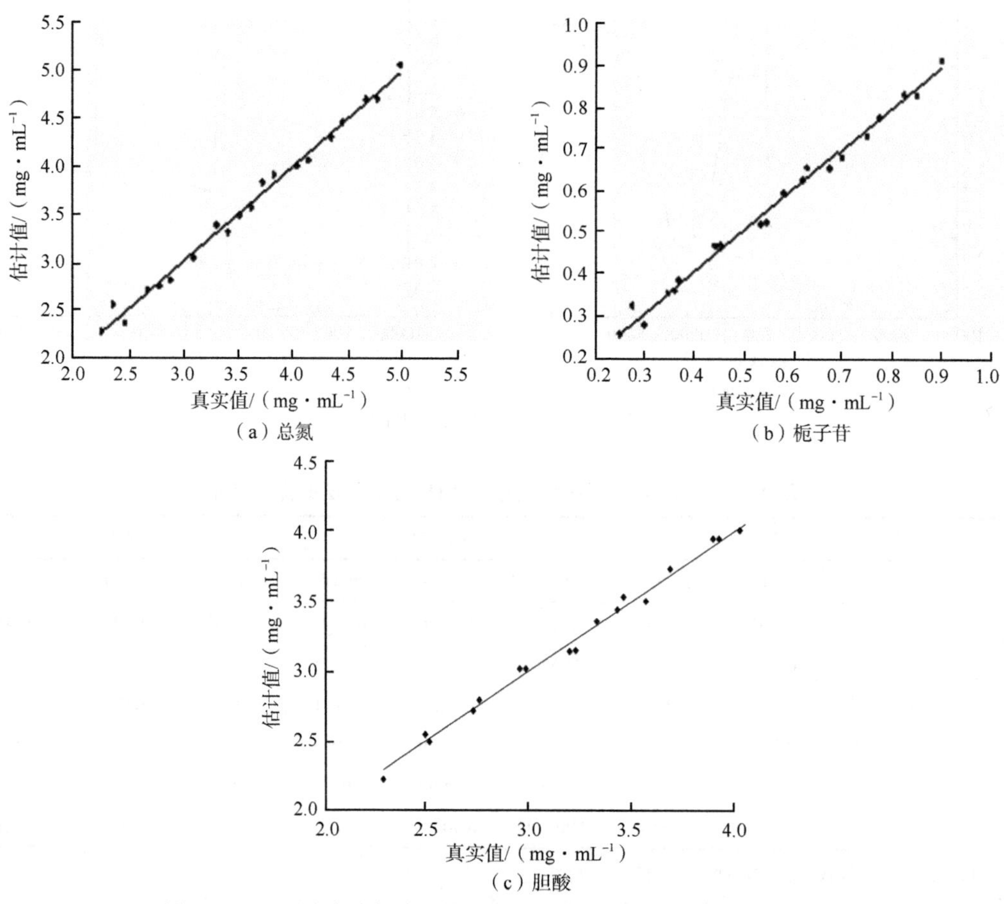

图 4-39 六混液中指标成分含量的模型估计值和与真值相关分析图

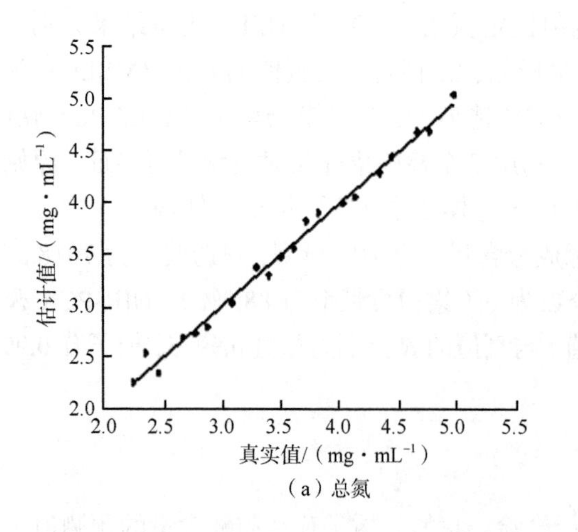

（a）总氮

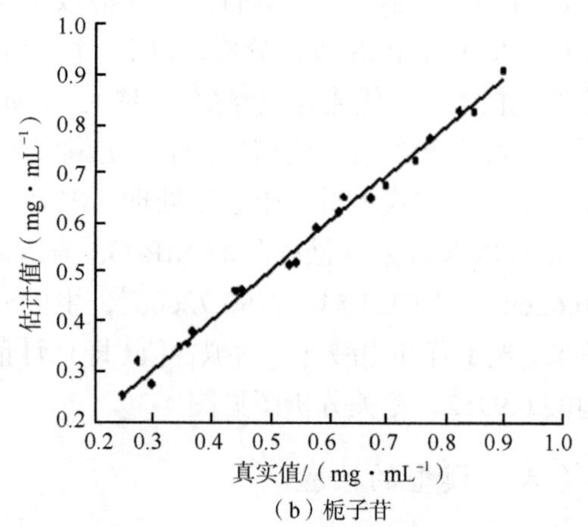

（b）栀子苷

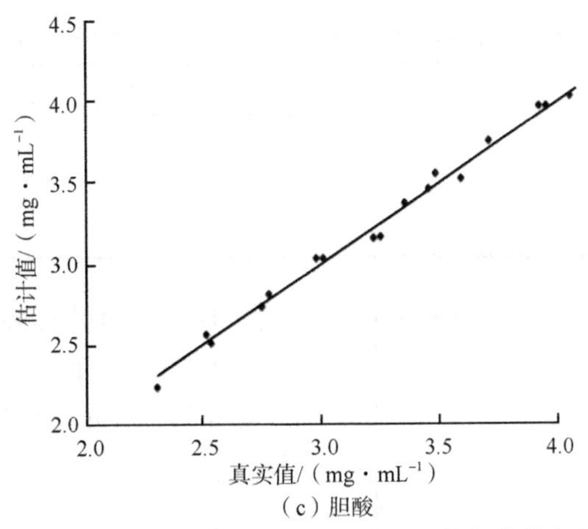

（c）胆酸

图 4-40 六混液指标成分 NIR 定量模型预测值与真值相关分析图

四、中药制造过程清开灵四混液中总氮和栀子苷近红外光谱信息定量研究

本研究选取清开灵注射液四混液为对象，运用 Kennard-Stone 法对样本进行训练集和测试集分类后，采用间隔偏最小二乘法进行波段筛选和建立模型，测定其总氮和栀子苷含量。研究结果表明，本研究方法较之于常规的偏最小二乘法预测结果有明显的提高，可推广应用于中药注射液中间体含量快速测定。

（一）仪器与材料

Antaris 傅里叶变换近红外光谱仪（Thermo Nicolet 公司），28 批清开灵四混液样本由北京中医药大学药厂提供。栀子苷和总氮的含量参考值的测定分别采用 HPLC 法和凯氏定氮法。

（二）数据采集

采用透射方式采集光谱，以仪器内部的空气为背景，分辨率为 4cm^{-1}，扫描范围为 10000～4000cm^{-1}，扫描次数为 32，增益为 4，每个样品平行测定 3 次，取平均光谱。

（三）数据处理及软件

间隔偏最小二乘算法工具包是由 Nørgaard 等提供的网络共享（http：//www.models.kvl.dk/source/iToolbox/），Kennard-Stone 算法工具包由 Michal Daszykowski 等提供网络共享下载，各计算程序均自行编写，采用 MATLAB 软件工具（TheMathWorks Inc.）计算。

（四）训练集的选取

采取 PLS 法对清开灵四混液进行回归，选择有代表性的训练集，不但可以减少建模的工作量，而且直接影响所建模型的适用性和准确性。本文共 28 批样本，编号依次为 1～28。表 4-28 是通过 Kennard-Stone 法依次挑选出 21 个训练集的样本号。

表 4-28　通过 Kennard-Stone 法划分得到的训练集样本号

样本号	样本得分数						
1→7	15	1	27	10	24	23	28
8→14	12	3	25	5	16	4	9
15→21	21	7	19	20	2	17	18

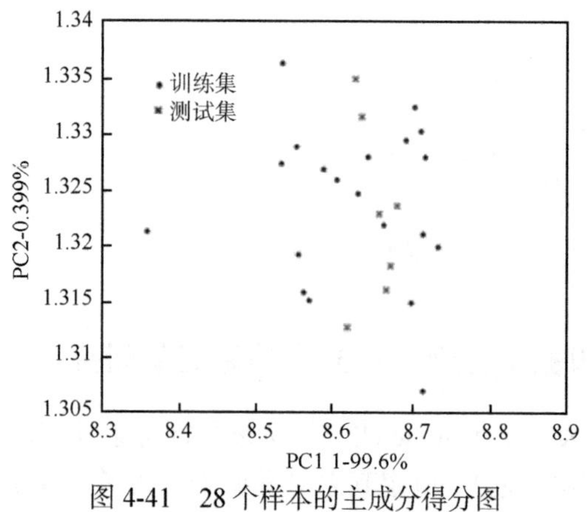

图 4-41　28 个样本的主成分得分图

图 4-41 为通过 Kennard-Stone 法挑选 28 个样本的主成分得分图。由图可见，21 个训练集样本在主成分图上分布较均匀，而且 7 个测试集样本也都被包容在训练集的空间内，这说明测试集的光谱信息被包容在训练集的光谱信息内。通过上述方法可以提高模型预测的精度。

（五）光谱数据预处理

通常 NIR 光谱含有随机噪声、基线漂移、样品不均匀、光散射等干扰，运用合理的光谱预处理手段可消除各种噪声和干扰，提取 NIR 光谱的特征信息，提高模型的稳定性和预测精度。本书研究了六种光谱预处理方法的效果，包括中心化（centering）、自标度化（auto scaling）、一阶导数（first derivative）、二阶异数（second derivative）以及这几种预处理相互结合的其他方法。各种光谱预处理方法所得到模型的 RMSECV 和 RMSEP 见表 4-29，对同一组分，不同光谱预处理方法所得的 PLS 模型的 RMSECV 和 RMSEP 显著不同，总氮经过自标度化处理后效果较好；而栀子苷一阶微分后结合自标度化处理后的模型性能较好。可能是由于栀子苷的含量较低，它的近红外吸收较弱，需通过一阶微分部分消除基线和背景干扰；而总氮的自身含量比较高，通过平滑和自标度化处理后结果就比较好，微分处理反而降低了信噪比。所以本研究分别选择自标度化和一阶微分结合自标度化作为总氮和栀子苷的光谱预处理方法。

表 4-29　通过不同的预处理方法得到 SiPLS 法的 RMSECV 和 RMSEP 值

预处理方法	总氮		栀子苷	
	RMSECV	RMSEP	RMSECV	RMSEP
中心化	0.012	0.086	0.059	0.269
自标度化	0.023	0.074	0.082	0.247
一阶导数+中心化	0.106	0.331	0.026	0.191
二阶导数+自标度化	0.086	0.328	0.023	0.159
一阶导数+中心化	0.134	0.609	0.036	0.233
二阶导数+自标度化	0.178	0.724	0.031	0.260

（六）iPLS 模型及最优子区间的选择

首先对 10000～4000cm^{-1} 全光谱进行 SG 五点二次多项式平滑，扣除掉噪声。图 4-42 给出的是平滑后清开灵四混液的近红外光谱图，可以看到 5000cm^{-1} 和 7000cm^{-1} 附近是两个水峰的吸收，两个区域的吸收将对整个光谱的定量产生很大的干扰。通过 iPLS 法可以直接去除水峰对待测组分的干扰。

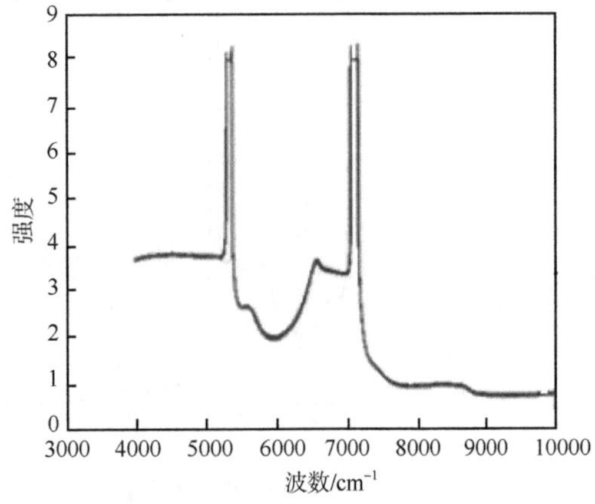

图 4-42　平滑后清开灵四混液的近红外光谱图[9]

（七）总氮定量模型的建立

样本中总氮浓度范围为 3.592～7.310mg/mL，平均浓度为 5.411mg/mL。全光谱共 3112 个数据点，分为 60 个区间。采用 iPLS 法对全光谱以及 60 个区间进行建模。图 4-43 为 60 个区间的交叉验证均方根误差图，虚线是基于全光谱建立模型，斜体数字表示相应子区间的主成分数。在第 20 区间，RMSECV 值最小为 0.137，此时主成分数为 7 个。

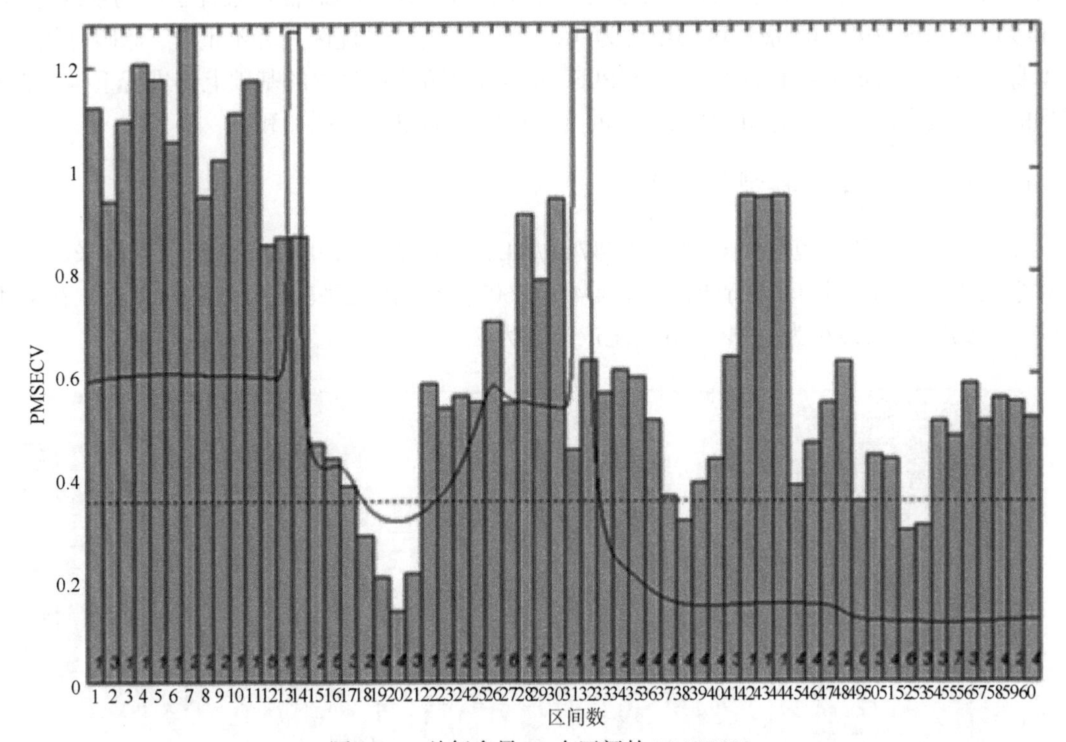

图 4-43　总氮含量 60 个区间的 RMSECV

采用 SiPLS 法建立模型，以任意两个区间组合计算 1770 次得到所有的局部偏最小二乘回归模型，列出了 4 个 RMSECV 值依次最小的组合区间：区间[18, 34]的 RMSECV 为 0.049，主成分数为 6；区间[20，47]的 RMSECV 值为 0.057，主成分数为 4；区间[18，46]的 RMSECV 值为 0.057，主成分数为 4；区间[18, 45]的 RMSECV 值为 0.058，主成分数为 9。

图 4-44 为采用 iPLS 法和 SiPLS 法得到的最优子区间在全光谱中所对应的位置。SiPLS 法得到的最优[1834]区间在全光谱所对应的波数范围分别为 5704～5805cm^{-1} 和 7309～7409cm^{-1}。上述两个波段分别对应的是伯氨基一级倍频和二级倍频。

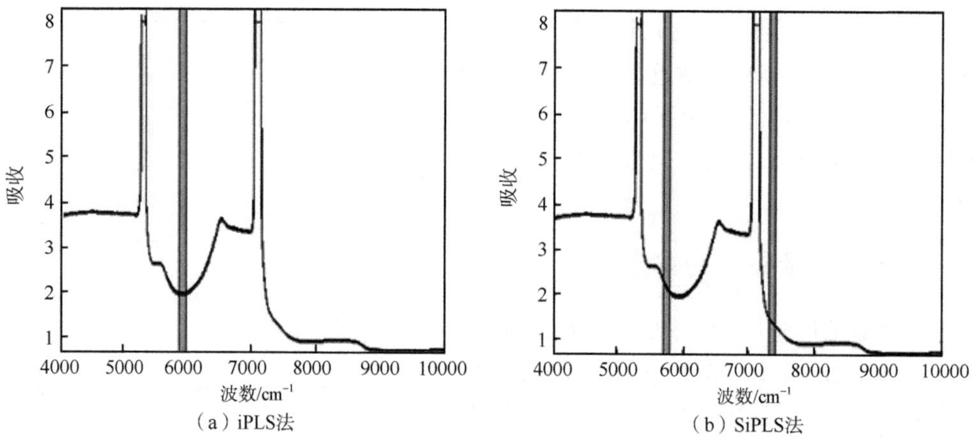

（a）iPLS法　　（b）SiPLS法

图 4-44　通过所得到总氮含量的优化区间在全谱中所对应的位置

iPLS 法的最优子区间对应的 RMSECV 值为 0.137；SiPLS 法最优组合区间对应的 RMSECV 值为 0.049，后者较之于前者，校正模型的准确性有所提高。iPLS 法的最优子区间依次为 20、19 和 21，SiPLS 法得到的最优区间组合为[18，34]，二者的最优区间并不重合。原因可能为中药本身是一个复杂的非线性体系，而 SiPLS 法在对全谱信息分解的基础上再进行重构，它所得到的最优组合区间并不是 iPLS 法最优的几个单区间简单的线性加和。

（八）栀子苷定量模型的建立

样本中栀子苷浓度范围为 0.355～1.247mg/mL，平均浓度为 0.803mg/mL。同样采用 iPLS 法对全光谱以及 60 个区间进行建模。图 4-45 为 60 个区间的交叉验证均方根误差图。在第 42 区间，RMSECV 值最小为 0.146，此时主成分数为 7 个。

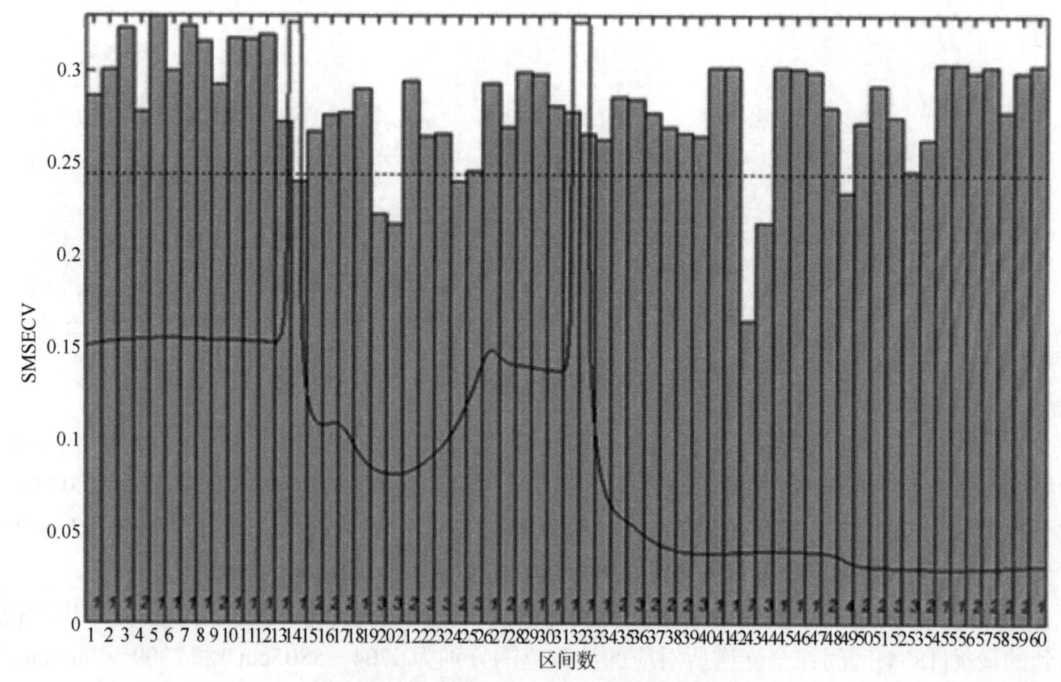

图 4-45　栀子苷含量 60 个区间的 RMSECV

用 SiPLS 法建立模型，同样列出了 4 个 RMSECV 值依次最小的组合区间：区间[42，59]的 RMSECV 为 0.141，主成分数为 6；区间[41，52]的 RMSECV 为 0.176，主成分数为 7；区间[47，52]的 RMSECV 值为 0.176，主成分数为 10；区间[47，59]的 RMSECV 为 0.181，主成分数为 8。

图 4-46 为采用 iPLS 法和 SiPLS 法分别得到的最优子区间位置。iPLS 得到的最优区间是[42]，对应的波数为 8111～8210cm^{-1}；SiPLS 法得到的最优区间组合为[42，59]，对应的波数分别为 8111～8211cm^{-1} 和 9804～9903cm^{-1}。8111～8211cm^{-1} 对应的是亚甲基对称伸缩振动和不对称伸缩振动的二级倍频，而 9804～9903cm^{-1} 对应的是亚甲基不对称伸缩振动的三级倍频。

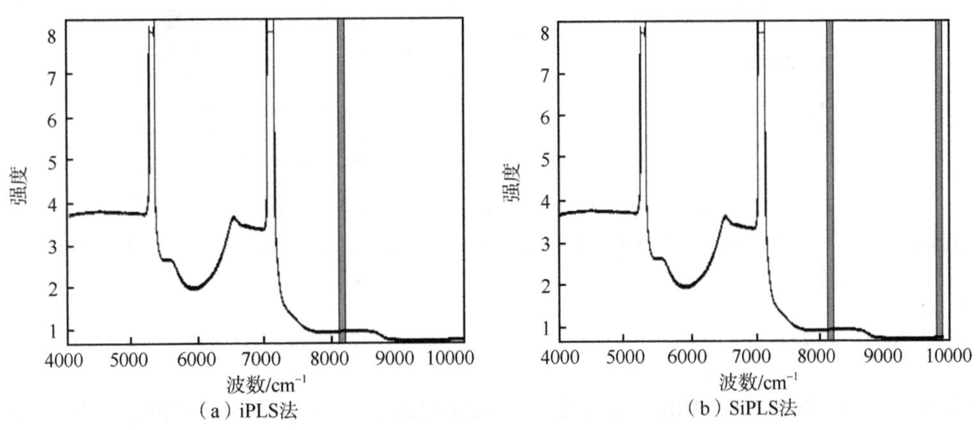

图 4-46　通过所得到栀子苷含量的优化区间在全谱中所对应的位置

本书还尝试研究了 SiPLS 法不同子区间个数的组合对模型的影响。以栀子苷为例，2 个区间的组合运算次数为 1770 次，RMSECV 值为 0.141；3 个区间组合运算次数为 34220 次，RMSECV 值为 0.144；4 个区间组合运算次数为 487635 次，由于次数太多，运算中断。所以本书选择两个区间组合的 SiPLS 法建立模型。

五、中药制造配方颗粒黄柏提取过程在线近红外光谱信息质量控制研究

本研究开发的提取过程中沸腾时间状态属性的在线 NIR 质量控制方法稳定、可靠，可代替人工判断，实现中药大品种制造中提取过程的数字化。

（一）材料与方法

夹套式 100L 多功能提取罐（天津隆业中药设备有限公司）；XDS 近红外光谱分析仪及其透射光纤（瑞士万通中国有限公司）；黄柏饮片购自北京本草方源药业集团（批号 20130820），提取用水为自制高纯水。

中药提取过程在线 NIR 分析平台示意图，见图 4-47，主要由药液提取系统、旁路外循环系统、光谱仪系统和数据分析系统四部分组成。药液提取系统主要为夹套式 100L 多功能提取罐，采用夹套式蒸汽加热，内置平桨式搅拌器，配置透明视窗，用于观察提取罐内样品状态。旁路外循环系统主要包括：气动喷射泵，为抽送被测药液提供动力；在线过滤器，防止药渣、泥土等堵塞旁路管道；电子温度显示器，实时监测流通池内样品的温度；法兰式单向阀，稳定

流速使药液流经流通池时保持均匀。光谱仪系统包括搭载光纤流通池的 XDS 近红外光谱分析仪以及配备 VISION 工作站。数据分析系统通过通信端口连接光谱仪系统，光谱信号通过安装在计算机上的光谱分析软件实现数据接收及转换。

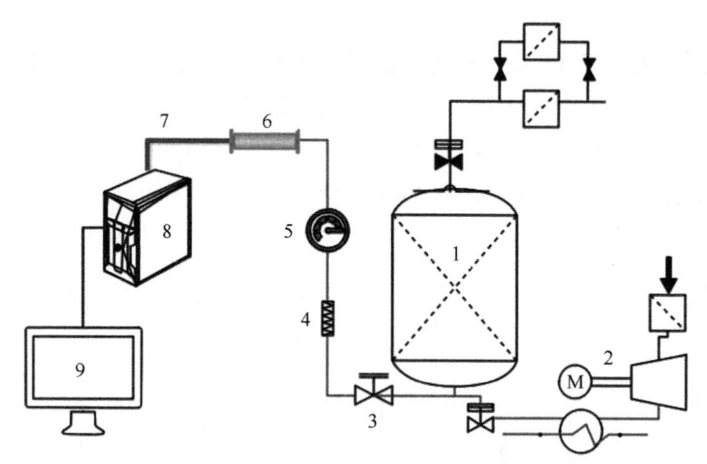

图 4-47　中药提取过程在线 NIR 分析平台示意图

1. 多功能提取罐；2. 气动喷射泵；3. 法兰式单向阀；4. 在线过滤器；5. 电子温度显示器；6. 流通池；7. 光纤；8. 近红外光谱仪；9. 计算机[10]

（二）NIR 光谱采集

称取黄柏物料 7kg 置于 100L 夹套式多功能提取罐中，加热回流提取两次。第 1 次加 12 倍水，通过透明视窗观察提取罐内气泡状态作为沸腾时间参考，沸腾时间为第 45min，沸腾后提取 120min；第 2 次加 10 倍水，沸腾时间为第 40min，沸腾后提取 120min。在线 NIR 光谱通过旁路外循环系统，在透射模式下采用光纤在线采集流通池中样品光谱。光程为 2mm，光谱范围为 800～2200nm，扫描次数 32 次，分辨率为 0.5nm。光谱采集间隔为 5min，第一次加热阶段得到 9 个样本，第一次沸腾阶段得到 24 个样本；第二次加热阶段得到 8 个样本，第二次沸腾阶段得到 24 个样本；共收集 65 个样品。

（三）数据处理方法

采用 SG 平滑法，标准正则变换（SNV），多元散射校正（MSC），SG 一阶导数（SG+1D）对在线 NIR 原始光谱进行预处理。采用移动窗口标准偏差（moving block standard deviation, MBSD）算法，通过计算连续光谱的 MBSD 值来判断沸腾时间，计算方法如下所示：

$$\mathrm{MBSD}=\frac{\sum_{i=1}^{m}S_i}{m} \tag{4-11}$$

$$S_i=\sqrt{\frac{\sum_{j=1}^{n}(A_{ij}-\bar{A}_i)^2}{n-1}} \tag{4-12}$$

其中，i 为波长数；m 为波长总数；j 为光谱数；n 为连续的光谱总数；S_i 为选取 n 条连续光谱，各个波长 i 处吸光度的标准偏差 SD。数据分析均在 MATLABR2019a 软件（TheMathWorks Inc.）

完成，图片绘制在 Origin2017 函数绘图软件（OriginLab 公司）上完成。

（四）定量模型建立

黄柏物料中试提取过程的在线 NIR 原始光谱图，见图 4-48（a）。65 个样品的在线 NIR 原始光谱基本一致，且原始光谱存在 5 个明显的特征吸收带。水分子对称和反对称伸缩振动的组合频吸收对应在 950～970nm 和 1400～1450nm；水分子反对称伸缩振动和弯曲振动的组合频吸收对应在 1870～2000nm；水分子对称、反对称伸缩振动和弯曲振动的组合频吸收对应在 1130～1170nm；水分子的剪式振动、反对称伸缩振动和弯曲振动的组合频吸收对应在 1770～1810nm。由此可见，黄柏物料提取过程原始 NIR 光谱的整体变化包含了水分子特征吸收光谱。

提取过程中加热和沸腾阶段的平均原始光谱及两者的差异光谱，见图 4-58（b）。在 800～1200nm 的光谱波段，沸腾阶段的在线 NIR 原始光谱吸收强度高于加热阶段，其中，在 960nm 和 1150nm 处差异较为明显。在 1400nm 和 1880nm 处，沸腾阶段的在线 NIR 原始光谱吸收强度也高于加热阶段。然而，在 1480nm 和 2030nm 处，沸腾阶段的在线 NIR 原始光谱吸收强度低于加热阶段。同时发现，在 1300～2200nm 的光谱波段，沸腾阶段的在线 NIR 原始光谱吸收带与加热阶段存在位移差。结果表明，沸腾阶段与加热阶段的水分子氢键状态存在差异。此外，一阶导数（图 4-48（c））和二阶导数（图 4-48（d））的在线 NIR 光谱均表明在线 NIR 原始光谱在 1880～2200nm 光谱波段存在明显的噪声。综上所述，提取过程中沸腾与加热阶段，水分子特征吸收的在线 NIR 光谱存在差异，沸腾时间状态属性的在线 NIR 光谱表征具有可行性。

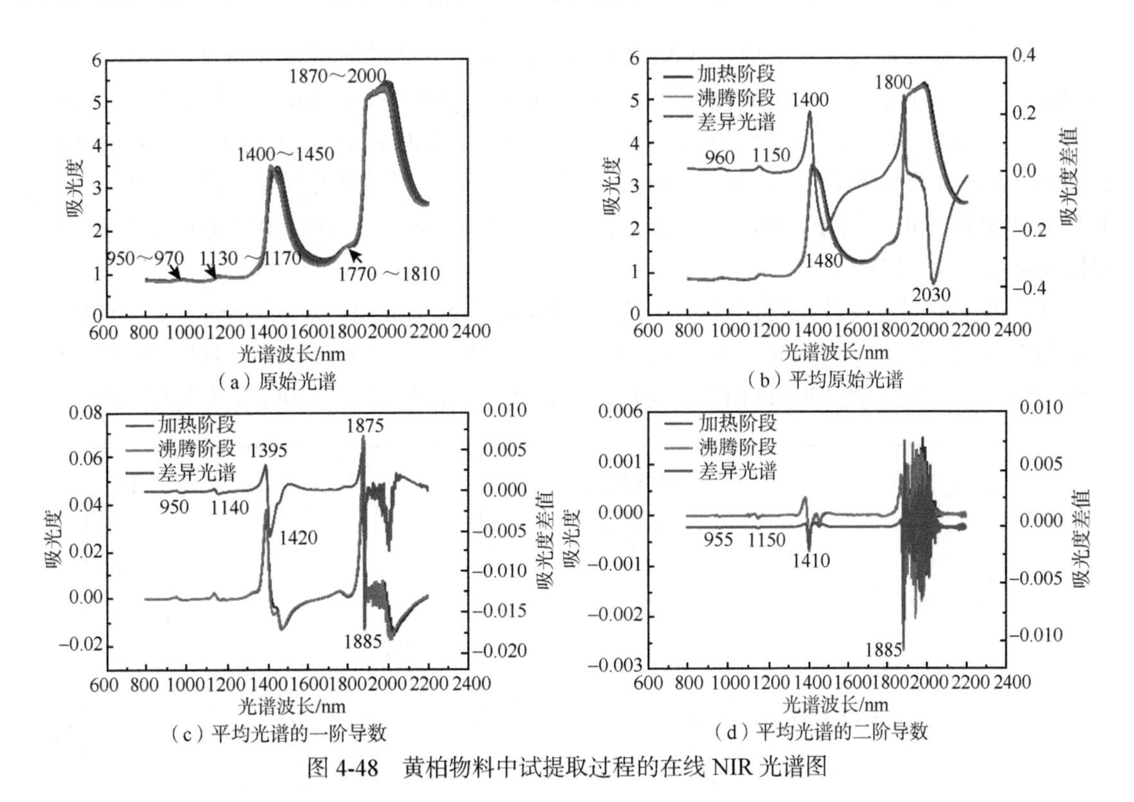

图 4-48　黄柏物料中试提取过程的在线 NIR 光谱图

不同预处理方法的在线 NIR 光谱 MBSD 模型，见图 4-49，建模波段为 800～2200nm，窗口值为 3。结果显示，在沸腾阶段，原始光谱 MBSD 值的波动较大，表明在线 NIR 原始光谱

MBSD 模型的可靠性较低。光谱通过窗口大小为 9 的二项式 SG 平滑（SG9）处理，预处理后光谱与原始光谱的 MBSD 值无明显差异。光谱通过 SG9+1D 处理，预处理后光谱 MBSD 值在加热和沸腾阶段无明显差异，因此以上方法不适用于沸腾时间状态属性的表征。进一步，光谱通过 MSC 处理，参考光谱选择沸腾阶段的平均光谱，预处理后光谱 MBSD 值在沸腾阶段的波动降低，MBSD 模型的可靠性增高。并且比较了 MSC 与 SNV 光谱预处理的 MBSD 值 SNV 预处理后光谱 MBSD 值在沸腾阶段的波谷具有更低的值。因此，选择 SNV 为预处理方法，建立在线 NIR 光谱 MBSD 模型。

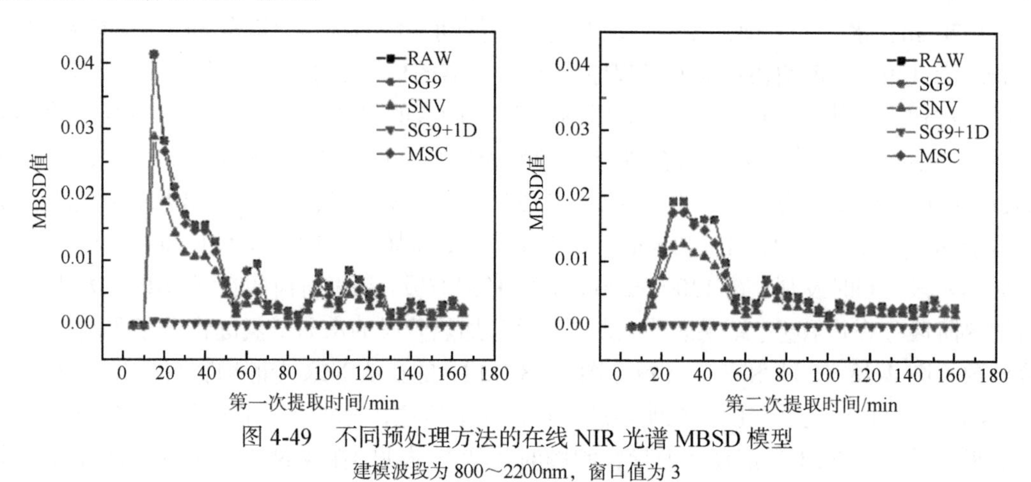

图 4-49　不同预处理方法的在线 NIR 光谱 MBSD 模型

建模波段为 800～2200nm，窗口值为 3

同时，根据非简谐振动原理，800～2200nm 的 NIR 光谱波段可划分为 4 个谱区：800～1000nm 为三级倍频区（third overtone region，TOR）；1000～1410nm 为二级倍频区（second overtone region，SOR）；1410～2040nm 为一级倍频区（first overtone region，FOR）；2040～2200nm 为组合频区（combination region，CR）。此外，根据通常的划分习惯，800～2200nm 的 NIR 光谱波段可以划分为 800～1100nm 的短波区（shortwave，SW）和 1100～2200nm 的长波区（longwave，LW）。

基于以上不同建模波段的在线 NIR 光谱 MBSD 模型，见图 4-50，光谱预处理为 SNV，窗口值为 3。结果显示，采用 CR、FOR 和 LW 波段的光谱 MBSD 值在沸腾阶段波动较大，SOR、TOR 和 SW 波段的光谱 MBSD 值在沸腾阶段波动较小，表明 800～1100nm 为建模波段，在线

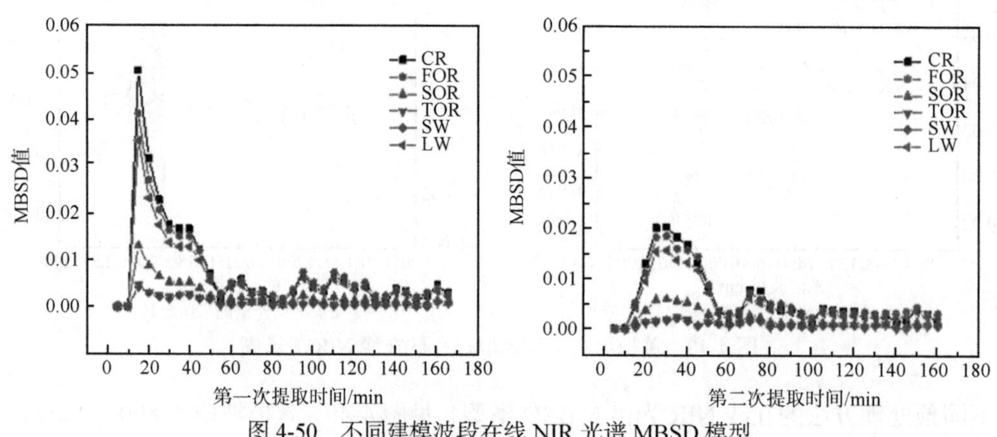

图 4-50　不同建模波段在线 NIR 光谱 MBSD 模型

光谱预处理为 SNV，窗口值为 3

NIR 光谱 MBSD 模型的可靠性更高。此外，在 1130～1170nm 波段，沸腾与加热阶段的在线 NIR 光谱吸收强度差异较大。因此，选择 800～1200nm 为建模波段，建立在线 NIR 光谱的 MBSD 模型。

1）沸腾时间状态属性表征的在线 NIR 光谱 MBSD 模型

基于沸腾时间状态属性表征的参考结果，选择在线 NIR 光谱 MBSD 模型的阈值，此外，MBSD 模型的阈值还受窗口值的影响。不同窗口值的在线 NIR 光谱 MBSD 模型，见图 4-51，光谱预处理为 SNV，建模波段为 800～1200nm。结果显示，当窗口值为 3 时（图 4-51（a）），以 0.0016 为 MBSD 模型阈值，在第二次提取过程中，沸腾阶段 MBSD 值的波动较大，且出现高于阈值的情况，MBSD 模型的准确性差。当窗口值为 4（图 4-51（b））时，以 0.0020 为 MBSD 阈值，MBSD 模型的判断结果与参考结果一致，且沸腾阶段与加热阶段 MBSD 值的差异明显。此外，当窗口值为 5（图 4-51（c））和 6（图 4-51（d））时，沸腾阶段 MBSD 值的波动较小，但沸腾阶段与加热阶段 MBSD 值的差异较小。综上所述，采用光谱预处理为 SNV，建模波段为 800～1200nm，窗口值为 4，以 0.0020 为 MBSD 阈值，在线 NIR 光谱 MBSD 模型可准确表征提取过程中沸腾时间状态属性，代替人工判断，实现提取过程中沸腾时间状态属性的在线 NIR 质量控制。

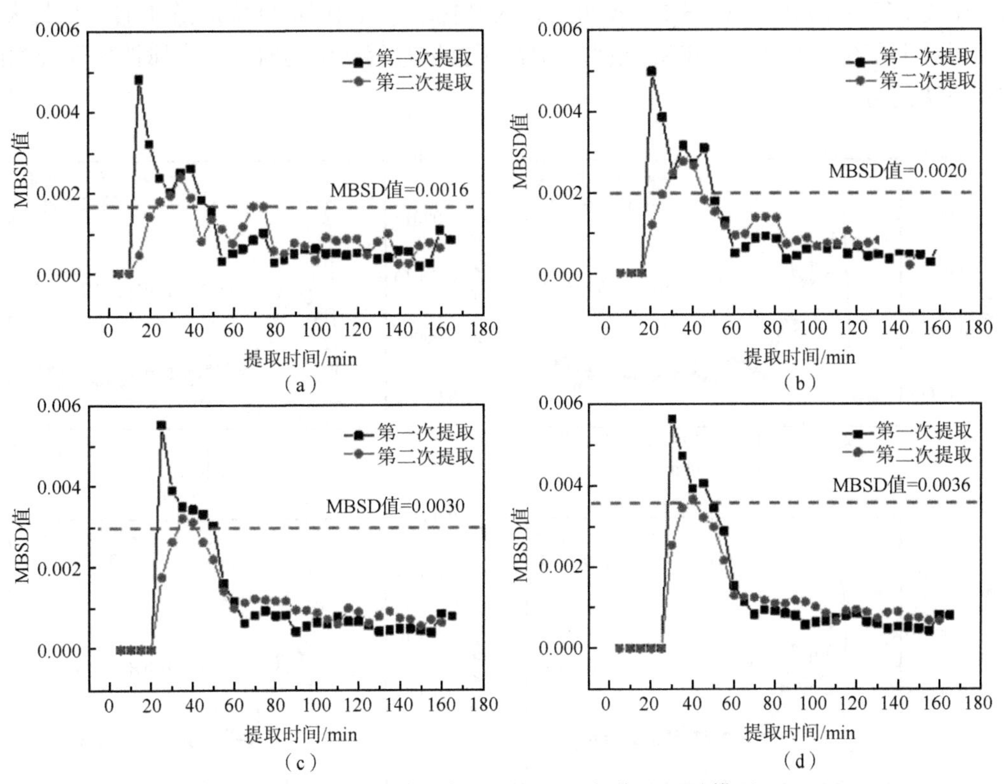

图 4-51 不同窗口值的在线 NIR 光谱 MBSD 模型

光谱预处理为 SNV，建模波段为 800～1200nm，（a）窗口值为 3；（b）窗口值为 4；（c）窗口值为 5；（d）窗口值为 6

2）沸腾时间状态属性表征的在线 NIR 光谱 PCA-MBSD 模型[9-11]

进一步，为减少在线 NIR 光谱噪声和背景信号对 MBSD 模型的影响，参考间歇过程 sub-PCA 分析原理，采用主成分分析，筛选提取过程中在线 NIR 光谱变化的特征信号，建立主成分分析-移动窗口标准偏差（principal component analysis moving block standard deviation，PCA-MBSD）模型。首先，采用主成分分析对窗口内的 NIR 光谱进行特征分解，***X*=*TPT***，其中 ***X*** 为窗口内 NIR 光谱原始信号矩阵，***T*** 为得分矩阵，***PT*** 为载荷矩阵（***P***）的转置矩阵。当主成分数为 1 时，选取第一主成分载荷（P_1），计算 NIR 光谱第一主成分的得分向量（$\boldsymbol{t}_1$），$\boldsymbol{t}_1=\boldsymbol{X}\boldsymbol{P}_1$，以 $\boldsymbol{t}_1$ 代替 NIR 光谱原始信号建立 MBSD 模型；进一步，当主成分数为 2 时，分别计算第一主成分的得分向量（$\boldsymbol{t}_1$）和第二主成分的得分向量（$\boldsymbol{t}_2$），采用 2 个得分向量之和代替 NIR 光谱原始信号建立 MBSD 模型；同理，其他主成分数以此类推。PCA-MBSD 模型算法的 MATLAB 程序由课题组自主编写。

不同主成分数的在线 NIR 光谱 PCA-MBSD 模型，见图 4-52，光谱预处理为 SNV，建模波段为 800～1200nm，窗口值为 4。当主成分数为 1（图 4-52（a））和 2（图 4-52（b））时，以 0.000075 为 PCA-MBSD 阈值，PCA-MBSD 模型的判断结果与参考结果一致。随着主成分数增多，PCA-MBSD 值与 MBSD 值在提取过程的变化趋于一致，当主成分数为 4 时（图 4-52（d）），PCA-MBSD 值与 MBSD 值在提取过程的变化无明显差异。此外，研究发现，当主成分数为 2 时，沸腾阶段的 PCA-MBSD 值波动较小，已经满足了要求。综上所述，采用光谱预处理为 SNV，建模波段为 800～1200nm，窗口值为 4，主成分数为 2，以 0.000075 为 PCA-MBSD 阈值，在线 NIR 光谱 PCA-MBSD 模型可准确表征提取过程中沸腾时间状态属性，代替人工判断，且相对于在线 NIR 光谱 MBSD 模型，提高了提取过程中沸腾时间状态属性的在线 NIR 质量控制方法的可靠性。

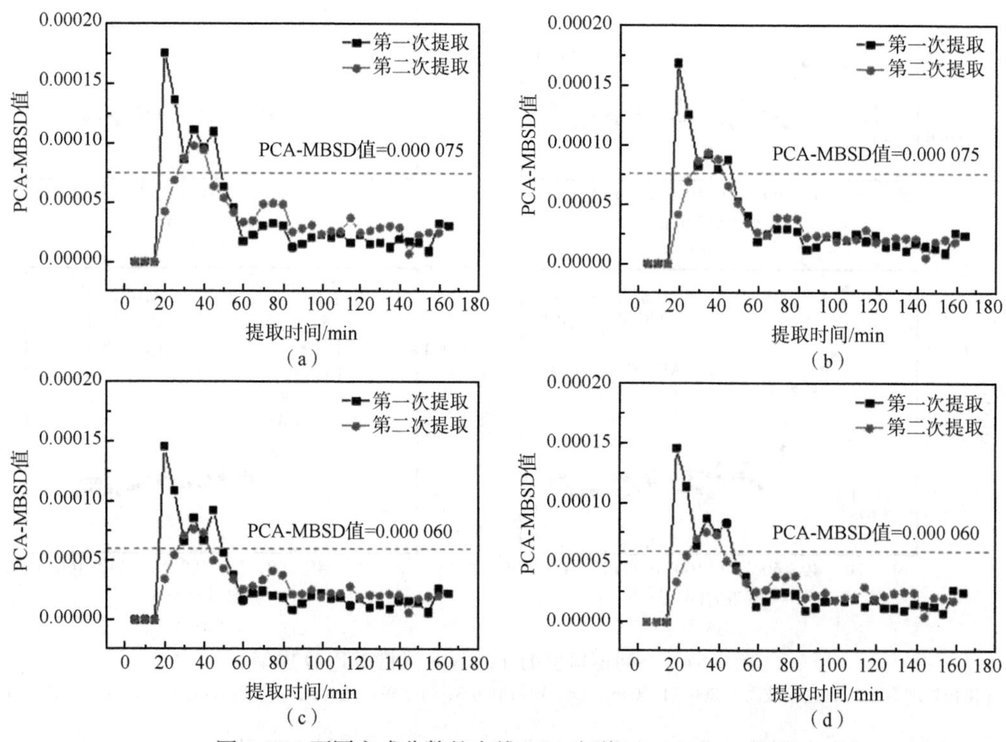

图 4-52　不同主成分数的在线 NIR 光谱 PCA-MBSD 模型

光谱预处理为 SNV，建模波段为 800～1200nm，窗口值为 4，（a）主成分数为 1；（b）主成分数为 2；（c）主成分数为 3；（d）主成分数为 4

（五）小结

本研究针对制造企业提取过程中沸腾时间状态属性表征的难点问题，基于前期自主研制的中药提取过程在线 NIR 装备平台，以中药大品种生产物料黄柏的中试提取过程为载体，采集了两次提取过程的在线 NIR 光谱。结果表明，黄柏物料提取过程在线 NIR 原始光谱的整体变化包含了水分子特征吸收光谱。此外，在 800～1200nm 的光谱波段，沸腾阶段的在线 NIR 原始光谱吸收强度高于加热阶段，在 1300～2200nm 的光谱波段，沸腾阶段的在线 NIR 原始光谱吸收带与加热阶段存在位移差。

接着通过提取罐透明视窗观察气泡状态，采用人工判断作为沸腾时间状态属性表征的参考，建立了提取过程中沸腾时间状态属性的在线 NIR 光谱 MBSD 模型，优化了模型中光谱预处理方法为标准正则变换 SNV，建模波段为 800～1200nm，窗口值为 4。以 0.0020 为 MBSD 模型阈值，MBSD 模型的判断结果与参考结果一致，实现了提取过程中沸腾时间状态属性的在线 NIR 质量控制。

进一步，为减少光谱噪声和背景信号对 MBSD 模型的影响，参考间歇过程 sub-PCA 分析原理，采用自主编写的 PCA-MBSD 模型算法，优化主成分数为 2，以 0.000075 为 PCA-MBSD 阈值，在线 NIR 光谱 PCA-MBSD 模型可准确表征提取过程中沸腾时间状态属性。与在线 NIR 光谱的 MBSD 模型相比，提高了提取过程中沸腾时间状态属性的在线 NIR 质量控制方法的可靠性。

六、中药制造配方颗粒槐花提取过程在线近红外光谱信息质量控制研究

本研究以槐花为实验载体，采取小试考察向中试放大过渡研究思路，以槐花提取过程作为研究对象，以芦丁作为指标性成分在线实时快速检测槐花提取过程，采用不同预处理方法对所采集的光谱进行初始处理，进而采用 SiPLS 对建模波段进行变量筛选，利用筛选后的最优波段建立芦丁最佳定量模型，并验证该技术方法的可靠性，为中药单组分的提取过程提供一种快速实时检测的新技术[2-3]。

（一）材料与方法

XDS Rapid Liquid Analyzer 近红外光谱仪及其透射光纤（美国 Foss 公司），VISION 工作站（美国 Foss 公司）；夹套式 100L 多功能提取罐（天津隆业中药设备有限公司）；三孔圆底烧瓶+智能温控电热套（巩义市瑞德仪器设备有限公司）；Waters2695 高效液相色谱仪及其 Waters2996 二极管阵列检测器（美国 Waters 公司）。

槐花饮片（购自河北安国路路通有限公司）；芦丁标准品（中国食品药品研究院批号 110809-112940）；甲醇（色谱纯，美国 Fisher 公司）；娃哈哈纯净水（杭州娃哈哈集团有限公司）；提取用水为自制高纯水。

（1）小试样品制备。100g 槐花饮片投入三孔圆底烧瓶中，加热煎煮三次（首次浸泡 30min），每次 1.5h，加水量分别为 12.5 倍、10 倍、10 倍（槐花吸水率为 2.5g/mL）。在提取过程中，进行离线取样：浸泡 15min，30min 各取样一次，每次提取沸腾后 5min 分别取样一次。

（2）中试样品制备。槐花饮片投料量为 7kg，一煎加水 12.5 倍，加热回流提取 1.5h，二、三煎加水 10 倍，加热回流提取各 1.5h。在提取过程中每隔一定时间在线采集近红外光谱，同时进行 HPLC 离线检测。

（二）近红外光谱数据采集

采用光纤，以透射方式采集光谱，以仪器内置背景作为参比。光谱采集范围为 800～2200nm，分辨率为 0.5nm，扫描次数 32 次，室温为 20℃，相对湿度为 40%。在光程 2mm 下，通过光纤附件在线采集提取液吸收光谱，光谱范围为 800～2200nm，每个样品扫描 32 次。光谱采集时间条件见表 4-30。

表 4-30　槐花中试提取采样间隔时间表

提取次数	提取时间间隔		
	加热阶段	0～1h	1～1.5h
第一次提取过程	2min	4min	5min
第二次提取过程	5min	5min	5min
第三次提取过程	5min	5min	5min

（三）含量测定

对照品溶液的制备：精密称取芦丁对照品 20.04mg 于 100mL 容量瓶中，配置成浓度为 0.2004mg/mL 对照品溶液。

供试品溶液的制备：收集小试与中试样品溶液作为供试品原溶液（在中试样品中，每次光谱采集之后，均离线收集样品液约 10mL）。精密移取各个取样样品适量，置 25mL 容量瓶中，加 20%甲醇稀释定容至刻度，摇匀，滤过，取续滤液，即得。

色谱条件：Dikma ODS column（250mm×4.6mm，5μm）色谱柱，流动相甲醇-水（40：60），流速为 1mL · min^{-1}，柱温为 30℃，检测波长为 257nm，进样量为 10μL。理论塔板数以芦丁峰计算，应不低于 1000。

（四）数据分析

采用 Kennard-Stone 法划分 68 个样本集，划分后的校正集和验证集分别为 45 和 23。采用不同的预处理方法，建立全波段 PLS 模型，以 RMSECV 作为评价指标，选出最优预处理方法。采用 SiPLS 对建模波段进行筛选，建立偏最小二乘模型，评价参数为 RMSEC、RMSECV、RMSEP 及其相应决定系数 R^2。为进一步验证模型可靠性，采用相对误差法对模型进行评价。上述数据处理均在 Unscrambler 数据分析软件（version9.6，挪威 CAMO 软件公司）和 MATLAB（version7.0，美国 TheMathWorks Inc.）软件上完成。

（五）定量模型建立

1. HPLC 中试含量测定结果

对槐花中试所取样品提取液中的芦丁含量进行分析，实验结果表明芦丁在中试加热初期并没有析出，在加热温度达到 60℃时才大量析出，如图 4-53（a）～（d）。在中试提取液中，芦丁的平均浓度为 1.506mg/mL（最低浓度，0.264mg/mL；最高浓度，3.759mg/mL）。在不同提取阶段，样本含量随时间变化如图 4-54 所示，由图中可以看出在第三次提取中，芦丁样本浓度随时间的推移不再发生相应变化[11]。

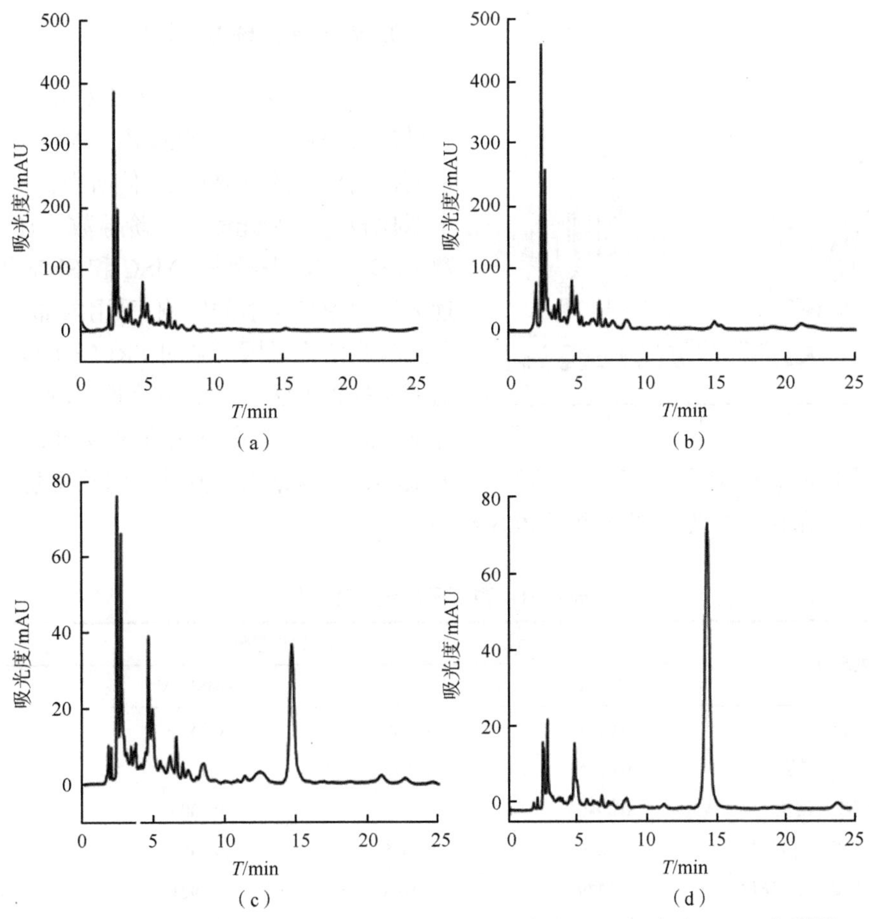

图 4-53　中试槐花 40℃（a）、60℃（b）、86℃（c）、100℃（d）HPLC 色谱图

2. 中试槐花 NIR 光谱特征分析测定[4]

图 4-55 为中试槐花在线提取 NIR 光谱图，由此图可以看出，每条光谱曲线代表一个取样样品，样品光谱曲线大部分重叠在一起，在 1900nm 至 2200nm 之间，谱带变化无规律。

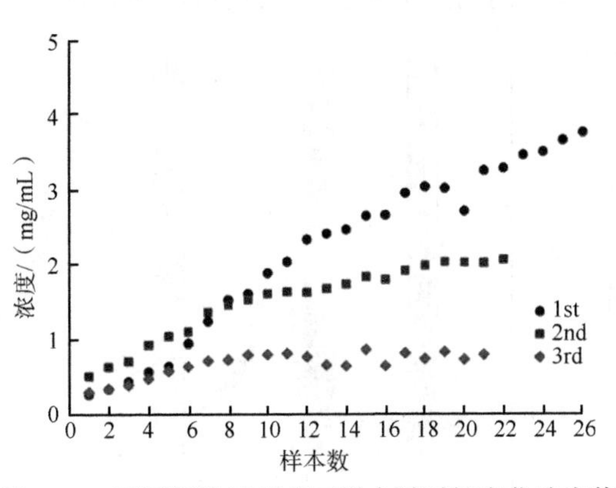

图 4-54　不同提取过程芦丁样本随时间变化浓度值

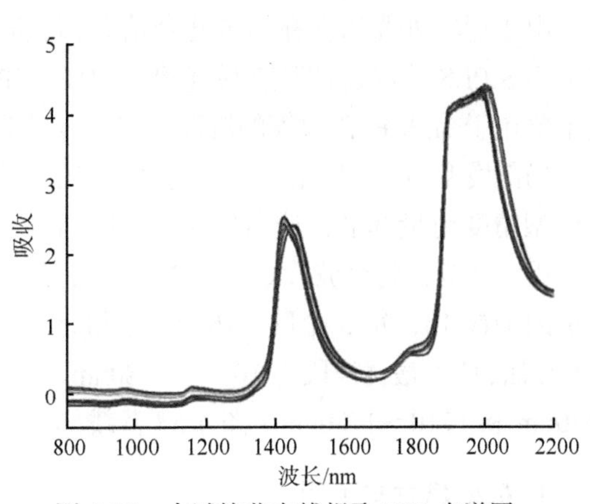

图 4-55　中试槐花在线提取 NIR 光谱图

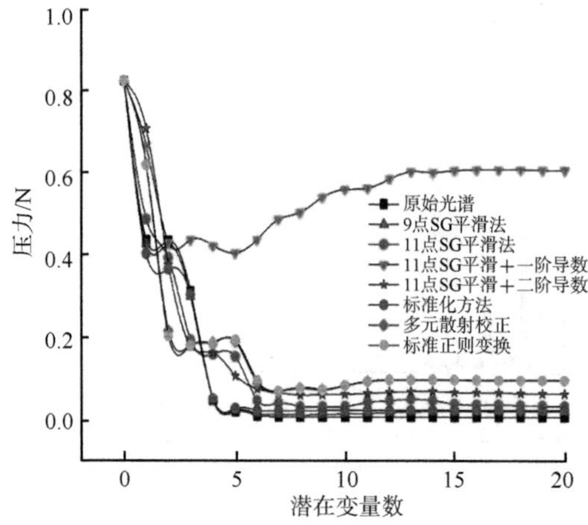

图 4-56　不同预处理方法下芦丁 PRESS 值[5]

3. 光谱预处理方法选择

在建立 PLS 模型前，需要对样品的原始吸收光谱进行预处理，以消除噪声和基线漂移影响等，从而提高模型的预测精度，使所得模型更加稳健。本章比较了原始光谱、一阶导数（1D）、二阶导数（2D）、SG 平滑法、MSC 和 SNV 等光谱预处理方法对模型性能的影响。采用内部交叉验证法，通过考察潜变量因子数对 PRESS 的影响，选择合适的预处理方法。图 4-56 表明，对于槐花提取液样本，采用原始光谱方法所建的 PLS 模型 PRESS 值最小，所得结果较其他方法均理想（数据见表 4-31）。因此，采用原始光谱建立芦丁 PLS 模型。

表 4-31　芦丁不同预处理结果

预处理方法	模型评价参数			
	RMSEC	R_{cal}^2	RMSECV	R_{val}^2
原始光谱	0.0681	0.9940	0.1314	0.9800
9 点 SG 平滑法	0.0935	0.9892	0.1299	0.9801
11 点 SG 平滑法	0.0946	0.9889	0.1300	0.9800
11 点 SG 平滑+一阶导数	0.1649	0.9665	0.1950	0.9551
11 点 SG 平滑+二阶导数	0.1279	0.9798	0.4921	0.7141
标准化方法	0.1212	0.9819	0.1743	0.9642
多元散射校正	0.1589	0.9658	0.2324	0.9238
标准正则变换	0.1616	0.9565	0.2663	0.2663

4. 建模波段选择

由于近红外光谱存在谱带冗余信息，因此在建模之前需要对建模波段进行优化筛选。本研究采用 SiPLS 法筛选黄芩苷最优建模波段。SiPLS 法主要用于筛选 PLS 建模的波段，将精度较高的几个局部模型组合，以组合模型的 RMSECV 值作为模型精度衡量标准，选出最佳子区间组合。筛选过程参数为：将全波段划分为 20 区间，最大潜变量因子数 10，每 3 个区间作为一个组合。应用 SiPLS 法，芦丁最优波段为 1010～1080nm，1290～1360nm 和 1710～1780nm（图 4-57 蓝线部分）。

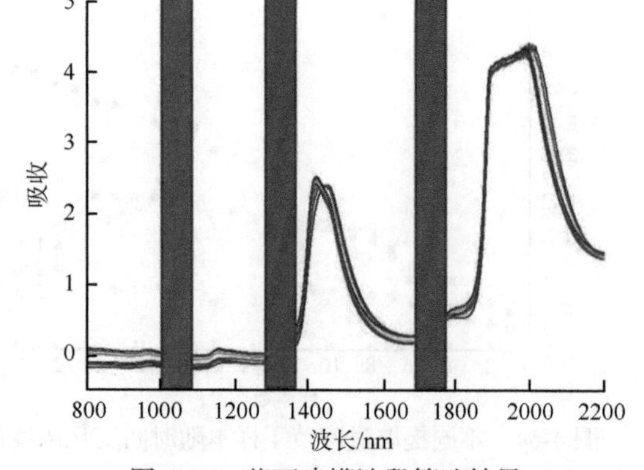

图 4-57　芦丁建模波段筛选结果

5. 模型建立与预测

在筛选的建模波段下，对样本校正集采用原

始光谱建立偏最小二乘模型，采用内部样本集对模型预测性能进行验证，模型评价参数如下：RMSEC 为 0.0540、RMSECV 为 0.1110、RMSEP 为 0.1421、决定系数 R^2 接近于 1。芦丁的 NIR 光谱预测值与参考值的相关图见图 4-58。由图 4-58 可以看出样品紧密地分散在直线两侧。

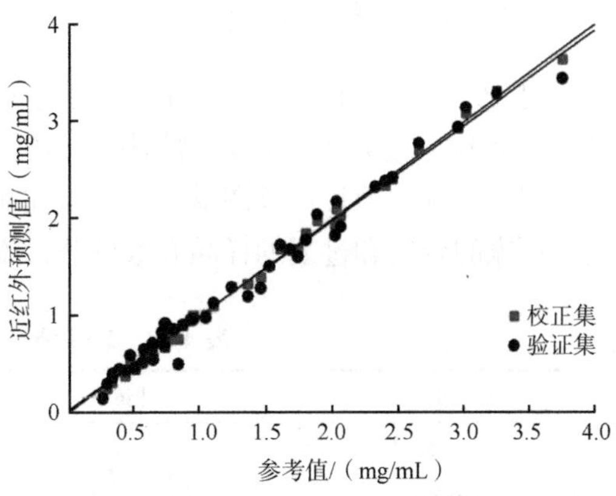

图 4-58　槐花提取液样本中芦丁（浓度）近红外预测值与参考值对应结果

（六）小结

本研究以中试规模槐花饮片作为研究载体，以提取过程作为研究过程，采用在线 NIR 分析技术，实时检测芦丁成分含量变化，建立芦丁含量在线定量模型。结果表明，芦丁在线定量模型预处理采用原始光谱，经过 SiPLS 变量筛选方法，潜变量因子数 5，建立 PLS 模型。芦丁在线定量模型的 RMSEC 为 0.0540、RMSECV 为 0.1110、RMSEP 为 0.1421、R^2 接近于 1，以上结果说明模型的预测效果良好，可以满足槐花提取过程在线检测要求。

第五节　中药制造成品近红外光谱信息学实例

一、乳块消片合格品近红外光谱信息判别研究

虽然色谱指纹图谱具有整体性和特征性，能够针对中药复杂体系较为全面地反映其所含化学成分的种类与数量，进而有效地表征其质量，但由于样本采集和结果获取间存在较长的延时，无法动态地反映生产过程中出现的质量问题，达不到对生产过程实时控制的目的。因此，对不合格的产品只能以报废处理，造成了极大的浪费。因此，本研究以乳块消片指纹图谱研究为参照，借助 NIR 技术，尝试建立一种快速、宏观、综合定性评价中药制剂质量的方法[5-6]。

（一）仪器与材料

丹参素钠（批号：110855-200507）、原儿茶醛（批号：110810-200506）、橙皮苷（批号：110721-200512）、丹酚酸 B（批号：111562-200504）（纯度均大于 98%）购自中国药品生物制品检定所。甲醇为色谱纯，水为娃哈哈纯净水，其他试剂均为分析纯。14 批过期乳块消片样品（由指定药厂提供），一批其他厂家的同类产品 b1（自购）。

Agilent-1100 高效液相色谱仪，包括在线脱气机，四元泵，自动进样器，柱温箱，DAD 二极管阵列检测器，Agilent Chemstation。SartoriusBP 211D 型电子天平。Antaris 傅里叶变换近红外光谱仪（美国 Thermo Nicolet 公司）配有 InGaAs 检测器、积分球漫反射采样系统、Result 操作软件、TQAnalystV6 光谱分析软件。

（二）NIR 扫描条件

采用积分球漫反射检测系统，NIR 光谱扫描范围为 4000～10000cm^{-1}，扫描次数 16，分辨率为 8cm^{-1}，增益为 2，以内置背景为参照，每份样品重复测定 3 次，取均值。

（三）指纹图谱的测定

对 10 批合格乳块消片样品、14 批过期乳块消片样品（由指定药厂提供）、一批其他厂家同类产品 b1，进行 HPLC 色谱指纹图谱的测定，并进行相似度计算，结果见表 4-32。可以看出所建立的乳块消片指纹图谱的共有模式能较好地将该厂家的乳块消片进行区分，同时能够将同一厂家的合格和过期的样品有效分开，说明该共有模式具有较好的分辨识别能力。

表 4-32　乳块消片指纹图谱的相似度计算结果

样品批号	相似度	样品批号	相似度
43045c	0.772	43262b	0.918
43076b	0.901	43296b	0.897
43080b	0.891	43301b	0.917
43196b	0.779	52167c	0.810
43205c	0.730	53025b	0.899
43214c	0.652	53046c	0.915
43233b	0.619	53088c	0.916

（四）NIR 测定结果

乳块消片的 NIR 漫反射原始谱图、一阶导数结合 SG（1D+SG）平滑谱图、二阶导数结合 SG（2D+SG）平滑谱图见图 4-59。由图 4-59 可以看出，其他厂家、指定厂家的过期品和合格品的原始光谱差异不明显，导数光谱的差异相对较明显，且 2D 光谱的差异要大于 1D 光谱。为了验证上述研究结果，研究中将本章第一节中用于建立乳块消片指纹图谱共有模式的 12 批样品采集近红外谱图后取其平均光谱，作为其近红外光谱的对照图谱，另取指定药厂乳块消片合格品 10 批、过期品 14 批及其他厂家产品一批，将它们的 NIR 谱图与该对照图谱进行相关，比较它们之间的相似度，结果见表 4-33。由表 4-33 分析证实，乳块消片的原始光谱差异较小，经过导数处理，其差异明显增大，2D 能够将同一厂家的合格品与过期品及不同厂家的产品完全区分开。

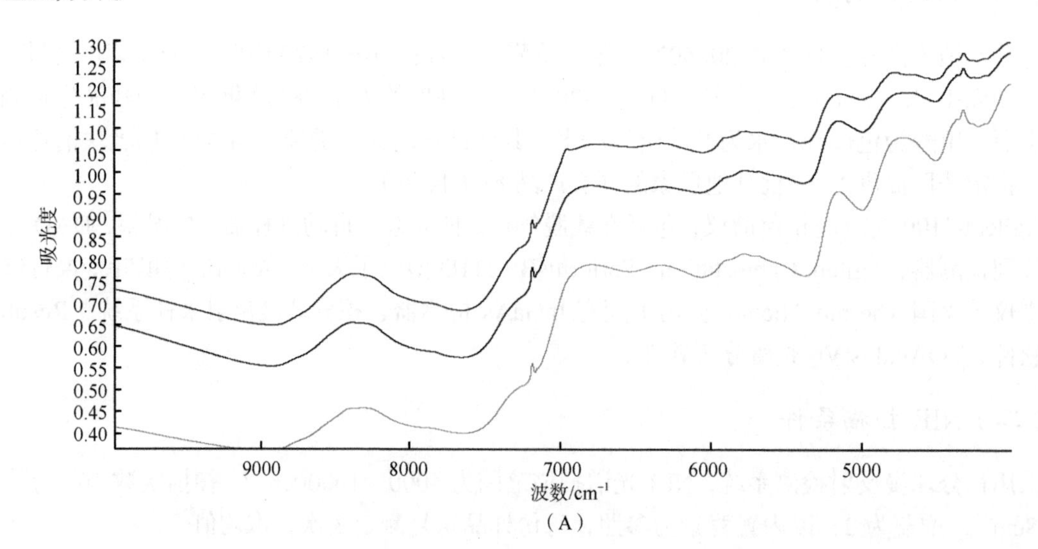

（A）

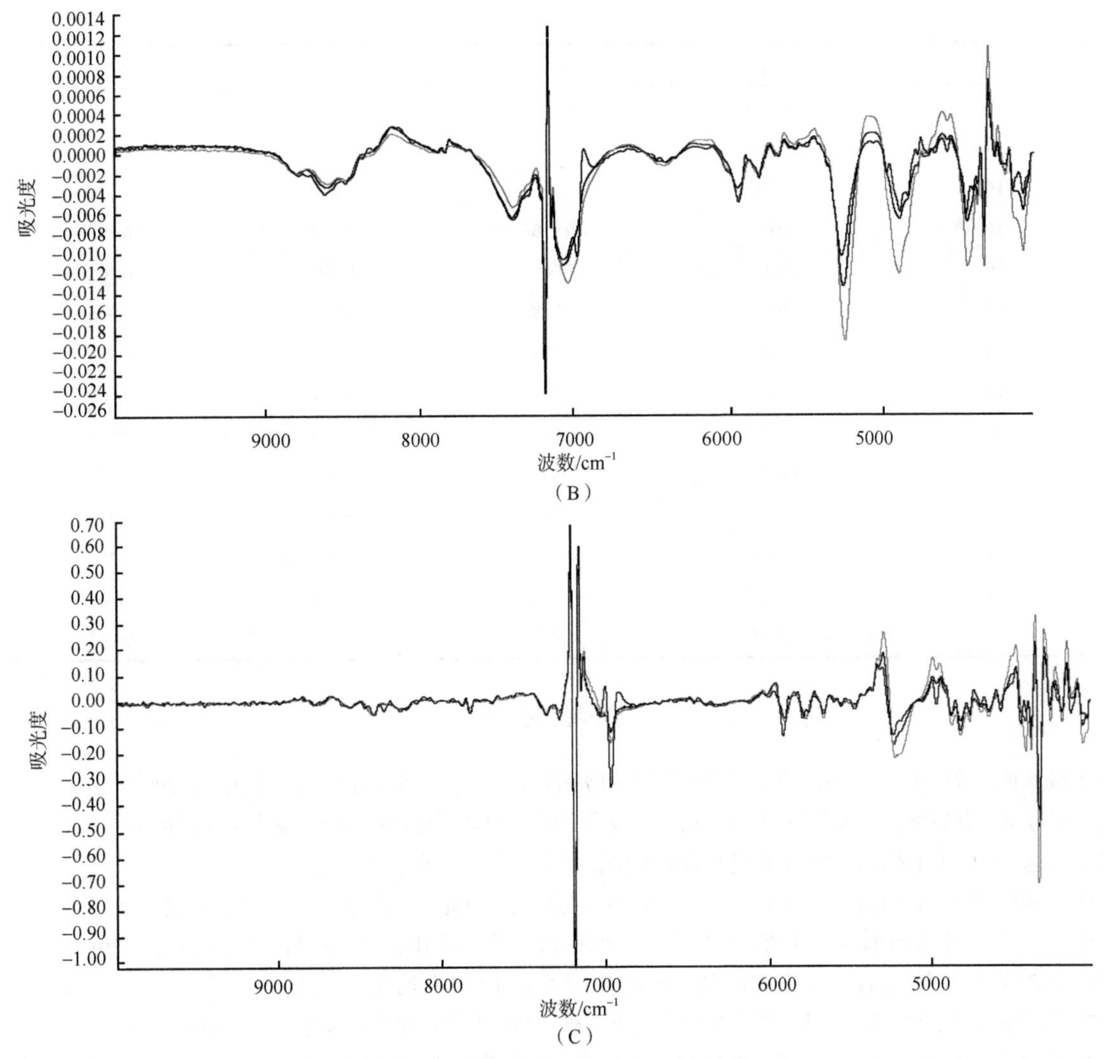

（B）

（C）

图 4-59　过期品和合格品的原始光谱

表 4-33　乳块消片 NIR 光谱相似度计算结果

序号	批号	原始光谱	1D+SG 平滑	2D+SG 平滑
1	43045c	0.956	0.445	0.100
2	43076b	0.962	0.531	0.122
3	43080b	0.969	0.518	0.083
4	43196b	0.998	0.896	0.368
5	43205c	0.996	0.915	0.402
6	43214c	0.982	0.878	0.415
7	43233b	0.978	0.828	0.346
8	43262b	1.000	0.956	0.488
9	43296b	0.996	0.827	0.303
10	43301b	0.968	0.715	0.206
11	52167c	0.972	0.703	0.228

续表

序号	批号	原始光谱	1D+SG 平滑	2D+SG 平滑
12	53025b	0.973	0.547	0.154
13	53046c	0.935	0.465	0.119
14	53088c	0.993	0.884	0.424
15	b1	0.976	0.707	0.193
16	73015	1.000	0.996	0.965
17	73019	0.998	0.988	0.926
18	73020	0.998	0.991	0.963
19	73029	1.000	0.997	0.981
20	73030	1.000	0.998	0.990
21	73033	0.999	0.995	0.983
22	73034	0.998	0.991	0.982
23	73035	0.999	0.994	0.981
24	73036	0.998	0.986	0.976
25	73040	0.998	0.990	0.979

参 考 文 献

[1] 陆婉珍，袁洪福，徐广通，等. 现代近红外光谱分析技术[M]. 北京：中国石化出版社，2000.
[2] 褚小立，刘慧颖，燕泽程. 近红外光谱分析技术实用手册[M]. 北京：机械工业出版社，2016.
[3] 王运丽. 近红外光谱在线控制的适用性研究[D]. 北京：北京中医药大学，2012.
[4] 隋丞琳. 中药提取过程在线 NIR 分析平台的开发与适用性研究[D]. 北京：北京中医药大学，2013.
[5] 潘晓宁. 基于 Kubelka-Munk 理论的中药近红外漫反射定量研究[D]. 北京：北京中医药大学，2016.
[6] 彭严芳. 近红外光谱特征波段解析方法研究[D]. 北京：北京中医药大学，2014.
[7] 华国栋. 常用饮片近红外光谱数据库建立及识别研究[D]. 北京：北京中医药大学，2007.
[8] 展晓日，史新元，乔延江，等. 乳块消片生产过程中醇提液快速质量评价方法研究[J]. 世界科学技术-中医药现代化，2008，(5)：130-133.
[9] 高晓燕. 清开灵注射液生产在线检测与质量评价方法研究[D]. 北京：北京中医药大学，2006.
[10] 曾敬其，张静，张芳语，等. 中药大品种制造关键质量属性表征：沸腾时间状态属性的提取过程在线 NIR 质量控制研究[J]. 中国中药杂志，2021，46（7）：1644-1650.
[11] 李洋. 中药提取过程在线近红外实时检测方法研究[D]. 北京：北京中医药大学，2015.

第五章　中药制造激光诱导击穿光谱信息学

第一节　激光诱导击穿光谱信息基础

本章彩图

一、激光诱导击穿光谱信息的发展及特点

激光诱导击穿光谱（LIBS）是一种新兴的、快速的微区多元素检测技术，是以激光脉冲作为激发源诱导产生激光等离子体的原子发射光谱[1]。区别于传统的元素分析技术（如原子吸收光谱、电感耦合等离子体-原子发射光谱、电感耦合等离子体-质谱），LIBS 具有快速、绿色、多元素检测的特点。单个的激光脉冲足以预测样品的元素组成，所需时间仅为几秒钟；无需或几乎不需要样品预处理，适合直接、原位、在线及远程检测，实现真正意义上的快速评价。伴随激光技术、探测光学技术及成像技术的不断创新，LIBS 进入快速发展时期。基于 LIBS 技术的诸多优势，其在中药领域中的应用日益增加。本书旨在介绍 LIBS 技术的基本原理及其在中药领域中的应用，并对其未来的发展前景做出展望。

激光诱导击穿光谱是一种新型的微区分析技术。继 1960 年第一台红宝石激光器问世之后，激光光源技术、探测光学技术、高时间分辨测量技术、成像技术及各种光谱数据处理技术的不断创新，LIBS 实验装置不断更新[2]，包括高频率高稳定性激光器、高分辨率/宽光谱范围色散光学元件（如中阶梯光栅（echelle grating））、新型的光谱探测器件（如像增强电感耦合器件（ICCD））、高分辨率多通道系统、高分辨的成像系统及自动聚焦系统等，涌现出双脉冲或多脉冲激光诱导击穿光谱、时间或空间分辨激光诱导击穿光谱、偏振激光诱导击穿光谱、微探针激光诱导击穿光谱、分子激光诱导击穿光谱及 LIBS 与其他分析技术联合应用光谱（拉曼-激光诱导击穿光谱）等，如图 5-1 所示。

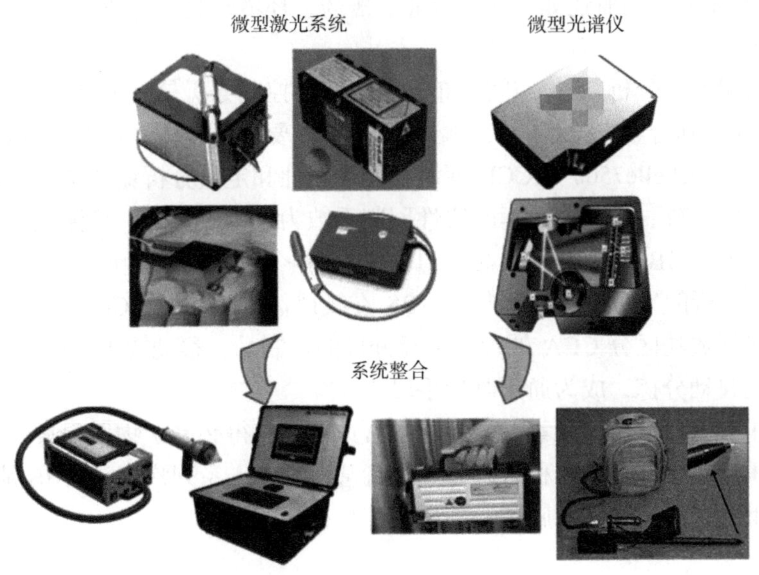

图 5-1　便携式 LIBS 系统

伴随激光技术和光谱探测技术的发展，LIBS 技术日趋成熟，光纤耦合型、便携式、遥感式仪器成为发展主流，使其更适于原位、现场和远程及恶劣环境中的应用。

历经半个世纪的发展，LIBS 技术主要经历以下几个阶段：①基础研究，激光与物质相互作用机制；②提高仪器的测量可靠性和精度；③解决实际问题的应用研究。现将 LIBS 技术发展历程主要事件归纳于表 5-1。

表 5-1　LIBS 技术的发展历程

年份	重大事件
1960	T.H.Maiman 发明激光器，标志激光诱导击穿光谱技术的开端
1962	Benrch 和 Cross 首次提出激光诱导等离子体技术，标志激光诱导击穿光谱技术的诞生
1964	时间分辨激光诱导击穿光谱出现
1970	调 Q 激光器被应用到激光诱导击穿光谱中
1980	激光诱导击穿光谱应用于核反应堆的诊断中
1983	激光诱导击穿光谱以“LIBS”缩写出现在文献中
1992	便携式 LIBS 技术得到发展
1992	遥测 LIBS 技术试验成功
1993	双脉冲 LIBS 技术得到应用
1998	Echelle 型分光系统应用于 LIBS 系统中
1999	自由定标在 LIBS 技术中得到应用
2000	NASA 火星探测器中安装 LIBS 系统预演成功
2000	首次 LIBS 国际会议在意大利 Pisa 召开，以后每 2 年召开一次
2004	LIBS 技术被批准应用于火星探测
2014	第八届国际 LIBS 会议在中国-北京举办

近来，LIBS 技术已成为光谱分析中热门技术之一，并渗透到越来越多的研究和应用领域（图 5-2，LIBS 技术的应用概述如工业、农业、医药、环境、艺术与考古、太空探索、军事侦察和同位素检测等。

冶金材料微量元素分析、原位空间分布及在线实时控制分析是冶金材料分析面临的三大难题。LIBS 已被应用到合金中微量元素和熔融金属中主要元素分析。Walid Tawfik 采用便携式阶梯光栅光谱仪（Mechelle7500）、ICCD 探测器同时定性和定量分析铝合金中的 6 种微量元素；合金中铁、铍、镁、硅、锰和铜元素的线性回归系数为 98%～99%；检测限值达到 ppm 级，精确度为 3%～8%。LIBS 定量分析 1400～1600℃熔融金属中的主要元素。材料分类及过程监控是 LIBS 定性分析的另一个应用方向。LIBS 在线评估铬砷酸铜（CCA）处理的木制品，通过铬原子特征谱线成功区分 CCA 处理与未经处理的木制品；移动式 LIBS 装置实现木材加工和回收过程中的自动分拣，成为通用测量手段。

从农产品中摄取痕量矿质元素是人体从日常饮食中获得必需矿物质元素的一种重要途径，而其中的有害重金属在体内长期积累会导致中毒甚至引发一系列疾病。LIBS 能够在不破坏待测物质的前提下，快速获取质量属性，满足农产品检测的需求。

图 5-2　LIBS 技术的应用概述

LIBS 技术在快速医学诊断、法医、制剂过程分析与监控、药品真伪识别等领域均具有较好的应用前景。快速分析骨骼、牙齿、头发、血液等生物材料，不仅可获得生物的生活年代、栖息地信息、营养等信息，也可诊断牙、肠胃系统、泌尿系统疾病。在制造领域，LIBS 技术快速辨识药品真伪、快速表征片剂质量属性，有利于制造行业的良性循环和药品的过程分析与控制。美国 FDA 倡导在制造行业中推广使用过程分析技术，增强了 LIBS 技术在制造领域快速检测和定量分析的应用兴趣。基于质量源于设计（QbD）理念，LIBS 技术与统计方法相结合可改善片剂的包衣过程。LIBS 首次用于现场评价包衣厚度和均匀性。LIBS 提供了无须耐酸性测试，快速表征片剂的包衣厚度、均匀性和光降解预测；快速评价片内与片间、批次内与批次间差异的过程分析技术，促进了制造领域在线过程分析与控制的发展。LIBS 可同时检测有机和无机元素，令电感耦合等离子体发射光谱技术（ICP-OES）或电感耦合等离子体质谱技术（ICP-MS）等传统分析技术望尘莫及。在假冒药品事件中，LIBS 通过提取组分信息，辨别药品尤其非处方药的真伪。此外 LIBS 技术在中药中也有应用，如对中药材天麻进行定性分析，为 LIBS 应用于中药材品质及真伪鉴别提供科学依据[3-4]。

环境中重金属污染日益严重并已经进入集中多发期，LIBS 在环境污染监测方面彰显了其简单、快速、原位、精确、低成本分析的优势。M. Corsi 等首次应用双脉冲及自由定标 LIBS

技术对土壤和沉积物中的有机物和无机物进行定量分析。S. Pandhija 等采用 CF-LIBS 方法分析土壤中的重金属，镉、钴、铬、锌、铅的检测结果与 ICP-OES 法结果一致。M.A. Gondal 等采用 LIBS 技术监测水质硬度及重金属的含量。利用共振双脉冲 LIBS 原位监测 PM2.5、PM10 中的重金属和工业颗粒排放物（气溶胶粒子中的重金属和硫酸气溶胶）。塑料回收过程中存在重金属的二次污染，在塑料的分类环节面临巨大挑战。LIBS 可以对塑料的不可降解成分进行迅速、准确的在线分析，为塑料分类和重金属前期处理提供了高效便捷的工具。

便携式 LIBS 可快速原位评价考古样本，在几秒钟内完成元素分析[13]。便携式 LIBS 仪器可以及时提供早期挖掘过程分析信息并反馈给考古学家，引导持续挖掘。同时 LIBS 可定位腐蚀或变质的类型和程度，以妥善规划文物保护。G. Nicolas 等采用自动聚焦获得陶瓷样品锆和铬元素的三维化学分布图，通过实验利用三角测量光学系统获得样品形态信息，并在激光和样品采集距离相同的实验条件下，结合形态学和 LIBS 元素信息，应用软件程序获得二维或三维非平面空间分布等高线图。F. J. Fortes 等应用 LIBS 技术原位分析和评估了马拉加大教堂，描绘了建筑材料的元素空间分布。

（一）LIBS 技术的优势

①快速分析，单个的激光脉冲足以预测样品的元素组成，所需时间仅为几秒钟；②无需或几乎不需要样品预处理，适合连续在线检测或直接检测，实现真正意义上的快速评价；③先进的微区元素分析技术，具有近似无损的特点，其激光聚焦光斑小（30～1000μm），对样品损害性小；④多元素识别，检测波长为 200～1000nm，可以检测元素周期表上绝大部分元素；⑤多元素同时分析，中阶梯光栅、像增强电感耦合器件实现一次检测，同时获得样品组分多元素信息；⑥检测对象多元化，可检测固体、液体、气体、气溶胶四种形态的物质；⑦原位分析与非接触式远程遥感探测，光纤传输信号、便携式光谱仪，能够数据存储及处理；⑧真实反映元素的空间分布信息；⑨相对安全的绿色检测技术。

（二）LIBS 技术的不足

LIBS 技术在定量分析过程中仍存在一些尚未解决的问题。

①精密度较差，受样本性质（如非均匀性）、脉冲产生等离子体信号间的波动、激光器本身参数条件以及激光聚焦光斑等影响，目前激光诱导击穿光谱分析技术的检测限尽管有所提高，但其精密度依然逊色于传统检测方法；②基质效应，复杂成分的固体样品的基质效应尤为明显。激光脉冲与物质相互作用过程及机制研究一直是 LIBS 研究者关注的焦点，其基质效应依然尚未解决，需要大量的理论与实验工作完善。

LIBS 作为快速评价产品质量属性的微区元素检测技术，在精密度、检测限方面仍存在不足。但是随着对激光与物质相互作用机制的深入研究，LIBS 在医学诊断、法医鉴定、航空材料、中药及一些新兴领域具有广阔的发展空间，有望成为快速评价产品质量属性的重要分析技术。

二、激光诱导击穿光谱基本原理

激光诱导击穿光谱的基本原理是一束高能激光脉冲聚焦到样品微区表面，激光与物质相互作用形成了大量处于高能态的原子、离子和自由电子，但整体上呈近似电中性的等离子体，称为“等离子体”。高能态的粒子从激发态跃迁到能量较低的基态向外辐射能量，发射出待测样品中各元素的特征发射谱，如图 5-3 所示。

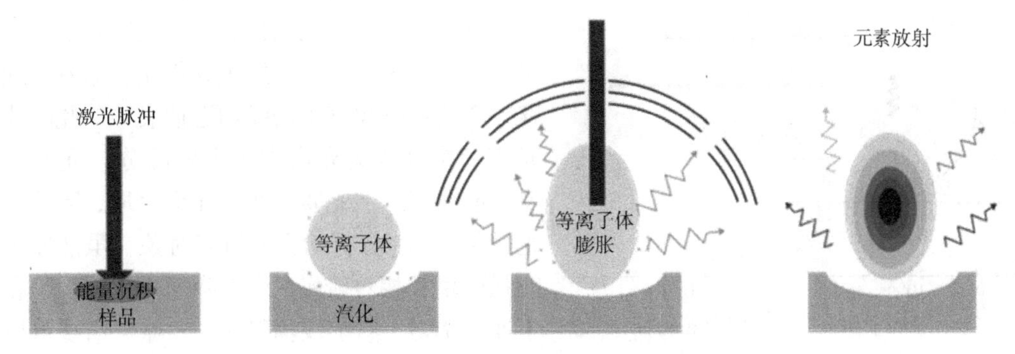

图 5-3　激光诱导等离子体的演化周期图

在激光激发等离子体的早期，电子在连续区或连续区与分立能级之间跃迁形成连续光谱，主要有两种跃迁过程：自由-自由跃迁（free-free transition）或轫致辐射（bremsstrahlung）；自由-束缚跃迁（free-bound transition）又称辐射复合，（radiative recombination）。随着时间的推移，辐射以激发辐射为主（又称为不连续辐射或线辐射），其基本特点是发射分立谱线。等离子体中原子轨道上的电子从自由态到束缚态，跃迁前后均处于束缚态，所以又称原子的束缚-束缚跃迁（bound-bound transition）。LIBS 的原理示意图见图 5-4。

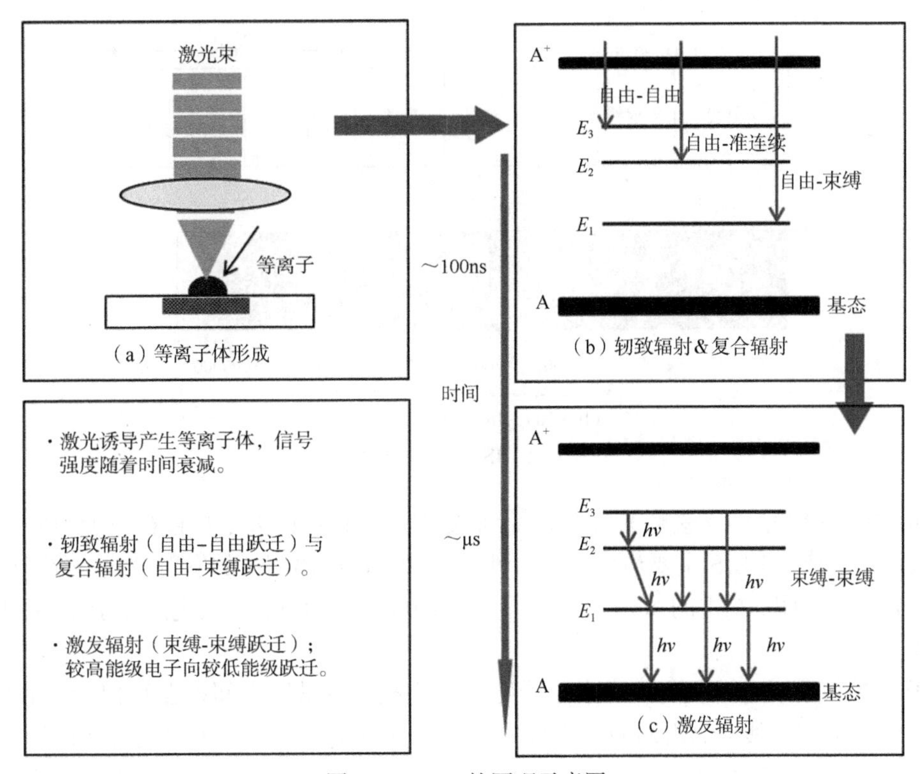

图 5-4　LIBS 的原理示意图

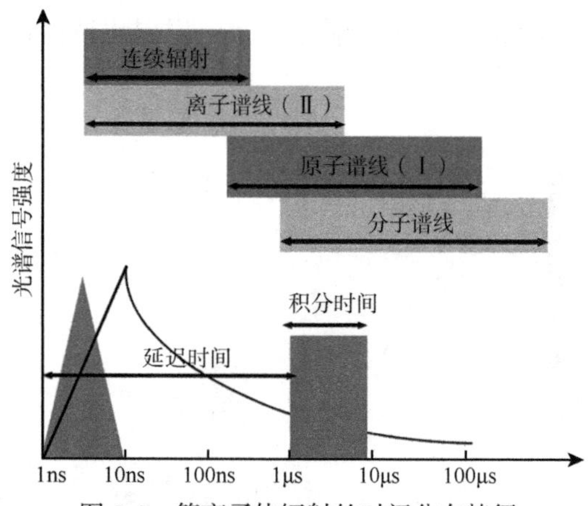

图 5-5　等离子体辐射的时间分布特征

研究表明连续辐射、离子线辐射以及原子谱线辐射产生时间和衰减速度存在差异，如图 5-5 所示。连续光谱会出现在辐射的每个阶段。等离子体辐射连续光谱的时间很短，在激光诱导等离子体早期，连续辐射占据主导作用；随着时间推移，连续辐射和离子谱线均迅速衰减。此时线状光谱变窄并成为光谱中的主要部分，元素的定量、定性信息主要通过线状光谱获取，因此线状光谱是 LIBS 分析的主要研究对象。虽然原子谱线强度增长相对较慢，但下降速率更慢，且相对于连续辐射、离子线辐射而言，原子谱线可以持续较长的时间，因此为获取较高的信号背景比（signal to background ratio，SBR），需通过实验优化获取最佳的光谱采集延迟时间（time delay）和积分时间（time integration）。

由于不同元素原子自身结构不同，其能级也有所不同，在激光能量的激发作用下产生等离子体，在等离子体冷却过程中，处于激发态的粒子会向基态或者低能级跃迁而辐射光子，光子具有特定的波长，并与元素一一对应，而且发射谱线强度和其所属元素的含量之间存在线性关系，通过对特征谱线的辨识与测量，实现待测元素的定性与定量分析。激光诱导击穿光谱发射谱线是位于 200～1000nm 谱带区，如图 5-6 所示。激光诱导击穿光谱元素标定原则主要依据美国 NIST 的原子光谱数据库。

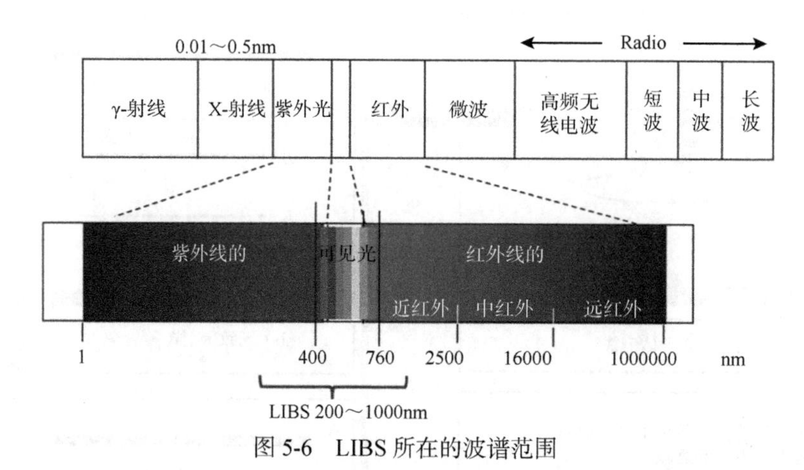

图 5-6　LIBS 所在的波谱范围

在典型的 LIBS 条件下忽略了高阶电离，假定等离子体中的离子只存在一价的形式。因此，在实验条件下，典型 LIBS 主要包括元素中性原子和一次电离离子的发射谱线，分别用罗马数字Ⅰ和Ⅱ表示，如图 5-7 中的 NaⅠ中性原子（588.9nm）和 CaⅡ一次电离离子（393.4nm）的发射谱线。

由于元素和元素之间及同一元素原子能级结构相近时谱线之间存在互相干扰的现象，所以在选择分析特征谱线时，需同时考虑样本属性和元素的特性，避免因元素特征谱线干扰得到错误信息。再者，激光诱导击穿光谱的特征谱线数量极大，谱线有漂移现象，均给特征谱线的元素归属带来困难。因此，在进行特征谱线的元素辨识时，仍需借助其他辅助分析规则。

结合原子、离子发射光谱的理论和实验经验总结，归纳了 LIBS 定性元素分析时元素谱线归属的依据。

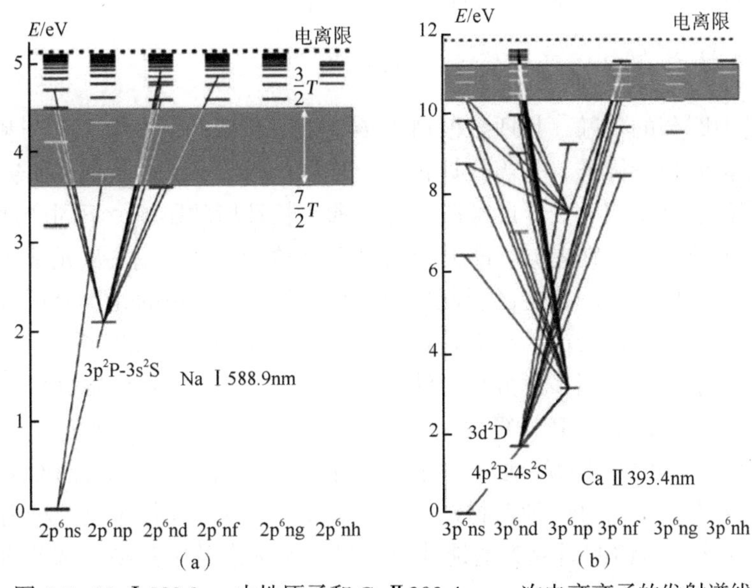

图 5-7　Na Ⅰ 588.9nm 中性原子和 Ca Ⅱ 393.4nm 一次电离离子的发射谱线

（1）国际原子标准谱线库（如 NIST）。ChemLytics 软件、OOLIBS 软件（内置 NIST 元素谱图数据库）可进行自动元素鉴定。根据特征谱线的跃迁概率和标准跃迁强度判定，优先考虑跃迁概率大、强度高的谱线对应元素。

（2）优先考虑已知元素组成的特征谱线。受目前 LIBS 技术探测水平所限，对元素质量浓度低于 ppm 数量级的特征谱线应予以排除。

（3）仅考虑原子发射光谱（Ⅰ型）与一次电离离子发射光谱（Ⅱ型）。

（4）借助不同类型特征谱线的时间演化特性加以判断。

（5）通过文献查阅的方式进一步确定谱线的元素归属。

三、激光诱导击穿光谱的应用

随着元素检测技术的不断进步及人们对常量和微量元素与健康研究的深入，中药中无机元素越来越引起了人们的关注，从重金属的检测到无机痕量元素的机体作用的研究。元素作为中药有效成分的重要组成部分，是中药质量控制不可或缺的特征参数，是潜在的质量标志物。作为一种绿色的多元素快速检测技术，LIBS 技术被应用于中药领域，并展现出巨大的优势[5]。基于“全息成分”角度，作者提出中药多元素指纹图谱的质量评价研究思路。中药的“LIBS 元素组谱”涉及中药的产地、真伪、品种鉴别；中药质量与功能分类研究和中药组方解析研究等，为中药产品质量控制标准和鉴定方法、中药复方配伍、新药开发和临床应用提供科学依据。

（一）LIBS 技术的中药元素含量测定

中药药效不仅与其含有的有机成分有关，而且与微量元素关系密切[6]。元素的种类及含量与中药性味、归经、功效等密切相关。而 LIBS 技术用于中药微量元素的定性、定量分析应用前景广阔，如在天麻、炒泽泻、莪术、天花粉、土茯苓等中药材中的定量分析。钙、镁离子与丹参的功能主治间接相关，是丹参药效评价的重要指标。

（二）LIBS 技术在中药产地鉴别中的应用

道地药材是中医药的精髓，其理念根植于传统中医药理论，来源于生产和医药实践，是古人评价药材质量的独特标准，是当代评价药材质量的重要标志[7]。现代研究表明药材的道地性与生物地球化学息息相关。受自身遗传特性和生长环境的影响，不同产地的药材从土壤中摄取元素的种类及含量存在差异，即道地药材拥有独特的元素谱。从元素角度出发研究药材道地性的形成和道地药材的鉴定已引起广泛关注。然而，常规的元素分析方法多以单一元素和多元素为主，难以全面表征药材的道地性内涵，且检验方法耗时耗力。采用 LIBS 技术建立艾纳香的全元素谱，利用多元分析方法对 LIBS 数据进行模式识别分析，实现未知样本产地的归属，并采用 VIP 值：P 计算变量投影重要性分析值（VIP）筛选出元素质量标志物 K、Ca、Na 等，从元素角度揭示产地对药材的影响。采用 LIBS 技术结合 PCA 和 ANN 技术，对不同产地白芷、党参、川芎三种药材进行鉴定，证实了 LIBS 技术是一种有效的中药鉴别工具。基于 LIBS 多元素谱的研究为道地药材质量评价标准及中药物质基础研究提供了新的思路。

（三）LIBS 技术在中药材的真伪、掺假鉴别中的应用

快速、准确地鉴别中药真伪是保证中药疗效的关键。微量元素的含量和分布在植物体内存在一定的规律，结合数据处理技术，可区分不同品种、不同生产方法的样品。采用 LIBS 技术检测植物中的微量元素和常量元素，能够实现乳香、没药和松香的快速元素分析及树脂判别，为树脂类药材元素检测提供理论与数据支持，有助于中药材质量检测与分级评定系统的建立。

（四）LIBS 技术在中药重金属检测中的应用

中药中重金属已成为国内外关注的焦点问题，中药中重金属检测是中药质量控制的重要保障。传统的重金属检测方法，多需要采用消解的方法制备样品，制备过程复杂。LIBS 技术具有样品制备简单、对样品破坏性小的特点。伴随着激光技术不断发展，LIBS 技术将不断完善，并将成为中药中重金属检测、藏药及含矿物质中药检测的常规分析技术。

（五）LIBS 在中药生产过程中的应用

LIBS 技术能够快速表征药品的质量属性，有利于制造行业的良性循环和药品的过程分析与控制。美国 FDA 倡导在制造行业中推广使用过程分析技术，增强了 LIBS 技术在制造领域快速检测和定量分析的应用兴趣。本课题组基于质量源于设计（QbD）理念，LIBS 技术与移动窗标准偏差（MWSD）法、移动窗相对标准偏差（MWRSD）法相结合快速评价整体混合过程，实现了安宫牛黄丸中雄黄、朱砂和珍珠粉 3 药味混合终点的判断[8]。作为一种先进的过程分析技术，LIBS 技术将促进在线过程分析与控制的发展，加快中药制造智能化生产进程。

第二节　中药制造激光诱导击穿光谱装备

LIBS 构造示意图如图 5-8 所示，由脉冲激光器、聚焦系统（由反射镜和聚焦透镜组成）、载物台、光谱信号采集系统、光谱探测系统、时间延迟控制器、光谱处理软件等组成。脉冲激光器提供激发光源，产生高度集中的高能激光，聚焦系统将激光束汇聚在样品表面，进而激发样品产生能量沉积，逐渐烧灼、熔融，产生高电子密度的等离子体；随后，光学信号采集系统收集等离子体的发射谱线，并通过光纤把光学信号传导到光谱仪探测系统，进行时间分辨或空间分辨；然后通过计算机进行分析。载物台由三维步进电机控制，实现空间 X、Y、Z 三个方向上精确运动。LIBS 技术能够实现元素的定性定量分析，主要是根据元素的谱线特征及元素的含量与信号强度成比例的关系。

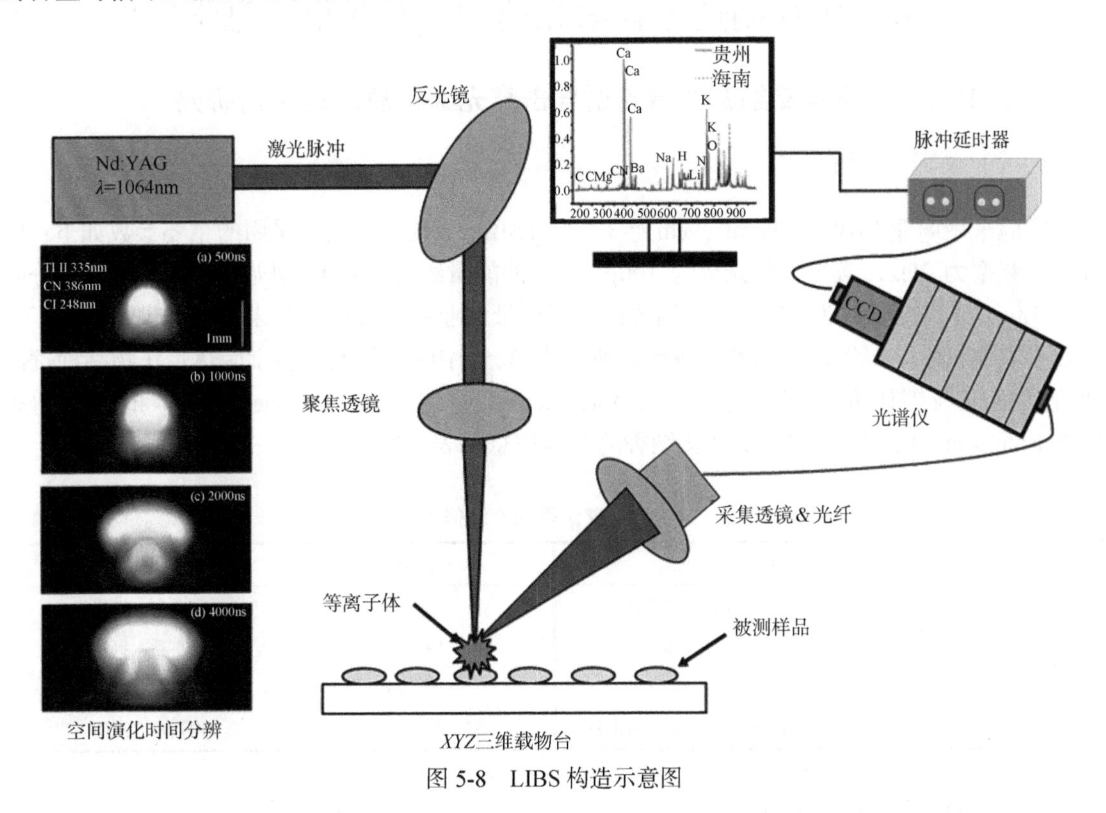

图 5-8　LIBS 构造示意图

LIBS 技术具有快速、原位、多元素同时分析等诸多优势，可检测固体、液体和气体等不同形态物质，被称为“未来的化学分析之星”。新型激光器的涌现为 LIBS 技术带来了新的活力。光纤激光器是近年来备受青睐的新型激光器，具有转换效率高、光束质量好、功率高、散热快、激光阈值低、稳定性高、成本低、小型化等优点，适于在远程、恶劣环境下工作。随着理论和方法的不断完善，LIBS 仪器朝向高精度、小型化、智能化发展，在元素测定方面具有更大的发展潜力和应用前景，便携式 LIBS 系统如图 5-9 所示。

图 5-9　便携式 LIBS 系统

第三节　中药制造原料激光诱导击穿光谱信息学实例

一、中药制造原料艾纳香的激光诱导击穿光谱信息产地判别研究

（一）仪器与材料

实验采用商业 LIBS（ChemReveal™-3764，TSIInc.）仪器。实验采用的主要参数如下：脉冲重复频率为 2Hz，激光聚焦光斑为 100μm，脉冲能量约为 90mJ，延迟时间为 1μs，积分时间为 1ms，光谱变量数为 13204。艾纳香由中国热带农业科学院的于福来博士提供，保存于中国热带农业科学院热带作物品种资源研究所标本馆，经中国热带农业科学院热带作物品种资源研究所庞玉新副研究员鉴定为菊科（Asteraceae）艾纳香属（Blumea DC.）植物艾纳香[B.balsamifera（L.）DC.]的全草。艾纳香的产地信息见表 5-2。

表 5-2　艾纳香的产地信息

样品编号	产地	样品编号	产地
1～4，25～31，38～40	罗甸县，贵州省	13～18	安龙县，贵州省
5～7	五指山市，海南省	19～21	册亨县，贵州省
8	兴义市，贵州省	22～24	望谟县，贵州省
9～12	白沙黎族自治县，海南省	32～37，41～95	儋州市，海南省

（二）样品制备与检测

在进行中药材 LIBS 研究时，需要充分考虑中药材的特点，如药材的质地（纤维性）、粉末状药材的粒径等物理基质效应。为减小物理基质效应影响激光脉冲对样品的加热和烧蚀而导致样本间特征谱线信号的差异带来的对测定结果的影响，将艾纳香药材粉碎，并过 100 目筛；然后，用压片机在 10T 压力下压制为直径为 13mm、厚度约为 1mm 的锭片，从而防止出现激光击打时的飞溅现象。制备 94 个锭片样品。

利用 LIBS 随机选取一个样品的 5 个微区采用位点进行光谱采集。为了减小样品的异质性和波动的影响，每个微区采样位点进行 3×3（100μm×100μm）均匀排布的 9 点激光击打测量。

将每个样本采集的 45 条光谱取平均值记录，最终获得海南省、贵州省 2 个产地的 94 张 LIBS，采集方式见图 5-10。实验采用的主要参数如下：脉冲重复频率为 2Hz，激光聚焦光斑为 100μm，脉冲能量约为 90mJ，延迟时间为 1μs，积分时间为 1ms，光谱变量数为 13204。

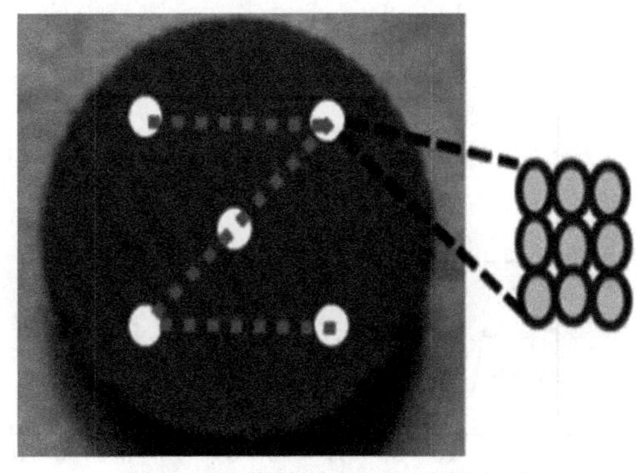

图 5-10　艾纳香 LIBS 采集方式

（三）数据处理软件

采用 Chme Lytics 软件从光谱仪读取光谱数据；利用 The Unscramble（version9.7）软件进行光谱数据处理；偏最小二乘判别分析采用 PLS Toolbox、MATLAB R2009a、ORIGIN8 画图。

（四）艾纳香 LIBS 及元素辨识

研究辨识出艾纳香的 LIBS 中的 48 个特征谱线，包括 13 个元素和两个分子谱带。在 LIBS 区，原子和离子发射线主要为矿物质元素（钙、钾、钠和镁等）和有机元素，主要为碱金属钠（NaI 588.952nm）；钾（KI 766.523nm 和 KI 769.959nm）和碱土金属钙（CaII 393.375nm、CaII 396.816nm 和 CaI 445.441nm）；镁（MgII 279.418nm、MgII 280.123nm）；钡（BaII 455.380nm）及有机元素氢（HI 656.315nm）、氮（NI 746.918nm）和氧（OI 777.212nm、OI 777.492nm）。同时检测 CN 分子发射谱带。由于在空气环境下进行 LIBS 信息采集，N 和 O 元素的特征谱线部分来自于空气中的氧气和氮气。艾纳香中富含人体必需的 Ca、Mg、Na、K 等常量金属元素，这些元素在维持人体正常生命活动及治疗疾病方面具有十分重要的作用。

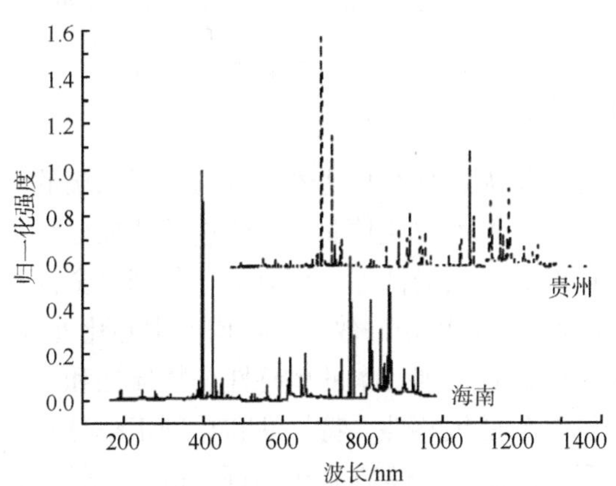

图 5-11　海南省和贵州省 2 产地艾纳香的平均光谱数据经标准化处理后的 LIBS 谱图

图 5-11 为自海南省和贵州省 2 产地艾纳香的平均光谱数据经标准化处理后的 LIBS 谱图。由图 5-11 可知，海南和贵州 2 产地的艾纳香样本所含元素基本相同，但是存在元素信号强度差异。

（五）艾纳香 LIBS 预处理

在建模过程中应保留有利的差异，消除不利的基质效应。本节及以后章节均采用光谱谱线峰值归一化的方式进行光谱预处理，减少实验条件对光谱信号稳定性的影响，实现模型输入数据的优化处理。

在光谱采集过程中，测量环境、操作误差或样品的物理性状，如粉末粒径、形状、密度、水分等很多因素会导致异常光谱，而异常光谱的存在会影响模型的稳健性。在图 5-12 中有一个疑似的异常数据，利用 SIMCA-P+11.0 软件 Hottelling T^2 对所有样品进行检测，若样品超出 90%的置信区间，即判定为异常样品。图 5-12 为 95 个样本的异常值检测结果，除有 1 个样品外，剩余样品均在 90%的置信区间，剔除 83 号异常样品。

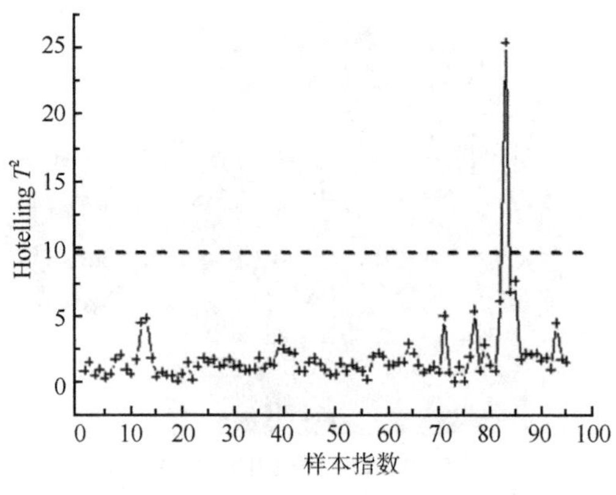

图 5-12 Hotelling T^2 监测图

（六）艾纳香 LIBS 产地判别

通过样本集划分代表性样本不仅可以减少建模的工作量，还可以提高模型的可靠性和稳定性。Kennard-stone（KS）法是一种典型而有效的从样本集中选择具有代表性样本的方法。本书选用 KS 法将 94 个样本中 63 个划分训练集，31 个划分预测集。

采用留一交叉验证法将校正集中的每一个样本都检验一次，其余的进行模型校正。选择分类错误最小时的潜变量数为模型的最佳因子数（LVs），相应模型的预测能力最佳。交叉验证随潜变量数的变化曲线如图 5-13 所示，分别选择 8 和 6 为 PLS-DA 模型最佳潜变量数。

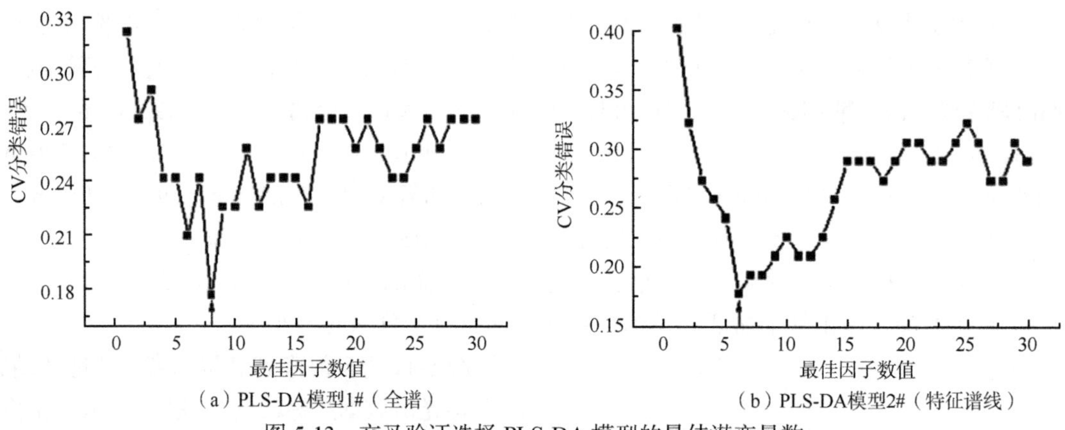

图 5-13 交叉验证选择 PLS-DA 模型的最佳潜变量数

PLS-DA 分析在 LIBS 中运用全谱分类时，计算量很大，且在某些光谱范围内所采集的光谱信息较弱，使光谱与样品属性之间缺乏相关性，而造成模型精度降低。以筛选的特征谱线为输入变量的 PLS-DA 模型，在不降低判别结果的同时，大大降低了计算成本。分别以全谱和筛选出的特征谱线为 PLS-DA 的输入变量。在建模前，首先将光谱数据进行均值中心化处理，然后建立判别模型。判别结果见图 5-14 和表 5-3。模型 1#中训练集的敏感性、特异性和总判正率分别为 100%、86.67%和 90.48%；模型 2#中训练集的敏感性、特异性和总判正率分别为 86.67%、88.24%和 87.10%；训练集中 PLS-DA 模型性能良好。模型 1#中验证集的敏感性、特异性和总判正率分别为 100%、95.65%和 96.88%；模型 2#中验证集的敏感性、特异性和总判正率均为 100%；模型 2#优于模型 1#。2 个 PLS-DA 模型均表现出良好的预测性能。

在 LIBS 产地判别中，建立预测模型并辨识特征性元素特征谱线尤为重要。辨识的过程即是变量筛选的过程。经过变量选择，模型性能是否得到改善，并未做过多探讨。基于 PLS-DA 模型中变量的 VIP 得分进行变量的选择是化学计量学研究中常用的方法。VIP 值越大，变量对判别模型的贡献性越大。以筛选的特征谱线为输入变量的 PLS-DA 模型建立影响的重要性贡献见图 5-15，由图可知，变量贡献值大小与特征谱线的强度并不直接相关。表 5-4 列出贡献值

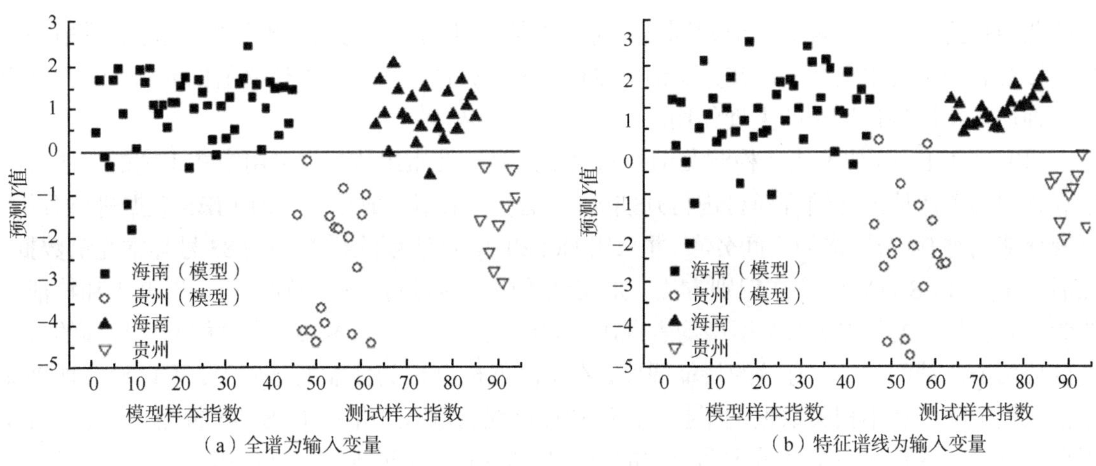

（a）全谱为输入变量　（b）特征谱线为输入变量

图 5-14　PLS-DA 判别结果

表 5-3　不同输入变量的 2 个 PLS-DA 判别模型的结果比较

模型	训练集			验证集		
	敏感性/%	特异性/%	总判正率/%	敏感性/%	特异性/%	总判正率/%
1#（全谱）	100	86.67	90.48	100	95.65	96.88
2#（特征谱线）	86.67	88.24	87.10	100	100	100

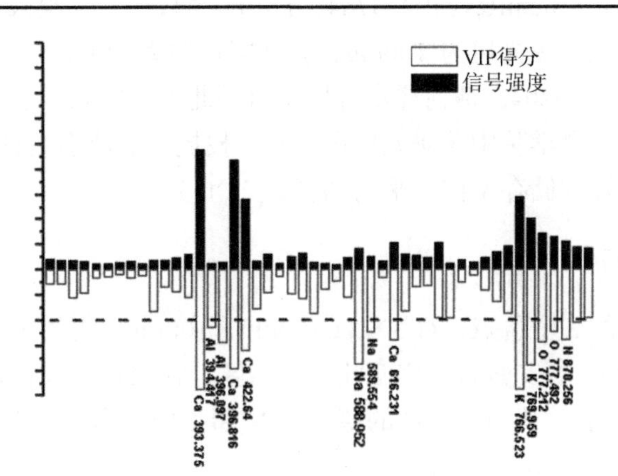

图 5-15　筛选特征谱线信号强度和 VIP 值

表 5-4　VIP 值筛选 PLS-DA 模型 2#重要输入变量

元素	VIP 值	元素	VIP 值
KI 766.523nm	2.386	CaI 422.64nm	1.590
CaII 393.375nm	2.377	OI 777.212nm	1.439
CaII 396.816nm	1.965	AlI 396.097nm	1.438
KI 769.959nm	1.905	NI 870.256nm	1.386
NaI 588.952nm	1.872	CaI 616.231nm	1.383

大于 1 的特征变量，分别为 KI 766.523nm、CaII 393.375nm、CaII 396.816nm、KI 769.959nm、NaI 588.952nm、CaI 422.64nm、OI 777.212nm、AlI 396.097nm、NI 870.256nm 和 CaI 616.231nm，

表明艾纳香药材中的元素对产地判别具有重要贡献。钾、镁、氮是植物的营养元素，是植物生长发育必需的重要中量元素。碱金属钠、钾和碱土金属钙、镁均为人体必需的元素，在人体内以各种形式发挥各自特有的生理作用。

研究采用LIBS技术快速检测艾纳香药材中的微区元素组成，并采用模式识别的方法对海南和贵州两个产地的艾纳香药材进行判别分析。首先，采用主成分分析对LIBS数据进行分析，可视化艾纳香94个样本的空间分布，并采用Hottelling T^2法剔除样本中的83号异常光谱数据；然后，采用PLS-DA的模式识别方法，对艾纳香中药材进行产地判别分析。以全谱和特征谱线为输入变量，2个PLS-DA模型均表现出良好的预测性能，PLS-DA模型能够以较高的可信度区分两个产地的样本。有效的特征提取，在不降低模型预测性能的基础上，可以较好地剔除全谱数据中噪声和不相关数据的干扰。在以特征谱线为输入变量的PLS-DA模型中，基于VIP得分筛选出的变量说明了艾纳香药材中的元素与药材产地（道地性）息息相关。微区多元素分析技术——LIBS技术有望用于中药材真伪、道地性等方面的快速鉴别分析，为中药材质量鉴别及控制提供了更多的可供选择的应用技术与方法。

二、中药制造原料薄荷的激光诱导击穿光谱信息产地判别研究

（一）仪器与材料

实验采用商业LIBS（ChemReveal^{TM}-3764，TSIInc.）仪器。实验采用的主要参数如下：脉冲重复频率为2Hz，激光聚焦光斑为100μm，脉冲能量约为90mJ，延迟时间为1μs，积分时间为1ms，光谱变量数为13204。薄荷样本分别产自河北省、安徽省、广西壮族自治区、湖北省和吉林省，由中国中医科学院中药研究所邵爱娟教授提供。所有薄荷样本放置于干燥袋中，置常温、阴凉、通风良好的储存室内（平均温度为22℃）。

（二）样品制备与检测

随机选取薄荷药材的3个位点，对3×3（100μm×100μm）均匀排布的9个点进行激光击打测量（9个激光脉冲）。对安徽省、广西壮族自治区、湖北省、吉林省的薄荷样本，从每个样本中抽取20个代表样品；从河北省产的薄荷样本抽取19个代表性样本。

（三）数据处理软件

数据处理在MATLAB R2014a（TheMathWorks Inc.，Natick，MA）软件中实现。LS-SVM算法采用LSSVMLabv1.8toolbox完成。

（四）薄荷的LIBS及元素辨识

辨识薄荷的50条特征谱线，其中包括14个元素和4个分子谱带，如表5-5所示。图5-16为5个产区薄荷代表性的LIBS微区元素谱（标准化后）。5个产区薄荷药材微区的LIBS具有极大的相似性，元素组成基本相同。薄荷药材中的主要元素为钙、钾、钠、镁、钡、锂等，同时也监测到微弱的硅、铝、铁、锶信号。

表 5-5　薄荷 LIBS 的特征谱线

编号	元素	波长/nm				
1	C	192.77	247.725			
2	Mg	279.418	280.123	285.08	383.825	
3	Si	288.031				
4	Ca	315.863	317.920	370.627	393.375	396.816
		422.640	428.287	430.228	442.640	443.498
		445.441	558.842	612.915	616.231	643.965
		646.214	649.400	714.856	720.267	
5	C—N	385.455	386.105	387.08	388.296	
6	Al	394.417	396.097			
7	Sr	407.789	421.503			
8	Ba	455.358	493.388			
9	Fe	526.984				
10	Na	588.952	589.554			
11	N	742.388	744.306	746.918	843.762	938.372
12	Li	670.754				
13	H	656.315				
14	K	766.523	769.959			
15	O	777.212	777.492			

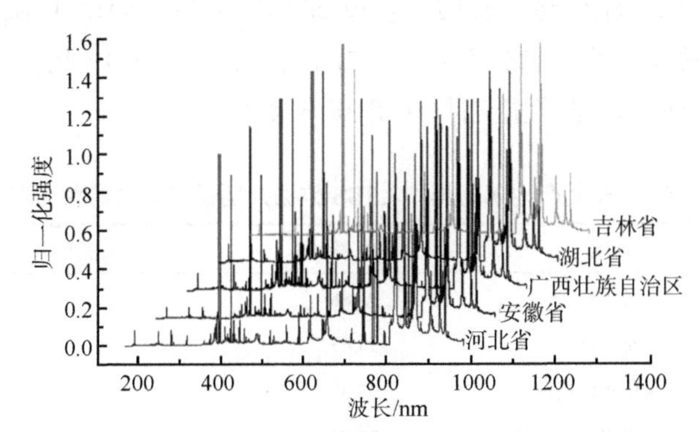

图 5-16　5 个产区薄荷药材微区 LIBS（数据经标准化后）

（五）薄荷 LIBS 产地判别

LIBS 数据信息量大，高维度数据富含丰富而完整的样本信息。采用主成分分析用于薄荷 LIBS 数据空间分布研究。将 5 个产区的薄荷样本的 99 张光谱进行预处理后，以全谱作为输入变量构建构造出一个 99×13204 的光谱数据矩阵，进行主成分分析。主成分分析结果表明：PC1-PC3 累计贡献率为 80.51%，PC1-PC5 累计贡献率为 91.07%，可以代表 LIBS 的大部分信息。前 3 个主成分的三维得分分布散点图如图 5-17 所示。5 个产地薄荷样品在得分图中分布存在严重的重叠，且同一产薄荷地样本存在一定程度弥散。

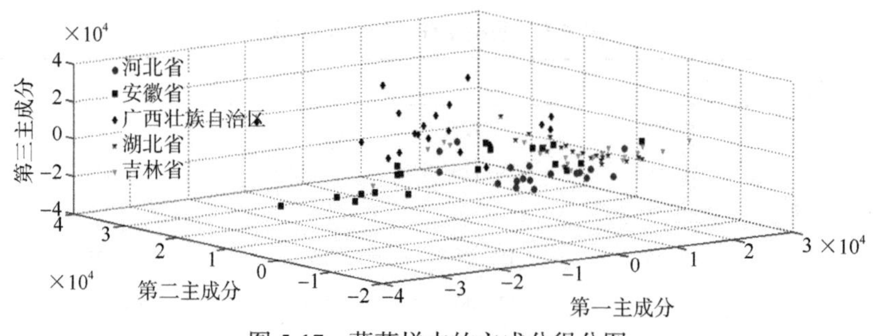

图 5-17　薄荷样本的主成分得分图

灵敏性实验的检验集中的样本类别均包含在模型的校正集中，是 LS-SVM 模型的“已知”检验集，因此灵敏性实验检验集的预测结果的识别正确率越高，错误率、未识别率越低，则模型灵敏度越好。而稳健性实验检验集中样本类别均不包含于模型校正集中，属于“未知”检验集。稳健性实验中检验集的预测结果的有效未识别率越高，则模型的稳健性越好。基于薄荷样本的 LIBS 数据的特征，构建 LS-SVM 模型用于 5 个产地样本多元的分类。在本实验中，99 个数据集中的 66 个被随机选为训练集，剩余的 33 个数据集被选为测试集。

利用校正集以全谱为输入变量建立 LS-SVM 模型，通过已知检验集进行模型灵敏度的验证。表 5-6 显示了已知检验集 5 个产地薄荷样本的 LS-SVM 模型结果：5 个产地的薄荷样品几乎能够被完美地分类出来。综合 5 个产地薄荷样本，线性核函数的 LS-SVM 模型的平均识别正确率、平均错误率和平均未识别率分别为 96.10%、2.05%、1.85%；RBF 核函数的 LS-SVM 模型的平均识别正确率、平均错误率和平均未识别率分别为 94.38%、1.53%和 4.10%。线性核函数模型的灵敏性略优于 RBF 核函数模型；仅河北产薄荷的 RBF 核函数模型的正确分类为 99.25%大于线性核函数模型的正确分类（95.88%）。两种 LS-SVM 判别方法均表现出较好的预测结果，线性核函数模型的预测性能略优于 RBF 核函数模型。

表 5-6　5 个产地薄荷样本 LIBS 数据判别模型的敏感性分析

	产地	正确率/%	错误率/%	未识别率/%
线性核函数	河北省	95.88	2.50	1.63
	安徽省	94.63	4.00	1.38
	广西壮族自治区	97.38	0.88	1.75
	湖北省	98.75	1.00	0.25
	吉林省	93.88	1.88	4.25
	平均	96.10	2.05	1.85
RBF 核函数	河北省	99.25	0.50	0.25
	安徽省	93.25	1.88	4.88
	广西壮族自治区	94.25	2.00	3.75
	湖北省	93.13	2.38	4.50
	吉林省	92.00	0.88	7.13
	平均	94.38	1.53	4.10

稳健性实验是评价模型检验时对未知样本的识别能力。未知检验集及样本验证 LS-SVM

模型的稳健性实验具体预测结果见表 5-7。由表 5-7 可知：5 个产地薄荷样本，线性核函数的 LS-SVM 模型的平均识别正确率、平均错误率和平均未识别率分别为 87.71%、2.72%和 9.57%；RBF 核函数的 LS-SVM 模型的平均识别正确率、平均错误率和平均未识别率分别为 86.58%、0.69%和 12.73%，两个模型的稳健性均较理想。RBF 核函数模型的平均未识别率大于线性核函数的平均未识别率。因此，与线性核函数模型相比，RBF 核函数模型的稳健性略有提高。湖北省、吉林省两产地的薄荷在 2 个 LS-SVM 模型中的未识别率均较高（大于 20%）。此外，在样本的正确识别率方面，线性核函数模型略高于 RBF 核函数模型（87.71%比 86.58%）。

表 5-7　5 个产地薄荷样本的 LIBS 数据判别模型的稳健性分析

	产地	正确率/%	错误率/%	未识别率/%
线性核函数	河北省	97.19	0.97	1.84
	安徽省	95.97	1.91	2.13
	广西壮族自治区	98.16	0.72	1.13
	湖北省	73.69	4.91	21.41
	吉林省	73.56	5.09	21.34
	平均	87.71	2.72	9.57
RBF 核函数	河北省	99.25	0.31	0.44
	安徽省	94.88	1.09	4.03
	广西壮族自治区	95.44	0.78	3.78
	湖北省	71.94	0.44	27.63
	吉林省	71.41	0.81	27.78
	平均	86.58	0.69	12.73

本章采用微区多元素分析技术结合非线性 LS-SVM 模型进行薄荷多产地判别研究，并开展模型敏感性和稳健性研究，同时对比线性核函数与非线性核函数的 LS-SVM 的评价性能。在模型灵敏度试验中，线性核函数模型与 RBF 核函数模型的平均正确率分别为 96.10%和 94.38%，线性核函数模型的预测性能略优于 RBF 核函数模型。在稳健性实验中，RBF 核函数模型有效未识别率 12.73%高于线性核函数模型 9.57%；在已识别样本中正确识别率方面，线性核函数模型略高于 RBF 核函数模型（87.71%比 86.58%）。非线性 LS-SVM 方法在薄荷产地判别分析中表现出良好的性能。

三、中药制造原料灯心草的激光诱导击穿光谱信息微区元素分布分析

（一）仪器与材料

实验采用商业 LIBS（ChemReveal^{TM}-3764，TSIInc.）仪器。实验采用的主要参数如下：脉冲重复频率为 2Hz，激光聚焦光斑为 100μm，脉冲能量约为 90mJ，延迟时间为 1μs，积分时间为 1ms，光谱变量数为 13204。灯心草为北京中医药大学黄建梅教授提供，其采集信息见表 5-8。

表 5-8　灯心草样品来源信息

样品编号	采集地信息	样品编号	采集地信息
S1	贵州省	S7	黑龙江省
S2	安徽省	S8	山西省，西安市
S3	安徽省濠州	S9	广州市
S4	安徽省濠州	S10	湖北省来凤县
S5	时珍大药房	S11	福建省福州市
S6	江西省	S12	湖北省

备注：样本在采集过程中，产地信息获取困难，此处仅出示采集地信息。

（二）样品制备与检测

灯心草药材微区 LIBS 采集方式示意图见图 5-18。依次选取灯心草药材横向分布的 10 个微区位点，进行 3×3（100μm×100μm）均匀排布的 9 个点光谱采集。实验通过“RSD 谱”优化 LIBS 采集模式，确保灯心草样本 LIBS 数据的准确性。

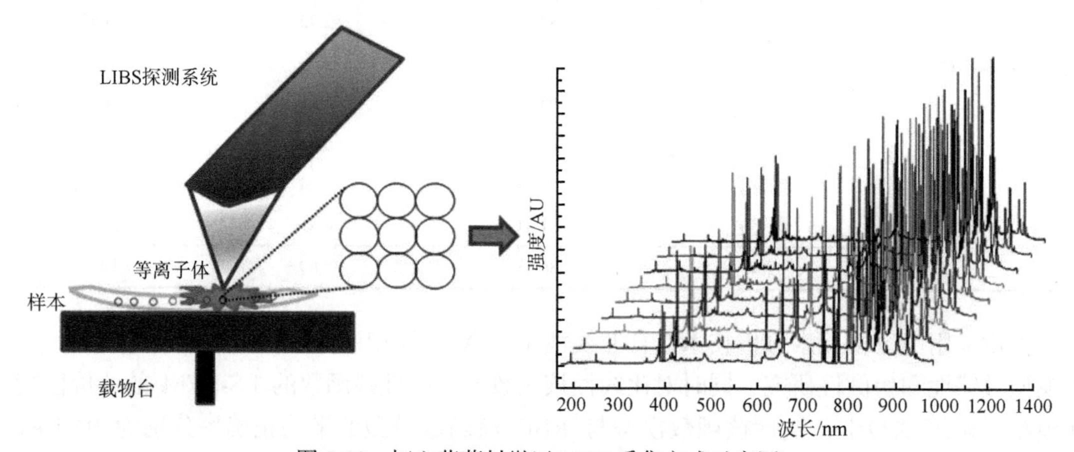

图 5-18　灯心草药材微区 LIBS 采集方式示意图

（三）数据处理软件

数据处理在 MATLAB R2014a（TheMathWorks Inc.，Natick，MA）软件中实现。

（四）灯心草 LIBS 及元素辨识

表 5-9 为灯心草样品 LIBS 的 33 个特征谱线，其中包括 12 个元素和 4 个分子谱带，如图 5-19（a）中代表性的 LIBS 微区元素谱图。灯心草样本能被稳定地检测到主要有钙、钾、钠、镁、钡、锂和碳、氢、氧、氮等。同时，辨识 4 个 C—N 分子发射谱线。

表 5-9　灯心草样品 LIBS 的特征谱线和分子谱线

元素	波长/nm	元素	波长/nm
C	192.77，247.725	Na	588.952，589.554
Mg	279.418，280.123	H	656.315，777.492
Ca	393.375，396.816	Li	670.754
C—N	383.522，386.105，387.08，388.296	K	766.52，769.96
Al	394.417，396.097	O	777.212，777.492
Ba	455.358，493.388，553.52	N	715.709，744.306，746.918，843.762
Mg	517.245，518.316		869.367，870.256，870.947

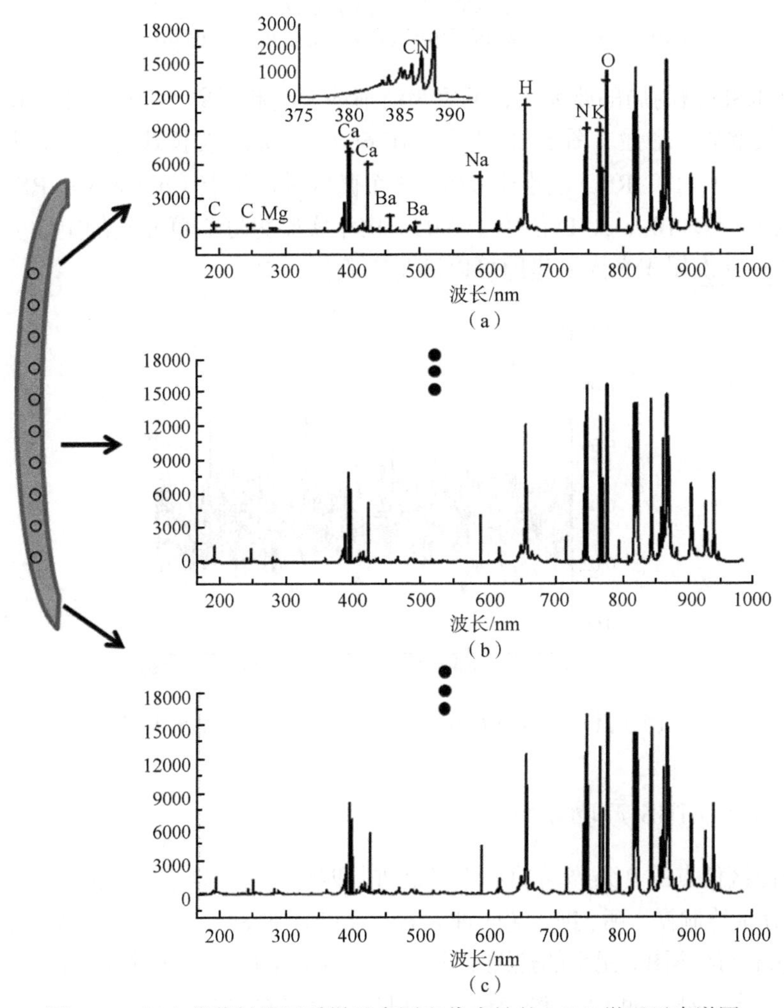

图 5-19　灯心草药材微区采样示意图和代表性的 LIBS 微区元素谱图

图 5-20 为灯心草的 RSD 谱。RSD 谱中主要的信号分别为 Mg 279.418nm、Ca 393.375nm、Ba 455.358nm、Na 588.952nm 和 Na 589.554nm 等。

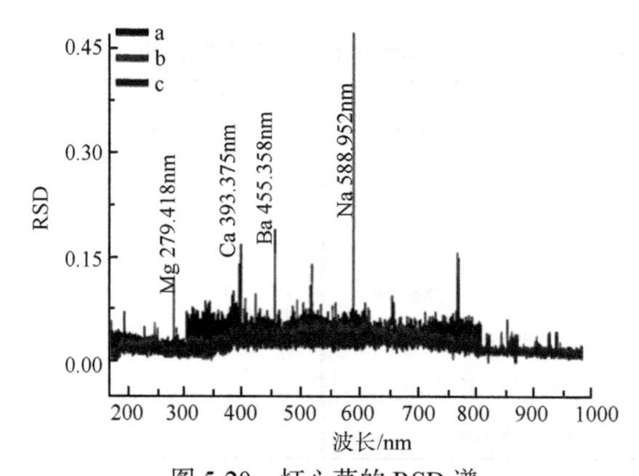

图 5-20　灯心草的 RSD 谱

a. RSD<0.08（n=9）；b. RSD<0.06（n=9×5）；c. RSD<0.05（n=9×10）

图 5-21 为 RSD 谱的局部放大图，可更为清晰地表明此现象。而图 5-20（b）中 RSD 谱和信号随着采样数增加而增强。图 5-20 所示，在 660～740nm 波长处的局部放大图显示，在第一个微区位点（n=9×1），RSD 值小于 0.08；5 个微区采样位点（n=9×5），RSD 值小于 0.06；10 个采样位点（n=9×10），RSD 值小于 0.05。由于实验为灯心草元素的定性分析，单个微区位点（n=9×1），9 次累积光谱采集即可以满足实验。

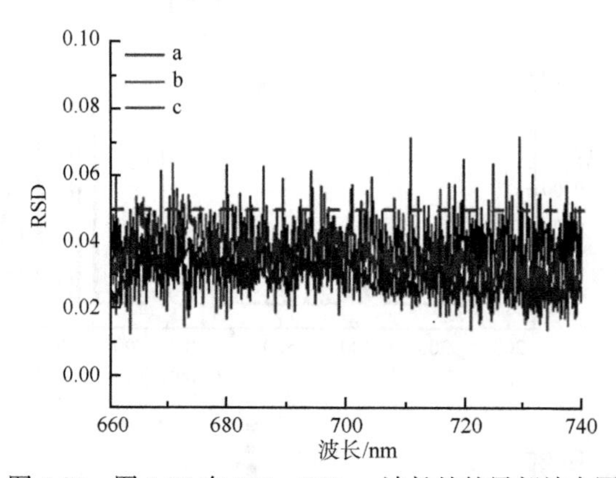

图 5-21　图 5-20 在 660～740nm 波长处的局部放大图

（五）灯心草 LIBS 产地分析

采用单个微区位点的 9 条光谱的平均光谱进行四种元素（镁、钙、钡、钠）微尺度上的分布热图研究，分别绘制镁、钙、钡、钠四种元素（Mg 279.418nm、Ca 393.375nm、Ba 455.358nm 和 Na 588.952nm）的热图。元素的热图显示，12 个灯心草样本中 4 种元素在 10 个独立为微区采样位点表现各异，亦说明 RSD 谱中信号出现是由元素在异质样本中分布不均匀引起的。

图 5-22 为 12 个灯心草样本的 Mg 279.418nm 元素空间分布热图。热图的横向为产地编号（S1-S12）代表产地信息；纵向为元素在单根灯心草药材的不同采样位点分析信息，代表元素在药材生长过程中的变化。S1、S8、S9 和 S10 样本热图颜色表现均为红色，且颜色分布较均匀。结果表明，灯心草样本中 Mg 元素在生长周期内分布均匀，且在 4 个产地中元素呈相似的分布趋势。S2、S3、S4、S5、S6、S7 和 S11 样本热图颜色为酒红色，颜色分布较均匀，同样

说明灯心草样本中 Mg 元素在生长周期内分布均匀，且在 7 个产地中元素呈相似的分布趋势。热图分析结果表明，S1、S8、S9 和 S10 样本中 Mg 279.418nm 元素量高于 S2、S3、S4、S5、S6、S7 和 S11 样本。而样本 S9 与 S12 热图中呈现红黄跳跃颜色，在样本 S12 中尤为显著，说明 Mg 279.418nm 元素在生长周期中变化较大。

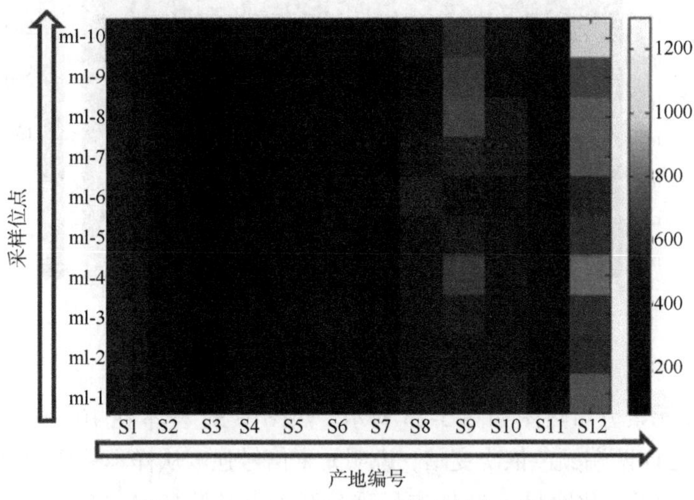

图 5-22　Mg 279.418nm 元素空间分布热图

图 5-23 为灯心草样本的 Ca 393.375nm 元素分布热图。热图结果表明，除样本 S3 外，其他样本主要表现为亮红色和亮黄色，且颜色呈红黄交替式分布，说明除 S3 样本外，Ca 393.375nm 元素在药材不同生长周期及不同的产地中均存在较大差异，即受环境因素和地质因素影响较大。

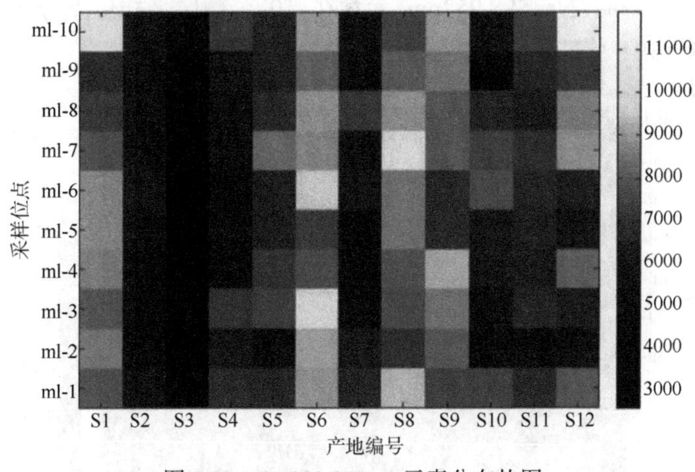

图 5-23　Ca 393.375nm 元素分布热图

Ba 455.358nm 元素分布热图见图 5-24。热图显示 12 个灯心草样本在 10 个独立的微区采样位点以酒红色为主要颜色，但 S5 样本在微区采样位点 7（ml-7）、S7 样本在微区采样位点 7（ml-7）和 S12 样本在微区采样位点 10（ml-10）呈现橙黄色和黄色，说明在此处 Ba 455.358nm 元素特征谱线信号强度要高于其他微区采样位点，亦表明除 S5、S7 和 S12 外，其他灯心草样本中 Ba 455.358nm 元素在生长周期内变化较小，且受产地因素影响较小。

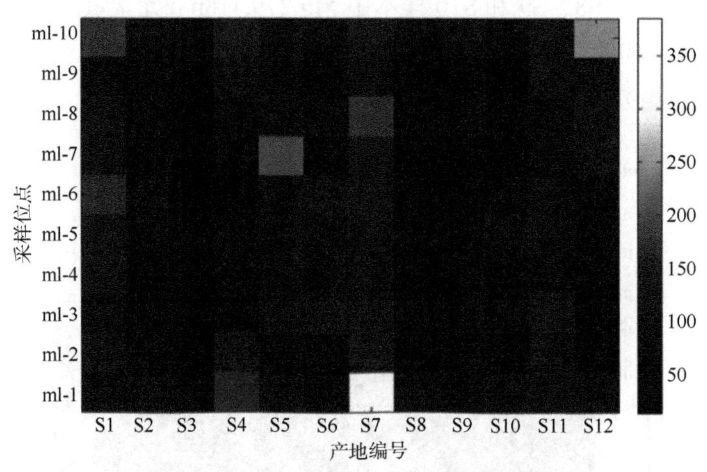

图 5-24　Ba 455.358nm 元素分布热图

Na 588.952nm 元素分布热图如图 5-25 所示。热图中 S1 样本在 10 个微区采样位点颜色呈对称式分布，由中心向两端颜色依次变暗，说明元素信号强度从样本采样中心点呈对称式降低，在药材生长过程中元素变化明显。S3 样本呈现暗红色，表明 Na 588.952nm 元素在药材生长过程中变化较小，且相对量较低。S12 样本在 ml-1 位点呈红色，在 9 个微区采样位点均呈现暗红色；S6、S7 和 S8 样本呈酒红色，表明 Na 588.952nm 元素的信号强度在 10 个独立的微区采样位点差异较小，即生长过程中变化较小（除 S7 样本的 ml-1 位点呈亮红色）。S4 样本自位点 ml-1 至 ml-12 颜色由亮红色渐变为亮黄色，表明元素特征谱线信号强度逐渐增强，说明 Na 588.952nm 元素的量在药材生长过程中呈增加或降低趋势。样本 S2、S5、S9、S10 和 S11 热图颜色呈红黄跳跃式分布，Na 588.952nm 元素在 10 个微区采样位点分布不均匀，表明 Na 588.952nm 元素在药材生长过程中变化较大，且易受产地影响。

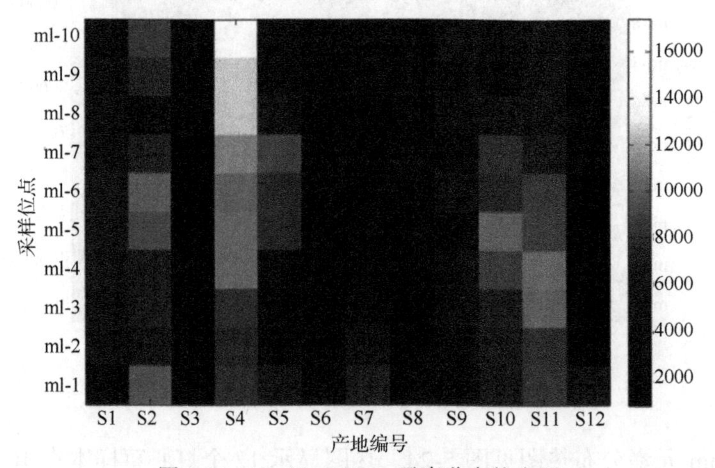

图 5-25　Na 588.952nm 元素分布热力图

本章以灯心草药材为研究载体，采用 LIBS 技术构建了灯心草样本微区元素谱和可视化元素分布。实验采用 RSD-LIBS 谱优化微区采样次数；采用元素热图分析法构建灯心草药材中四种元素的元素分布图。RSD-LIBS 谱优化结果表明，90 条光谱（10 个独立的微区采样位点）为灯心草的 LIBS 多点采集的最佳采样数。元素热图分析从微米尺度上可视化四种元素（钙、镁、钡和钠）在异质样本灯心草药材中分布情况，结果表明元素在异质样本中存在分布不均的现象，说明元素受生长环境和地质因素影响。

四、中药制造原料树脂类药材的激光诱导击穿光谱信息微区元素分析及判别

（一）仪器与材料

实验采用商业 LIBS（ChemRevealTM-3764，TSIInc.，USA）仪器。LIBS 系统由激光器、光谱仪、三维精密运动平台、CCD 检测器、信号延时器组成。系统采用 Q-switched Nd：YAG 激光脉冲器，基频光波长为 1064nm，单激光脉冲能量约为 200mJ，重复频率为 2Hz，脉冲宽度为 1～3ns，光束发散角≤1mrad，延迟时间为 1μs。激光器发射的激光光束经分束器及透镜聚焦到样品后击打样品。激光脉冲诱导产生的等离子体经透镜由光纤采集传导至 7 通道光谱仪。光谱仪的波长范围为 170～950nm，分辨率为 0.1nm。

（二）样品制备与检测

样品放置在三维精密运动载物台，保证不同位置的样品光谱采集。采用数字脉冲信号发生器控制激光器和光谱仪之间的延迟时间。通过可见光 CCD 探测器实时观测调整距离，实现激光最佳聚焦。分别随机取没药 25 个样品，乳香和松香 20 个样品。随机选取样品表面 5 个采样点，每点取 2×2（100μm×100μm）均匀排布的 4 个点进行激光击打测量。每个样品得到 20 条光谱数据，采集的光谱取平均值记录。

（三）数据处理软件

采用 ChemLytics 软件对采集到的光谱信号进行分析处理。

（四）三种树脂 LIBS 及元素辨识

通过 ChemLytics 软件自带的 NIST 数据库进行光谱辨识，得到乳香、没药和松香元素的特征谱线辨识结果，见表 5-10 中 13 种树脂药材的 LIBS 具有相同的特征谱线。

表 5-10　13 种树脂药材的特征谱线辨识结果

元素	波长/nm
C Ⅰ	192.770，247.725
Mg Ⅱ	279.418，280.123
Mg Ⅰ	285.080，383.825，517.245，518.316
Al Ⅰ	308.207，309.256，394.417，396.097
Ca Ⅱ	315.863，317.92，393.375，396.816
Ca Ⅰ	422.640，428.287，430.228，443.498，445.441，616.231，643.965，646.214，649.400，714.856，720.267
Fe Ⅰ	374.782，526.984
Fe Ⅱ	559.407，559.783

续表

元素	波长/nm
C—N	385.455，386.105，387.080，388.296
Sr Ⅰ	407.789，421.503，460.699
Ba Ⅱ	455.358，493.388
C—C	516.672
Na Ⅰ	588.952，589.554
H Ⅰ	656.315
Li Ⅰ	670.754
N Ⅰ	742.388，744.306，746.918，843.762，938.373
K Ⅰ	766.523，769.959
O Ⅰ	777.212，777.492

注：Ⅰ表示 LIBS 中原子态，Ⅱ表示 LIBS 中离子态。

图 5-26 为乳香、没药和松香 3 种树脂药材的 LIBS 原始光谱图。3 种树脂药材的 LIBS 显示强的信号为钙元素 393.375nm、396.816nm 和 445.441nm；钠元素 588.952nm；氢元素 656.315nm；钾元素 766.523nm 和 769.959nm；氮元素 746.918nm；氧元素 777.212nm 和 777.492nm。同时检测到 C—N 分子谱带。3 种树脂的光谱强度存在差异，如钙元素 393.375nm 和 396.816nm 谱线强度依次为没药＞乳香＞松香，但光谱有很大的相似性。

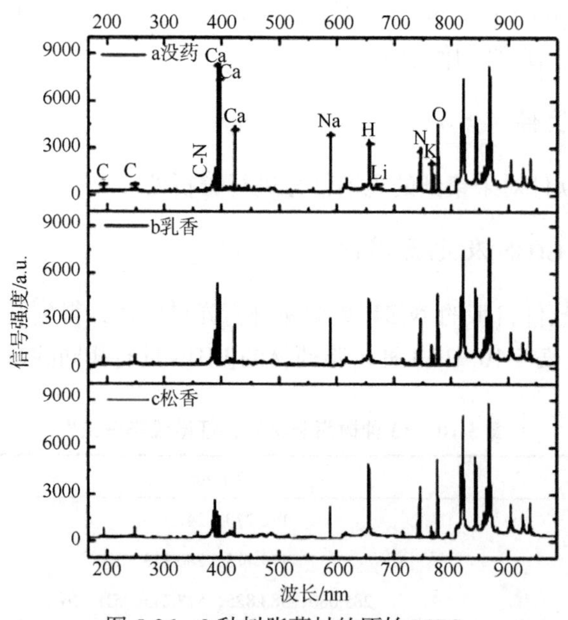

图 5-26　3 种树脂药材的原始 LIBS

（五）三种树脂 LIBS 判别分析

采用 LIBS 元素强度比值进行判别分析，图 5-27 为 3 种树脂药材钙元素 396.816/碳元素 247.725 元素强度比值曲线。由图 5-27 可知，曲线有明显差异，松香样本元素强度比值小于没药和乳香的元素强度比值。直接分析难以实现准确识别。因此，需要借助 PCA 等化学计量学方法达到准确分类识别。

采用 LIBS 全谱作为输入变量，利用 PCA 对光谱数据进行分析。根据交叉验证法及主成分累计贡献率确定最佳的主成分数为 4。PCA 的累计贡献见图 5-28，PC1、PC2、PC3 和 PC4 累计贡献率为 94.26%，可以代表 LIBS 的大部分信息。

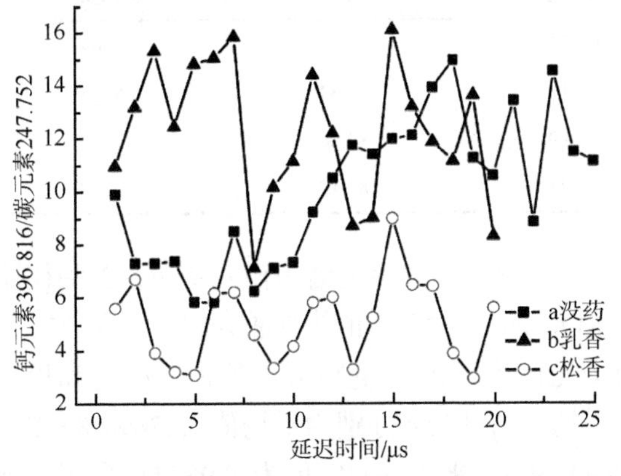

图 5-27　3 种树脂钙元素 396.816/碳元素 247.725 强度比值曲线

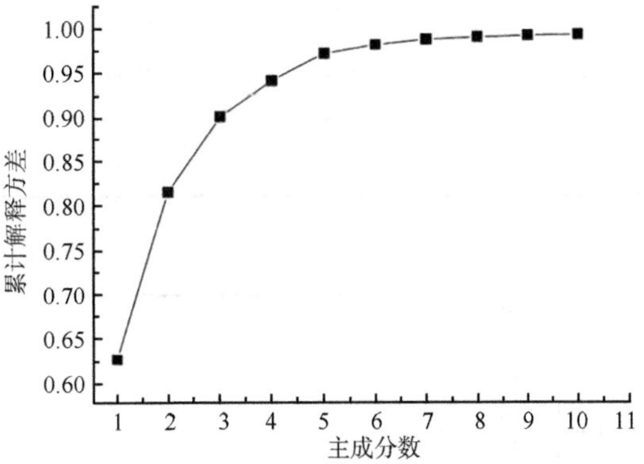

累计解释方差
主成分数

图 5-28　PCA 的累计贡献

前 3 个主成分的特征值分布见图 5-29。PC1、PC2 和 PC3 分别为 62.65%，18.99% 和 8.49%。由图 5-29 可知，不同树脂药材位于图中的不同区域。其中，松香聚类性较好，乳香与没药彼此之间有重叠。分析其原因，主要由于乳香与没药的第一和第二主成分得分相似。

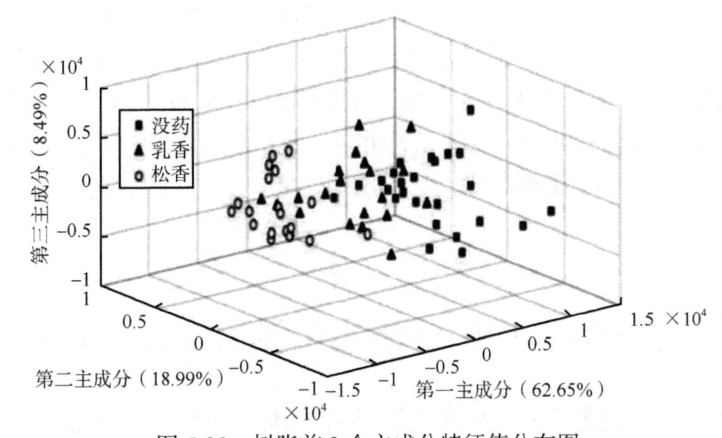

图 5-29　树脂前 3 个主成分特征值分布图

LIBS 范围宽，数据量大，实验分别选取全谱和 54 个特征谱线作为 PLS-DA 输入变量进行对比。见表 5-11，54 个特征谱包括金属元素（铝、镁、铁、钙等）和非金属元素（碳、氢、氧、氮）及分子谱带（C—N 和 C—C）等。本研究随机选出每类样本中的 80%作为训练集，剩余样本作为预测集。采用十折交叉验证优化模型潜变量因子，潜变量因子的筛选范围为[1，20]，所选取的潜变量因子保证训练集模型具有最大判正率。采用预测集样本评价模型预测能力。为了验证模型预测能力，本研究将上述过程进行 100 次迭代。

表 5-11　23 种树脂 PLS-DA 分析结果

项目	药物	*S*/%	*Sp*/%	*TA*/%	AUC（ROC）
原始光谱	没药	96.60	96.00	96.23	0.9953
	乳香	100.00	78.56	85.15	0.9646
	松香	99.75	87.11	91.00	0.9964
	平均值	98.78	87.22	90.79	0.9854
特征谱线	没药	97.80	96.25	96.85	0.9964
	乳香	91.00	70.11	76.54	0.8623
	松香	95.75	75.89	82.00	0.9545
	平均值	94.85	80.75	85.12	0.9377

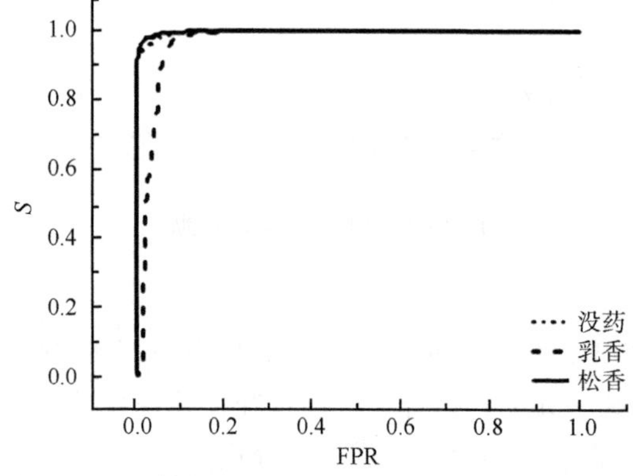

图 5-30　3 种树脂的 ROC 曲线（全谱为输入变量）

图 5-30 为采用全谱为输入变量，3 种树脂的 ROC 曲线。AUC 值为松香＞没药＞乳香。采用全光谱为输入变量判别，乳香、没药和松香的平均 *S*、*Sp* 和 *TA* 分别为平均值 98.78%、87.22% 和 90.79%；平均 AUC 值为 0.9854。采用特征谱线为输入变量判别，结果分别为 94.85%、80.75%和 85.12%；平均 AUC 值为 0.9377。采用全光谱为输入变量达到良好判别结果，并显著优于特征谱线判别结果（$P<0.05$）。

乳香和没药属于珍贵中药品种，依赖于进口，价格普遍昂贵。本研究建立乳香、没药和松香的元素快速分析及判别方法，通过 LIBS 技术结合 PLS-DA 方法有效地判别乳香、没药和松香，达到鉴别目的。采用全光谱为输入变量，3 种树脂平均 *S*、*Sp* 和 *TA* 分别为 98.78%、87.22% 和 90.79%；平均 AUC 值为 0.9854。本研究为树脂类药材元素的快速检测提供了理论与数据支持。目前，所获得 PLS-DA 预测模型存在一定的误判率，进一步将通过增加样本数量等获得更好的预测模型。

第四节　中药制造中间体激光诱导击穿光谱信息学实例

一、中药制造混合过程安宫牛黄丸混合中间体中砷和汞的激光诱导击穿光谱信息定量分析

（一）仪器与材料

LIBS 数据采集由四川大学分析仪器研究中心许涛副教授友情提供。系统由激光器、光谱仪、三维精密运动平台、CCD 探测器、信号延时器组成。激光器 Litron 生产的调-Q Nd：YAG 系统，基频光波长为 1064nm，脉冲宽度为 3～5ns，光束发射角≤1mrad，聚焦透镜的焦距为 15mm。激光器发射的激光光束经分束器反射后，再聚焦透镜聚焦后照射待测样品表面。信号

经光纤传至 LTB200 光谱仪，波长范围为 193～840nm，分辨率为 0.007nm。利用步进电机实现自行研制的三维精密运动平台的运动，对样品的不同位置进行测量。信号延时器实现光谱仪采集和激光器之间的触发延时。可见光 ICCD 用于实时观测样本的表面形态，并实现最佳的激光聚焦系统的聚焦。

实验材料砷标准溶液和汞标准溶液：1mg · mL^{-1} 标准贮备液，国家标准物质中心；硝酸和盐酸：优级纯，Merck 公司；黄芩、黄连、栀子、郁金、牛黄、水牛角浓缩粉、朱砂、雄黄、冰片和珍珠粉等药材均由北京同仁堂股份有限公司科学研究所和北京中医药大学马群教授提供。

（二）样品制备与检测

样本基质效应对 LIBS 测量准确度具有重要的影响。基质转化是激光诱导击穿光谱检测液体样本中元素定量分析的一个重要手段。基质辅助剂（matrix-assisted）的选择尤为重要。本书分别选取淀粉和氧化铜为基质辅助稀释剂，考察不同基质效应的影响。配置不同浓度的安宫牛黄丸混合中间样本，步骤如下：称取安宫牛黄丸混合中间样本适量，分别加淀粉、氧化铜稀释剂，采用玛瑙研钵研磨 10min，确保样品混合均匀。采用红外压片机在 10T 压力下压制成直径为 13mm、厚度约为 2mm 的锭片。微区分析必须注意选区对样品的代表性，为获得稳定的光谱信号，实验随机选取样品表面 4 个点，每点进行 50 个累计脉冲记录光谱信号。采用传统标准曲线法对安宫牛黄丸混合中间体中砷和汞元素进行微区定量分析。

（三）数据处理软件

采用 OOILIBS（OceanOptics）软件读取光谱数据；采用 ORIGIN8 软件画图。

（四）混合中间体 LIBS 及线性拟合

安宫牛黄丸混合中间体的 LIBS 分段图如图 5-31 所示。由图可以清晰地看到钙、钠、钾及砷、汞、锰、硅、铝、钛和铬等元素，且 LIBS 基线平稳。根据 LTB-Sophi 分析软件分析，安宫牛黄丸中间体样本中元素砷和汞的主要特征谱线认证如下。

As 元素：228.810nm、274.500nm、278.022nm、286.044nm、288.4406nm、300.3819nm、384.26nm、431.565nm、435.286nm、442.7106nm、443.1562nm、460.2427nm、611.007nm、617.027nm；Hg 元素：253.651nm、280.346nm、296.7283nm、365.0158nm、404.6565nm、407.7837nm、435.838nm。

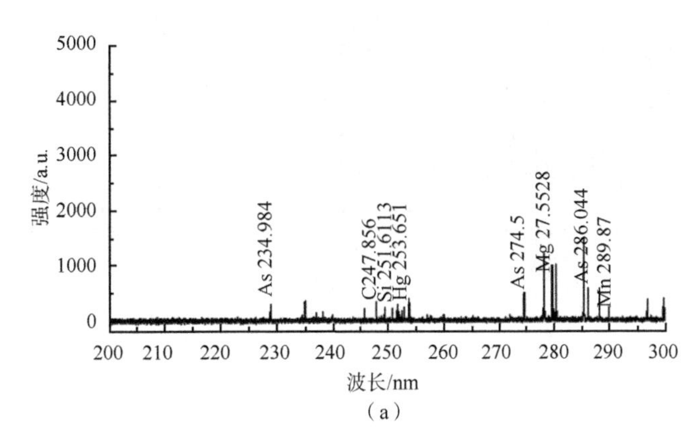

（a）

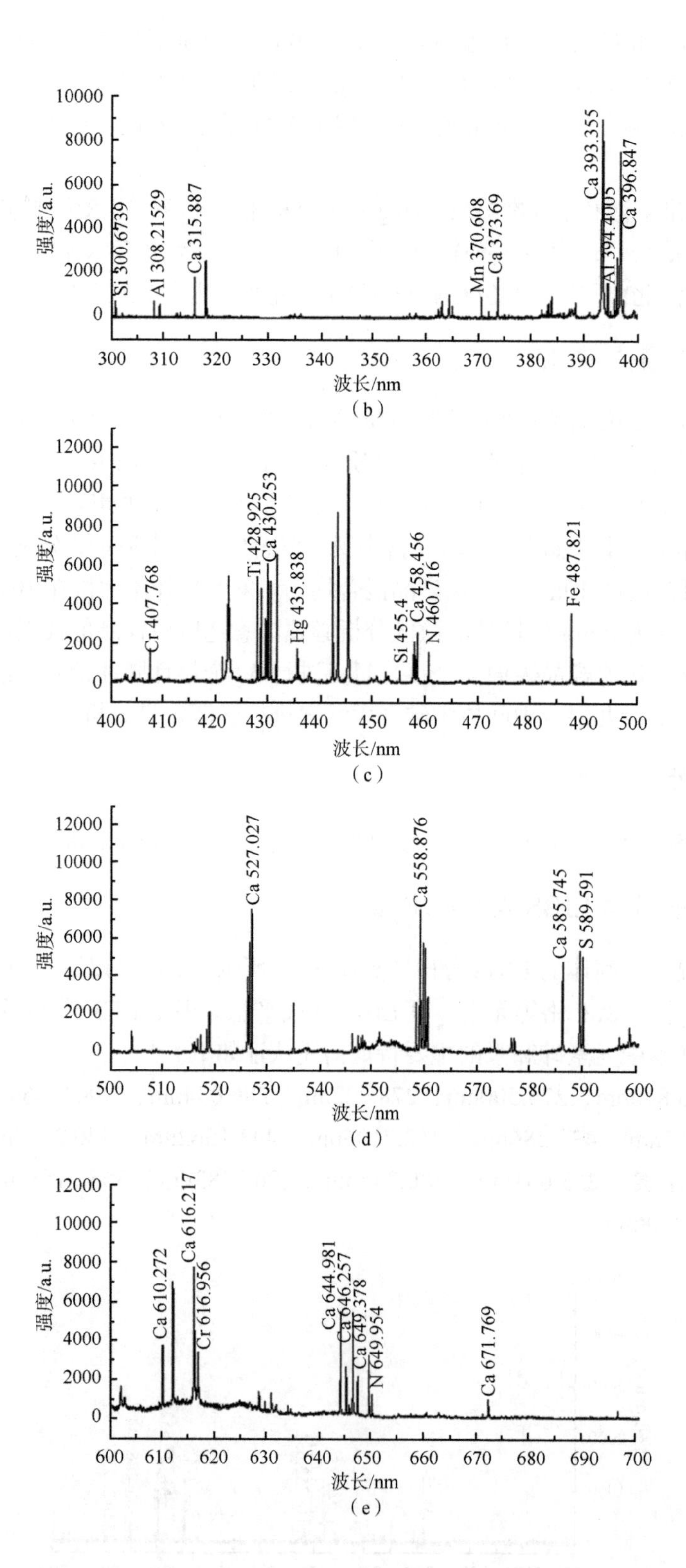
强度/a.u.
波长/nm
Si 300.6739
Al 308.21529
Ca 315.887
Mn 370.608
Ca 373.69
Ca 393.355
Al 394.4005
Ca 396.847
Cr 407.768
Ti 428.925
Ca 430.253
Hg 435.838
Si 455.4
Ca 458.456
N 460.716
Fe 487.821
Ca 527.027
Ca 558.876
Ca 585.745
S 589.591
Ca 610.272
Ca 616.217
Cr 616.956
Ca 644.981
Ca 646.257
Ca 649.378
N 649.954
Ca 671.769
（b）
（c）
（d）
（e）

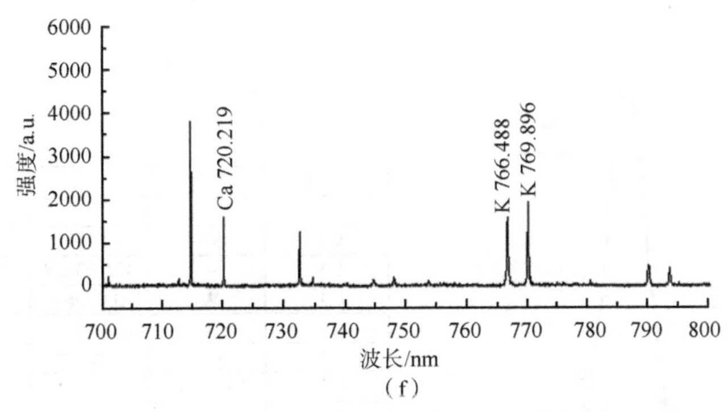

（f）

图 5-31　安宫牛黄丸中间体 LIBS 分段图

依次选择比较孤立的砷 278.022nm 和汞元素 435.838nm 特征谱线：进行 Gauss 线型和 Lorentz 线型拟合，如图 5-32 和图 5-33 所示。由图可知，特征谱线线型拟合相关系数较高，拟合结果较理想。

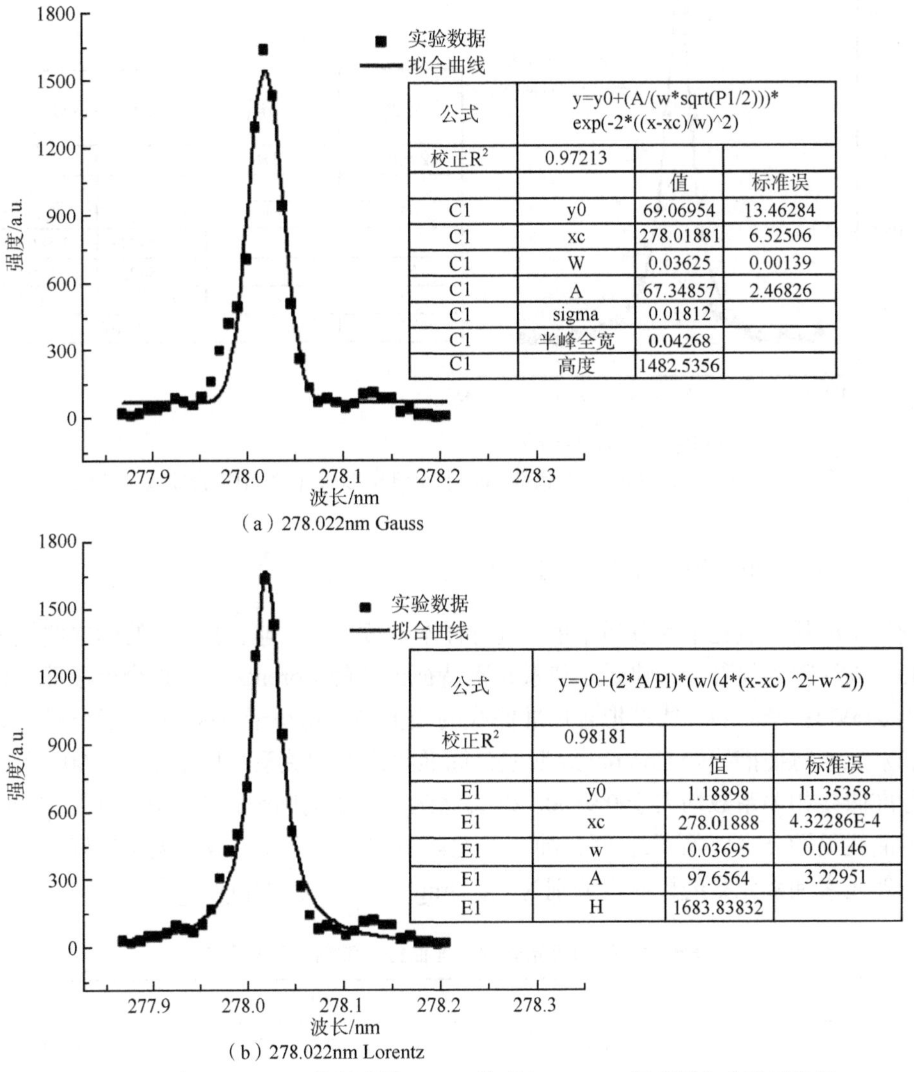

（a）278.022nm Gauss

（b）278.022nm Lorentz

图 5-32　砷 278.022nm 特征谱线 Gauss 线型和 Lorentz 线型拟合曲线示意图

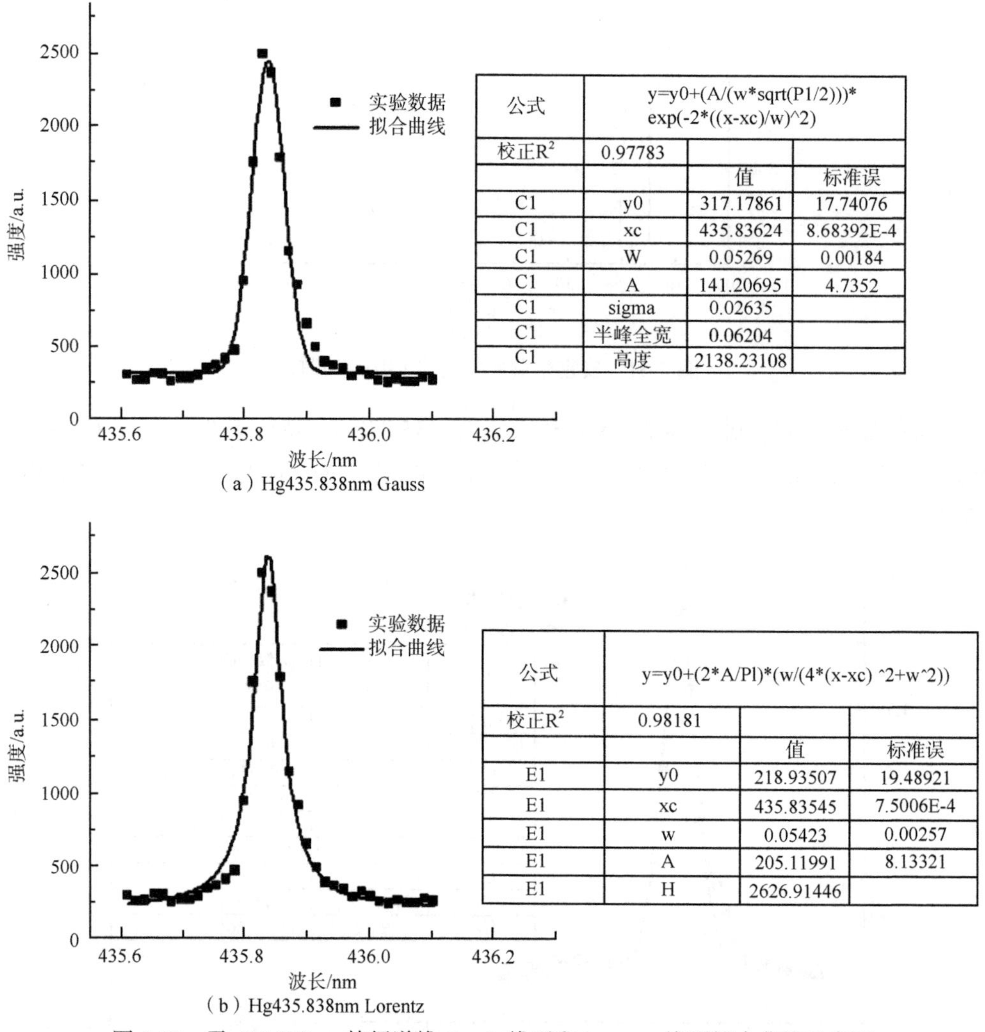

图 5-33　汞 435.838nm 特征谱线 Gauss 线型和 Lorentz 线型拟合曲线示意图

（五）混合中间体砷和汞定量分析

分别采用淀粉和氧化铜为基质辅助，进行样本梯度稀释。砷、汞元素的标准曲线见表 5-12 和表 5-13。以淀粉为稀释剂，砷元素和汞元素特征谱线经 Lorentz 线型拟合标准曲线的相关系数均大于 0.9000；经 Gauss 线型拟合标准曲线的相关系数均小于 0.9000。以氧化铜为稀释剂，砷元素和汞元素特征谱线经 Lorentz 线型拟合标准曲线的相关系数均小于 0.9500；经 Gauss 线型拟合标准曲线相关系数均大于 0.9500。以氧化铜为基质辅助剂，砷、汞元素经 Gauss 线型拟合的标准曲线见图 5-34。结果表明，砷、汞元素检测灵敏度高，线性关系良好。以氧化铜为稀释剂，砷元素和汞元素的检测限分别为 2.073mg · g^{-1} 和 2.224mg · g^{-1}。

表 5-12　砷和汞元素的标准曲线（淀粉为稀释剂）

		标准曲线	相关系数
Area_Lorentz	As_278.022	y=0.01701x+0.0257	R^2=0.9560
	Hg_435.838	y=0.02964x−0.003	R^2=0.9695

续表

		标准曲线	相关系数
Height_Gauss	As_278.022	y=52.33x+106.3	R^2=0.8658
	Hg_435.838	y=42.86x+55.24	R^2=0.9182

表 5-13　砷和汞元素的标准曲线（氧化铜为稀释剂）

		标准曲线	相关系数
Area_Lorentz	As_278.022	y=0.02980x+0.4725	R^2=0.9097
	Hg_435.838	y=0.09058x+0.0491	R^2=0.8004
Height_Gauss	As_278.022	y=91.10x+951.2	R^2=0.9659
	Hg_435.838	y=68.26x−49.37	R^2=0.9962

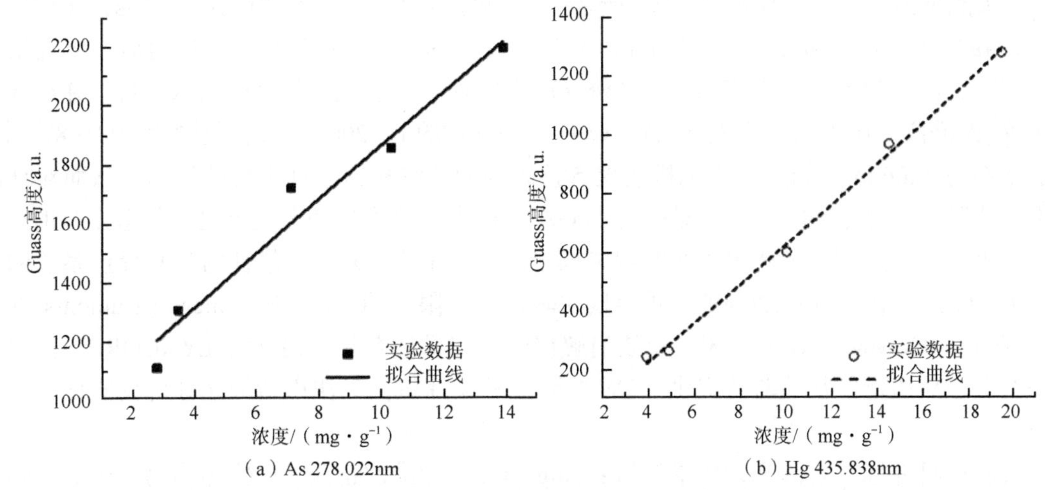

图 5-34　砷 278.022nm 和汞 435.838nm 标准曲线（氧化铜为稀释剂）

分别采集 3 个样本中砷元素和汞元素的微区光谱,通过标准曲线法测定样本中砷元素和汞元素的含量，计算其相对误差，结果见表 5-14，可以看出 1#、3# 样本中砷和汞元素的相对误差小于 10.00%，而 2#样本中两种元素的相对误差大于 10.00%。

表 5-14　砷和汞元素的拟合浓度及相对误差

样品编号	砷		汞	
	含量/（mg·g^{-1}）	相对误差/%	含量/（mg·g^{-1}）	相对误差/%
1#	8.579	7.834	11.75	9.981
2#	7.196	23.58	14.90	12.79
3#	7.198	9.939	12.06	7.531

本研究采用传统的定量模型对安宫牛黄丸混合中间体中的砷和汞元素进行定量分析。利用微区元素分析技术，对微区多点信息取平均值使其对样本具有较好的代表性，分别以淀粉和氧化铜为基质辅助剂进行含量测定分析。结果表明，以氧化铜为稀释剂，砷和汞元素特征谱线经 Gauss 线型拟合标准曲线相关系数分别为 0.9659 和 0.9962，线性关系良好。3

个样本的含量测定显示，1#、3#样本中砷和汞元素的相对误差小于 10.00%，而 2#样本中两种元素的相对误差大于 10.00%。造成 2#样本含量测定相对误差较大的原因可能是样本混合不均匀。

二、中药制造混合过程安宫牛黄丸混合中间体激光诱导击穿光谱信息混合时序研究

（一）仪器与材料

LIBS 实验系统由北京市农林科学院，国家农业信息化工程技术研究中心友情提供。系统由激光器、光谱仪、三维精密运动平台、CCD 探测器、信号延时器组成。激光器为镭宝光电技术有限公司生产的 Dawa200Series 调-Q Nd：YAG 系统，基频光波长为 1064nm，脉冲激光输出的最大能量为 200mJ，激光器的脉冲最高重复频率为 2Hz，脉冲宽度为 3～5ns，光束发射角≤1mrad，聚焦透镜的焦距为 50mm。激光器发射的激光光束经分束器反射后，再经聚焦透镜聚焦后击打到待测样本表面。激光诱导产生的等离子态光信号被收集入光纤，并传导至光谱仪。光谱仪采用美国海洋光学公司（Ocean Optics）的 HR2000+，波长范围为 198～876nm，分辨率约为 0.06nm。利用步进电机实现自行研制的三维精密运动平台的运动，从而对样品的不同位置进行测量。信号延时器采用 FPGA 实现光谱仪采集和激光器之间的触发延时，触发精度为 1ns。可见光 CCD 用于实时观测样本的表面形态，并实现最佳的激光聚焦系统的聚焦。ICP-OES 仪由 Optima2000DV 珀金埃尔默仪器有限公司（Perkin-Elmer Instruments Co.，Ltd.）提供；CEMMARS-X 密闭式微波消解仪由培安科技有限公司 ANALYXCORP，由北京市海淀区产品质量监督检验所提供。FW-4/A 红外压片机由天津市新天光分析仪器技术有限公司。

实验材料砷标准溶液和汞标准溶液：1mg · mL^{-1} 标准贮备液，国家标准物质中心；硝酸和盐酸：优级纯，Merck 公司；黄芩、黄连、栀子、郁金、牛黄、水牛角浓缩粉、朱砂、雄黄、冰片和珍珠粉等药材均由北京同仁堂股份有限公司科学研究所和北京中医药大学马群教授提供。

（二）样品制备与检测

按照安宫牛黄丸处方比例，分别称取混合好的黄芩、黄连、栀子、郁金药材粉末（黄连、黄芩、栀子、郁金四味药按 1∶1∶1∶1 混合）、牛黄、水牛角浓缩粉、朱砂、雄黄、冰片、珍珠粉等安宫牛黄丸混合中间体药材粉末（除麝香外）。将其置于 V 型混合机（图 5-35）中混合，模拟安宫牛黄丸的混合过程。分别于 0min、1.5min、2min、3min、4min、5min，每隔 1min 取样至 43min，得到 44 个安宫牛黄丸混合中间体样品。

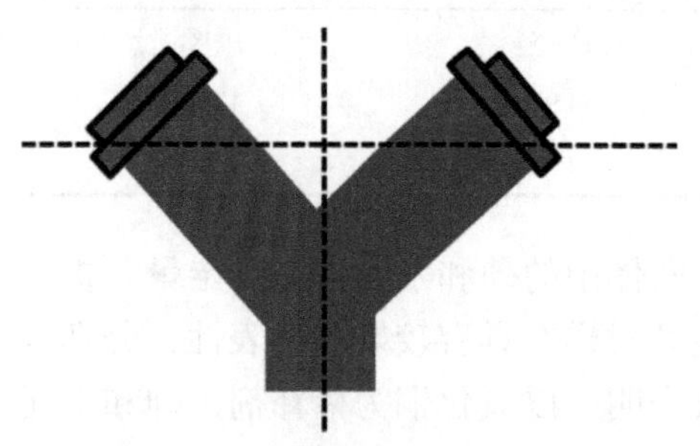

图 5-35　V 型混合机示意图

为防止出现激光击打时的飞溅现象，分别取安宫牛黄丸混合中间体适量，采用红外压片机在 10T 压力下压制成直径为 13mm、厚度约为 1mm 的锭片，共制备 44 个锭片样品。采用图 5-36 的采集方式进行光谱采集，计算 6 个微区采样位点的平均光谱，即得到混

合过程的微区时序光谱。实验采用的主要参数如下：脉冲重复频率为 1Hz，激光聚焦光斑为 100μm，脉冲能量约为 140mJ，延迟时间为 2μs，积分时间为 2ms，光谱变量数为 13622。

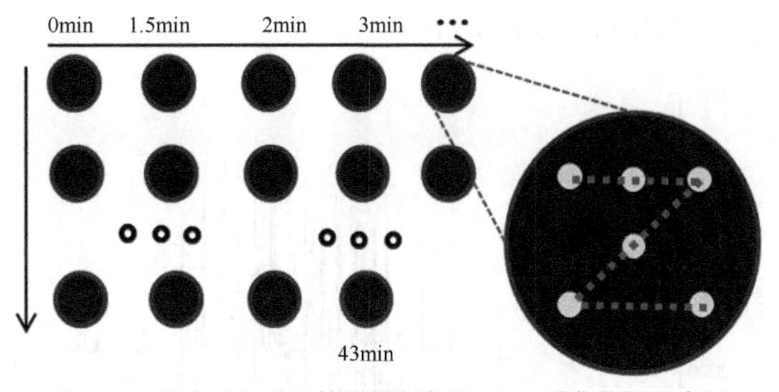

图 5-36 混合过程中间体样品制备及 LIBS 采集位置示意图

采用微波消解技术处理样品。分别精密称取混合过程中的中间体样品置于聚四氟乙烯消解罐中，加入王水（4mL 硝酸：3mL 盐酸），轻轻振摇使充分接触，置于微波消解仪中按照消解条件进行消解，微波消解条件如表 5-15 所示。待消解结束后，将消解罐放在赶酸器上排酸 5.0min，然后向其中加入适量的 NaOH 固体至不发生剧烈反应，降低消解液中酸的浓度。待溶液冷却后，转移至 25mL 容量瓶内，用去离子水定容，待用。

表 5-15 微波消解条件

Step	程序/min	功率/W	温度/℃	持续时间/min
1	08：00	1600	120	01：00
2	06：00	1600	160	05：00
3	04：00	1600	180	20：00

采用 ICP-OES 仪器测定元素含量。工作参数主要包括射频功率、载气流量、辅助气流量、冷却气流、雾化气流压等，优化工作参数见表 5-16。

表 5-16 ICP-OES 仪器工作参数

参数	程序/min
射频功率/kW	1.5
载气流量/（L · min^{-1}）	0.2
辅助气流量/（L · min^{-1}）	0.2
冷却气流量/（L · min^{-1}）	15
雾化气流压/bar	3.5
冲洗时间/s	30

（三）数据处理软件

采用 OOILIBS（Ocean Optics）软件读取光谱数据；采用 ORIGIN8 软件画图。

（四）混合中间体 LIBS 及元素辨识

混合过程中 0min、15min、30min、43min 中间体的 LIBS 见图 5-37。安宫牛黄丸混合过程中间体 LIBS 的特征谱线辨识结果见表 5-17。

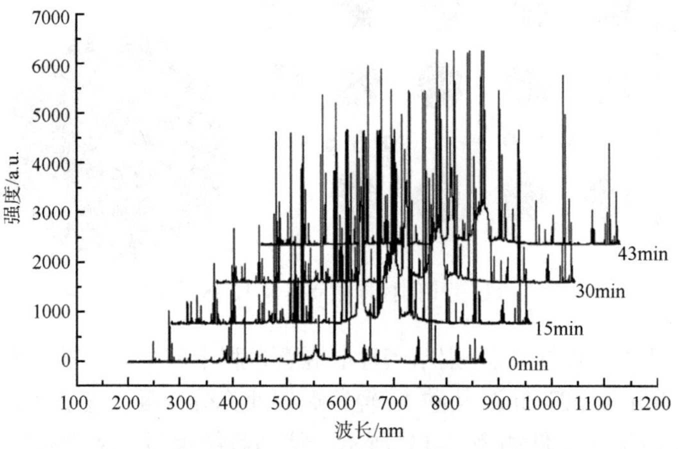

图 5-37　不同混合时间混合中间体的 LIBS

表 5-17　安宫牛黄丸混合过程中间体 LIBS 特征谱线辨识结果

元素种类			元素	波长/nm
主族元素	类金属		Si	288.031
			As	228.816；234.984；238.118；274.498；286.044；616.979
	金属元素	碱金属	Li	670.754
			Na	588.952；589.554
			K	766.523；769.959
		碱土金属	Mg	279.418；280.123；285.080；383.825；396.816；315.863；317.920；
			Ca	315.839；370.627；373.668；393.379；396.829；422.640；430.228；487.704；534.970；558.842；585.802；612.715；616.231；643.965；646.284；649.403；714.852；720.267；732.426；849.760；849.760；854.172
			Sr	407.789
		其他金属	Al	394.417；396.097
副族元素	金属元素	过渡金属	Hg	442.538；546.115；576.963；579.121；819.419；868.013；442.538；546.115；576.963；579.121；819.419；868.013
轻元素			C	247.725
			H	656.315
			O	777.212；777.492
			N	742.388；744.306；746.918
分子谱带			C—N	386.105；387.08；388.296
			C—C	516.672

15min 混合中间体的 LIBS 见图 5-38。混合中间体的特征谱线除了钙、钾、钠、镁、锂和碳、氢、氧、氮等，同时出现砷和汞元素，如砷（As228.816nm、234.984nm、616.979nm）和

汞（Hg253.651nm、296.732nm、313.123nm）等。谱中 590～610nm 处受到严重的基质效应影响，但并不影响砷、汞元素的特征谱线。

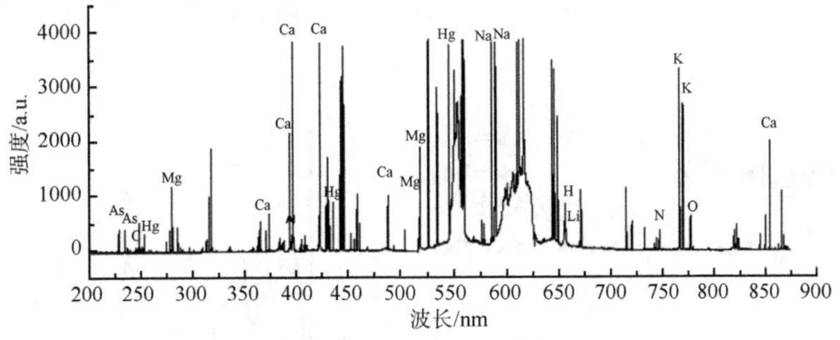

图 5-38　15min 混合中间体的 LIBS

图 5-39 为图 5-38 在 225～260nm 处的局部放大图，由图可知 As 228.816nm、Hg 253.651nm 处特征谱线未受到其他元素的干扰。因此，选择此处特征谱线，研究安宫牛黄丸混合过程中矿物药雄黄、朱砂的变化规律。

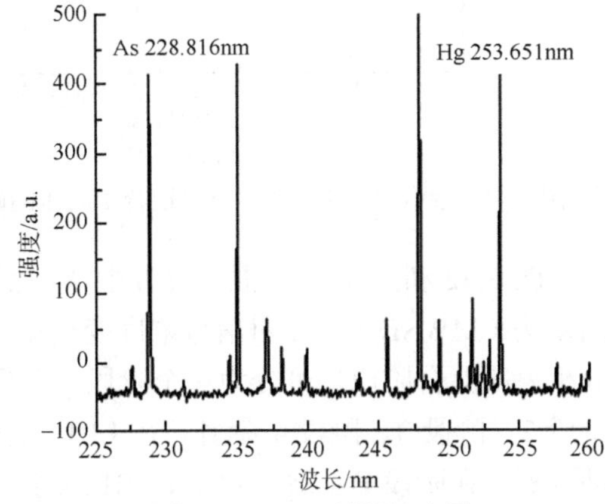

图 5-39　LIBS 局部放大图

Ca 的特征谱线有 315.839nm，370.627nm，373.668nm，393.379nm，396.829nm，422.640nm，430.228nm，487.704nm，534.970nm，558.842nm，585.802nm，612.715nm，616.231nm，643.965nm，646.284nm，649.403nm，714.852nm，720.267nm，732.426nm，849.760nm，849.760nm，854.172nm。Ca 同时来自于植物药材和珍珠粉，故将 30min 混合中间体 LIBS 谱与 0min 谱做差谱，然后比对 0min 样本与差谱之间的光谱差异，见图 5-40，最终选定特征谱线 393.379nm，585.746nm，643.965nm，854.172nm 为珍珠粉中 Ca 的光谱信号。

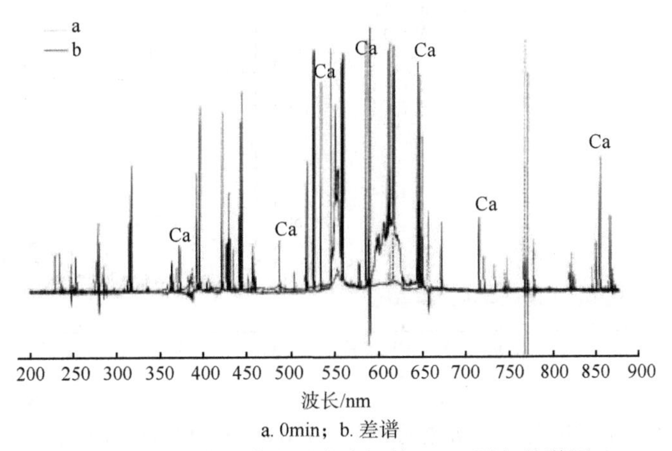

a. 0min；b. 差谱

图 5-40　安宫牛黄丸混合中间体 LIBS 图与差谱图

（五）混合终点判断

混合过程中安宫牛黄丸混合中间体的砷和汞元素的含量和信号强度随混合时间的变化趋

势如图 5-41 所示。图 5-41（a）和（b）显示，在混合的初始阶段曲线变化较剧烈，表明初始阶段为高效、快速的混合阶段；随着混合时间增加，曲线变平缓，提示混合达到平稳阶段。在 ICP-OES 实验中，砷的含量在混合的前 20min 变化剧烈，汞的含量在混合的前 12min 变化剧烈。

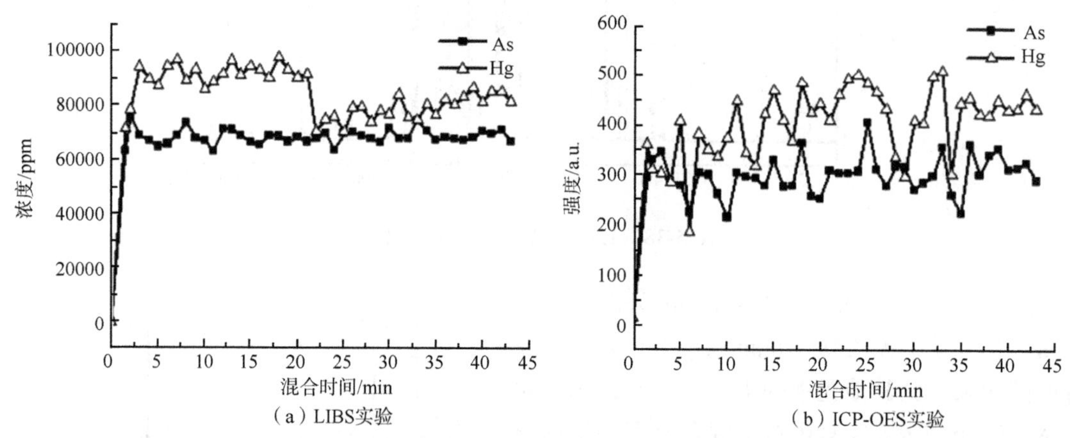

（a）LIBS实验　　（b）ICP-OES实验

图 5-41　混合过程中安宫牛黄丸混合中间体的砷、汞元素的含量和信号强度随混合时间的变化趋势图

图 5-42 和图 5-43 为混合过程中 As 元素的相对信号强度变化率法（RICR）、移动窗标准偏差法（MWSD）和相对信号浓度变化率法（RCCR）变化趋势图。LIBS 和 ICP-OES 结果分析表明混合阶段均可分为 4 个阶段，分别以阶段 A、阶段 B、阶段 C、阶段 D 和阶段 1、阶段 2、阶段 3、阶段 4 命名。在 LIBS 实验中，阶段 A（0～28min）RICR 和 MWSD 值波动剧烈；在阶段 B（28～32min）RICR 和 MWSD 值相对平稳，混合达到暂时平稳阶段。随着混合的进行，阶段 C（32～38min）RICR 和 MWSD 值再次出现明显变化，说明药物粉末中雄黄处于不均匀状态。在混合的阶段 D（38～43min），RICR 值和 MWSD 值均趋于 0，这一阶段与 ICP-OES 实验中的阶段 4（34～43min）一致。因此，混合 38min 为雄黄的混合终点。

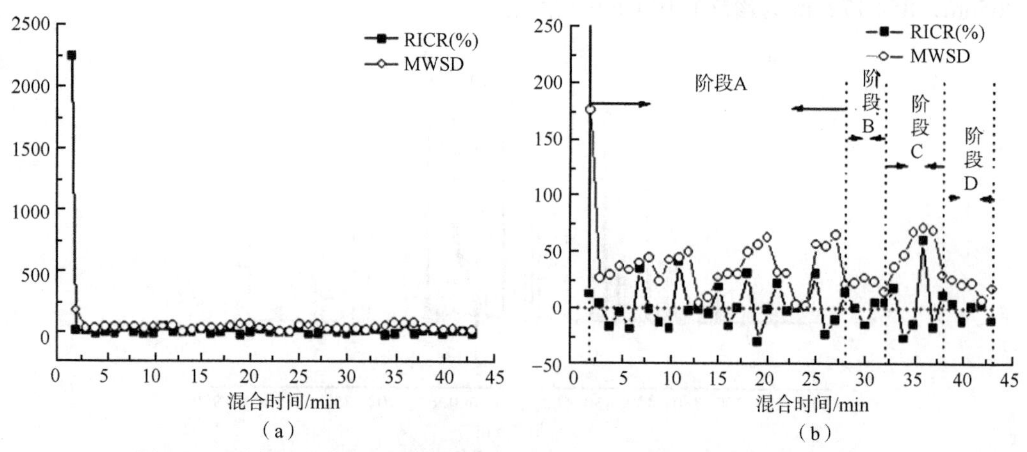

（a）　　（b）

图 5-42　混合过程中 As 元素的 RICR 与 MWSD 变化趋势图（LIBS 实验）

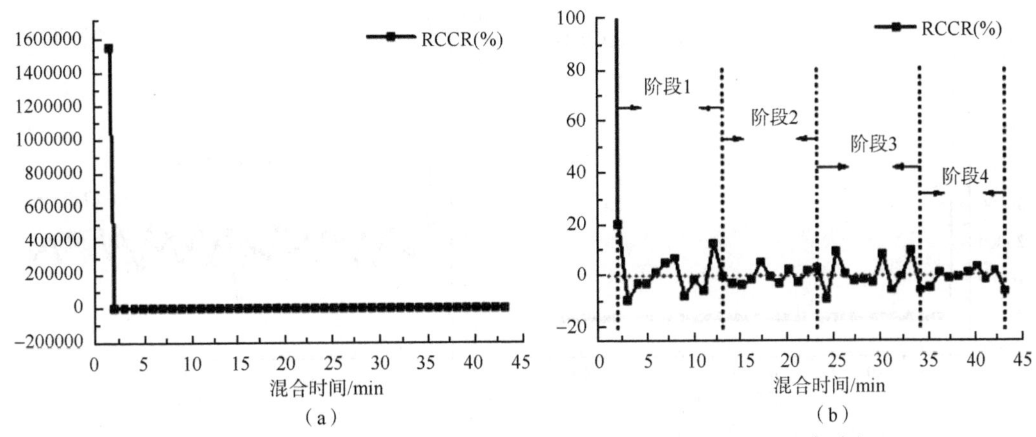

图 5-43　混合过程中 As 元素的 RCCR 变化趋势图（ICP-OES 实验）

在 LIBS 实验中，混合过程中汞元素的 RICR、MWSD 变化趋势见图 5-44。ICP-OES 实验中 RCCR 变化趋势见图 5-45。LIBS 实验和 ICP-OES 实验表明混合阶段大致可分为 4 个阶段。由图 5-44（b）可知，在 LIBS 实验中，阶段 A（0～20min）RICR 和 MWSD 值波动剧烈，且在 0～3min，RICR 和 MWSD 值急剧下降；在阶段 B（20～27min），混合达到相对均匀状态，RICR 和 MWSD 值相对平稳；但并非提示到达混合终点，在阶段 C（27～37min）RICR 和 MWSD 值变化剧烈，且在图 5-45（b）中 RCCR 的绝对值在阶段 3（17～33min）较大。与 As 元素相似，在混合的阶段 D（37～44min）RICR 和 MWSD 值均趋于 0（图 5-44（b））；且在 ICP-OES 实验中的阶段 4（33～44min）RCCR 值趋于 0。综合考虑设定朱砂的混合终点为 37min。

LIBS 实验和 ICP-OES 实验显示，安宫牛黄丸的混合过程大致可分为 4 个阶段：剧烈混合期、相对平稳期、深度混合期、混合均匀期。ICP-OES 实验结果验证 LIBS 技术可以用于雄黄与朱砂的混合终点的判断。结果表明，在第四个阶段药材粉末中的雄黄和朱砂达到混合均匀，混合终点设定为 38min。

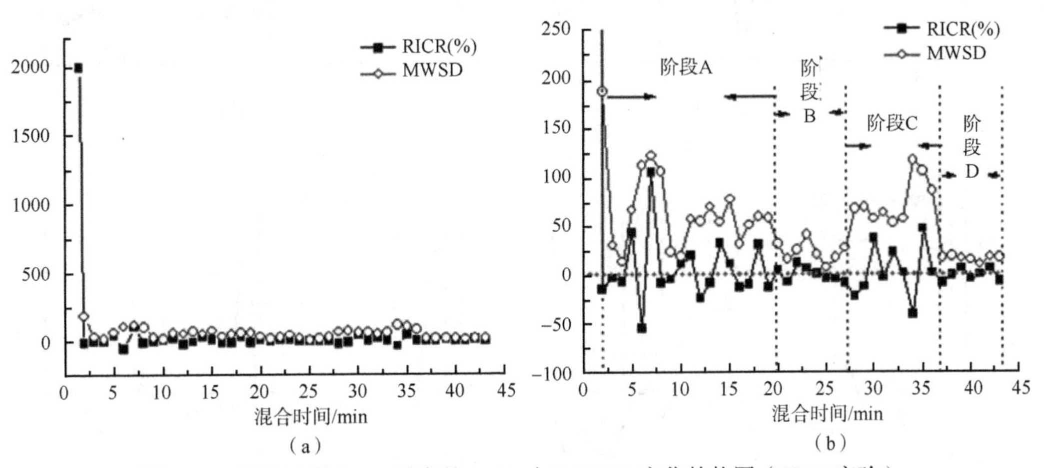

图 5-44　混合过程中 Hg 元素的 RICR 与 MWSD 变化趋势图（LIBS 实验）

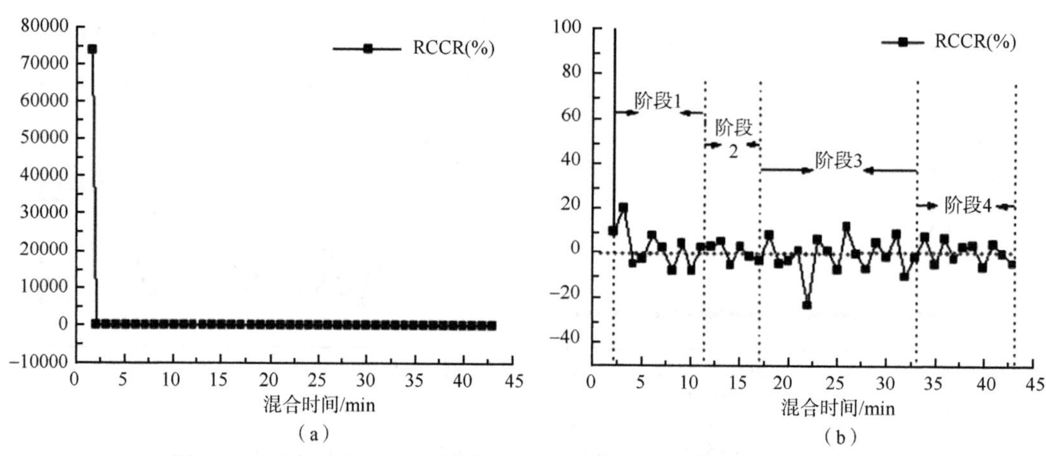

图 5-45　混合过程中 Hg 元素的 RCCR 变化趋势图（ICP-OES 实验）

由于 RICR、MWSD 和 RCCR 法阈值难以设定，故采用 MWRSD 法对 LIBS 实验和 ICP-OES 实验的数据进行处理，分别设定 10%和 5%为阈值。MWRSD 变化趋势图如图 5-46 所示。图 5-46（a）、（b）和（d）划分了 4 个阶段，图 5-46（c）划分了 6 个阶段。在 LIBS 实验中，图 5-46（a）在阶段 B（28～32min）MWRSD 小于 10%；图 5-46（b）在阶段 B（20～27min）MWRSD 小于 10%，说明砷和汞元素在阶段 B 混合相对均匀，但砷和汞元素无共有时间段。

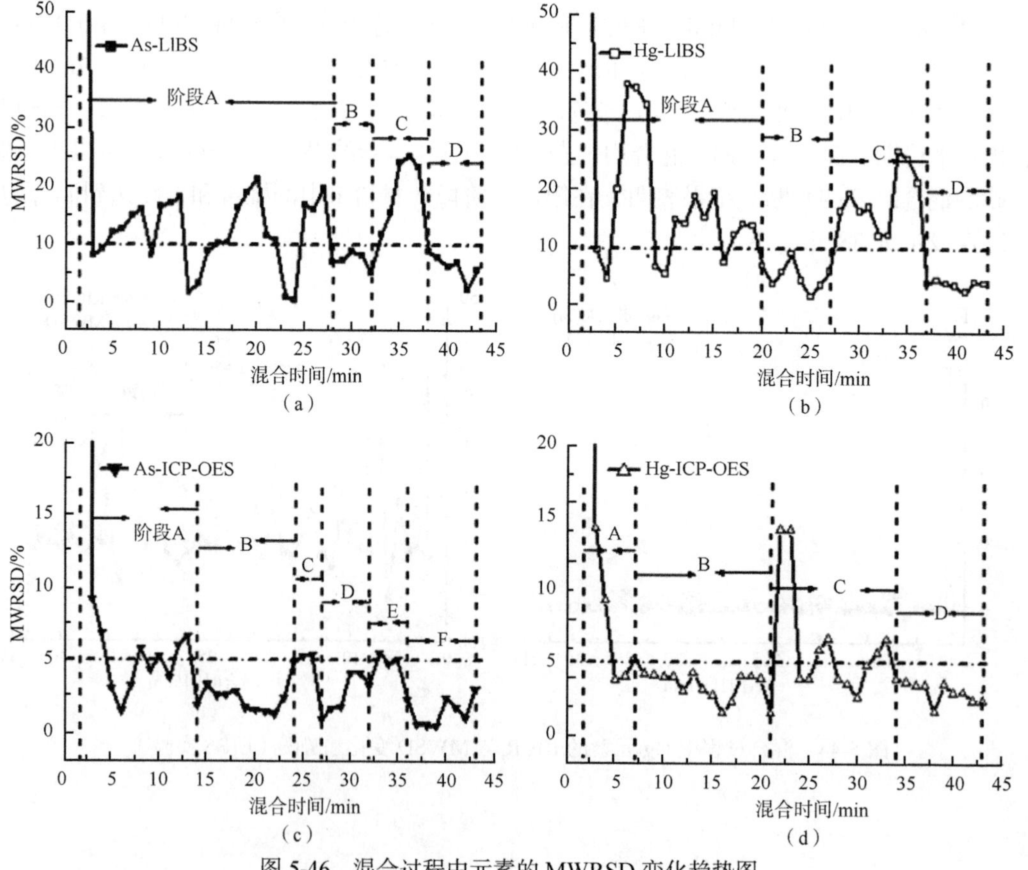

图 5-46　混合过程中元素的 MWRSD 变化趋势图

（a）、（b）LIBS 实验，（c）、（d）ICP-OES 实验

图 5-46（a）阶段 D（38～43min）和（b）阶段 D（37～43min）的 MWRSD 较小，且均小于 5%。提示阶段 D 为雄黄和朱砂的混合终点。ICP-OES 实验可验证 LIBS 结果。MWRSD 法在混合终点判断时更简单直观。

珍珠粉是安宫牛黄丸的组成成分之一，其主要成分是碳酸钙。珍珠粉的混合是否与朱砂、雄黄的混合过程一致，混合终点是否一致?研究探讨安宫牛黄丸混合过程中珍珠粉的混合过程变化特点和规律。混合过程中 Ca 在不同的特征谱线处的 MWRSD 变化趋势图见图 5-47。图 5-47（a）划分了 4 个阶段，在混合的前 20min，Ca 393.379nm 处的 MWRSD 变化剧烈；随着混合的进行，B 段（20～29min）MWRSD 相对平稳，均小于 10%；进一步混合，C 段（29～38min）中 MWRSD 出现波动；D 段（38～43min）MWRSD 呈相对平稳阶段且小于 10%，提示到达混合终点。图 5-47（b）显示 2 个混合阶段，A 段在混合开始的前 13min，Ca 585.746nm 处的 MWRSD 变化剧烈，提示激烈混合的过程；B 段在混合 13～43min 过程中 MWRSD 相对平稳，且均小于 10%，表明在此阶段混合较平稳。图 5-47（c）中 Ca 643.965nm 处的 MWRSD 变化趋势图与图 5-47（a）Ca 393.379nm 处的 MWRSD 变化趋势图相似，混合分为 4 个阶段；A 段（0～21min）和 C 段（27～38min）过程中 MWRSD 变化剧烈；B 段（21～27min）和 D 段（38～43min）过程中 MWRSD 保持相对平稳，而且 MWRSD 小于 10%。与图 5-47（a）、图 5-47（c）相似，图 5-47（d）中 Ca 854.172nm 处的 MWRSD 变化同样呈现 4 个阶段，在混

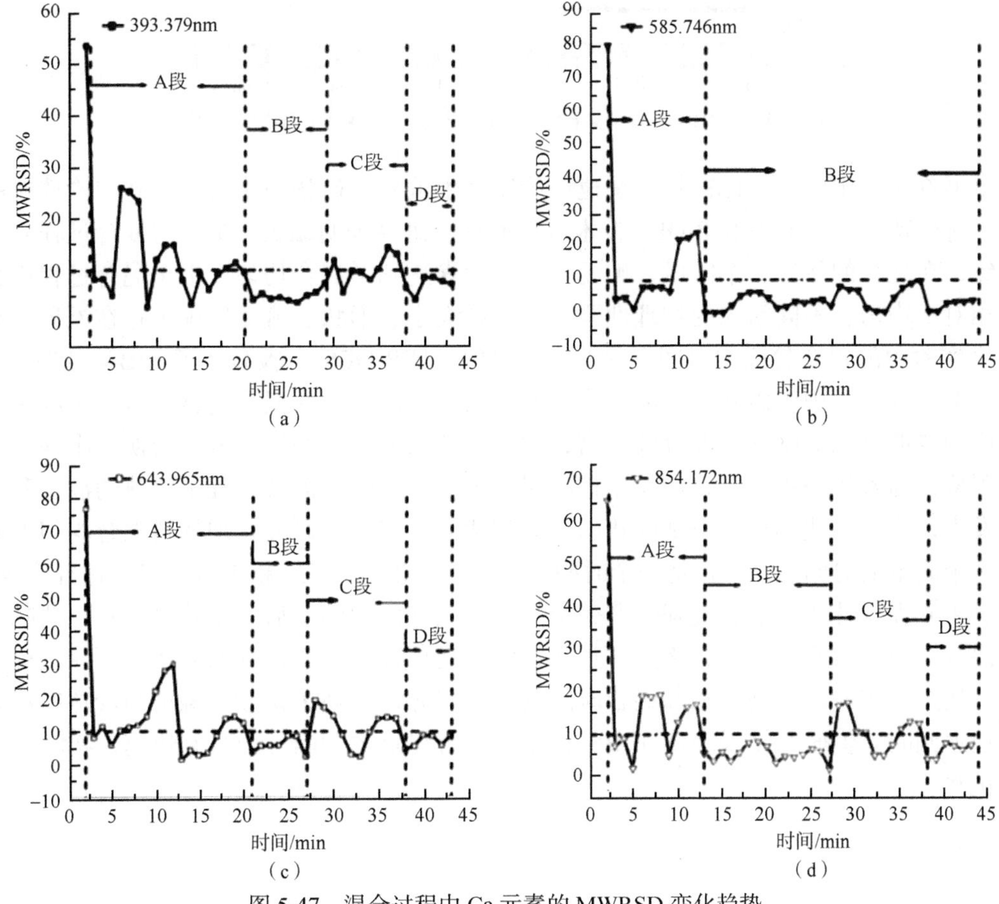

图 5-47　混合过程中 Ca 元素的 MWRSD 变化趋势

合开始的 13min，MWRSD 变化剧烈，随着混合的进行，B 段（13～27min）内 MWRSD 变化平稳，进一步混合，在混合的 27～38min 时 MWRSD 出现微小波动，在 38min 后（D 段）MWRSD 相对平稳且小于 10%。Ca 在 4 个特征谱线处的建议混合终点为 38min。

结合 MWRSD 的朱砂、雄黄和珍珠粉在 B 段和 D 段的微区时序混合分析结果见图 5-48。对比发现在 B 段 Hg 与 Ca 共同时间段为 21～27min，但是 As 即雄黄在 B 段混合相对均匀时间段为 27～31min，表明在 B 段雄黄与朱砂和珍珠粉的混合并非同步。在 D 段（Ca 585.746nm 为 D 段），其他元素共同时间段为 38～43min，表明 3 个药味同时达到了混合均匀，故朱砂、雄黄和珍珠粉的共同混合终点为 38min。

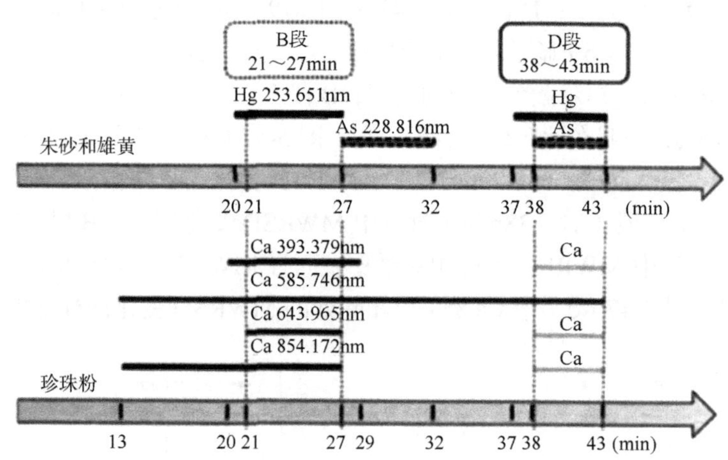

图 5-48　LIBS 实验中朱砂、雄黄和珍珠粉的微区时序混合分析

本书首次采用微区 LIBS 技术快速评价安宫牛黄丸中矿物药雄黄、朱砂和珍珠粉的混合过程时序特征，并采用 ICP-OES 技术进行验证。研究表明雄黄、朱砂的混合过程并非完全一致，在混合的最后一个阶段，砷元素、汞元素达到了混合均匀。由于混合过程中药材粉末相对不均匀，不同粉末的物理性质（如颗粒大小、形状、流动性等）存在差异，导致在 2 个实验中的每个阶段的时间点并非完全一致。ICP-OES 实验验证了 LIBS 实验用于安宫牛黄丸混合过程中朱砂和雄黄混合终点的判断的有效性。在混合的整个时序过程中，初始阶段物料混合相对剧烈，混合效率高，到达最佳的混合状态后反方向变换，出现偏析或分料现象；随着进一步混合，颗粒以扩散混合为主。在整个混合过程中物料的混合和分离同时发生，当二者达到动态平衡的状态，即到达混合终点。研究发现物料混合均匀的时间不是一个固定的时间点，而且是一个时间段，若超过此时间段，粉末就会出现过混合现象。雄黄、朱砂和珍珠粉的混合过程并非完全一致，但在混合的最后一个阶段，3 个药味均达到了混合均匀，得到建议混合终点，且无过混合现象发生。所建立的方法无须建立标准光谱库，通过比较时间序列中相邻混合时间的光谱差异，实现了朱砂、雄黄和珍珠粉混合终点的快速判断。但研究结果表明 LIBS 技术在混合终点的判断方面具有快速、实时、近似无损优势。

第五节　中药制造成品激光诱导击穿光谱信息学实例

珍宝藏药的激光诱导击穿光谱信息元素定性研究

（一）仪器与材料

实验采用商业 LIBS（ChemReveal^{TM}-3764，TSIInc.）仪器。LIBS 系统采用调-Q Nd：YAG 激光器，基频光波长为 1064nm，激光脉冲最高能量为 400mJ，脉冲最大重复频率为 2Hz，脉冲宽度为 1～3ns，光束发散角≤1mrad，聚焦透镜的焦距为 50mm。激光器发射的激光光束经分束器及透镜聚焦到样品后击打样品。激光脉冲诱导产生的等离子体经透镜由光纤采集传导至 7 通道的光谱仪。光谱仪的波长范围为 170～950nm，分辨率为 0.04nm。样品放置在三维精密运动载物台上，保证不同位置的样品光谱采集。采用数字脉冲信号发生器控制激光器和光谱仪之间的延迟时间。通过可见光 CCD 探测器实时观测调整距离，实现激光最佳聚焦。仁青芒觉、仁青常觉、二十五味珊瑚丸、二十五味珍珠丸四种珍宝藏药和“佐太”由青海省藏医院提供。

（二）样品制备与检测

取样品约 2g，玛瑙研钵研细，称取 1.0g，用压片机在 10T 压力下持续 3min，压制成厚度为 1mm、直径 13mm 的样品锭片。实验采用的主要参数如下：脉冲重复频率为 2Hz，激光聚焦光斑为 100μm，脉冲能量约为 158mJ，延迟时间为 1μs，积分时间为 1ms，光谱变量数为 13204。

（三）数据处理软件

采用 ChmeLytics 软件从光谱仪读取光谱数据；用 ORIGIN8 画图。

（四）四种珍宝藏药 LIBS 元素辨识

在延迟时间为 1μs，激光能量为 158mJ 的条件下，仁青芒觉、仁青常觉、二十五味珊瑚丸、二十五味珍珠丸和“佐太”的 LIBS 元素谱如图 5-49 和图 5-50 所示。由图 5-49 可知，四种珍宝藏药的 LIBS 谱线强度依次为 Ca 393.375nm、396.816nm、445.441nm，Na 588.952nm、589.554nm，H 656.315nm，K 766.523nm、769.959nm，N 746.918nm 及 O 777.212nm、777.492nm，Mg 279.418nm，同时检出 C—N 分子谱带。在仁青常觉和仁青芒觉中检出重金属元素 Cu 327.376nm、324.729nm 及微弱 Hg 253.651nm、546.065nm 谱线；在仁青常觉、二十五味珊瑚丸和二十五味珍珠丸中检出 Ba 455.358nm、493.388nm 谱线；在仁青常觉和二十五味珍珠丸检出 Fe 438.344nm 谱线；在仁青常觉中检出 Ag 338.274nm 谱线。由图 5-50 可知，“佐太”的 LIBS 显示强的谱线为汞元素 364.934nm、404.655nm、576.865nm、579.007nm，钙元素 393.375nm、396.816nm，钠元素 588.952nm、589.554nm，氢元素 656.315nm，钾元素 766.523nm、769.959nm，氮元素 746.918nm 及氧元素 777.212nm、777.492nm，同时出现砷元素 193.911nm，铜元素 324.729nm，硫元素 920.368nm、921.838nm 和 922.786nm 及金元素 382.600nm。其中汞元素和硫元素信号主要来源于“佐太”中主要成分硫化汞。未检测到 C—N 及 C—C 分子谱带。四种珍宝藏药和“佐太”的元素特征谱线辨识结果见表 5-18 和表 5-19。

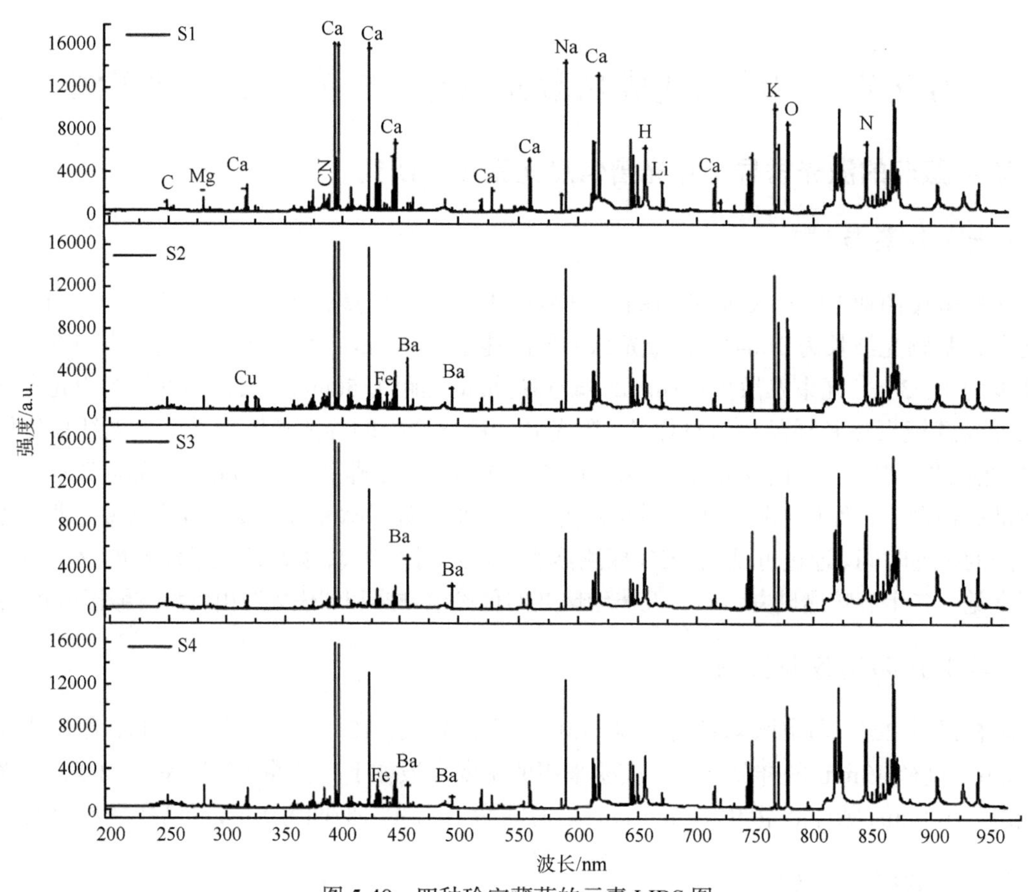

图 5-49　四种珍宝藏药的元素 LIBS 图

S1：仁青芒觉；S2：仁青常觉；S3：二十五味珊瑚丸；S4：二十五味珍珠丸

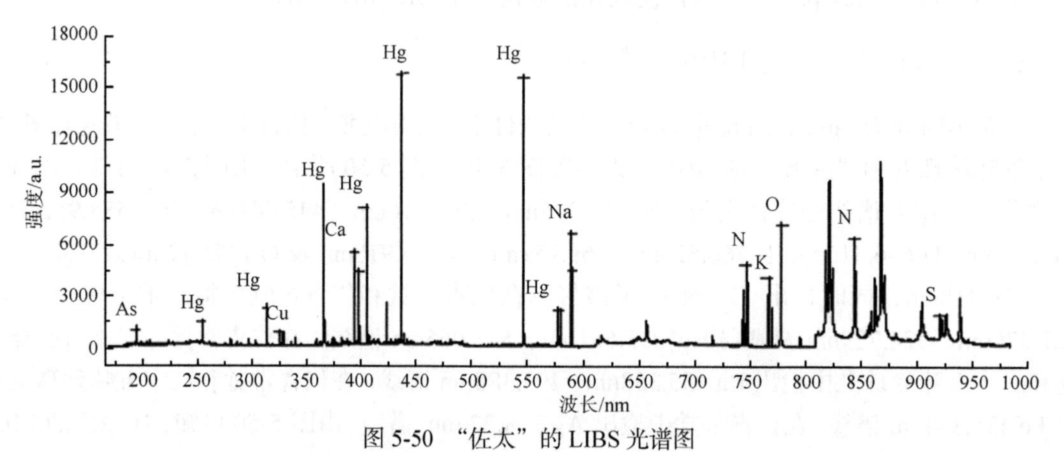

图 5-50　“佐太”的 LIBS 光谱图

表 5-18　四种珍宝藏药元素的特征谱线辨识结果

元素	波长/nm	S1	S2	S3	S4
C	192.770	√	√	√	√
C	247.725	√	√	√	√
Hg	253.651	√	√	—	—
Mg	279.418	√	√	√	√

续表

元素	波长/nm	S1	S2	S3	S4
Ca	315.863	√	—	√	—
Ca	317.920	√	—	√	√
Cu	324.729	√	√	—	—
Cu	327.376	√	√	—	—
Ag	338.274	—	√	—	—
Mg	383.825	√	√	√	—
C—N	388.296	√	√	√	√
Ca	393.375	√	√	√	√
Al	394.417	√	√	√	—
Al	396.177	√	√	√	—
Ca	396.816	√	√	√	√
Sr	407.789	—	—	√	—
Ca	422.640	—		√	√
Ca	428.287	—	—	√	—
Ca	430.228	√	√	√	√
Fe	438.344	—	√	√	—
Ca	442.559	√	√	√	—
Ca	443.498	√	√	√	—
Ca	445.441	√	√	√	√
Ba	455.358	—	√	√	√
Ba	493.388	—	√	√	√
Hg	546.065	√	√	—	—
Ca	558.843	—	—	√	√
Ca	559.407	—	√	√	√
Ca	585.693	—	—	√	√
Na	588.952	√	√	√	√
Na	589.554	√	√	√	√
Ca	610.206	√	√	√	—
Ca	612.177	√	—	√	√
Ca	616.231	√	√	√	√
Ca	643.965	√	√	√	√
Ca	646.214	√	√	√	√
Ca	649.400	√	√	√	√
H	656.315	√	√	√	√
Li	670.754	√	√	√	√
Ca	714.856	√	√	√	√
Ca	720.267	√	√	√	√
N	742.388	√	√	√	√

续表

元素	波长/nm	S1	S2	S3	S4
N	744.306	√	—	√	√
N	746.918	√	√	√	√
K	766.523	√	√	√	√
K	769.959	√	√	√	√
O	777.212	√	√	√	√
O	777.492	√	√	√	√
N	869.367	√	√	√	√
N	870.256	√	√	√	√
N	870.947	√	√	√	√

表 5-19 “佐太”元素的特征谱线辨识结果

元素	波长/nm	元素	波长/nm
As	193.911	Pb	405.754
Hg	253.651，296.58，312.541，313.157，364.934，382.027，404.655，435.778，440.457，546.065，576.865，579.007，817.839，820.561，821.429，862.086	Zn	481.033
Mg	279.418	Na	588.952，589.554
Cu	324.729，327.376	H	656.315
Ag	328.046，338.274	Li	670.754
Fe	358.089，374.947，385.943，406.381，407.164，407.789，427.163，430.749，432.531，438.344，616.231，823.377，855.917，858.556	N	742.388，744.306，746.918，843.762，853.263
Au	382.600	K	766.523，769.959
Ca	393.375，396.816，422.64	O	777.212
Al	394.417，396.097	S	869.367，920.368，921.838，922.786

仁青芒觉与“佐太”共有特征谱线分别为 Hg 253.651nm、Cu 324.729nm、Cu 327.376nm 和 Hg 546.065nm；仁青常觉与“佐太”共有特征谱线分别为 Hg 253.651nm、Cu 324.729nm、Cu 327.376nm、Ag 338.274nm、Fe 438.344nm 和 Hg 546.065nm。

四种珍宝藏药仁青芒觉、仁青常觉、二十五味珊瑚丸和二十五味珍珠丸疗效显著，均被《中华人民共和国药典》一部（2015 年版）收录[9]。本书以信背比为指标优化 LIBS 的延迟时间和激光能量，分别采用延迟时间 1μs，激光能量 158mJ 采集四种珍宝藏药和“佐太”的微区 LIBS。结果表明，四种珍宝藏药主要含有 Ca、Na、K 和 Mg 等元素。在仁青常觉和二十五味珍珠丸中检出 Fe 元素；在仁青常觉和仁青芒觉中检出重金属 Cu 和 Hg 元素；在仁青常觉中检出 Ag 元素。“佐太”中主要含有 Hg、Ca、Na、K 及少量的 Pb、Ag 和 Au 等 14 种金属元素，同时检测到硫元素，分别归属仁青芒觉和仁青常觉与“佐太”的共有的元素特征谱线[10-14]。

参考文献

[1] Hahn D W，Omenetto N. Laser-Induced breakdown spectroscopy（LIBS），Part I：Review of basic diagnostics

and plasma-particle interactions：Still-Challenging issues within the analytical plasma community[J]. Applied Spectroscopy，2010，64（12）：335-366.

[2] Bauer A J，Buckley S G. Novel Applications of Laser-Induced Breakdown Spectroscopy[J]. Applied Spectroscopy，2017，71（4）：553-566.

[3] Hahn D W，Omenetto N. Laser-induced breakdown spectroscopy（LIBS），Part II：Review of instrumental and methodological approaches to material analysis and applications to different fields[J]. Applied Spectroscopy，2012，66（4）：347-419.

[4] Herrera K K. From sample to signal in laser-induced breakdown spectroscopy：an experimental assessment of existing algorithms and theoretical modeling approaches [D]. USA：University of Florida，2008.

[5] 秦俊法. 中国的中药微量元素研究Ⅴ. 微量元素：中药质量控制不可或缺的特征参数[J]. 广东微量元素科学，2011，18（3）：1-20.

[6] 秦俊法. 中国的中药微量元素研究Ⅳ. 微量元素：汇通传统中药理论与现代科学理论的桥梁[J]. 广东微量元素科学，2011，18（2）：1-13.

[7] 王永炎，张文生. 中药材道地性研究状况与趋势[J]. 湖北民族学院学报（医学版），2006，23（4）：1-4.

[8] 刘晓娜，郑秋生，车晓青，等. 基于 QbD 理念的安宫牛黄丸整体混合终点评价方法研究[J]. 中国中药杂志，2017，43（6）：1084-1088.

[9] 国家药典委员会、中华人民共和国药典（一部）[M]. 2015 版. 北京：中国医药科技出版社，2015.

[10] 刘晓娜. 中药质量的微区分析方法研究[D]. 北京：北京中医药大学，2016.

[11] Liu X N，Huang J M，Wu Z S，et al. Microanalysis of multi-element in Juncus effusus L. by LIBS Technique[J]. Plasma Science and Technology，2015，17（11）：904-908.

[12] 刘晓娜，张乔，史新元，等. 基于 LIBS 技术的树脂类药材快速元素分析及判别方法研究[J]. 中华中医药杂志，2015，30（5）：1610-1614.

[13] Liu X N，Ma Q，Liu S S，et al. Monitoring As and Hg variation in An-Gong-Niu-Huang Wan（AGNH）intermediates in a pilot scale blending process using laser-induced breakdown spectroscopy[J]. Spectrochimica Acta Part A-Molecular and Biomolecular Spectroscopy，2015，151，1547-1552.

[14] 刘晓娜，史新元，贾帅芸，等. 基于 LIBS 技术对 4 种珍宝藏药快速多元素分析[J]. 中国中药杂志，2015，40（11）：2239-2243.

本章彩图

第六章　中药制造光谱成像信息学

第一节　光谱成像信息基础

一、光谱成像信息的发展及特点

光谱成像技术是集光谱、计算机视觉、传感器、信号检测和信息处理技术为一体的综合性技术。传统的图像技术可提供待测样品的空间和图像信息，但不能提供样品的化学信息；而光谱分析技术可提供样品的化学信息，但又无法提供样品的空间和位置信息，HSI 将图像技术和光谱技术集成到一个系统，真正实现了“图谱合一”，图像信息可用来检测样品的外部品质，而光谱信息则可用来检测样品的内部化学品质[1]。光谱成像技术发展始于 1949 年，当时 *Nature* 杂志报道了将红外光谱仪与显微镜结合起来使用而得到一张空间分布的红外光谱[2]。尽管使用的并不是真正的成像技术，且仅采集了单个空间位点的红外光谱，但是这个成果却证明了从某一确定空间位点采集光谱图的可行性。1988 年，这一技术得到了进一步发展，Harthcock 和 Atkin 发表了第一幅化学绘图式成像图[3]。他们采用了一个装配有可移动载物台的傅里叶变换红外显微镜去采集一个非均匀样品的光谱，然后将样品放在可移动载物台上，使其顺次沿着横纵两个方向移动，按照固定间隔逐点采集样品表面的光谱，称为推扫式（push-broom）或绘图式（mapping）成像。

随着计算机技术的发展，仪器的改进及各种软件的开发，绘图式成像仪在检测速度、性能、实用性等方面得到了显著的提升。然而，这种使用可移动载物台以及逐点获取光谱的采集模式，导致了数据采集速度相对缓慢，也限制了该成像方式在 PAT 应用中的实用性。

2000 年左右，随着红外焦平面阵列（FPA）检测器逐渐由军用转向民用，以及可调谐波光器越来越多的应用，一种新的成像方式——凝视成像（staring imager）逐渐应用到近红外成像仪中。不同于绘图式成像逐点地采集光谱，使用了二维检测器的近红外成像仪可以逐个波长地获取样品的图像，而且仪器中不存在可移动部件。因此，采用凝视成像检测器的仪器采集速度大大加快，更适合于 PAT 应用。

二、光谱成像技术基本原理

光谱成像技术是 20 世纪 70 年代末首先在美国发展起来的，它是一种利用多个光谱通道进行图像采集、显示、处理和分析解释的技术，是光谱分析技术与光学成像技术相结合的产物。光谱分析是以原子与光子作用过程的量子化吸收和发射现象为基础来进行的。物质是由各种原子、分子组成的，其结构和排序各不相同，所以就形成了各种各样的能带结构，而不同的能带结构决定了它们特定的吸收和发射的光子能量或光波波长，即表征物质特性的特征光谱。通过测量特征光谱的形态和强度就可以测定样品的组成成分和各个组分的含量。光谱成像技术是借助于计算机技术将空间成像技术和光谱分析技术有机结合形成的一种新的分析检测技术，可以同时获得样品的空间信息和光谱信息。

如图 6-1 所示，成像图既可以看成是由一系列的像元（pixel）组成，一个像元代表了样品特定空间点在某段波长处的吸收光谱，也可以看成是由一系列的像平面（image plane）组成，像平面代表了样品所有空间点在某一特定波长处的吸收光谱。通过化学计量学技术或者光谱图库，将光谱信息转化为化学信息，可视化样品中不同化学种类的空间分布，并用对比强烈的彩色视图直接清晰地表达化学成分分布，即化学成像。

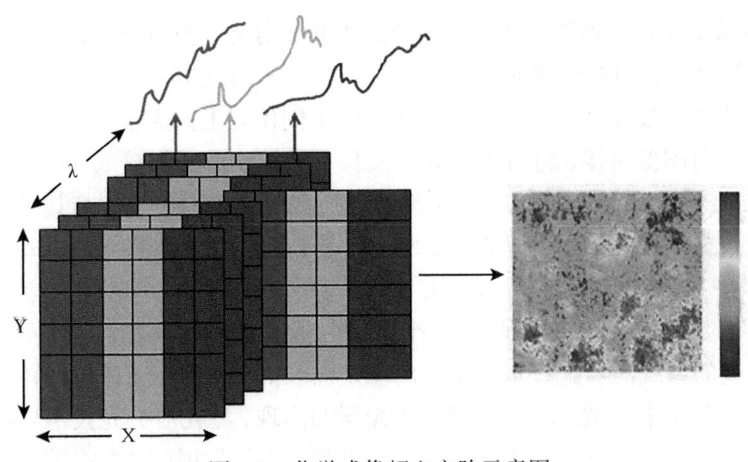

图 6-1　化学成像超立方阵示意图

第二节　中药制造光谱成像装备

一、光谱成像装备系统与类型

（一）光谱成像系统组成

光谱成像仪主要由光源、光学成像系统、分光系统、检测器、数据采集和处理系统组成（图 6-2）。由光源发射出的光，被样品表面反射后，经由滤光片或镜头进入到光谱相机里，再经过特定宽度的入射狭缝后被单色器分光，常用的分光系统主要有滤光片、可调谐滤光器（包括声光和液晶可调谐滤光器）和衍射光栅等。目前应用较多的是可调谐滤光器。分光后经出射狭缝被检测器按不同波长记录信号。其中检测器是光谱成像仪的核心部件，有点阵、线阵、面阵三种。计算机系统负责将上述光电信号转换成数字信号，并予以记录和保存。

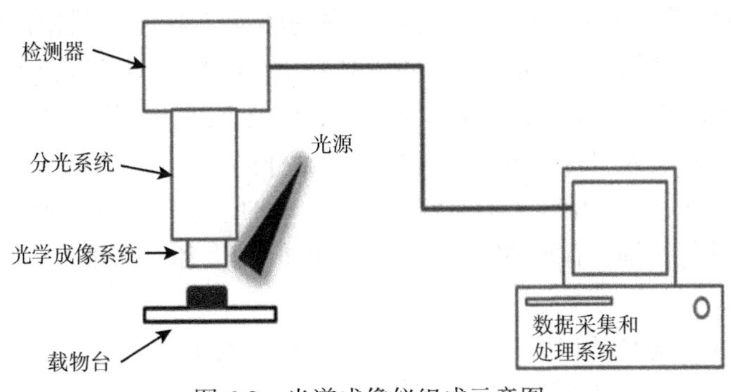

图 6-2　光谱成像仪组成示意图

（二）光谱成像技术分类

按照成像光谱分辨率的高低，光谱成像技术可分为三类：①多光谱成像技术，采用的光谱波段数一般为 10～12 个，光谱分辨率在 $\Delta\lambda/\lambda=0.1$ 左右；②高光谱成像技术，光谱波段数一般为 100～200 个，光谱分辨率在 $\Delta\lambda/\lambda=0.01$ 左右；③超光谱成像技术，光谱波段数达 1000 个，光谱分辨率为 $\Delta\lambda/\lambda=0.001$。

按照分光方式的不同，光谱成像技术主要分为光栅分光、棱镜分光、干涉法分光和滤光器分光等。利用光栅和棱镜进行分光是目前应用广泛的一种分光方式。入射光经过棱镜或光栅发生色散后，由成像系统按波长顺序成像在探测器的不同位置上。经过扫描系统对样品进行扫描后，用拼图软件进行图像拼接，将若干条同一波长下的线状图像拼接成面阵图像，从而达到重构目标在不同波长下的光谱影像的目的。干涉法利用像元辐射的干涉图与其光谱图之间的傅里叶变换关系，通过探测像元辐射的干涉图，利用计算机技术对干涉图进行傅里叶变换，来获得每个像元的光谱分布。常见的实现干涉的方法有迈克耳孙干涉法、双折射干涉法、三角共路干涉法。其共同点都是对两束光的光程差进行时间或空间调制，在探测面处得到光谱信息。滤光器分光方法，早期的系统需要配置多个不同的固定波长的滤波片，通过机械转动装置来转换不同的滤波片获得不同波长的光。随着可调谐滤光器的出现，滤光器分光技术显示出强大的生命力。目前常见的可调谐滤波器主要为液晶可调滤波器，是新发展的一种分光技术。它的原理是通过电控的方法使之在某一特定时间仅让某一波长的光通过。其特点是可快速获取各波长下的光谱影像，影像的空间分辨率高，且在各波长的切换过程中，没有任何振动，可获得准确一致的光谱信息。

按照数据采集方式的不同，光谱成像技术又可分为 3 种，分别为光机扫描成像、凝视成像和推扫式成像。

光机扫描式成像是使用线阵探测器，扫描镜从被测物的一端扫向另一端，每次曝光探测器只采集一个空间分辨率单位上被测物的所有波段数据信息，完成对被测物的逐点逐行扫描。其具有可设置较大总视场、均匀性好、有利于像元配准的优点。但仍存在一些弊端，由于该类系统需要利用机械结构实现镜头扫摆，系统结构复杂，加之相机曝光时间短，使得空间分辨率、光谱分辨率及信噪比性能指标受到限制（图 6-3（a））。

凝视成像是通过利用光谱相机前置的滤光片（可通过调节滤光片，从而控制进入光谱相机内的入射光的波长）过滤波长，从而获得各个像素点位置的不同波长处的光谱信息。声光可调滤波器（AOTF）或液晶可调滤波器（LCTF）常用于此类设备。这种凝视装置的主要优点是能够在较低的光谱分辨率下获得较高空间分辨率的图像（取决于照相机的光学及像素分辨率）。由于近红外光谱谱带较宽，通常不需要较高光谱分辨率，因此该技术广泛应用于 1000～2500nm 波段的高光谱成像，当需要高穿透深度时，短波近红外成像在 700～1100nm 的波长范围内使用。以该方法采集数据时，光谱相机和被测试样的位置都是固定的，无需进行移动，所以称之为凝视成像（图 6-3（b））。该技术不仅大大增加了凝视时间，而且提高了响应速度，但由于需要对波段进行扫描，不能同时采集目标的空间维度和光谱维度的数据信息，所以数据后期处理比较麻烦。

推扫式成像是通过将光谱相机与被测试样进行相对移动，以点或线为单位获得被测试样的光谱信息。该系统是一种直视成像光谱仪，可与多种矩阵探测器快速组合成光谱成像装置。由于以点为单位采集光谱数据时，消耗时间过长，且易受到噪声的影响，所以以线为单位的采集方式最为常见。该技术由于在空间分辨率和光谱分辨率之间有良好的折中，非常适合于在线控制（图 6-3（c））。

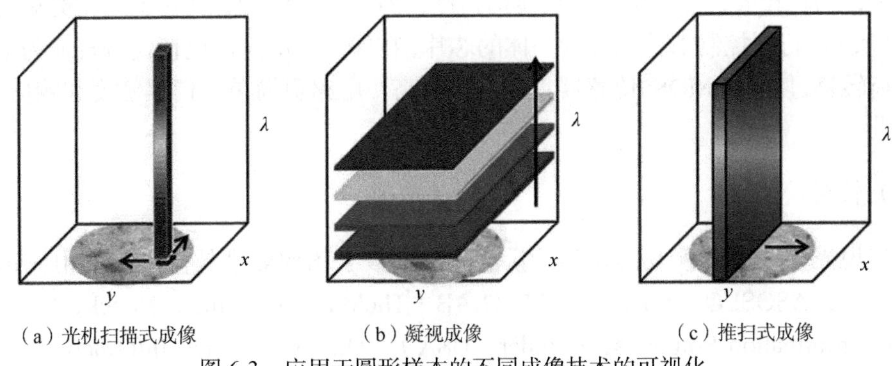

（a）光机扫描式成像　（b）凝视成像　（c）推扫式成像

图 6-3　应用于圆形样本的不同成像技术的可视化

按检测波长区间不同，可将光谱成像技术分为 X 射线光谱成像法、紫外光谱成像法、近红外光谱成像法、太赫兹光谱成像法等；按照发光机制又可分为吸收光谱成像以及荧光光谱成像。

（三）分光技术

分光系统是区别光谱成像仪和普通相机的关键，是决定光谱分辨率的前提。分光系统根据波长不同将入射光分离，得到被测物的光谱数据。光谱成像仪有多种分光方式，不同分光方式直接影响成像系统的整体性能、结构复杂度和体积等。因此，每种方式必须适应每个特定对象。根据光谱测量方式不同，分光技术可分为色散分光、傅里叶变换分光、AOTF 分光和 LCTF 分光等。另一个重要参数是整个光学系统的有效光通量。表 6-1 比较了推扫式成像技术和凝视成像技术，由表可知，推扫式成像技术在光收集效率方面具有独特的优势，因此可以用于提高光谱的信噪比。

表 6-1　推扫式成像技术和凝视成像技术（可调谐滤波器）的比较

	推扫式成像技术		凝视成像技术（可调谐滤光器）	
	透射	反射	声光可调谐滤光器	液晶可调谐滤光器
光谱范围/分辨率/nm	970～2500/10	1000～2500/10	1200～2450/10	900～1500/10
光通量	1	1	0.14	0.06
透射率（光谱效率，表面反射，吸收）	35%～65%	15%～60%	30%～75%	70%～85%
偏振相关损耗	无	接近 50%	50%	50%
光收集效率	1	0.5～1	0.07	0.03
图像质量	G	G	G	M-G
杂散光	G	G	G	M

E=excellent，G=good，M=medium，P=poor。

（四）探测器技术

高光谱成像系统中，使用成像探测器元件以实现光信号向电信号的转换，其中面阵传感器应用广泛。该传感器主要分为电耦合器件（charge coupled device，CCD）和互补金属氧化物半导体传感器（complementary metal oxide semiconductor，CMOS）两大类。CCD 图像传感器是把光信号转换为电荷，对电荷进行处理，实现信号电荷的产生、存储、转移和检测。CCD 电路结构复杂，功耗较大，但灵敏度和响应均匀性较高。CMOS 图像传感器是集光敏元件、AD 转换器、放大器、行列控制器等元件为一体的芯片，在像元内部完成电荷信号转换为电压信号，不需要电荷转移过程。CMOS 传感器集成化程度高，电路更简单，但灵敏度和响应均匀性不及 CCD[5, 7]。

（五）软件

一般来说光谱成像所涉及的化学计量学算法和数字图像处理技术主要采用 Unscrambler（CAMO Process ASOSLO，Norway）、MATLAB（TheMathWorks Inc.，Natick，USA）、ENVI（ITT Visual Information Solutions，Boulder，USA）、IDL（ITT Visual Information Solutions，Boulder，USA）、Evince（UmBio，Sweden）等软件实现。

二、中药制造光谱成像在线检测装备

随着 QbD 理念和 PAT 日益广泛地被制造行业接受，光谱成像技术由于其快速、无损、高通量等特点，在制造领域中有着越来越多的应用，从原料药粉的混合均匀性到最终成品的均匀度分布、片剂包衣的可视化、药品溶出过程可视化及真假药品甄别等，都可采用成像技术进行合理有效的分析、评价和控制。表 6-2 列出了近几年文献中出现的光谱成像仪器的主要参数，包括品牌名称、波段范围、光谱分辨率、空间分辨率、光源、采集软件等。由表可见，在可见近红外光谱成像研究中，测量范围主要集中在 400～1000nm，部分研究扩展到 1000nm 以上，光谱分辨率主要集中在 2～4nm，光源主要有卤素灯，空间分辨率变化范围较大。在各种光谱成像仪中，ImSpectorV10E 系统的光谱成像仪应用较为广泛。部分研究将光谱仪结合红外显微镜展开更微观尺度上的研究。高光谱成像仪从仪器功能上来说，逐渐从线扫描向焦平面探测器转变，大大提高了数据采集效率。

表 6-2 制造领域中常用的光谱成像仪器

仪器	光谱范围	光谱分辨率	空间分辨率	光源
Spectrum Spotlight 400（Perkin Elmer 公司，英国）	7800～4000cm^{-1}		6.25μm×6.25μm 或者 25μm×25μm	
ImSpector V10E（Specim 公司，芬兰）	400～1000nm	1.24nm	24μm×24μm	卤钨灯
ImSpector SWIR（Specim 公司，芬兰）	1000～2500nm	12nm	24μm×24μm	卤素灯
Image-λ V10 型高光谱相机（卓立汉光仪器有限公司，北京）	400～1000nm	3.5nm	30μm×30μm	
Green Eye，（Inno-SpecGermany）	400～1000nm	10nm	35μm×35μm	卤钨灯
HyperSpec VNIR，（Headwall 公司，美国）	400～1000nm	2.2nm	7.4μm×7.4μm	卤素灯

在固体制剂制造领域，可视化研究可应用于生产过程中的物料混合、包衣过程和最终产品的检测，所涉及仪器除传统的近红外高光谱成像仪，还出现了一些自主研发成像设备。如暨南大学自主搭建成像设备，选定液晶可调谐滤光片作为系统的分光器，选取曝光时间可调

的 CMOS 摄像器件 Microvision MV-130UM 数字工业摄像机作为系统的接收器，选取远紫外波段（C 波段）的热阴极低压汞灯 SPECTROLINEEF-180C/FE 作为系统的紫外光源，物镜选取 OMPUTARTVLENS，其孔径为 8.5mm，放大倍率为 1∶1.3。系统实物图如图 6-4 所示。该系统空间分辨率为 60Lp/mm，曝光时间为 60μs～2000ms，光谱响应范围为 400～1100nm。以上指标可达到光谱成像中药检测要求。

图 6-4　系统实物图（暨南大学）

在线光谱成像系统的开发是光谱成像技术应用于生产过程的关键，在线高光谱设备对成像速度的要求较高，且测定精度也要满足样品的定性定量要求。随着技术的发展，多种在线高光谱设备已被广泛应用于制药过程中的混合、制粒和包衣检测。Naresh 等采用 Via-Spec II 高光谱成像系统（MRC-303-005-02，美国米德尔顿光谱视觉公司）获得包衣过程中的光谱信息，与参考厚度值进行回归建模，实现包衣过程监测，该成像系统配备短波红外（SWIR）高光谱相机，光电导检测器（MCT），光谱范围为 1000～2500nm，分辨率为 384 像素×288 像素；L. Aquino 等采用 Helios 高光谱短波红外成像相机（Helios SWIR G2.32OS，奥地利）对制粒过程中颗粒的分离程度进行监测，该成像仪配备 HgCDTe 传感器，测量光谱范围为 900～2230nm，帧频为 120Hz，使用空间分辨率为 312 像素×214 像素，光谱分辨率为 12nm；Wahl 等采用配备 InGaAs 探测器的近红外二极管阵列光谱仪（EVK Helios Gb320），获得在线生产过程中片剂的化学图像，进一步实现对片剂硬度及其中所含 API 空间分布均匀度较为准确的预测，该光谱仪的空间分辨率和光谱分辨率分别为 320 像素和 256 像素，覆盖的波长范围为 900～1700nm[4-5]。

第三节　中药制造原料光谱成像信息学实例

一、中药制造原料甘草粉末近红外光谱成像信息甘草酸定量研究

（一）仪器与材料

Spectrum Spotlight 400/400N 傅里叶变换近红外/中红外光谱成像仪（PerkinElmer 公司，英国），16×1 阵列 MCT 检测器。1100 型高效液相色谱仪包括四元泵、真空脱气机、自动进样器、柱温箱、二极管阵列检测器（DAD）及 HP 数据处理工作站（美国 Agilent 公司）。实验材料：24 个产地的甘草药材由北京中医药大学中药资源系教授鉴定为甘草。甘草酸对照品（中国药品生物制品检定研究院，纯度 98%以上）。HPLC 级甲醇购自 Tedia 公司（美国）。Milli-Q 去离子水纯化系统（Millipore 公司，美国）。

（二）样品制备与检测

所有样品在 50℃条件下干燥 24h，粉碎机粉碎后过 60 目筛。取 100mg 的甘草粉末于 100mL

的容量瓶中，加 50mL 70%乙醇超声 30min，再加入 70%乙醇定容到刻度，摇匀，过滤，取续滤液，0.45μm 滤膜过滤。采用 HPLC 方法测量甘草粉末中甘草酸的含量，以乙腈-0.05%磷酸溶液为流动相，检测波长 237nm，流速为 1mL/min，柱温为 30℃，进样量为 10μL。采用漫反射方式采集成像光谱，以 99% Spectralon（Labsphere，Inc.，North Sutton，New Hampshire）为背景，分辨率为 16cm^{-1}，扫描范围为 7800～4000cm^{-1}，扫描次数 8 次，像元大小为 25μm×25μm。

（三）数据处理软件

采用 Spotlight 400 分析系统采集成像光谱数据和数据分析（PerkinElmer 公司，英国）。ISys5.0 化学图像软件运用于近红外图像数据处理。其余各计算程序均自行编写，利用 MATLAB 软件工具（The MathWorks Inc.）计算。

（四）光谱成像数据采集

图 6-5 为不同产地的甘草粉末近红外成像图。从图中可以看出，样品与样品之间成像像元吸收值变化较大，表明甘草粉末空间成分不一致。采用高维成像数据降维处理方法，获得每个成像图的 NIR 光谱。

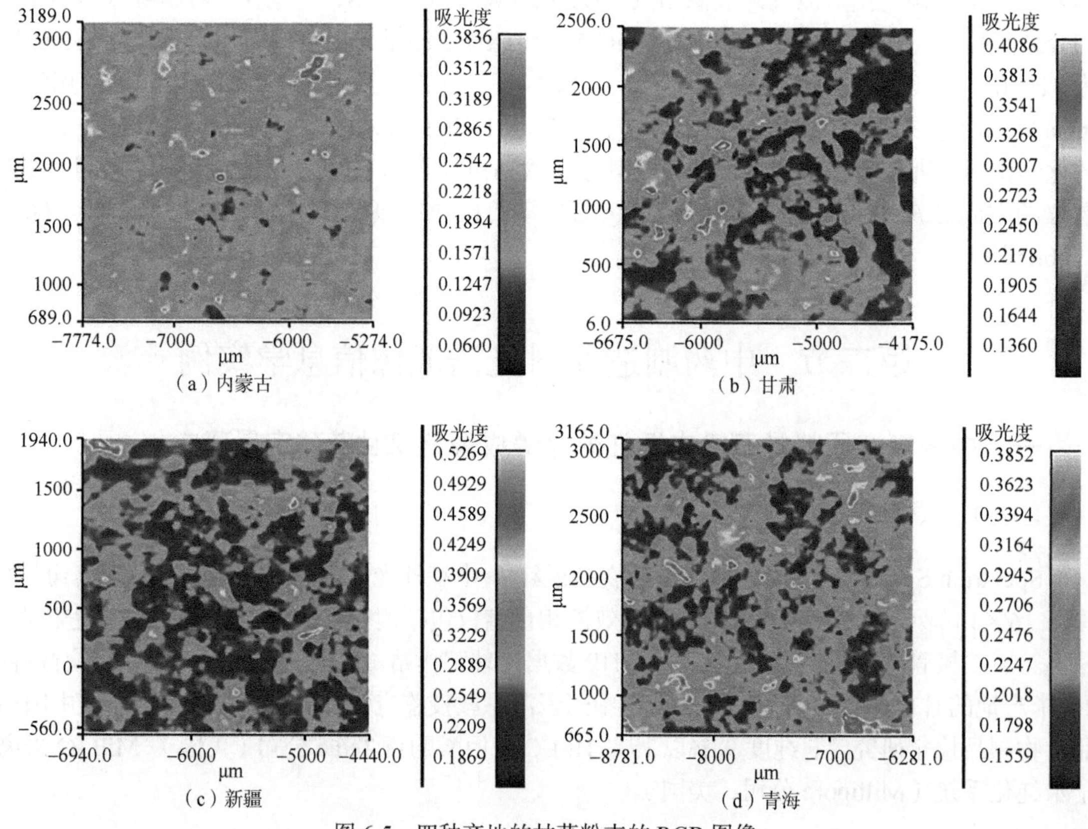

图 6-5 四种产地的甘草粉末的 RGB 图像

图 6-6 为不同产地甘草粉末成像图的 NIR 光谱。从图中可以看出近红外光谱较平滑并且

毛刺较少，说明光谱质量比较好。此外，从光谱图也可以看出，不同产地的甘草粉末光谱存在明显的差异性。

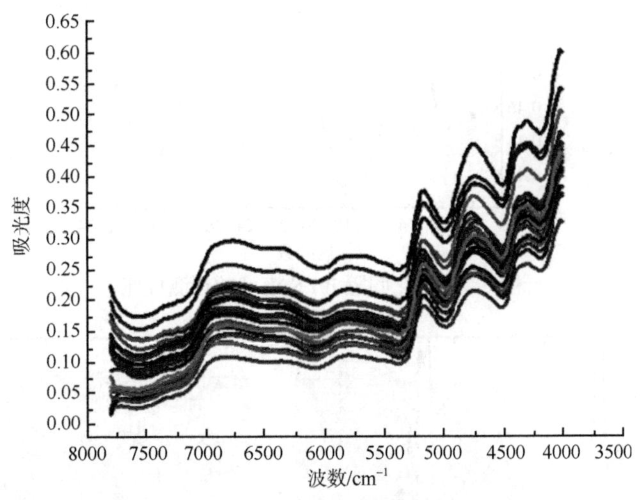

图 6-6　不同产地甘草粉末成像图的 NIR 光谱

（五）光谱成像数据预处理

本文以 RMSE 和 R^2 为指标，比较了不同预处理方法的 PLS 模型性能。从表 6-3 可以看出，二阶导数预处理法的校正模型的 RMSE 和 R^2 分别为 0.0750%和 0.9199，验证模型的 RMSE 和 R^2 分别为 0.5610%和 0.6022，结果说明与其他模型性能相比较，原始光谱的模型性能最好。此外，模型存在过拟合现象或明显的干扰信息。

表 6-3　不同预处理方法 PLS 模型的预测性能

预处理方法	潜变量数	校正集		验证集	
		R^2	RMSE	R^2	RMSE
Raw	2	0.5009	0.6137	0.2390	0.7788
1D	5	0.6878	0.4853	0.3062	0.7499
2D	9	0.9199	0.0750	0.6022	0.5610
SG	1	NOD	NOD	NOD	NOD
MSC	3	0.6735	0.4836	0.3275	0.7171
MSC+SG	1	NOD	NOD	NOD	NOD

（六）定量模型建立

采用全谱模型潜变量因子为 7，分别比较了不同区间划分的 RMSECV 值和不同间隔数的 RMSECV 值。从图 6-7 和图 6-8 可以看出，区间数是 18，最佳间隔数为 4，iPLS 模型的 RMSECV 最小。因此，确定最佳区间数是 18 和最佳间隔数为 4 建立 iPLS 模型。

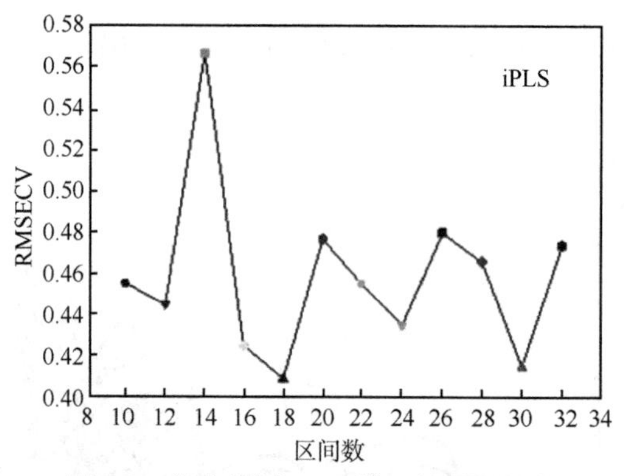

图 6-7　优化间隔 iPLS 模型的预测性能

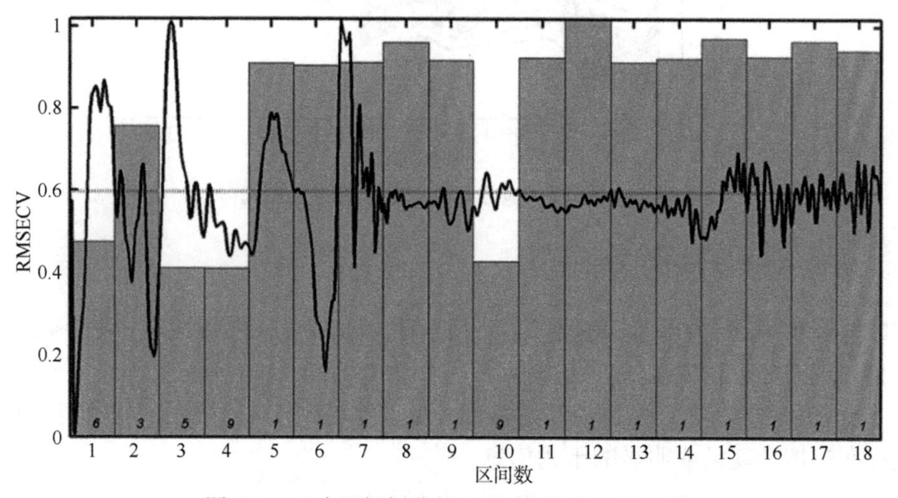

图 6-8　18 个区间划分的 iPLS 模型 RMSECV 值

图 6-9 为基于 iPLS 模型近红外成像预测值与 HPLC 测定值的相关性。模型的 Bias、RMSEP 和 R^2 分别为 0.0754%、0.7177%和 0.9361，表明 iPLS 模型相比 PLS 模型预测性能明显提高。

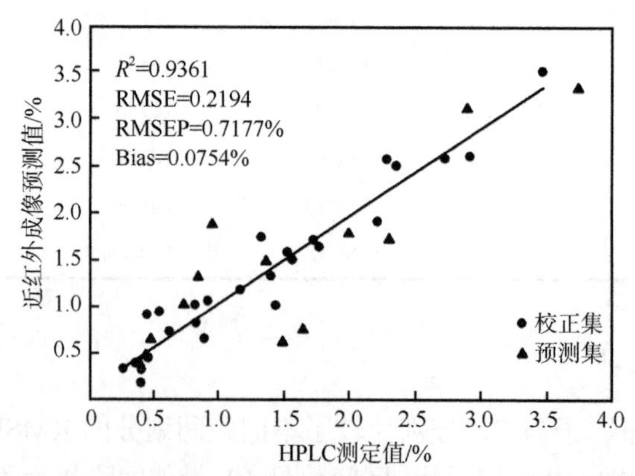

图 6-9　基于 iPLS 模型近红外成像预测值与 HPLC 测定值相关性图

图 6-10 为基于 LS-SVR 模型近红外成像预测值与 HPLC 测定值的相关性。采用 10 折交叉验证和单纯型优化算法优化参数 ε 和 σ^2，两个参数优化结果分别为 54.4 和 4966.3。模型的 RMSEP 和 R^2 分别为 0.5155%和 0.9514，表明 LS-SVR 模型性能相比 iPLS 模型有明显提高。

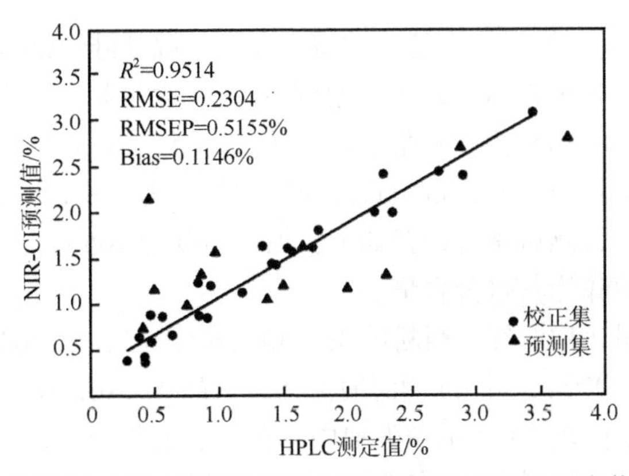

图 6-10　基于 LS-SVM 模型近红外成像预测值与 HPLC 测定值相关性图

以上研究以不同产地的甘草为载体，采集了不同产地甘草的近红外成像图，采用高维数据降维方法，获得成像数据的近红外光谱，选取甘草酸为指标成分，采用线性模型（如 PLS）和非线性模型（如 LS-SVR），考察了所采集的低含量高维数据的准确性，结果表明 LS-SVR 模型中近红外成像预测值与 HPLC 测定值具有良好的相关性。此外，LS-SVR 模型性能相比 iPLS 模型有明显的提高。

二、中药制造原料红花可见光谱成像信息染色判别和定量研究

（一）仪器与材料

自主搭建的机器视觉系统，CIED65 光源，使用爱色丽 Xrite 白平衡卡调节白平衡。分析天平（北京赛多利斯科学仪器有限公司），培养皿（80mm）。安捷伦 1100 型高效液相色谱仪（美国 Agilent 公司，包括四元泵、真空脱气泵、自动进样器、柱温箱、二极管阵列检测器、Chem Station 工作站）、BS110S 十万分之一分析天平（北京赛多利斯科学仪器有限公司）、SHZ-88 台式水溶恒温振荡器（江苏太仓市试验设备厂）、WatersSymmetryC18 色谱柱（250mm×4.6mm，5μm）、0.45μm 微孔滤膜。实验材料：30 批红花饮片，胭脂红对照品（批号 111771-201302，中国食品药品检定研究院）、日落黄对照品（批号 510005-201401，中国食品药品检定研究院）、酸性红对照品（批号 111773-201302，中国食品药品检定研究院）、金橙Ⅱ对照品（批号 111769-201302，中国食品药品检定研究院）、金胺 O 对照品（批号 111770-201302，中国食品药品检定研究院）、羟基红花黄色素 A 对照品（批号 111637-201308，中国食品药品检定研究院）、甲醇（Thermo Fisher Scientific，USA）、磷酸（Thermo Fisher Scientific，USA）、纯净水（杭州娃哈哈集团有限公司）。

（二）样品制备与检测

称取红花饮片约 6g，在培养皿中铺平，将培养皿放在摄像机视野中央，使用 Nikon Camera Control 软件进行图像采集。采集前使用爱色丽白平衡卡调节摄像机的白平衡，机器视觉系统参数设置：焦距 35cm，闪光 off，感光度 400，光圈 F11.0，快门速度为 1/60 秒，图像质量 JPEG（Fine），每个样本采集 5 次。

采用 HPLC 方法对红花进行染色鉴别。取红花药材 0.5g，加入 70%乙醇 20mL，振摇提取

10min，用滤纸过滤，取续滤液过微孔滤膜即得。以十八烷基硅烷键合硅胶为填充剂，流动相A为乙腈，流动相B为0.05mol·L^{-1}乙酸铵溶液，DAD检测器，检测波长为484nm，检测日落黄、金橙Ⅱ、金胺O，508nm检测胭脂红，酸性红；流速为1mL·min^{-1}，进样量为10μL。

采用水分分析仪检测红花水分含量。将红花饮片粉碎为粗粉，量取约1g红花粗粉置于快速水分分析仪的测试盘上，测试条件设置如下：加热温度为105℃，加热时间为10min，每份样本测定3次，取平均值作为其水分含量。

检测红花浸出物含量。称取红花粗粉约4g，精密称定，置于100mL的具塞锥形瓶中，精密加入水100mL，塞紧，冷浸，前6h内时时振摇，再静置18h，用干燥滤器迅速滤过，精密量取滤液20mL，置于已干燥至恒重的蒸发皿中，在水浴上蒸干后，在105℃干燥3h，移置干燥器中，冷却30min后，迅速精密称定重量，除另有规定外，以干燥品计算红花中含水溶性浸出物的百分数。

采用HPLC方法检测红花羟基红花黄色素A（HSYA）含量。取红花粉末（过三号筛）约0.5g，精密称定，置于100mL具塞锥形瓶中，精密加入25%乙醇50mL，称定重量，超声处理40min，放冷，再称定重量，用25%乙醇补足减失的重量，摇匀，滤过，取续滤液过微孔滤膜即得。以十八烷基硅烷键合硅胶为填充剂、流动相为甲醇-0.25%磷酸溶液（40：60，v/v）、DAD检测器，检测波长为403nm、柱温为30℃、流速为1mL·min^{-1}、进样量为10μL。

（三）数据处理软件

图像采集软件为Nikoncameracontrol2.0，图像分析软件为MATLAB软件（MATLAB2009a，TheMathWorks Inc.）。

（四）图像预处理

获得原始彩色图像中红花饮片的区域，采用稳健分割法，进行图像分割。首先将原始的RGB彩色图像转换为高对比度的灰度图像；进一步采用大津法（Otsu's method）在灰度图像的基础上进行阈值分割，得到分割后的二值化图像；从阈值分割后的图像中可以观察到白色区域中存在小的黑色区域，该区域为分类错误的像素。因此，对二值化图像进行形态学处理，包括移除小的斑块、关闭处理和填补漏洞。图像分割过程如图6-11所示。

经过图像分割和颜色空间转换后，计算RGB、Lab和HSV颜色空间中每个颜色分量的三阶矩作为颜色特征。每个样本测定3次，其平均值作为红花样本的颜色特征值用于分析。

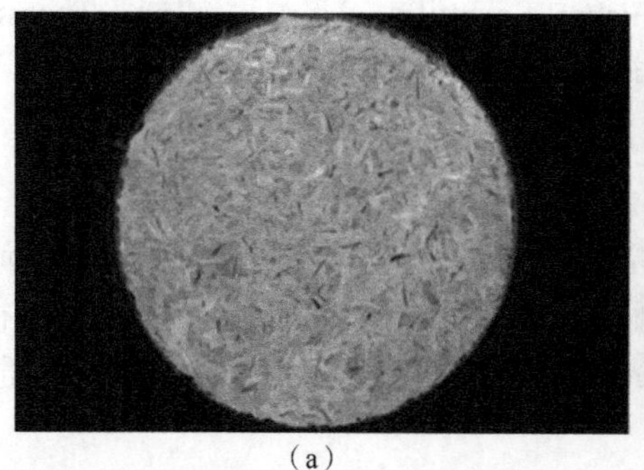
（a）

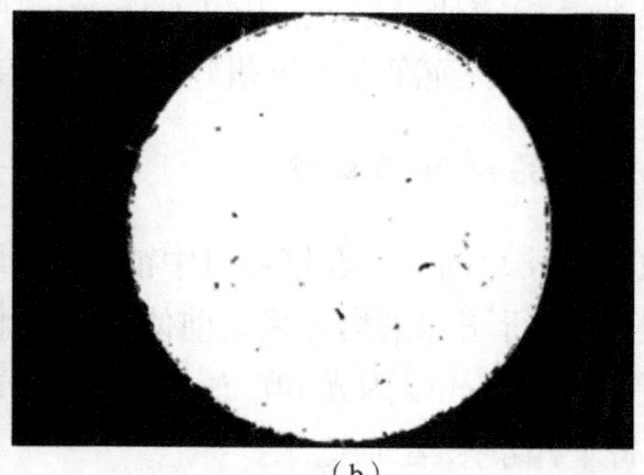
（b）

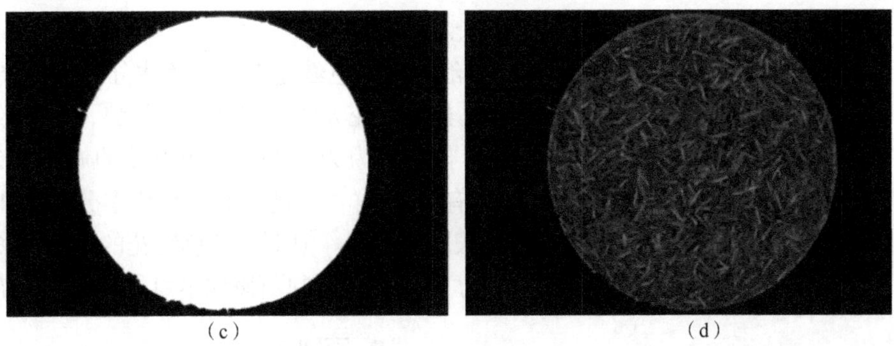

图 6-11　高对比灰度图像（a）、阈值分割图像（b）、形态学处理后图像（c）和图像分割后 RGB 图像（d）

（五）基于 Lab 值的红花饮片鉴别研究

按照所建立的红花饮片颜色测量方法分别测量了染色红花和未染色红花的 Lab 颜色空间的 *L* 值、*a* 值、*b* 值和 *c* 值，每个样本测定 5 次，求平均值。图 6-12 显示了未染色红花和不同批次（批次 4、5、6、7、10、16、20、21、30）染色红花的 Lab 颜色值。比较染色与未染色红花颜色值的差异，从图中可以看出，第 4 批染色红花的 Lab 值显著增大，第 7 批染色红花的 Lab 值均明显降低，其余 7 批颜色值变化则没有一致性规律。

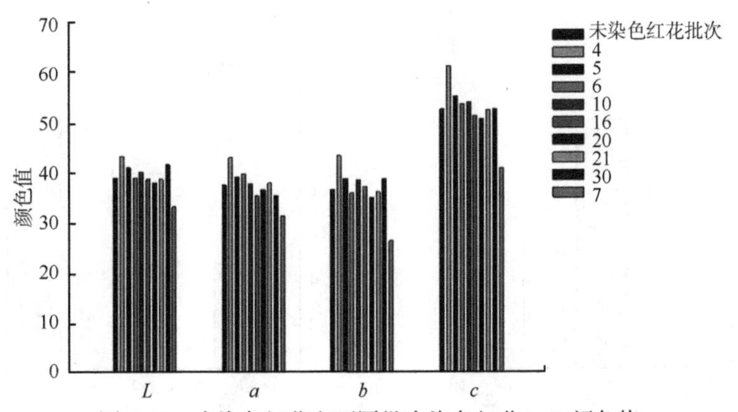

图 6-12　未染色红花和不同批次染色红花 Lab 颜色值

分别对 9 批染色红花和 21 批未染色红花的 *L*、*a*、*b* 值进行统计分析，绘制了对应的频数分布图，见图 6-13。从 *L* 值的频数分布图中可以看出，未染色红花和染色红花 *L* 值的分布具有差异性。未染色红花 *L* 值呈单峰分布，且分布较为集中；染色红花 *L* 值呈双峰分布趋势，分布较为稀疏，说明染色后的红花 *L* 值具有差异性，偏离了正常红花的分布范围。观察其 *L* 值分布可发现，未染色红花 *L* 值范围为 35～43，但染色红花在 33～34 和 43～44 范围内均有分布，在 35～37 范围内则没有分布。通过 *L* 值的比较分析可知，如果 *L* 值为 33～34 或 43～44，则可判断该样本可能为染色红花。

从 *a* 值的频数分布图中可以看出，未染色红花和染色红花 *a* 值的整体分布具有差异性。未染色红花 *a* 值分布较为集中；染色红花 *a* 值呈双峰分布趋势，分布较为稀疏。分析 *a* 值的分布范围可知，未染色红花 *a* 值范围为 30～42，染色红花的 *a* 值分布范围为 30～44。染色红花中有 4 个样本的 *a* 值在 42～44 范围内，在 32～34 范围内则没有分布。通过 *a* 值的比较分析可知，

如果样本 a 值为 42～44，则可判断该样本可能为染色红花。

从 b 值的频数分布图中可以看出，未染色红花和染色红花 b 值的整体分布具有差异性。未染色红花 b 值呈单峰分布，且分布较为集中；染色红花 b 值呈双峰分布趋势，分布较为稀疏。观察不同红花 b 值分布可发现，未染色红花 b 值范围为 28～44，染色红花的 b 值为 26～44。染色红花的 b 值集中分布在 34～40 之间，共有 35 个样本，此外有 5 个样本分布在 42～44 之间，这些样本均与未染色红花 b 值重叠，无法用于鉴别。但部分染色红花的 b 值为 26～28，与未染色红花样本没有交叉，说明如果 b 值为 26～28，可判断该样本可能为染色红花。

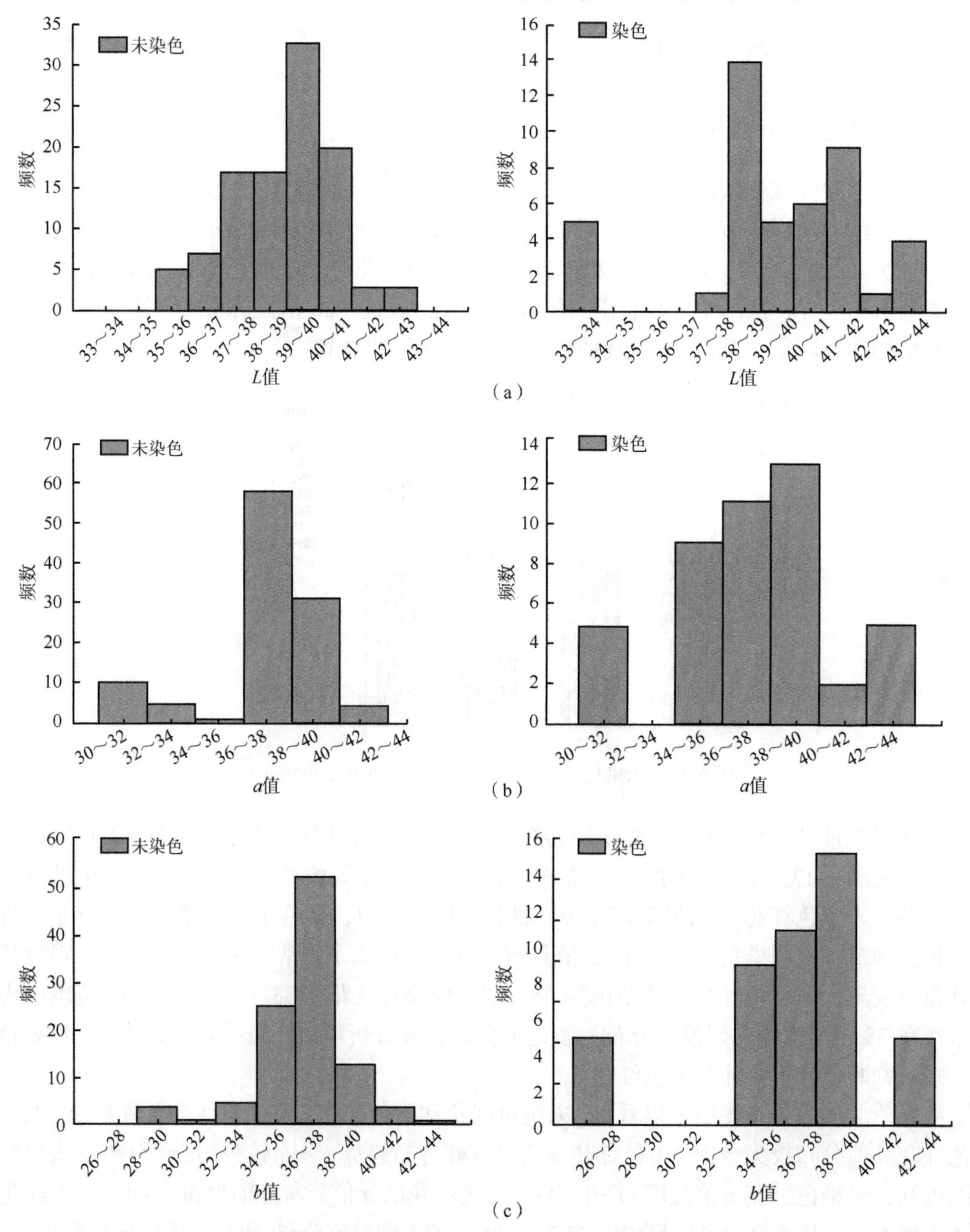

图 6-13　未染色红花和染色红花 L、a、b 值频数分布图

基于样本单一 Lab 值的分析可以探索发现不同红花颜色值的分布特点，进行发现少量的特异样本从而实现鉴别的目的。然而，基于单一颜色值的分析是分离片段的，难以进行整体分析，所以鉴别效果较差，因此提出了 Lab 值组合的整体鉴别方法。

首先，将所有样本的 *L* 值、*a* 值、*b* 值和 *c* 值进行排列，先依据单一 *L* 值进行染色红花和未染色红花样本的对比分析，实现少部分样本的鉴别；然后增加 *a* 值为约束条件，对根据单一 *L* 值不能加以鉴别的样本进行对比分析，进一步有更多的样本能够成功鉴别。以此类推，最终将 4 个颜色值组合后，进行对比，分析染色红花的颜色值差异。

如图 6-14 所示，为基于 Lab 值组合的染色红花鉴别结果，图中红色表示染色红花，绿色表示未染色红花，白色为无法鉴别的混淆样本。在 45 个染色红花样本中，通过 *L* 值可以鉴别出 9 个，鉴别成功率为 20%；*L* 值分布范围为 37～43 的 36 个染色红花样本与未染色红花样本分布范围交叉，无法鉴别。

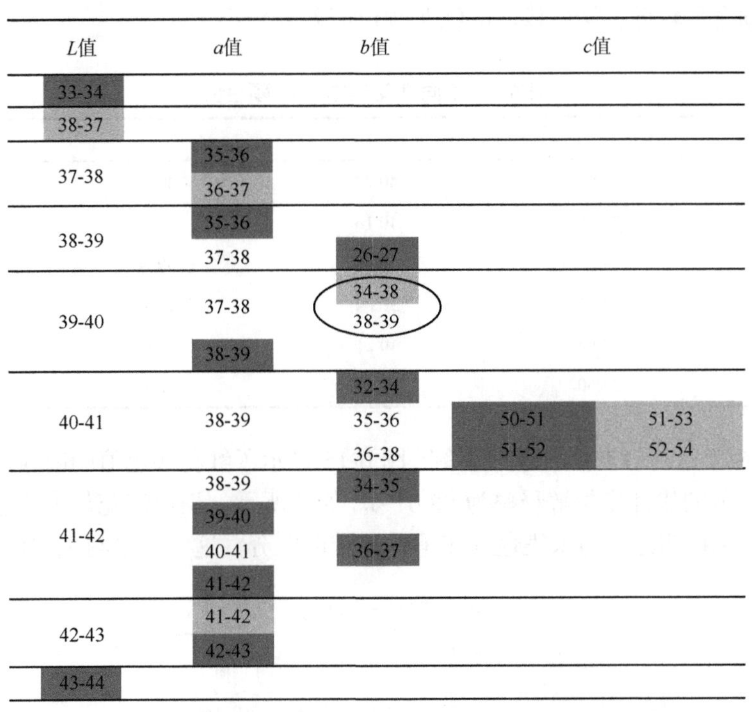

图 6-14　基于 Lab 值组合的染色红花鉴别结果

然后，增加 *a* 值为约束条件后，30 个染色样本被成功鉴别，成功率为 66.67%；再次增加 *b* 值组合后，34 个染色样本被成功鉴别，成功率为 75.56%；最终将 *L* 值、*a* 值、*b* 值和 *c* 值组合，40 个被鉴定为染色样本，剩余 5 个样本无法鉴别，最终成功率为 88.89%。

基于组合 Lab 值的方法可以实现染色红花样本的成功鉴别，成功率为 88.89%。无论是基于单一 Lab 值或是组合 Lab 值的分析，均可以对不同种类红花之间的颜色差异进行比较。但是，这种鉴别方法是基于统计的分析方法，受到样本的影响较大，因此广泛大量的样本分析是必须的。在本课题中，共收集到了 30 批红花，其中 9 批为染色红花，样本量较小，值得进一步研究。

（六）基于模式识别的红花饮片鉴别研究

在全国不同地区收集了 7 批的红花，其中 1 批被鉴定为染色红花，其余 6 批为未染色的红花。在未染色红花中加入不同比例的染色红花，制成4批掺假样本（5%，10%，15%，20%）。从每批中抽取10个样品，共获得110个样品用于模式识别。采用HPLC法对不同批次红花进行染色鉴别，使用搭建的机器视觉系统采集11批红花的图像，采用所建立的颜色测量方法，对图像进行颜色特征提取，每个图像测定5次，求平均值用于分析[4]。

计算了不同批次红花样本的 R、G、B、L、a、b、H、S 和 V 值的平均值，采用 t 检验来比较未染色红花与染色红花颜色值之间的差异性。在 t 检验之前，使用 Kolmogorov-Smirnov 法对数据进行正态性检验。RGB 颜色空间的 R 值（P=0.030）和 Lab 颜色空间的 a 值（P=0.09）具有显著性差异。结果表明不同批次红花之间的红色差异较大。

表6-4显示了不同红花的Lab颜色值，并计算了色差值 ΔE，用来比较染色后红花的色差。与未染色红花相比，染色红花的色差值较大，说明染色红花与未染色红花颜色存在差异。L 值和 b 值升高，说明染色后亮度增高，并且颜色变黄；a 值降低，说明染色后红色变浅。相比之下，由于染色剂含量较低，染色掺假的红花颜色值差异较小。

表6-4　不同红花样本Lab颜色值

样本	L^*	a^*	b^*	色差值 ΔE
未染色	34.93	40.77	40.07	—
5%	33.36	40.16	38.60	2.23
10%	34.07	40.68	39.26	1.18
15%	33.35	39.84	38.44	2.44
20%	33.66	40.21	39.04	1.72
染色	37.60	39.79	42.84	3.97

建立PCA模型进行红花饮片鉴别研究。图6-15显示了红花颜色值的前3个主成分的得分图。前3个主成分的累计变量解释率为98.01%。如图所示，染色红花与未染色红花明显分为两类，而部分染色掺假红花与未染色红花重叠，难以区分。这一结果与色差值分析结果一致。

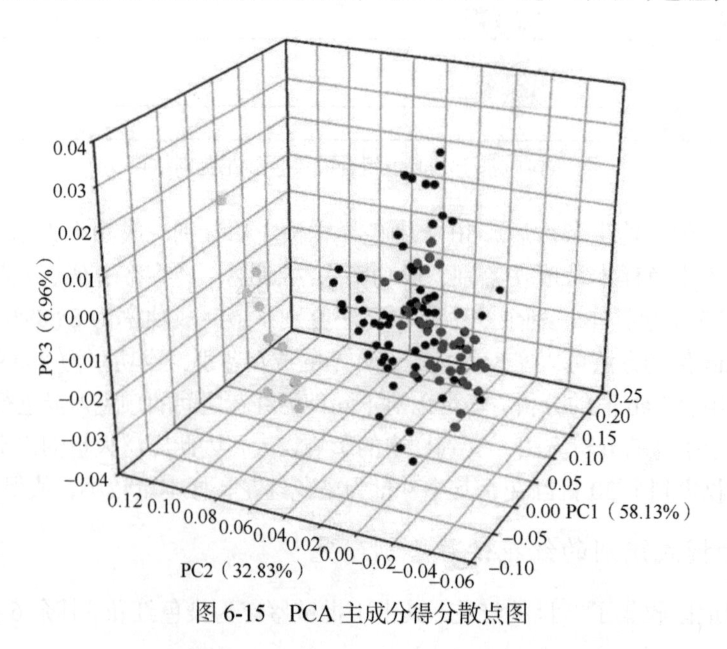

图6-15　PCA主成分得分散点图

建立 PLS-DA 模型进行红花饮片鉴别研究。为获得良好判别效果的同时避免模型过拟合，使用 10-折交叉验证的方法对潜变量因子数进行筛选。RMSECV 较小时对应的潜变量因子数最佳。如图 6-16 所示，横坐标为潜变量因子数，纵坐标为对应的 RMSECV 值，由图可知，最佳潜变量因子数为 8。

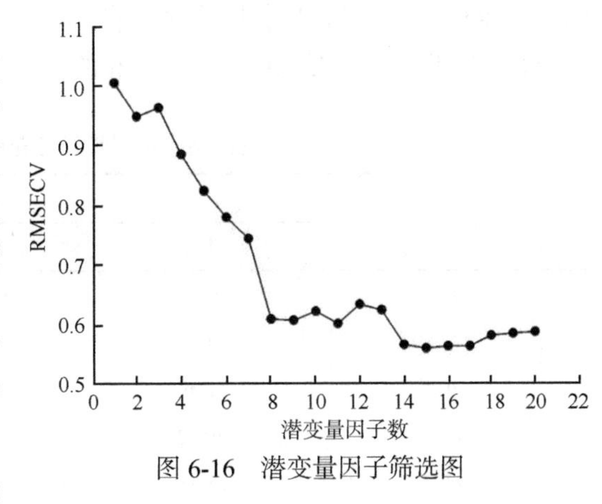

图 6-16　潜变量因子筛选图

为可视化 PLS-DA 模型的判别结果，图 6-17 显示了校正集和预测集模型的预测 Y 值，从图中可以看出大部分样本可以通过该方法成功鉴别。表 6-5 中总结了模型性能评价参数，其中 3 个染色掺假红花样本被误判为未染色红花样本。Se、Sp 和总判正率分别为 90%、94.12%和 91.89%，模型判别性能良好。结果表明 PLS-DA 法可以用于染色红花样本判别。

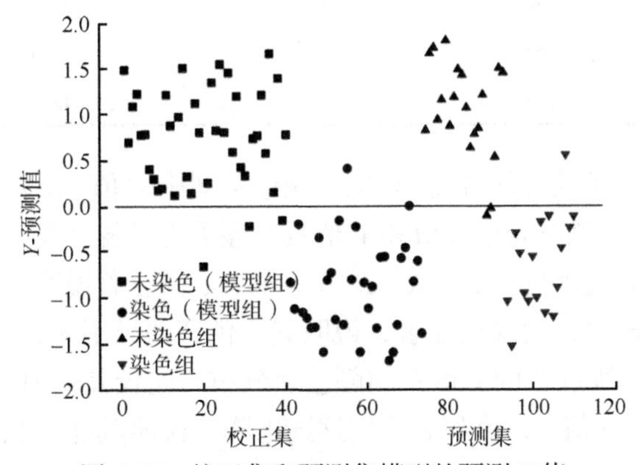

图 6-17　校正集和预测集模型的预测 Y 值

表 6-5　不同红花 PLS-DA 模型分类结果

分类	校正集	验证集	误判	Se	Sp	总判正率
未染色	40	20	5			
染色	8	2	0	90.00%	94.12%	91.89
掺假	25	15	3			

PCA 和 PLS-DA 模型均可以应用于染色红花鉴别。然而对于染色掺假红花，在 PCA 模型中，该类红花样本与未染色红花样本混淆，难以有效区分。原因可能是掺假量较少，色差较小。在 PLS-DA 模型中，未染色红花（Se=90%）和染色红花（Se=94.12%）均可以正确地区分。模型的总判正率为 91.89%，判别效果较优。同时，与 HPLC 方法相比，使用 PLS-DA 模式识别的方法，具有快速、无损的优势，适用于大量样本的快速分析[8]。

（七）基于颜色值的红花饮片等级质量评价

测定不同等级的 30 批红花饮片的颜色值，使用 SPSS20.0 软件分析不同等级红花颜色值之间的显著性差异。在进行显著性检验之前，首先对样本进行正态性检验，结果多个颜色值不符合正态分布，因此使用不要求样本正态分布的 Kruskal-Wallis 非参数进行检验，结果如表 6-6 所示。

表 6-6　不同等级红花颜色值的显著性检验结果

颜色值	平均值			P
	优级	统货	不合格	
R	159.08	155.73	136.52	0
G	61.33	61.28	60.52	0.44
B	32.46	33.09	37.33	0
L^*	39.52	38.91	35.34	0
a^*	38.48	37.28	30.60	0
b^*	37.53	36.40	29.46	0
H	13.45	13.59	13.72	0.69
S	0.80	0.79	0.73	0
V	0.63	0.62	0.54	0
C	53.76	52.12	42.48	0

显著性检验结果表明不同等级红花间 RGB 颜色空间中 R 值、B 值，Lab 颜色空间中 L 值、a 值、b 值和 c 值，HSV 颜色空间中 S 值和 V 值具有显著性差异。其中 L 值和 V 值显著，说明不同等级红花的亮度具有显著性差异。R、B、a、b 和 c 值显著说明不同质量等级红花的红色和黄色有差异。H 值不显著，而 S 值显著，说明其主色调差异不大，但饱和度不同。

表 6-7 显示了不同等级红花的 Lab 空间颜色值分布，比较其均值（图 6-18），可见随着红花质量等级下降，L 值、a 值、b 值和 c 值均逐渐下降，说明其亮度和彩度逐渐下降，其颜色逐渐变暗淡。

表 6-7　不同等级红花 Lab 空间颜色值结果

颜色值	等级	最小值	最大值	均值
L^*	优级	37.01	42.14	39.52
	统货	36.34	40.56	38.91
	不合格	35.03	35.91	35.34
a^*	优级	37.67	41.34	38.48
	统货	32.64	38.45	37.28
	不合格	30.13	30.79	30.60
b^*	优级	34.60	41.40	37.53
	统货	33.21	38.89	36.40
	不合格	29.01	30.11	29.46
C	优级	51.71	58.50	53.76
	统货	48.66	54.52	52.12
	不合格	41.82	42.98	42.48

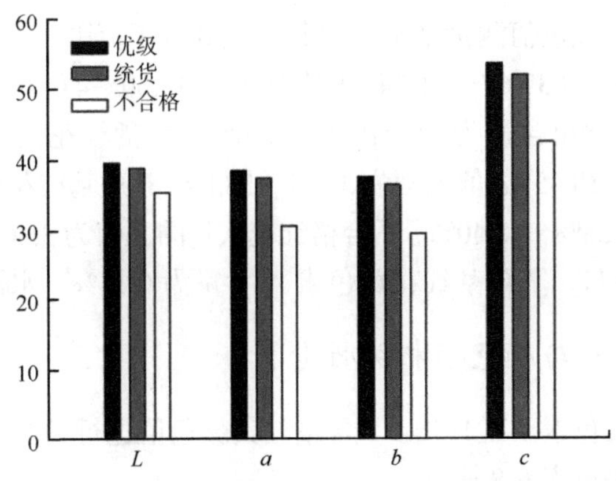

图 6-18　不同等级红花 Lab 空间颜色值变化趋势图

比较不同等级 Lab 值的分布范围，发现不合格品的 L 值为 35.03～35.91，a 值为 30.13～30.79，b 值为 29.01～30.11，与合格品之间差距较大。而优级品之间相比，分布范围呈下降趋势，但有部分交集，其中 a 值的差距最大，见图 6-19，说明红花的主色调红色的差异较大。这一结果与红花商品规格等级分类标准一致，说明了在市场上广泛流通的根据红花颜色划分等级的科学性。

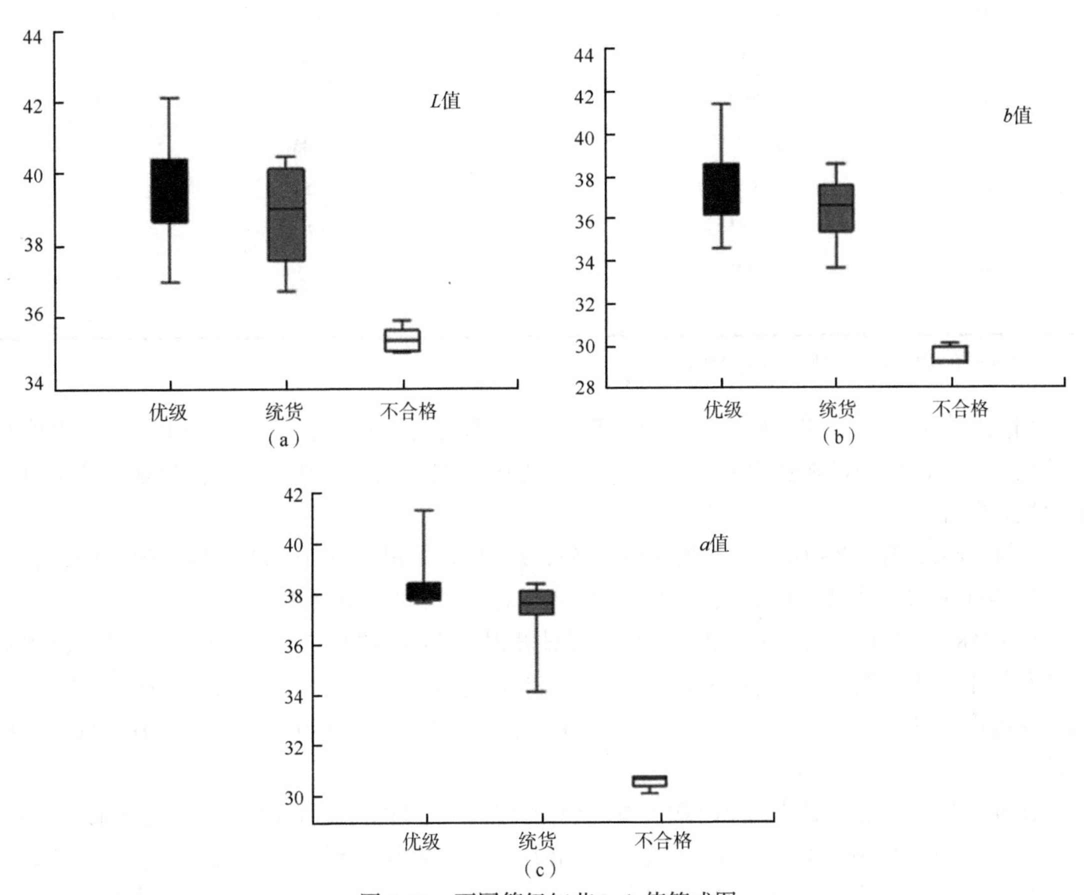

图 6-19　不同等级红花 Lab 值箱式图

根据不同等级红花的颜色值测量结果，对其颜色划分了范围。优级红花饮片的 L 值范围为 37.01～42.14，a 值范围为 37.67～41.34，b 值范围为 34.60～41.40，其羟基红花黄色素 A 含量为 1.32%～1.64%，水浸出含量为 38.21%～41.86%。统货红花饮片的 L 值范围为 36.34～40.56，a 值范围为 32.64～38.45，b 值范围为 33.21～38.89，其羟基红花黄色素 A 含量为 1.04%～1.45%，水浸出含量为 32.28%～40.40%。不合格红花饮片的 L 值为 35.03～35.91，a 值为 30.13～30.79，b 值为 29.01～30.11，其羟基红花黄色素 A 含量为 0.14%，水浸出物含量为 10.99%。

（八）化学成分含量与颜色值相关性分析

将红花中羟基红花黄色素 A（HSYA）含量与其颜色值进行关联，运用 SPSS20.0 软件对其进行相关性分析，结果见表 6-8 所示。

表 6-8　羟基红花黄色素 A 含量与颜色值的相关性

颜色值	HSYA		均值	标准差
	相关系数	P		
R	0.758**	0	155.93	6.57
G	0.183	0.062	61.26	3.41
B	−0.592**	0	33.08	1.55
L^*	0.629**	0	38.94	1.60
a^*	0.721**	0	37.36	2.12
b^*	0.757**	0	36.45	2.35
H	0.068	0.491	13.55	0.98
S	0.779**	0	0.79	0.17
V	0.749**	0	0.62	0.25
C	0.794**	0	52.21	2.94

注：**——在 0.01 水平（双侧）上显著相关，下同。

相关性分析结果表明，R、L、a、b、S、V 和 c 值均与 HSYA 含量显著正相关，而 B 值则显著负相关。R 值的显著强相关（r=0.758，P<0.01）说明红花的红色与所含羟基红花黄色素 A 含量显著相关。

a 值（r=0.721，P<0.01），b 值（r=0.757，P<0.01）和 c（r=0.794，P<0.01）的显著相关性则验证了这一结果，其中 a、b 和 c 值代表红花红色和黄色的强度。HSV 颜色空间中的 H 值（r=0.068，P>0.05）几乎不相关，而 S 值显著相关（r=0.779，P<0.01），这一结果说明不同红花样本的主色调均为红色（13.55），但是饱和度存在差异。此外，结果还显示 HSYA 含量与红花亮度密切相关，因为 L 值（r=0.629，P<0.01）和 V 值（r=0.749，P<0.01）具有强相关性。

此外，R 值、L 值（0.933，P<0.01）和 V 值（0.953，P<0.01）显著相关，同时与 b 值（0.989，P<0.01）和 c 值（0.941，P<0.01）显著强相关，说明 R 值是样本亮度信息和色度信息的整合，验证了颜色空间的理论。a 值和 S 值（0.918，P<0.01）的强相关说明了红花红色强度和饱和度之间的密切联系。

将红花中水溶性浸出物含量与其颜色值进行关联，运用 SPSS20.0 软件对其进行相关性分析，结果见表 6-9 所示。

表 6-9　水溶性浸出物含量与颜色值的相关性

颜色值	水浸出物		均值	标准差
	相关系数	P		
R	0.662**	0	155.93	6.57
G	−0.088	0.490	61.26	3.41
B	−0.762**	0	33.08	1.55
L^*	0.440**	0	38.94	1.60
a^*	0.822**	0	37.36	2.12
b^*	0.663**	0	36.45	2.35
H	−0.187	0.143	13.55	0.98
S	0.818**	0	0.79	0.17
V	0.673**	0	0.62	0.25
C	0.799**	0	52.21	2.94

水浸出物含量相关性分析结果表明，R、L、a、b、S、V 和 c 值均与其含量显著正相关，而 B 值则显著负相关。R、a、b、S 和 c 值显著正相关，说明红花的红色和黄色与水浸出物含量有密切的联系。L 和 V 值显著相关，说明随着含量增大，红花亮度增强。通过 a 值和 b 值相关系数的比较，说明红花的红色与水浸出物的含量更相关，黄色与 HSYA 含量更相关。

根据红花有效成分含量与颜色值相关性分析结果，红花外观颜色与其内含化学成分含量密切相关，随着含量增高，红花颜色变深，亮度增强，这一结果解释了辨色论质的科学内涵。

（九）化学成分含量与颜色值回归方程建立

以颜色值为自变量，以羟基红花黄色素 A 含量为因变量，使用 SPSS 20.0 软件进行多元线性回归分析，结果见表 6-10～表 6-12：

表 6-10　模型汇总表

模型	R	R^2	调整 R^2	标准估计的误差
1	0.842[a]	0.709	0.695	0.16098

注：a——经自由度调整过的 R。

表 6-11　方差分析表

模型		平方和	df	均方	F	P
1	回归	6.263	5	1.253	48.334	0.000[a]
	残差	2.566	99	0.026		
	总计	8.828	104			

注：a=0.05。

表 6-12　回归系数表

模型		非标准化系数		标准系数	t	P
		B	标准误差			
1	（常量）	−59.878	12.234		−4.894	0.000
	S	73.964	16.286	4.462	4.542	0.000
	V	3.047	2.239	0.267	1.361	0.177
	L	−0.228	0.051	−1.250	−4.481	0.000
	C	−0.095	0.044	−0.959	−2.160	0.033
	B	0.450	0.097	2.394	4.654	0.000

从表 6-10 可以看出，以颜色值作为自变量，羟基红花黄色素 A 含量作为因变量时，R^2 为 0.709，说明在 70.9%的程度上可以通过颜色值反映羟基红花黄色素 A 的含量。从表 6-11 可以看出，建立的回归方程 Sig.值小于 0.05，说明该方程在统计学上显著。表 6-12 显示了方程中各变量的系数，方程为 Y（HSYA 含量）$=73.964S+3.047V-0.228L-0.095C+0.450B-59.878$。图 6-20 显示了 HSYA 含量预测值与实测值的相关关系图。

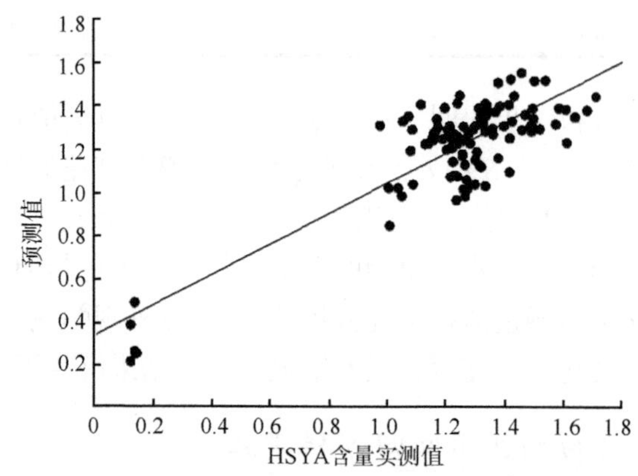

图 6-20　HSYA 含量预测值与实测值的相关关系图

水浸出物含量与颜色值回归分析如下。

以颜色值为自变量，以水浸出物含量为因变量，使用 SPSS 20.0 软件进行多元线性回归分析，结果见表 6-13 和表 6-15。

表 6-13　模型汇总表

模型	R	R^2	调整 R^2	标准估计的误差
1	0.898[a]	0.806	0.789	2.88401

注：a——经自由度调整过的 R。

表 6-14　方差分析表

模型		平方和	显著性水平自由度 df	均方	F	P
1	回归	1965.165	5	393.033	47.254	0.000[a]
	残差	474.100	57	8.318		
	总计	2439.265	62			

注：a=0.05。

表 6-15　回归系数表

模型		非标准化系数		标准系数	t	P
		B	标准误差			
1	（常量）	−1095.200	291.732		−3.754	0.000
	S	1408.491	389.846	3.854	3.613	0.001
	V	178.167	51.218	0.733	3.479	0.001
	L	−6.859	1.189	−1.763	−5.769	0.000
	C	−1.669	1.078	−0.771	−1.548	0.127
	B	8.121	2.300	1.898	3.531	0.001

从表 6-13 可以看出，以颜色值作为自变量，水浸出物含量作为因变量时，R^2 为 0.806，说明在 80.6%的程度上可以通过颜色值反映水浸出物的含量。从表 6-14 可以看出，建立的回归方程 Sig.值小于 0.05，说明该方程在统计学上显著。表 6-15 显示了方程中各变量的系数，给出多元线性回归方程为 Y（水浸出物含量）$=1408S+178.167V-6.859L-1.669C+8.121B-1095.2$。图 6-21 显示了水浸出物含量预测值与实测值的相关关系图。

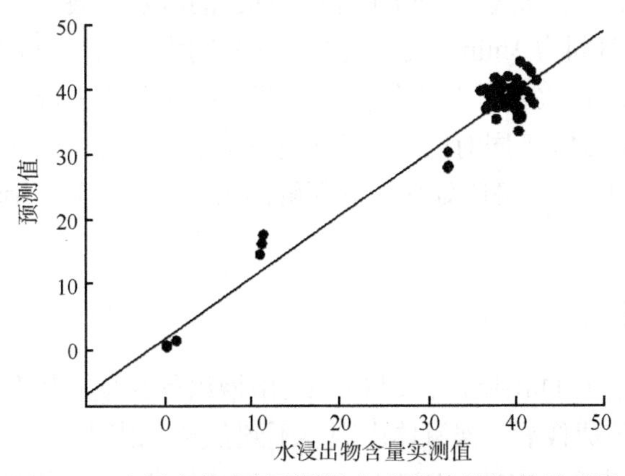

图 6-21　水浸出物含量预测值与实测值的相关关系图

建立了根据颜色值预测内含有效成分含量的多元线性回归方程：羟基红花黄色素 A 含量方程为 Y（HSYA 含量）$=73.964S+3.047V-0.228L-0.095C+0.450B-59.878$（$R^2=0.709$），水浸出物含量预测方程为 Y（水浸出物含量）$=1408S+178.167V-6.859L-1.669C+8.121B-1095.2$（$R^2=0.806$），说明通过外观颜色预测内含化学成分含量是可行的。

三、中药制造原料五味子木质素活体成像信息的 Y08 体内可视化研究

（一）仪器与材料

FX-Pro 小动物活体成像系统，Caresteam Health 公司；SPF 级 BALB/c 裸鼠，雄性，体重 18～20g，6～8 周，北京维通利华实验动物技术有限公司许可证号：SCXX（京）2012-0001；DiR Iodide 探针，北京中生瑞泰科技有限公司；异氟烷，深圳市瑞沃德生命科技有限公司。

（二）动物造模

将 9 只正常 BALB/c 裸鼠随机分为 3 组，每组 3 只，实验前禁食 12 小时，随意饮水。分

别实施尾静脉注射给药 0.2mL，给药方案如下：①空白对照，注射生理盐水（physiological saline）；②游离 DiR 组（DiR-溶液组，$0.2mg \cdot mL^{-1}$）；③DiR 标记的脂质体组（DiR-脂质体组，$0.2mg \cdot mL^{-1}$）。注射时间错开（间隔 5min），避免各组动物麻醉和成像产生冲突。

（三）活体成像检测

采用 FX-Pro 小动物活体成像系统，该系统主要由液晶可调谐滤光片和科研级电荷耦合器件（CCD）组成，液晶可调谐滤光片扫描范围为 500～950nm，扫描带宽、步进均为 10nm，数据采集、光谱分离处理过程均由 Bruker MISE 分析软件完成。DiR 检测时激发波长为 748nm，发射波长为 780nm。液晶可调谐滤光片 780～950nm，扫描步进为 10nm，曝光时间为 15s。

（1）开启气体麻醉系统，调节麻醉系统氧气与异戊烷的比例及气体流量，分别将各组动物置于气体麻醉仓，待动物麻醉至一定程度，取出。

（2）迅速将麻醉好的动物放入成像仓，并将动物头部塞入麻醉气体出口处，减小麻醉气体流量，维持麻醉，并调节裸鼠的姿态，四肢朝上，呈仰卧姿势，以便准确清楚地检测各脏器的荧光强度。

（3）打开成像软件，荧光成像以 760nm 作为 DiR 的激发光波长，以 790nm 作为发射光波长，固定 X 射线的曝光时间为 1min，荧光成像曝光时间为 15s，进行 X 射线图像采集、拍摄。

（4）采用 Bruker MISE 软件对 X 射线图片和荧光成像图片进行重叠定位，于注射后 1h、2h、3h、6h、8h、12h 和 24h 不同时间点，观察小鼠体内各器官微区荧光的分布及强度变化。

（5）在给药 3h 及 24h 后，脱臼处死，立即解剖出心、肝、脾、肺、肾、脑，待对离体组织进行成像实验。

（四）活体荧光成像

空白组（生理盐水组）、DiR-脂质体组和 DiR-溶液组的裸鼠活体荧光的时序分布如图 6-22 所示。生理盐水组经活体成像后，裸鼠体内观察不到荧光，说明空白组无荧光干扰；DiR-溶液组在裸鼠体内分布较弱且无靶向性；DiR 标记的脂质体给药组呈现明显的肝区富集。

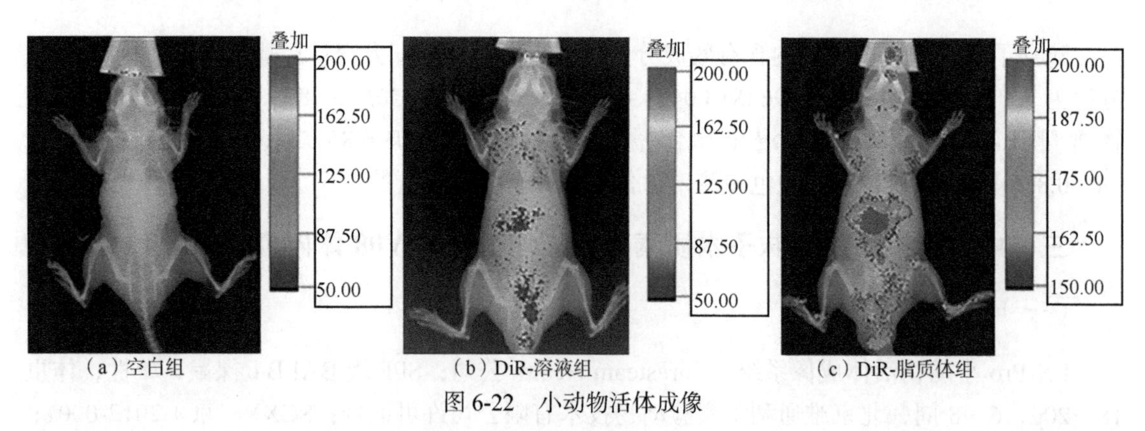

（a）空白组　（b）DiR-溶液组　（c）DiR-脂质体组

图 6-22　小动物活体成像

图 6-23 中 DiR-溶液组裸鼠活体荧光的时序分布结果表明，在监测的 24h 内，DiR-溶液组裸鼠全身呈现微弱的荧光信号，且无明显的脏器靶向。

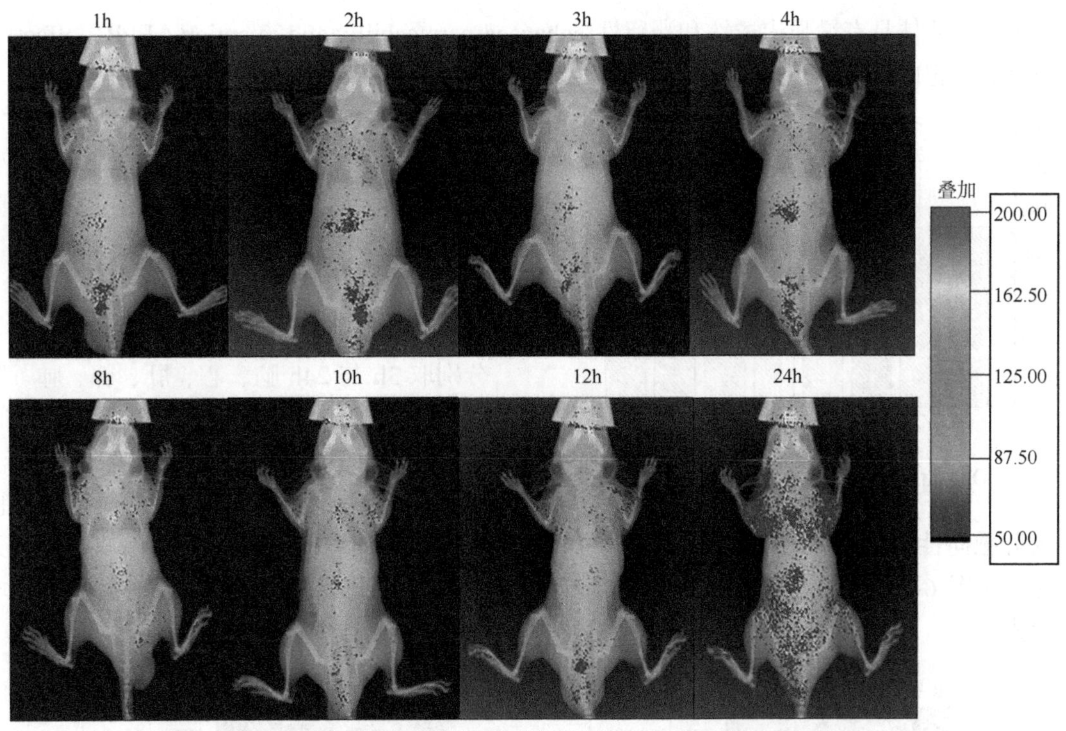

图 6-23　DiR-溶液组裸鼠活体荧光时序分布

图 6-24DiR-脂质体组裸鼠活体荧光时序分布结果表明，注射之后的 1～12h DiR-脂质体组呈肝靶向性，12h 后 DiR-脂质体组肝区仍能监测到荧光信号，延长 DiR 探针在体内的保留时

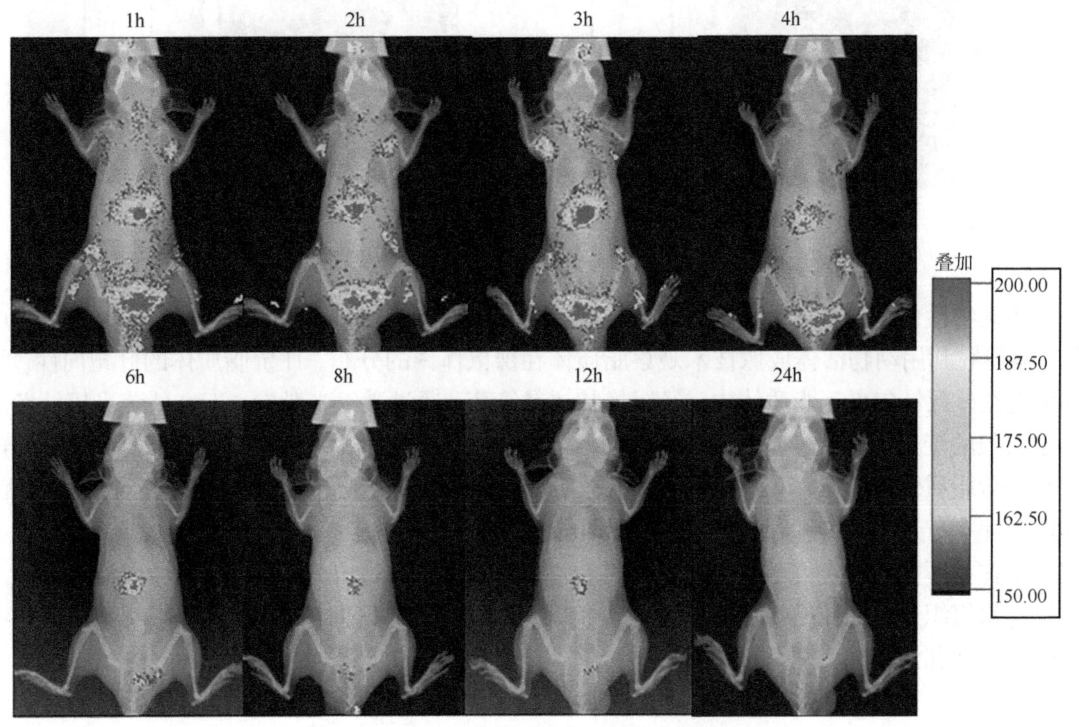

图 6-24　DiR-脂质体组裸鼠活体荧光时序分布

间，说明脂质体具有增强渗透性和滞留性[enhanced permeability and retention（EPR）effect]作用及肝微区靶向性。

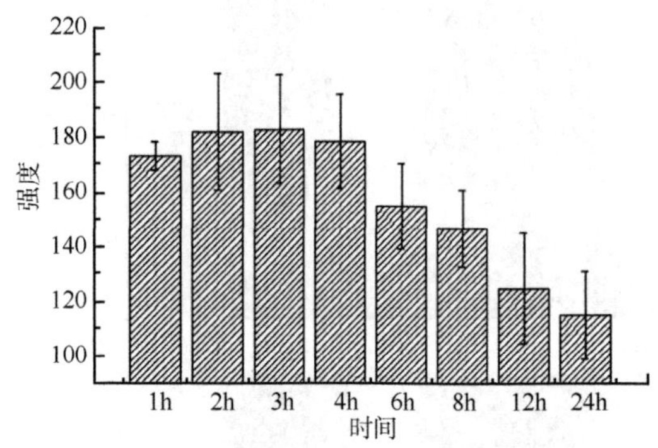

图 6-25　DiR-脂质体组肝区荧光强度的半定量分析

图 6-25 为 DiR-脂质体组肝区荧光强度半定量分析结果。由图可知，尾静脉注射 3h 后，荧光强度达到最大值，随着注射时间延长，信号强度逐渐减弱，24h 后信号降至最弱。

（五）离体组织分布研究

分别取 3h 与 24h 脑、心、肝、脾、肺、肾离体组织进行成像分析。由图 6-26（a）可知，DiR-脂质体组注射 3h 后，肝呈亮红色，脾呈浅蓝色，其他组织无荧光，说明脂质体组具有良好的肝靶向性；DiR-溶液组肝部呈较弱的蓝色荧光，脾和肺均呈蓝绿色荧光；其他组织无荧光。由图 6-26（b）可知，注射 24h 后 DiR-脂质体组肝仍呈亮红色，而 DiR-溶液组基本无荧光。

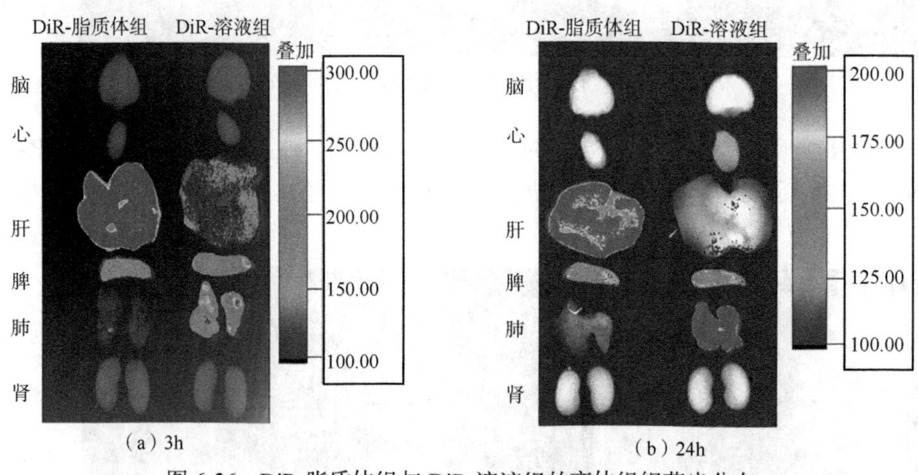

图 6-26　DiR-脂质体组与 DiR-溶液组的离体组织荧光分布

小动物活体成像技术是实时、无创可视化的在体监测成像技术、其评价更科学、准确、可靠。本研究利用动物活体成像技术观察脂质体在裸鼠体内的分布，评价脂质体的肝靶向性。将 DiR 近红外探针包裹于脂质体内，经尾静脉注射给药，通过激发光激发，近红外荧光探针发出一定波长的荧光，再通过 CCD 获取裸鼠体内荧光分布图像，然后通过分析软件既可快速、可靠地评价脂质体在裸鼠体内的分布情况。由三个实验组体内荧光分布可知，空白组无荧光干扰；DiR 探针本身无靶向作用；DiR 标记的脂质体给药组呈现明显的肝区富集。在 24h 内，由三个实验组体在不同时间点内的荧光分布可知，脂质体组延长了 DiR 探针在裸鼠体内滞留时间。离体小鼠组织微区分布结果进一步验证了小动物活体成像微区时序分布结果，表明脂质体具有增强渗透性和滞留性效应[10]。

第四节　中药制造中间体光谱成像信息学实例

一、中药制造混合过程银黄近红外光谱成像信息的空间分布均匀性研究

（一）仪器与材料

Spectrum Spotlight400/400N 傅里叶变换近红外/红外光谱成像仪（PerkinElmer 公司，英国），16×1 阵列 MCT 检测器；金银花提取物和黄芩提取物购于当地提取物公司（黄芩提取物中黄芩苷的含量经 HPLC 归一化法纯度分析，纯度为 93.1%），淀粉购于安徽山河药用辅料股份有限公司。所有样本在 50℃条件下干燥 24h，样品分析前过 200 目筛。

（二）样品制备与检测

取一定量的金银花提取物、黄芩提取物和淀粉置于样品瓶中，配置相同比例的金银花提取物、黄芩提取物和淀粉三元体系八份样品于微型混合器中，在不同的混合时间和混合旋转速度条件下混合，详细参数见表 6-16。每一混合过程中将中间体置于载玻片中采集近红外光谱成像数据。

表 6-16　银黄混合过程参数和混合比例

编号	混合比例/g	混合时间/min	混合旋转速度/（rpm/min）
B1	LJE（0.1229）+SBE（0.0510）+STA（0.1940）	0.5	40
B2	LJE（0.1262）+SBE（0.0503）+STA（0.1951）	2	40
B3	LJE（0.1308）+SBE（0.0517）+STA（0.1884）	5	40
B4	LJE（0.1259）+SBE（0.0505）+STA（0.1939）	10	80
B5	LJE（0.1255）+SBE（0.0520）+STA（0.1887）	15	80
B6	LJE（0.1247）+SBE（0.0505）+STA（0.1902）	20	80
B7	LJE（0.1241）+SBE（0.0511）+STA（0.1886）	30	120
B8	LJE（0.1278）+SBE（0.0500）+STA（0.1902）	50	120

（三）数据处理软件

采用 Spotlight400 分析系统采集成像光谱数据，进行数据分析（Perkin Elmer 公司，英国）。ISys5.0 化学图像软件运用于近红外图像数据处理。其余各计算程序均自行编写，采用 MATLAB 软件工具（The MathWorks Inc.）计算。

（四）三种样品成像空间分布辨识

分别采集淀粉、金银花提取物和黄芩苷的成像图，从三种样品图像中提取出淀粉、金银花提取物和黄芩苷的近红外光谱图（图 6-27）。从图 6-27 原始光谱中可以看出，光谱之间可能存在较高相似性。为了能够明显区分三元混合体系的成分的空间分布，必须先两两比较样品光谱的相关性。以 Pearson 相关性指数为指标，计算图 6-27 中样品光谱与其他样品成像图中像元的相关性。从图 6-28 可以看出，淀粉原始光谱和黄芩苷成像图中像元的相关值在 0.41 以下；金

银花提取物原始光谱和黄芩苷成像图中像元的相关值在 0.44 以下；淀粉原始光谱和金银花提取物成像图中像元的相关值达到 0.95。结果表明：采用 BACRA 法和近红外成像技术，三元混合体系中黄芩苷空间能够被指认出来，而淀粉和金银花提取物空间分布不能够被区分。

采用同样的光谱预处理方法，对三种样品和三元混合体系的成像图进行光谱预处理。从图 6-27（c）可以看出，三元混合体系导数光谱中 4168cm^{-1} 波峰位置是淀粉的特征光谱点，4016cm^{-1} 波峰位置为黄芩苷特征光谱点；7736cm^{-1} 波峰位置为金银花提取物特征光谱点。因此，采用特征波长点成像图能够构建三元体系中金银花提取物和淀粉的成分空间分布图。

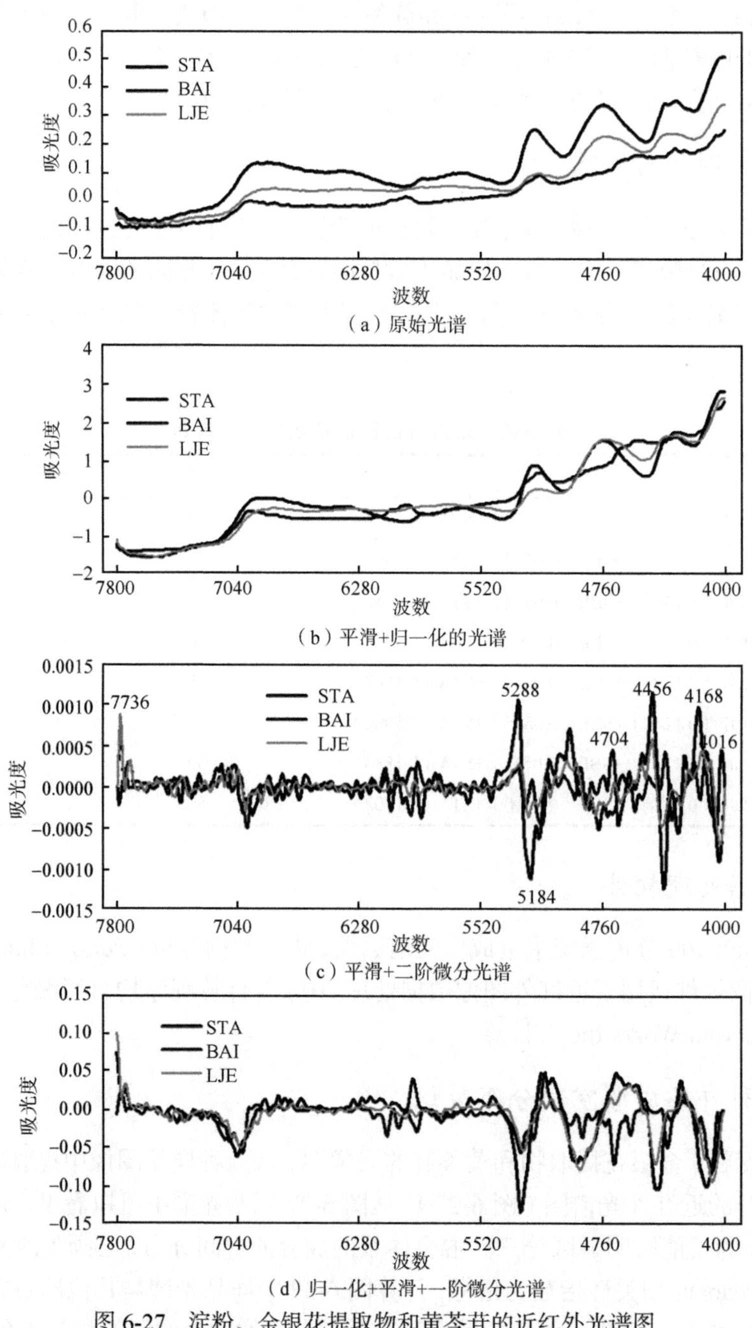

图 6-27　淀粉、金银花提取物和黄芩苷的近红外光谱图

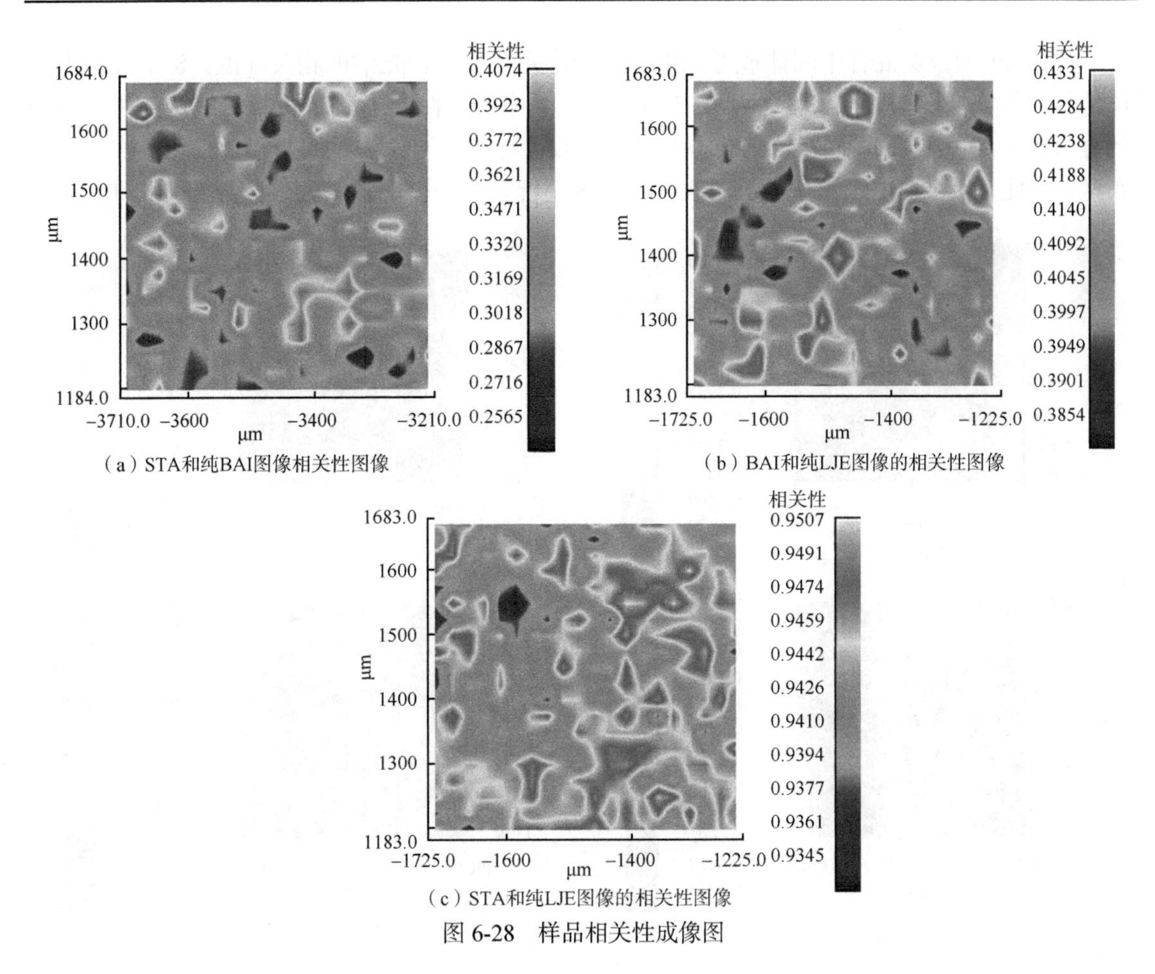

（a）STA和纯BAI图像相关性图像

（b）BAI和纯LJE图像的相关性图像

（c）STA和纯LJE图像的相关性图像

图 6-28　样品相关性成像图

（五）混合中间体空间分布辨识

采用 BACRA 法，计算黄芩苷的光谱与混合体系中间体的成像图中每一个像元的相关性值，以最高相关性值为标准，筛选最佳的光谱预处理方法。由表 6-17 可知，9 点 SG 平滑组合标准化预处理方法最优，故采用该预处理方法构建混合体系中间体中黄芩苷相关性分布成像图。此外，从表中看出，相比其他光谱预处理的相关性成像图，二阶微分光谱预处理后的相关性值最小，说明干扰信息影响了像元与淀粉漫反射光谱的比对。近红外成像技术与常规的近红外技术一样，漫反射光谱仍然受噪声、散射和衍射等干扰因素的影响，特别是二阶导数光谱尤为突出。

表 6-17　不同预处理方法像元与黄芩苷光谱最高相关性结果

预处理方法	B1	B2	B3	B4	B5	B6	B7	B8
原始光谱	0.9635	0.9455	0.9479	0.9515	0.9283	0.9128	0.9230	0.9262
平滑+正则化处理	0.9780	0.9560	0.9635	0.9649	0.9824	0.9729	0.9777	0.9763
平滑+二阶微分处理	0.7592	0.6808	0.7201	0.7286	0.6945	0.6388	0.6537	0.6802
正则化+平滑+一阶微分处理	0.9008	0.8489	0.8737	0.8848	0.8696	0.8407	0.8448	0.8324

图 6-29 为银黄混合中间体成像图中每一个像元与黄芩苷光谱的相关性值。8 个混合中间体的相关性成像图均有相关性达到 0.95 的像元，其中相关性大于 0.95 的像元被认为是黄芩苷的分布区（红色区域）。同样，与黄芩苷相关性较低的像元被认为是淀粉和金银花提取物的分布区。因此，通过 BACRA 法能够可视化辨识 8 个混合中间体的黄芩苷成分分布。此外，从相

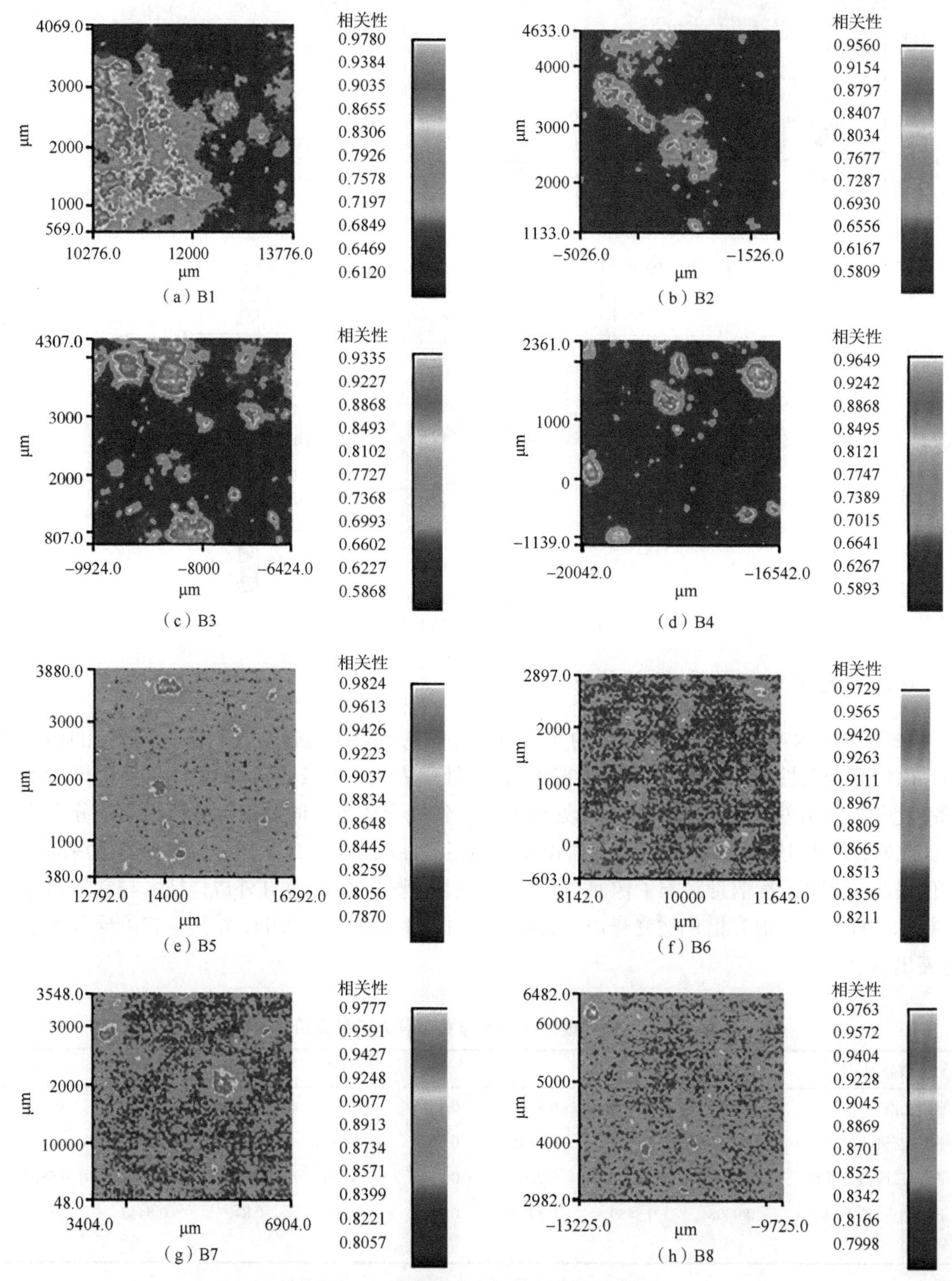

图 6-29　银黄混合中间体相关性成像图

关性成像图看出，8 个混合中间体分布区都存在不同大小的黄芩苷结块，并且随着混合时间和混合力度的改变，黄芩苷结块区逐渐减小。以上结果说明近红外成像技术能够可视化混合过程中间体状态信息，有利于理解混合过程，进而控制产品质量。

采用 4016cm^{-1}、4168cm^{-1}和 7736cm^{-1}三个特征光谱构建了三元混合体系的 RGB 图像，如图 6-30 所示。从图中看出，每一中间体的 RGB 图像金银花提取物空间分布相对较均匀，而黄芩苷分布区相对不均且出现多处结块现象。此外，随着混合时间的进行，黄芩苷结块区（红色）逐渐减小。采用 ISys5.0 化学图像软件，计算黄芩苷分布区域数目以及区域大小。从表 6-18 可以看出，随着混合过程的逐渐进行，黄芩苷分布区直径由 1.61mm 减小到 1.28mm，说明了混合体系均匀性逐渐增加。此外，从表中数据可以看出，成像图中黄芩苷面积比例与实验设计的含量相比减少，其主要与成像采集表面的黄芩苷光谱有关。

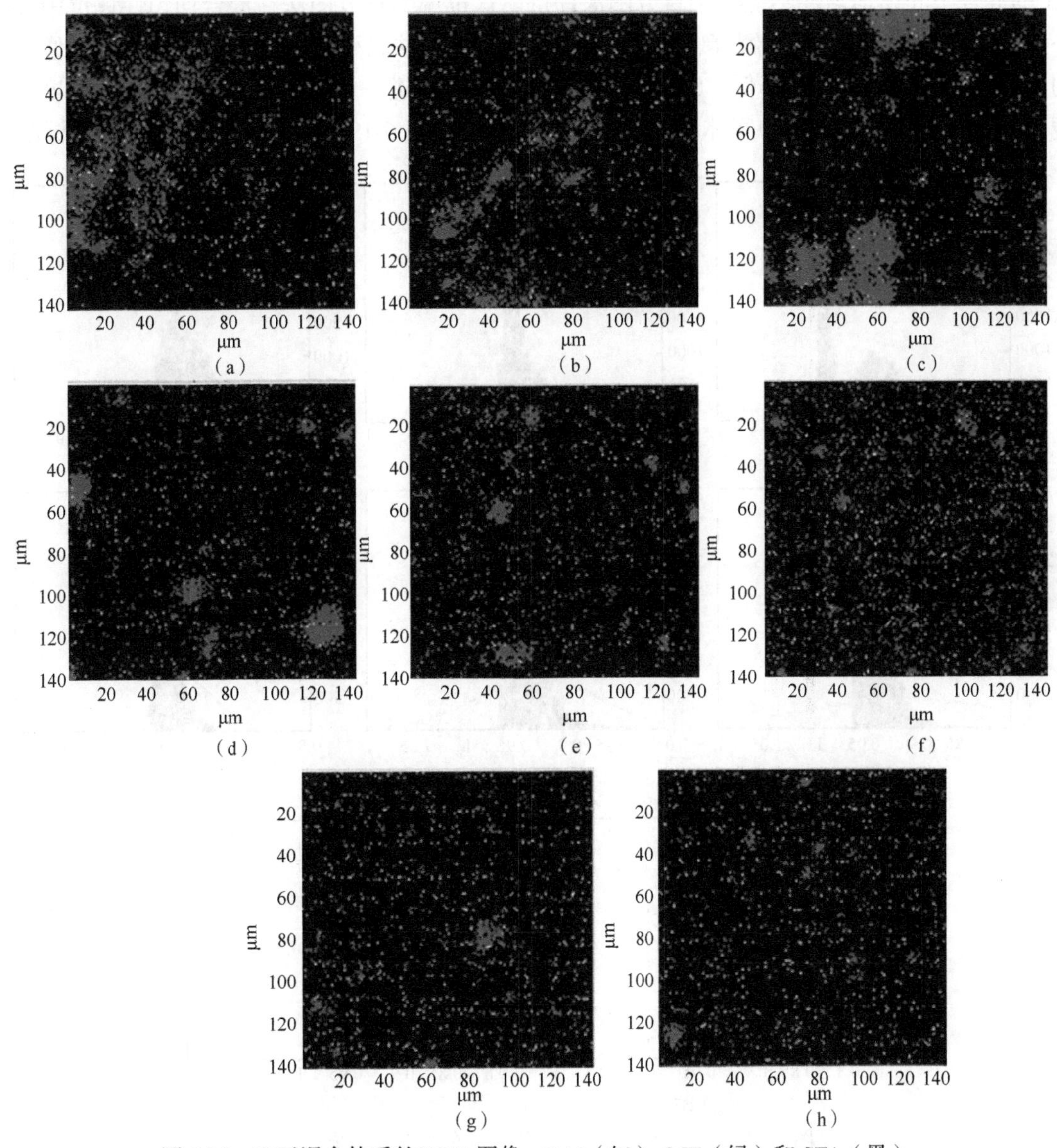

图 6-30　三元混合体系的 RGB 图像：BAI（红）、LJE（绿）和 STA（黑）

表 6-18 银黄混合中间体黄芩苷分布统计分析

混合中间体	B1	B2	B3	B4	B5	B6	B7	B8
分布区数目	548	680	329	375	437	542	658	490
分布区域/%	14.8	8.7	10.1	5.1	4.4	4.3	5.6	3.8
分布区直径/mm	1.61	1.43	1.56	1.39	1.35	1.30	1.31	1.28

（六）混合中间体空间分布均匀性评价

采用直方图法评价混合中间体黄芩苷空间分布均匀性。图 6-31 为 8 个混合中间体的成像图的统计结果。总体上，红色曲线拟合形成高斯分布。B1 到 B8，红色曲线的峰形逐渐尖锐，表明混合中间体越来越均匀。此外，B1 到 B3，红色曲线未拟合形成明显的峰形，说明 B1 到 B3 的混合中间体均匀性不能采用直方图法评价。这也说明直方图法在混合均匀性评价中存在一定制约。对这一结果给出解释，复杂体系中采用直方图法易受成像成分分布图中异常像元点的干扰，方法的准确性会降低。8 个混合中间体的直方图进一步采用均值、标准差、峰度、偏度四个统计参数评价混合中间体的成分分布均匀性。从表 6-19 可以看出，B1 到 B8 的标准差

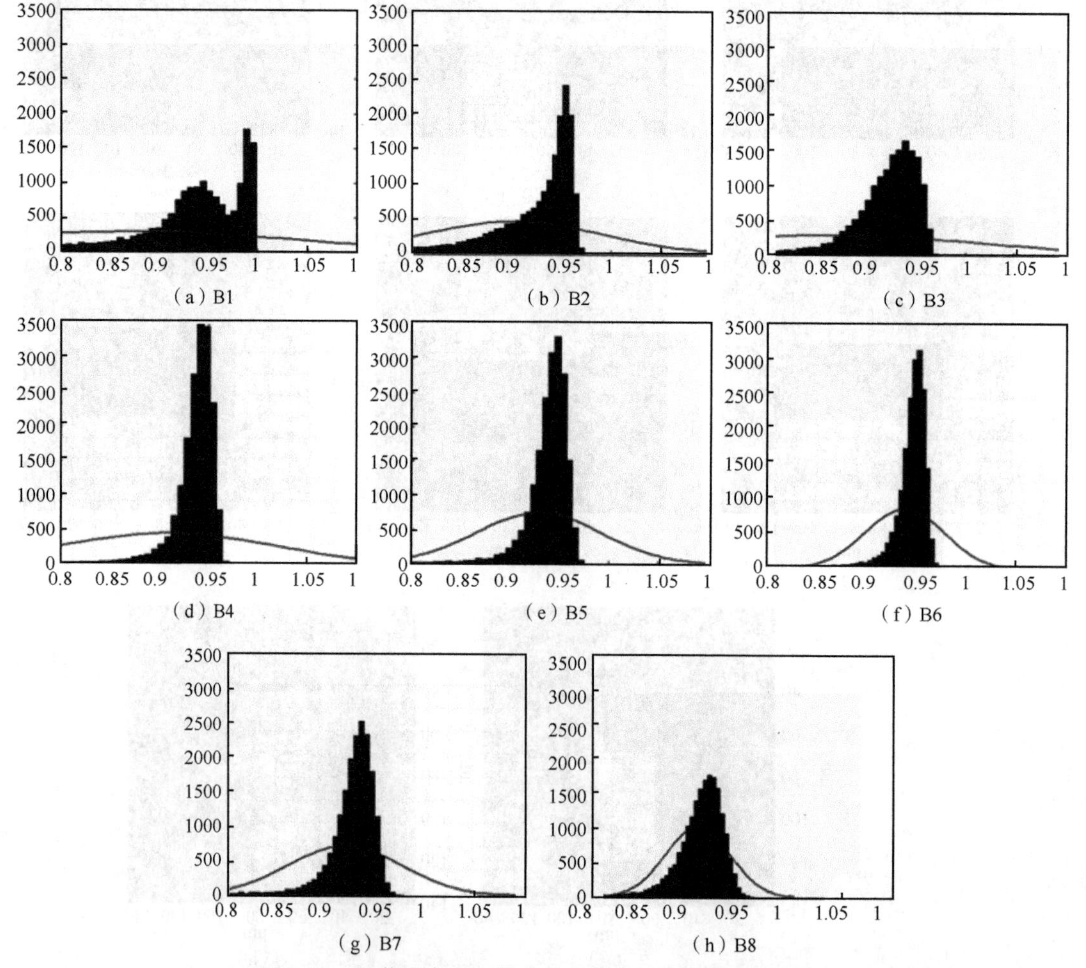

图 6-31 银黄混合中间体黄芩苷分布的直方图统计结果

注：横坐标表示混合中间体的不同位置或区间，纵坐标表示该位置或区间内混合体的数量或频率。

表 6-19　银黄混合中间体黄芩苷分布的直方图分析结果

混合中间体	B1	B2	B3	B4	B5	B6	B7	B8
标准差	0.17	0.09	0.16	0.11	0.06	0.04	0.05	0.03
均值	0.87	0.90	0.86	0.91	0.93	0.94	0.92	0.91
峰度	7.03	13.98	9.73	27.03	65.19	56.06	51.90	31.28
偏度	−2.17	−3.04	−2.73	−4.76	−7.13	−6.26	−6.24	−3.87

值由 0.17 变化到 0.03，说明了混合均匀性逐渐增加。其中，B1 到 B4，标准差值变化剧烈，说明这是混合不稳定期。采用峰度和偏度两个参数评价中，B5 到 B8，峰度参数值由 65.19 变化到 31.28，反映这期间混合过程逐渐趋于不均匀，而偏度参数值由−7.13 变化到−3.87，却反映该期间混合过程逐渐趋于均匀，这两种统计参数反映了混合均匀性趋势的不一致，肯定了直方图法在复杂体系混合过程均匀性评价中存在一定制约。

采用移动式像元块标准差法（MBMRSTDEV）评价混合中间体黄芩苷空间分布均匀性。图 6-32 为不同像元块大小的 8 个混合中间体成像图的相对标准差值。从图 6-32 可以看出，像元块大小区域越小，相对标准差值越大，说明成像图成分分布不均匀。此外，从图中不同混合期的相对标准差变化曲线看出，B1 到 B6 混合期间，混合中间体相对标准差值变化明显并且总体存在减小的趋势，说明混合过程中最初 20min 中间体状态相对不均匀并处于明显变化期；B6 到 B8 混合期间，相对标准差值变化减弱并相对较小，表明此段混合期间的中间体均匀性增加并处于变化缓和期。此外，从不同像元块大小的相对标准差值看，相对标准差值变化趋势一致，说明采用相对标准差值参数能够快速地辨识混合均匀性。综上所述，通过 MBMRSTDEV 法能够简单便捷地获得混合过程均匀性信息，实现混合过程可视化监控。

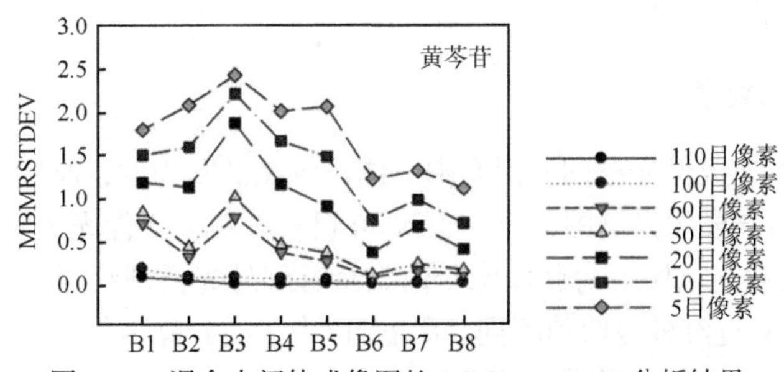

图 6-32　混合中间体成像图的 MBMRSTDEV 分析结果

本研究以银黄片中金银花提取物、黄芩提取物和淀粉的混合过程评价为例，采用 BACRA 法和特征波长点，构建了三元体系成分的空间分布图；采用 ISys5.0 化学图像软件，计算黄芩苷分布区域数目以及区域大小，通过区域数目以及大小变化趋势评价混合中间体均匀性。结果表明，黄芩苷分布区直径由 1.61mm 减小到 1.28mm，说明混合体系均匀性逐渐增加；同样采用基于参数的直方图法评价混合过程均匀性，指出了直方图法在复杂体系混合过程均匀性评价中的不足之处。为此，本书借助于二值化图像建立一种混合均匀度图像评价方法——移动式像元块标准差法，能够简单便捷地获得混合过程均匀性信息，实现混合过程可视化监控[12]。

二、中药制造混合过程近红外黄芩、黄连光谱成像信息的空间分布均匀性研究

（一）仪器与材料

Spectrum Spotlight 400/400N 傅里叶变换中红外/近红外成像仪，16×1MCT 阵列检测器（PerkinElmer 公司，美国）。黄连（厦门宏仁医药有限公司，批号：11000438），黄芩（亳州药品采购供应站，批号：11000521）。

（二）样品制备与检测

取黄芩和黄连各适量，分别粉碎，过 60 目筛，待用；同法，分别制得黄芩和黄连 80 目、100 目、120 目粉末，待用。分别取等量（约 0.3g）的黄芩和黄连相同粒径的粉末，采用过筛混合法混合，重复混合 3 次，制得黄芩和黄连混合均匀粉末。同法，分别制得黄芩和黄连 60 目、80 目、100 目、120 目的混合均匀粉末。

采用漫反射方式采集近红外成像光谱。将各粒度粉末压片后，分别置于载物台上，调节载物台位置，选择粉末表面较平整区域进行近红外成像光谱扫描，分别得到 60 目、80 目、100 目、120 目黄芩和黄连的成像光谱图以及各粒度混合中间体成像光谱图。光谱条件：以 99%Spectralon（PerkinElmer 公司，美国）为背景，分辨率为 16cm^{-1}，扫描范围为 7800～4000cm^{-1}，扫描次数 8 次；像元大小为 25μm×25μm，图像大小为 1000μm×1000μm。

（三）数据处理软件

采用 HyperView 软件和 Spectrum Image 软件（英国 PerkinElmer 公司）进行光谱采集。采用 MATLAB2009b 软件工具（美国 MATLAB 公司）软件和 Unscrambler7.0（挪威 CAMO 公司）软件对光谱图像进行数据处理。

（四）光谱成像数据采集

以 60 目黄芩和黄连成像光谱图及混合中间体成像光谱图为例，原始光谱图（图 6-33）中（a）表示 60 目黄连粉末成像光谱图，（b）表示 60 目黄芩粉末成像光谱图，（c）表示 60 目黄芩和黄连混合粉末成像光谱图。每张图像是由大量近红外光谱图组成的三维图像。图像中不同颜色表示样品表面对近红外吸收值不同，原始光谱由于受到噪声等的影响无法反映黄芩和黄连粉末混合均匀性状态，需对原始光谱进行处理。

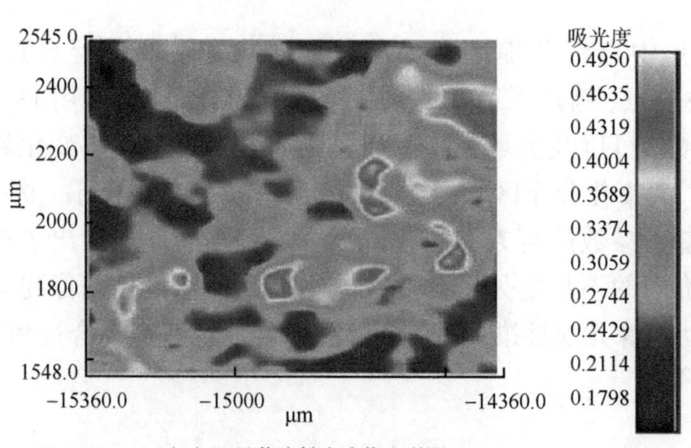

（a）60目黄连粉末成像光谱图

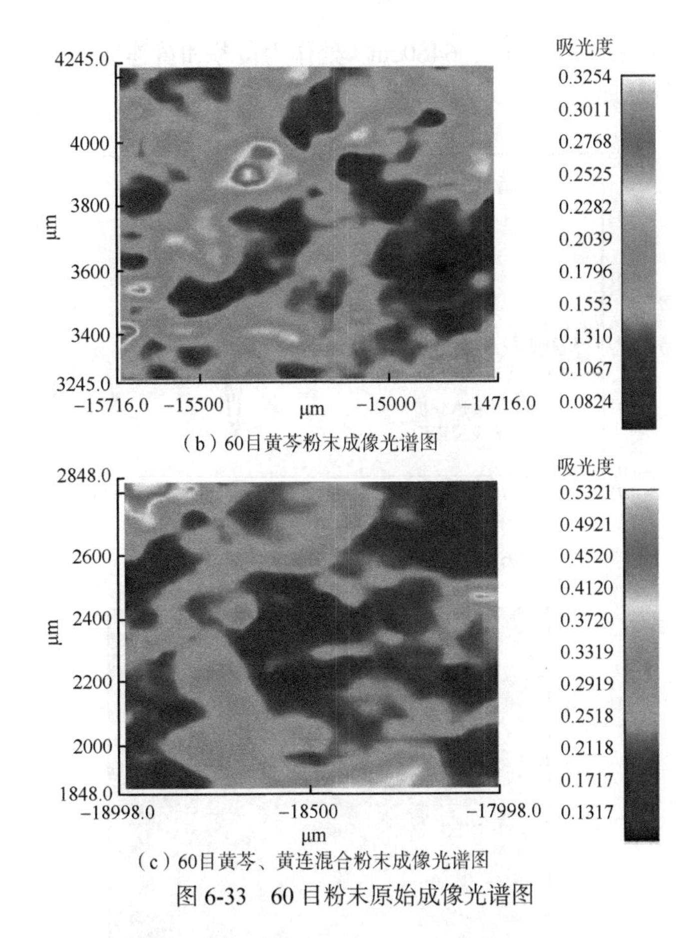

（b）60目黄芩粉末成像光谱图

（c）60目黄芩、黄连混合粉末成像光谱图

图 6-33 60 目粉末原始成像光谱图

（五）光谱成像数据预处理

对 60 目黄芩、黄连及混合粉末原始光谱图进行一阶求导，分别得到一阶导数光谱图，提取黄芩和黄连原始图像中的光谱图并对光谱图进行一阶求导处理，分别得到黄芩和黄连的一阶导数光谱，得到图 6-34 所示黄芩和黄连特征光谱的一阶导数光谱图。图中红色表示黄芩特征光谱的一阶导数光谱，黑色表示黄连特征光谱的一阶导数光谱，该光谱图表明了黄芩和黄连在近红外区的吸收情况。从图 6-34 中可以看出，黄芩和黄连一阶导数光谱图中没有较明显区分波段，但在 5924cm^{-1} 和 6578cm^{-1} 处两条吸收曲线有差异，即黄芩和黄连混合粉末在这两个波数下对近红外的吸收有差异，因此可以在此波数下对图像进行重构。在 6578cm^{-1} 波数对 60 目黄芩和黄连混合粉末图像进行重构得到图 6-35 所示的 RGB 图，其中红色和黄色区域代表黄连粉末的分布，蓝色区域表示黄芩粉末的分布。由图可以看出，一阶导数处理可以用于黄芩和黄连混合粉末的辨识，但是由于一阶导数光谱图中区分两粉末的波段不明显，一阶导数处理后图谱辨识效果不理想。

对 60 目黄芩、黄连及混合粉末原始光谱图进行二阶求导，分别得到二阶导数图。提取黄芩和黄连原始图像中的光谱图并对光谱图进行二阶求导处理，分别得到黄芩和黄连的二阶导数光谱，得到图 6-36 所示黄芩和黄连特征光谱的二阶导数光谱图。图中红色为黄芩的二阶导数光谱，黑色为黄连的二阶导数光谱。从图中可以看出，经二阶导数处理后，黄芩和黄连光谱图中区分波段较为明显。在波数 5890cm^{-1} 和 6460cm^{-1} 时黄芩、黄连吸收曲线分别位于波峰和波谷处，因此，选择波数在 5890cm^{-1}、6460cm^{-1} 处作为黄芩和黄连混合粉末的区分波数。研究中在 5890cm^{-1} 处进行处理。

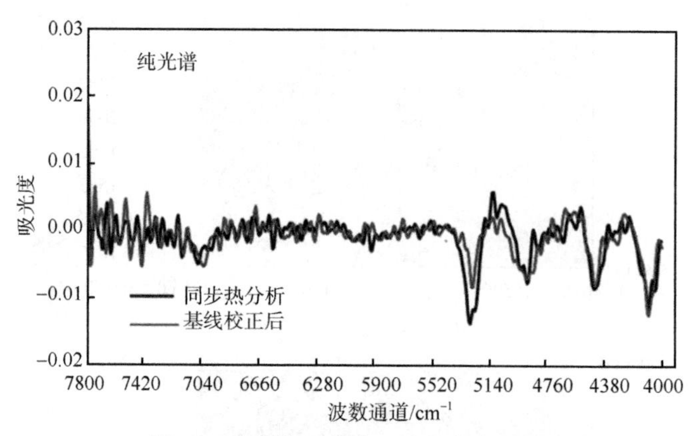

图 6-34　黄芩和黄连一阶导数光谱图

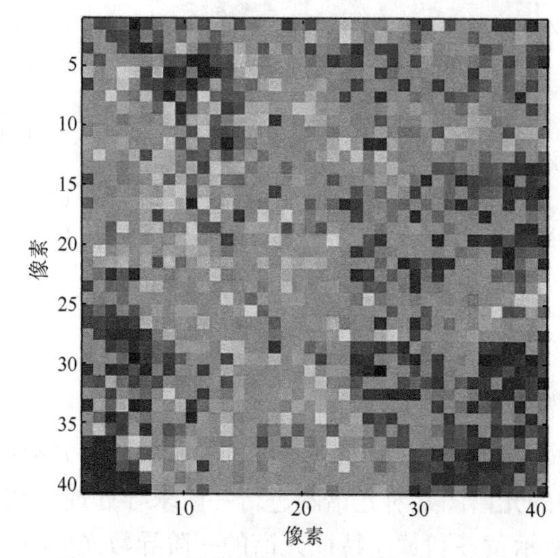

图 6-35　60 目黄连和黄芩混合粉末 RGB 图

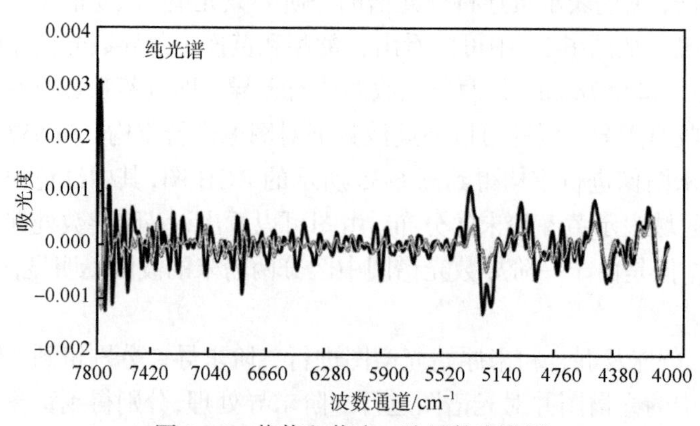

图 6-36　黄芩和黄连二阶导数光谱图

选择波数 5890cm^{-1} 分别构建 60 目、80 目、100 目、120 目图像的 RGB 图，利用全局阈值法得到各图像的二值化图，见图 6-37，其中红色区域表示黄连粉末的分布，黑色区域表示黄芩粉末的分布。可以看出，经二阶导数处理后两种粉末可以较直观地辨识出来，表明二阶导数处理用于两元中药材粉末混合状态的可视化辨识效果较好；同时可看出图中红色区域（黄连粉末）分布比较均匀，表明经二阶导数处理后构建二值化图能够直观反映出药材粉末混合均匀性。

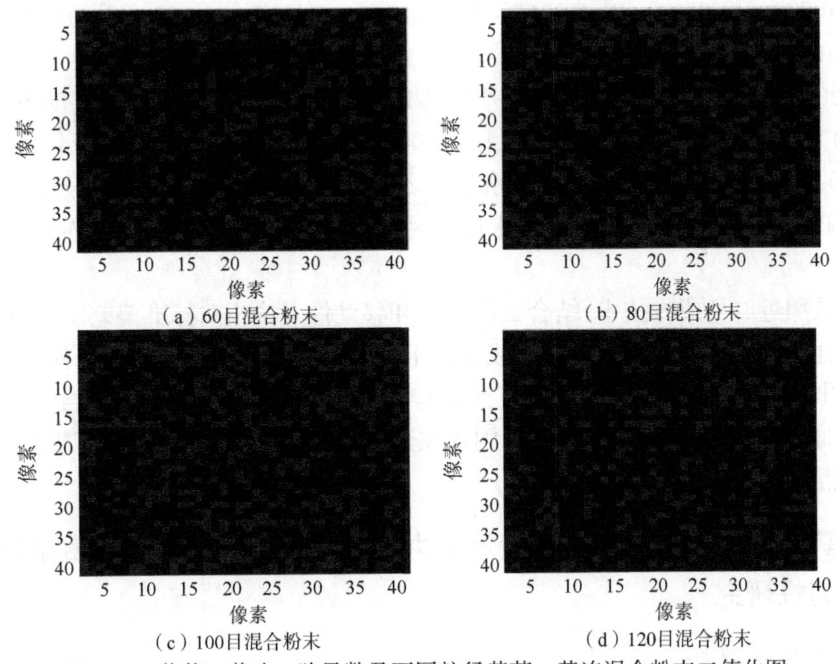

图 6-37　黄芩、黄连二阶导数及不同粒径黄芩、黄连混合粉末二值化图

（六）黄芩、黄连混合中间体空间分布均匀性评价

本研究采用移动像元块相对标准偏差法，一种适用于评价药物粉末混合过程混合均匀性的方法。该方法通过计算某一像元块大小中某一颜色部分在像元块中所占比例，然后按照一定移动距离移动，分别计算每次移动时该颜色部分所占比例，求得在此像元块大小下所求的不同比例值之间的 RSD 值，再取不同像元块并计算 RSD 值，最后比较求得的 RSD 值之间的差异，来判断药物混合均匀性。移动像元块相对标准偏差法中各 RSD 值之间差异越小说明药物混合物越均匀。

本研究采用移动像元块相对标准偏差法，计算二值化图像中像元块移动时红色部分（黄连粉末）在像元块中所占比例的 RSD 值，像元块大小选择 2×2、3×3、4×4、5×5、6×6、8×8、10×10、12×12、15×15、20×20、24×24、30×30、40×40、60×60 移动距离分别为各像元块边长。不同大小像元块所计算的 RSD 值见表 6-20。

表 6-20　不同大小像元块的 RSD 值

粒度	RSD 值													
	2×2	3×3	4×4	5×5	6×6	8×8	10×10	12×12	15×15	20×20	24×24	30×30	40×40	60×60
60 目	1.39	1.19	1.00	0.86	0.75	0.60	0.50	0.43	0.36	0.28	0.24	0.21	0.17	0.09
80 目	1.18	1.01	0.86	0.74	0.64	0.51	0.42	0.36	0.30	0.23	0.20	0.17	0.14	0.09
100 目	1.20	1.02	0.85	0.73	0.63	0.50	0.42	0.35	0.29	0.21	0.17	0.13	0.08	0.04
120 目	1.46	1.26	1.09	0.94	0.82	0.65	0.53	0.44	0.35	0.27	0.23	0.18	0.12	0.07

对同一粒度不同像元块大小的 RSD 值进行回归处理，计算斜率，比较斜率的绝对值，斜率越小，说明取不同像元块大小时 RSD 值变化越小，混合越均匀。对 60 目混合粉末的不同像元块大小下的 RSD 值进行回归，结果：$y=-0.094x+1.2811$，$R^2=0.9383$；同样进行回归处理得 80 目：$y=-0.0798x+1.0889$，$R^2=0.9365$；100 目：$y=-0.0845x+1.1083$，$R^2=0.9453$；120 目：$y=-0.1043x+1.3815$，$R^2=0.95$。

从表 6-20 中可以看出，移动像元块越小，其 RSD 值越大。因此，在选择移动像元块大小时，不宜太小。4 个方程的斜率绝对值：120 目（0.1043）＞60 目（0.094）＞100 目，（0.0845）＞80 目（0.0798），说明在不同像元时，二值化图中红色区域所占比例变化相对较小，即混合相对更均匀。结果表明，80 目黄芩和黄连粉末最容易混合均匀，120 目黄芩和黄连粉末相对较难混合均匀性。

本研究采用近红外成像技术,结合二阶求导和移动像元块相对标准偏差法可以实现二元中药材粉末混合状态可视化辨识，近红外成像技术可用于判断二元中药材原药粉末混合均匀性。研究结果得出：80 目黄芩和黄连粉末混合最均匀，120 目黄芩和黄连粉末混合均匀性最差。说明药粉混合时并非粉末越细混合越均匀,因此在药物混合过程中应根据实际需要选择合理粒度的药粉进行混合。

三、中药制造混合过程同仁牛黄清心丸近红外光谱成像信息的贵细药空间分布均匀性研究

（一）仪器与材料

SisuCHEMA 高光谱化学成像工作站（Specim，芬兰），主要由成像模块、光源、水平移动平台、图像采集软件组成。实验材料：同仁牛黄清心丸混合中间体、人工牛黄、人工麝香、冰片、羚羊角、水牛角浓缩粉，生产真实世界样品由北京同仁堂健康药业大兴基地生产，北京同仁堂股份有限公司提供[11, 13]。

（二）样品制备与检测

同仁牛黄清心丸混合中间体及贵细药粉末分别置于 6 个 30mm×30mm 的表面皿中。将表面皿置于移动平台，采用连续线扫描模式，完成高光谱图像数据采集。高光谱采集条件如下：扫描范围为 996～2552nm，光谱分辨率为 10nm，共包括 288 个波段的高光谱数据。高光谱经相机调焦及移动平台速度测试，确定采集参数如下：积分时间为 4.2ms，帧频为 42Hz，物镜高度为 15cm，图像大小为 384pix×2011pix，共 772224 个数据点。进一步为减小暗电流和噪声影响，对采集的高光谱图像进行黑白校。提取样本高光谱图像感兴趣区域（region of interest，ROI），ROI 大小为 180pix×180pix，共 32400 个数据点。

（三）数据处理软件

采用 ENVI5.3（Exelis Visual Information Solutions，美国）读取高光谱图像数据并进行数据处理；采用 MATLAB2020b 软件工具（The MathWorks Inc.，美国）进行数据处理；采用 Origin8.5（Origin Lab，美国）软件工具绘图。

（四）光谱成像数据预处理

高光谱数据受到光源不稳定性、系统暗噪声和光照不均匀等因素的影响。预处理算法可以减少噪声信号对样本数据的干扰，保障预测模型的精度与稳定性[9, 11]。此外，粉末样品颗粒大小不均，且表面存在光散射的现象，也会影响高光谱数据的质量。因此，选择 SG 卷积平滑和标准正态变量变换（standard normal variable transformation，SNV）两种算法，实现样本高光谱数据的预处理。

同时，针对高光谱数据存在信息冗余，运算效率下降等问题，需要对数据进行降维处理。因此，选择最小噪声分离变换[minimum noise fraction（MNF）rotation]，判定图像数据内在的维数，分离数据中的噪声，减少计算需求量。

（五）混合中间体贵细药空间分布辨识

采用上述的高光谱数据采集参数，获得同仁牛黄清心丸混合中间体的高光谱图像。选取 180pix×180pix 区域作为 ROI，如图 6-38（a）所示。图 6-38（b）为混合中间体的原始光谱图，其中研究发现了明显的吸收峰及其对应的化学振动分别为：O—H 或 N—H 伸缩振动对应在 1408～1576nm，O—H 合频振动对应在 1900～1958nm，N—H 合频振动对应在 2056～2151nm，C—H 合频振动对应在 2262～2329nm，C—N—C 伸缩振动的一级倍频以及 C—H、C—C 和 C—O—C 伸缩振动对应在 2530～2547nm。进一步考虑两端噪声部分，选择光谱范围为 996～2552nm 的高光谱图像进行后续分析。

采用上述参数采集条件，对人工牛黄、人工麝香、冰片、羚羊角、水牛角浓缩粉进行高光谱图像采集。选择相同大小 ROI，并计算平均光谱，作为贵细药参考光谱。

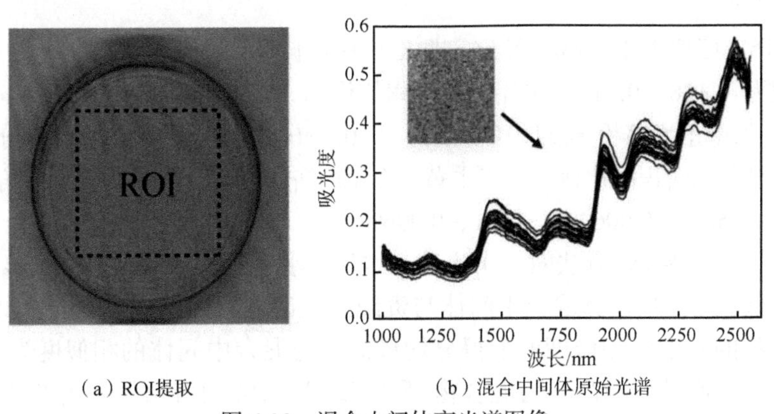

（a）ROI提取　　（b）混合中间体原始光谱

图 6-38　混合中间体高光谱图像

采用光谱角匹配法（SAM）进行混合中间体贵细药空间分布辨识。首先采用 MNF 算法对光谱范围为 996～2552nm 的 ROI 高光谱数据进行特征提取。前 232 个成分累计贡献率达到 90%，说明前 232 个成分分量可以很好地表示原高光谱数据 90%的信息量。因此，选取前 232 个 MNF 成分图像进行后续分析。进一步使用上述采集的数据，进行光谱角匹配分析。在计算过程中，选择单值模式，阈值角度的最大值设为 0.1 弧度。基于 SAM 方法生成对应的二值化图像，结果如图 6-39 所示。图中白色区域代表贵细药空间分布，样品中其他组分产生的吸收代表未感兴趣的区域（黑色部分）。

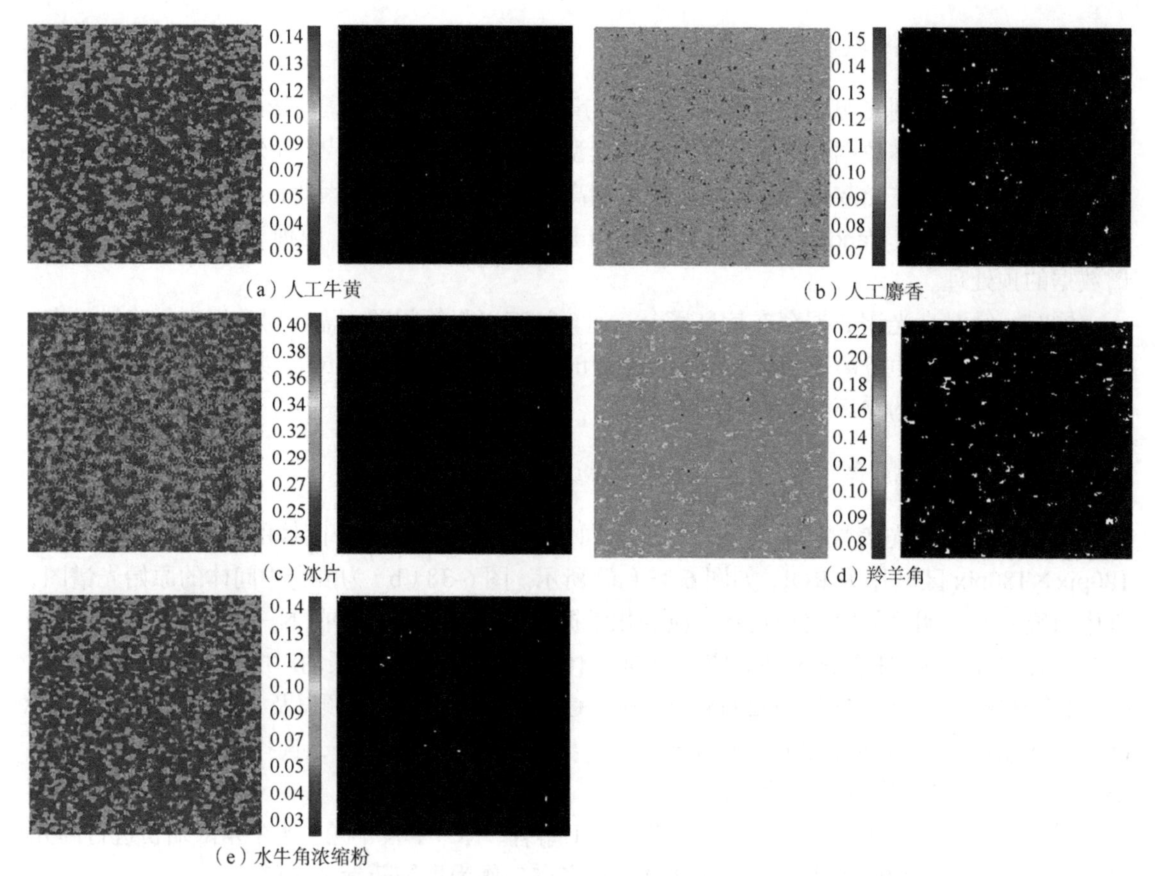

图 6-39　基于 SAM 方法的混合中间体贵细药丰度图像及对应二值化图像

其中，选择丰度值大于 70%的像元，即人工牛黄丰度图阈值设为 0.114～0.148，人工麝香丰度图阈值设为 0.128～0.147，冰片丰度图阈值设为 0.350～0.413，羚羊角丰度图阈值设为 0.181～0.215，水牛角浓缩粉丰度图阈值设为 0.104～0.138，并采用像元统计分析，计算了图中白色区域面积占总面积的比例，人工牛黄、人工麝香、冰片、羚羊角、水牛角浓缩粉占比分别为 0.0093%、0.58%、0.0062%、1.8%、0.096%。

由图 6-39 可知，SAM 方法对人工牛黄、冰片、水牛角浓缩粉的识别精度不高，其中冰片的识别度最低。进一步计算混合中间体与贵细药光谱之间的相似度，结果如表 6-21 所示。冰片与其他样品的光谱角相似度匹配得分均最低，与混合中间体的相似度为 0.65，原因是冰片为纯化学物质而其他样品均为混合物。研究发现 SAM 的特点是完成光谱之间"一对一"相似性度量，因此当目标光谱与参考光谱相似性低时，难以识别。SAM 虽能在一定程度上克服光谱幅值变异，但其单纯基于光谱相似性分析的方法不适用于多种类混合样品的高精度辨识。

表 6-21　各组分光谱角相似度匹配得分

组分	人工牛黄	人工麝香	冰片	羚羊角	水牛角浓缩粉	混合中间体
人工牛黄	1	0.859	0.612	0.857	0.904	0.904
人工麝香	0.859	1	0.576	0.816	0.879	0.852
冰片	0.612	0.576	1	0.482	0.587	0.650

续表

组分	人工牛黄	人工麝香	冰片	羚羊角	水牛角浓缩粉	混合中间体
羚羊角	0.857	0.816	0.482	1	0.848	0.789
水牛角浓缩粉	0.904	0.879	0.587	0.848	1	0.904
混合中间体	0.904	0.852	0.650	0.789	0.904	1

采用 CLS 方法进行混合中间体贵细药空间分布辨识。对光谱数据进行 SG 平滑以及 SNV 预处理后，进行 CLS 分析。设定阈值，选择丰度值大于 0.9 的 ROI，获取五种贵细药的二值化图像，如图 6-40 所示，图中白色区域代表混合中间体的贵细药空间分布。采用像元统计分析，计算图中白色区域面积占总面积的比例，结果表明，人工牛黄、人工麝香、冰片、羚羊角、水牛角浓缩粉分别为 89.19%、1.99%、1.31%、56.92%、89.03%。二值化图像显示，人工牛黄、羚羊角、水牛角浓缩粉像元百分比远远高于其含量百分比，存在显著假阳性结果。表 6-21 中，混合中间体与人工牛黄，混合中间体与水牛角浓缩粉，人工牛黄与水牛角浓缩粉的相似度匹配得分均超过 0.9，主要是由于各组分间较为相似的光谱吸收影响了 CLS 法区分各组分光谱特征的准确性，进而影响贵细药空间分布辨识。因此，CLS 辨识混合中间体贵细药空间分布信息的准确性仍有不足。

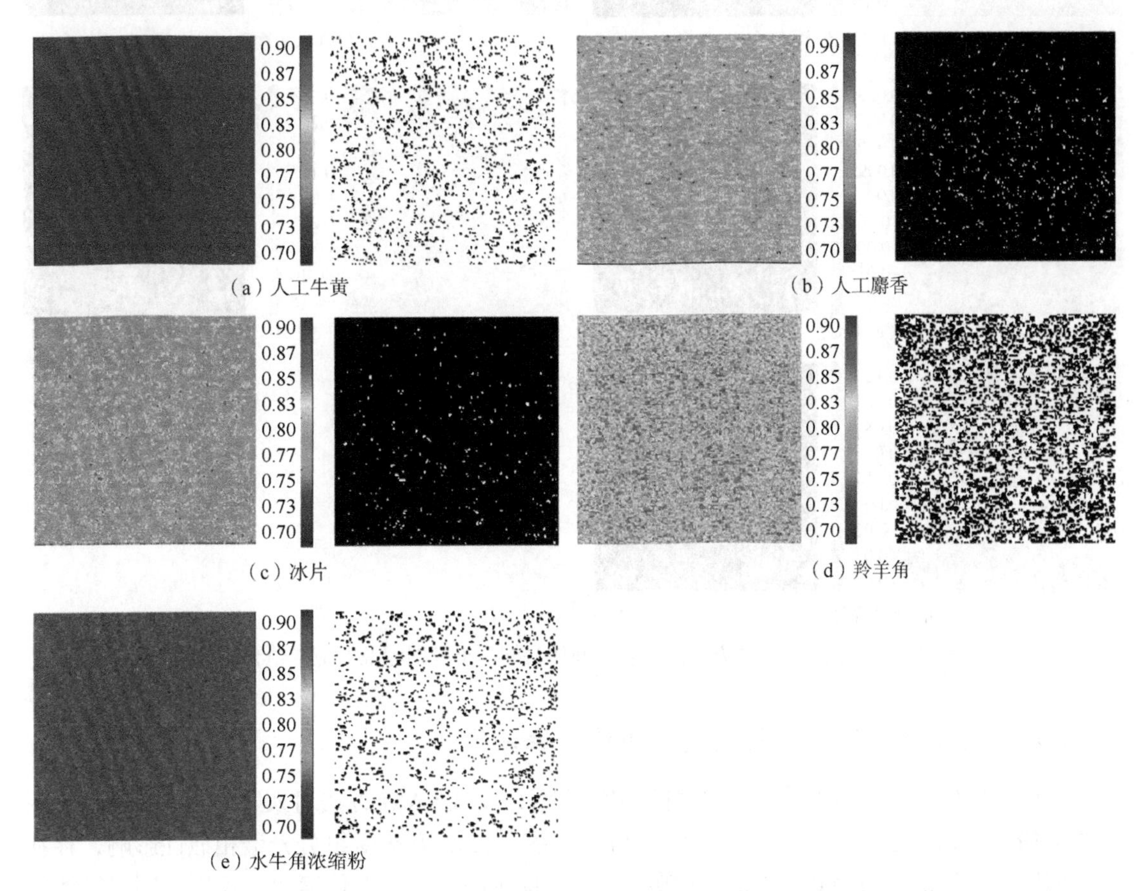

图 6-40　基于 CLS 方法的混合中间体贵细药丰度图像及对应二值化图像

为进一步提高模型精度，采用混合调谐匹配滤波法（MTMF）方法对同仁牛黄清心丸混合中间体贵细药空间分布进行辨识。MTMF 综合了匹配滤波和混合调制技术优点，无须其他背景光谱，符合像元中各端元含量为正且总和为 1 的约束条件。首先采用 MNF 变换进行数据降维，进一步，采用 MF 进行丰度估计和背景抑制，并基于混合调优模型直接识别并拒绝矩阵分解中常见的假阳性结果。最终选择 MF 得分大于 0.05，MT 得分小于 18 的像元作为所辨识的贵细药。

图 6-41 为基于 MTMF 方法得到的混合中间体贵细药丰度图像及对应二值化图像，图中白色区域代表对应的贵细药空间分布。采用像元统计分析，计算图中白色区域面积占总面积的比例，人工牛黄、人工麝香、冰片、羚羊角、水牛角浓缩粉分别为 0.99%、0.25%、1.52%、0.75%、1.78%。结果表明，MTMF 方法辨识效果优，可提供高性能的亚像素目标识别和拒绝假阳性信息，实现混合中间体贵细药空间分布辨识。该方法在中药大品种贵细药空间分布辨识中具有一定优势。

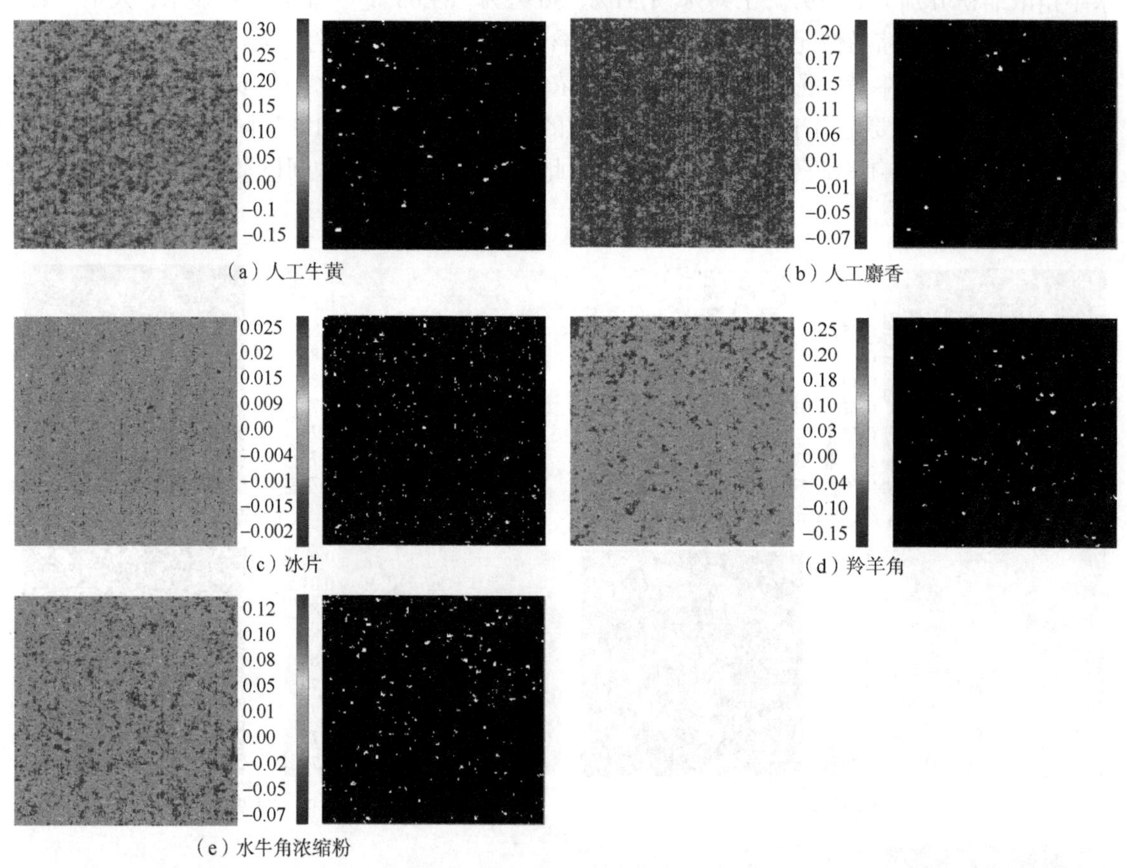

（a）人工牛黄 （b）人工麝香 （c）冰片 （d）羚羊角 （e）水牛角浓缩粉

图 6-41 基于 MTMF 方法的混合中间体贵细药丰度图像及对应二值化图像

（六）混合中间体贵细药空间分布均匀性评价

本研究比较了三种混合中间体贵细药辨识模型，发现 SAM 方法对人工牛黄、冰片、水牛角浓缩粉的识别精度不高，不适用于混合粉末体系。CLS 方法受组分光谱相似性影响，存在显著假阳性的结果。MTMF 方法辨识效果优，可提供高性能的亚像素目标识别，同时又能拒绝假阳性的信息。因此，选择 MTMF 建立了混合中间体贵细药辨识模型。

基于 MTMF 方法辨识贵细药二值化空间分布图时，将图像平均分割为 36 个 30pix×30pix

大小的 ROI，统计各个 ROI 中贵细药（白色像元）的频数分布，绘制的贵细药频数分布直方图如图 6-42 所示。计算直方图的四个评价指标：均值、标准偏差、方差和偏度。均值，表示样品中某变量的平均强度。标准偏差、方差，表示某变量预测强度值的离散程度，其值越大说明偏离正态分布越远，越不均匀。偏度，表示某变量预测强度值分布对称性，偏度值越接近 0，即分布均匀性越好。

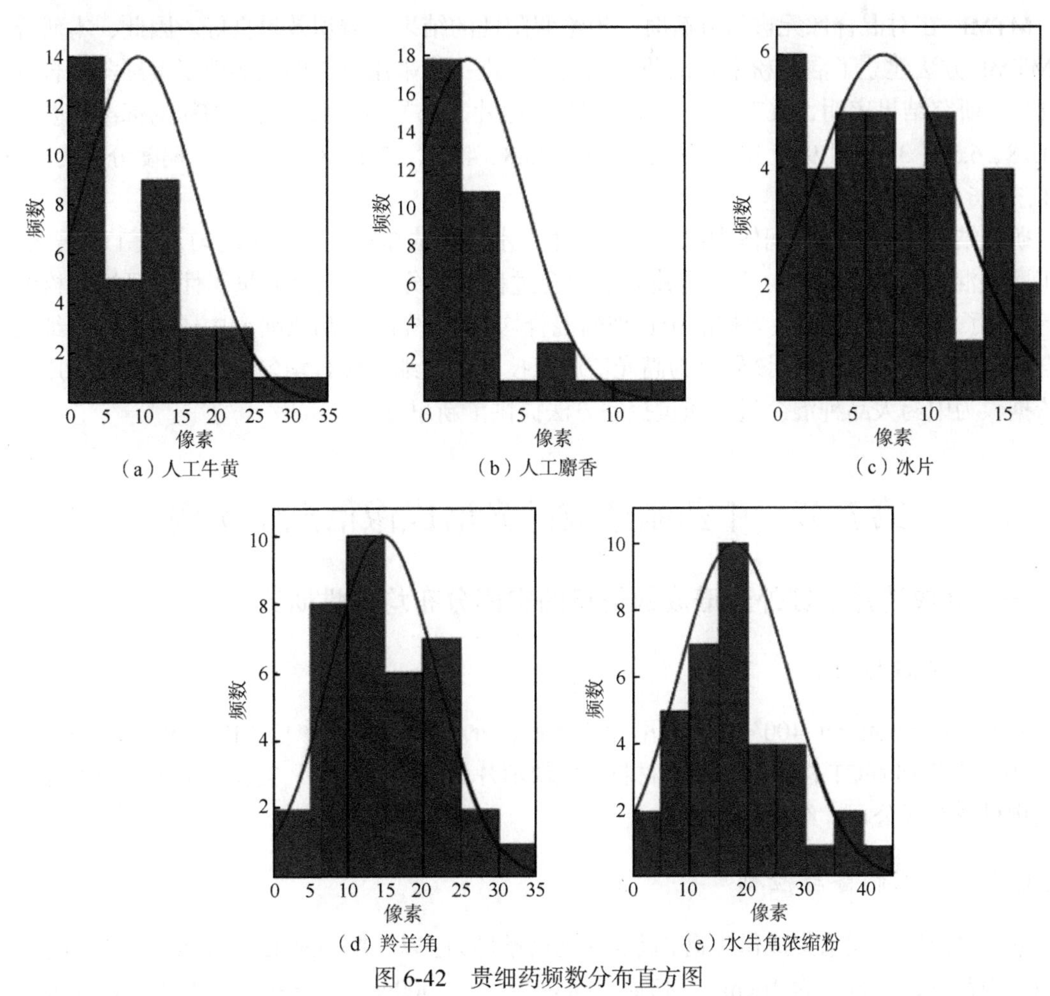

图 6-42 贵细药频数分布直方图

由表 6-21 可知，在混合中间体中人工牛黄、人工麝香、冰片、羚羊角、水牛角浓缩粉，频数分布的标准偏差分别为 4.78、6.50、3.48、1.96、3.00；方差分别为 22.8、42.3、12.1、3.82、9.00；偏度分别为 1.26、1.71、0.06、−0.86、1.04。由标准差及方差结果可知，五种贵细药的混合均匀度由好到差依次为羚羊角、水牛角浓缩粉、冰片、人工牛黄、人工麝香。由偏度值结果可知，五种贵细药的混合均匀度由好到差依次为冰片、羚羊角、水牛角浓缩粉、人工牛黄、人工麝香。综合比较可知，冰片、羚羊角、水牛角浓缩粉混合较为均匀，人工牛黄次之，人工麝香混合均匀度较差。该结果也与二值化图像结果一致。

并且图 6-42 还显示，人工麝香混合均匀度较差，且存在一定的结块现象。分析原因如下，混合物料性质和运动方式在混合过程中的改变，使其难以达到最佳混合状态。尤其是人工牛黄为极细粉，由于粉体的凝聚以及静电效应等，导致流动性变差不利于混合。人工麝香在处方中用量少，且质地黏湿，物性不佳，难以均匀分布，是导致人工麝香混合均匀度较差的主要因素。因此，研究结果提示生产过程应重视人工麝香混合均匀度问题。

该研究以源于生产真实世界的大品种同仁牛黄清心丸混合中间体为研究对象，采集大小为180pix×180pix 的高光谱成像，共 32400 个数据点的样本，采用 SAM、CLS 和 MTMF，辨识混合中间体贵细药空间分布。结果发现 SAM 和 CLS 受物质光谱相似性影响，具有一定局限性。MTMF 在对混合像元进行分解时，拒绝假阳性的结果，辨识效果良好。因此，本研究选择 MTMF 方法建立了混合粉末贵细药辨识模型，进一步采用直方图法实现了贵细药混合均匀度评价。研究结果表明，人工牛黄、人工麝香、冰片、羚羊角、水牛角浓缩粉的标准偏差分别为 4.78、6.50、3.48、1.96、3.00；方差分别为 22.8、42.3、12.1、3.82、9.00；偏度分别为 1.26、1.71、0.06、-0.86、1.04。

研究结论提示混合中间体中冰片、羚羊角、水牛角浓缩粉混合较为均匀，人工牛黄次之，人工麝香混合均匀度较差。本研究建立了混合过程空间分布均匀度质量属性的可视化检测方法，实现了源于生产真实世界样品中贵细药混合均匀度评价，在后续研究中还应针对贵细药的混合均匀度进行完善提高。该研究为高光谱成像技术在贵细药混合均匀度评价的实际应用提供了依据，为中药大品种混合过程质量控制方法提供了新思路。

第五节　中药制造成品光谱成像信息学实例

一、乳块消片近红外光谱成像信息的空间分布均匀性研究

（一）仪器与材料

Spectrum Spotlight 400/400N 傅里叶变换近红外/红外光谱成像仪（PerkinElmer 公司，英国），16×1 阵列 MCT 检测器；实验材料：乳块消片 3 批由指定药厂提供，橙皮苷对照品（科翔生物科技有限公司，纯度 98%以上）。

（二）样品制备与检测

采用漫反射方式采集成像光谱，近红外光谱条件为：以 99% Spectralon（PerkinElmer 公司，英国）为背景，分辨率为 16cm^{-1}，扫描范围为 7800～4000cm^{-1}，扫描次数 8 次，像元大小为 25μm×25μm；中红外光谱条件为：以金镜片（PerkinElmer 公司，英国）为背景，分辨率为 16cm^{-1}，扫描范围为 750～4000cm^{-1}，扫描次数 8 次，像元大小为 25μm×25μm。采用 Spotlight 400 分析系统采集成像光谱数据和数据分析（PerkinElmer 公司，英国）。光谱经预处理后，再对样品表面的吸收光谱与乳块消素片活性成分橙皮苷对照品吸收光谱进行相关性研究，以相关系数（R）为指标进行片剂表面橙皮苷区域的判别。

（三）数据处理软件

采用 Spotlight 400 分析系统采集成像光谱数据，进行数据分析（PerkinElmer 公司，英国）。ISys5.0 化学图像软件运用于近红外图像数据处理。其余各计算程序均自行编写，采用 MATLAB 软件工具（TheMathWorks Inc.）计算。

（四）光谱成像数据预处理

对所采集的近红外及中红外光谱进行了消除噪声、扣除空气中CO_2和H_2O干扰、归一化、SG9点平滑数据等预处理。由图6-43～图6-46可以看出，光谱数据经处理后，光谱毛刺度、噪声干扰等均明显减小，使得光谱质量能满足进一步分析的要求。

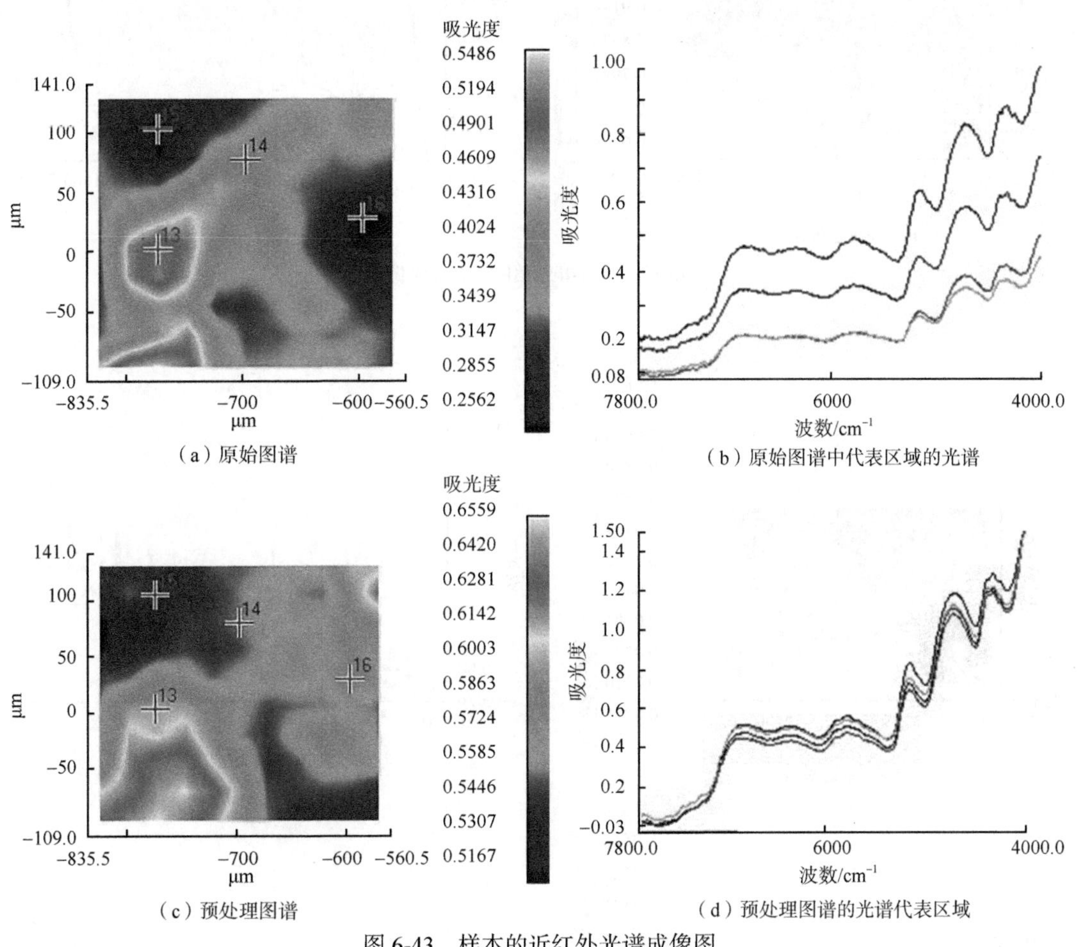

（a）原始图谱　（b）原始图谱中代表区域的光谱

（c）预处理图谱　（d）预处理图谱的光谱代表区域

图6-43　样本的近红外光谱成像图

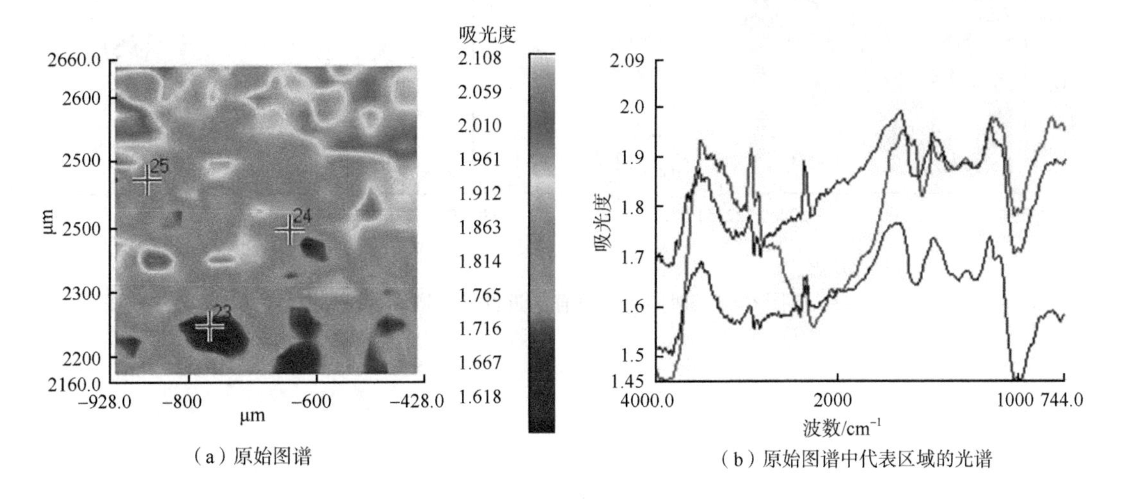

（a）原始图谱　（b）原始图谱中代表区域的光谱

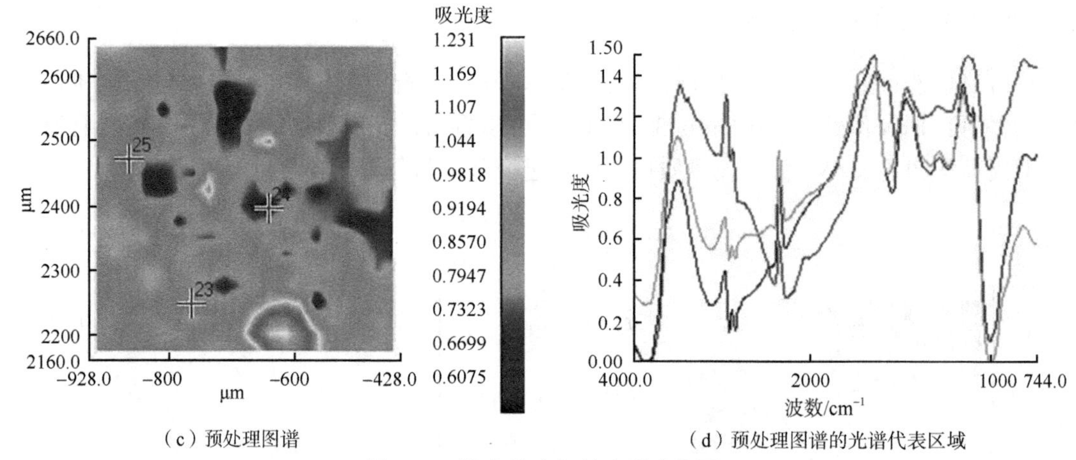

（c）预处理图谱　　（d）预处理图谱的光谱代表区域

图 6-44　样本的中红外光谱成像图

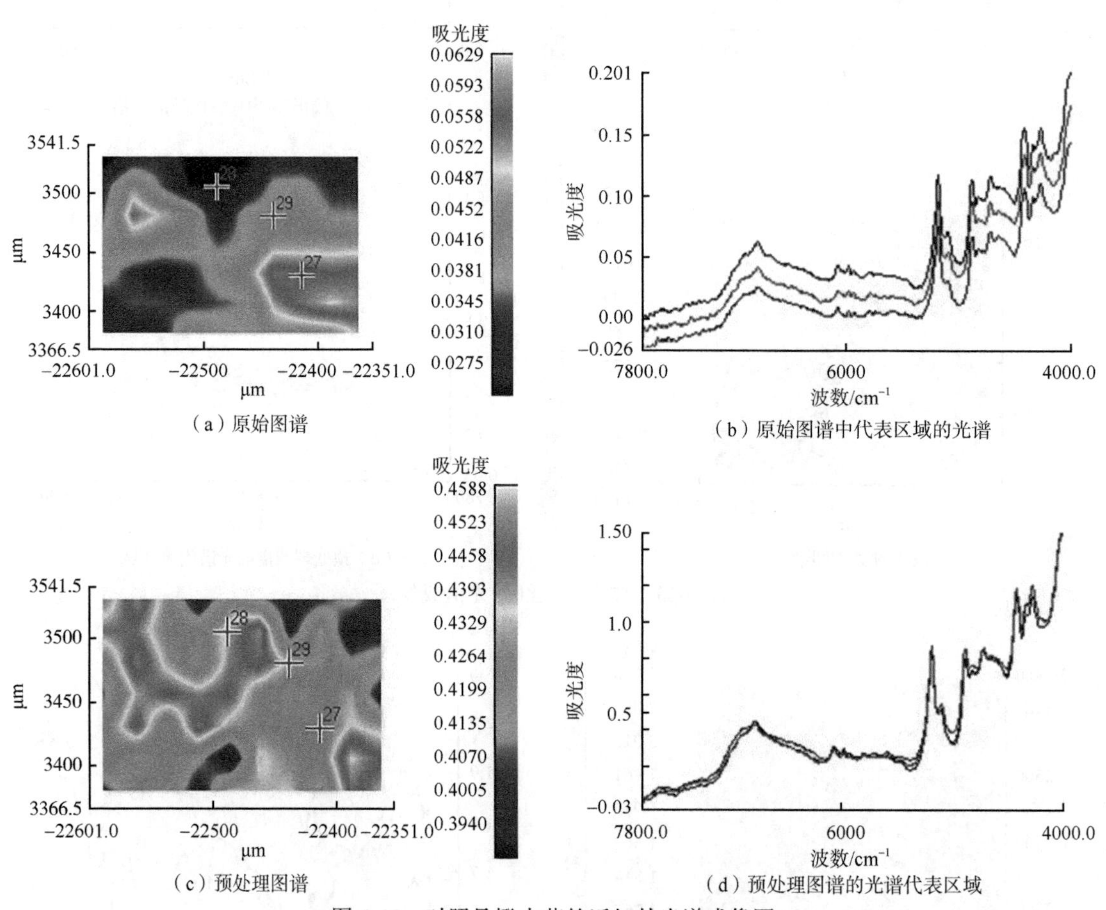

（a）原始图谱　　（b）原始图谱中代表区域的光谱

（c）预处理图谱　　（d）预处理图谱的光谱代表区域

图 6-45　对照品橙皮苷的近红外光谱成像图

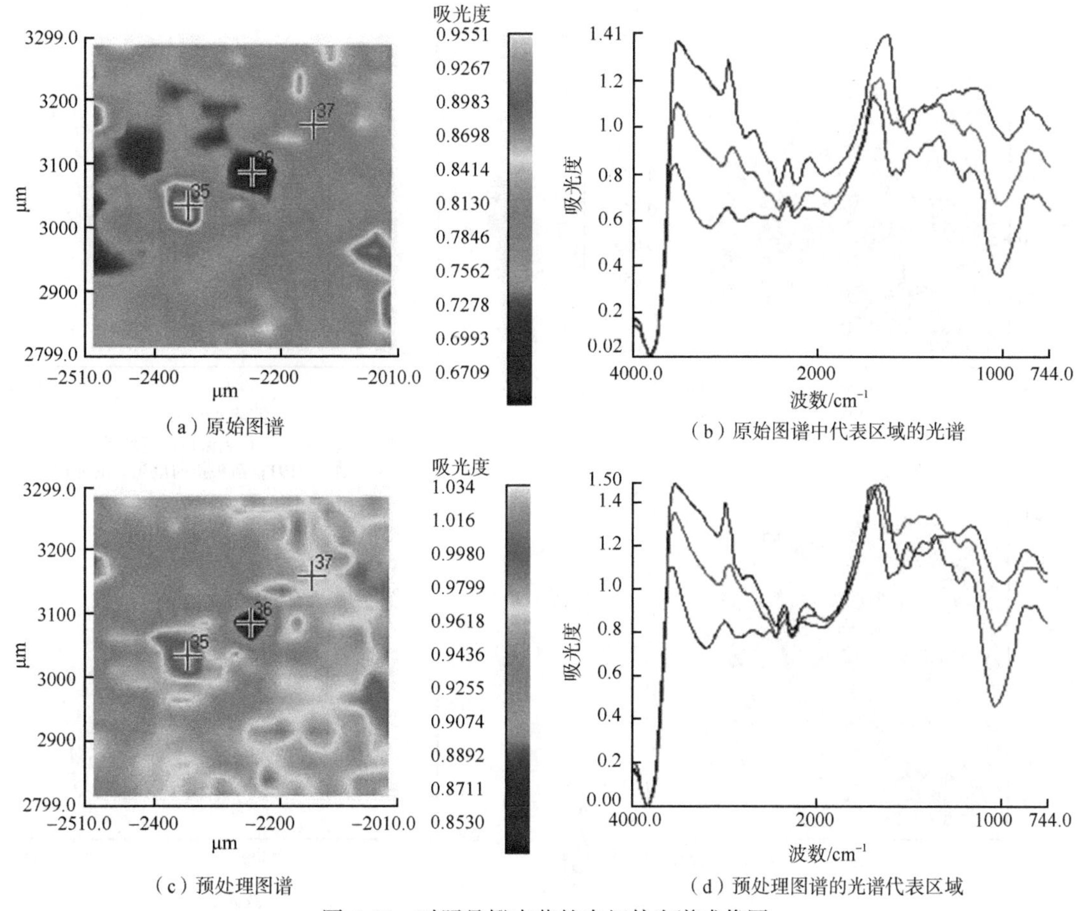

（a）原始图谱

（b）原始图谱中代表区域的光谱

（c）预处理图谱

（d）预处理图谱的光谱代表区域

图 6-46　对照品橙皮苷的中红外光谱成像图

（五）乳块消片橙皮苷空间分布辨识

对光谱进行预处理后，以橙皮苷光谱平均谱为对照，对乳块消片表面橙皮苷的分布进行相关性分析，结果见图 6-47。由图 6-47（a）、（b）可知，素片表面的近红外光谱与橙皮苷对照品光谱相关系数最高值为 0.7 左右，表明相关性不是很理想，这可能与橙皮苷在素片中的含量偏低、近红外的灵敏度和信噪比相对较低等因素有关。为此，采用中红外明显漫反射的方法对乳块消素片进行了分析。图 6-47（c）、（d）可知，素片表面的中红外光谱与橙皮苷对照品光谱相关系数最高值达 0.9757，表明相关性明显提高。图 6-47（c）中白色区域与橙皮苷对照品光谱的相关系数均达到 0.95 以上，初步确定该区域为橙皮苷的分布区。通过成像（image）统计分析，素片表面与橙皮苷相关系数为 0.95 以上的像元占 1.2%，但准确性仍然相对较低，有待采用化学计量学对光谱进行波段筛选，以优化分析结果。

为进一步考察方法的普适性，对 3 个批次共 75 个样本进行中红外光谱成像分析，计算每个样品表面光谱与橙皮苷光谱的相关系数，其最高相关系数结果见表 6-22。由表 6-22 可知，75 个样本表面与橙皮苷对照品的最高相关系数均较高，都在 0.90 以上，个别样品的最高相关系数在 0.92～0.95，这类样品有待对其光谱进行波段优化，筛选特征变量后进行相关性分析。综上所述，中红外漫反射成像可用于低含量活性成分的乳块消片成分分布研究。

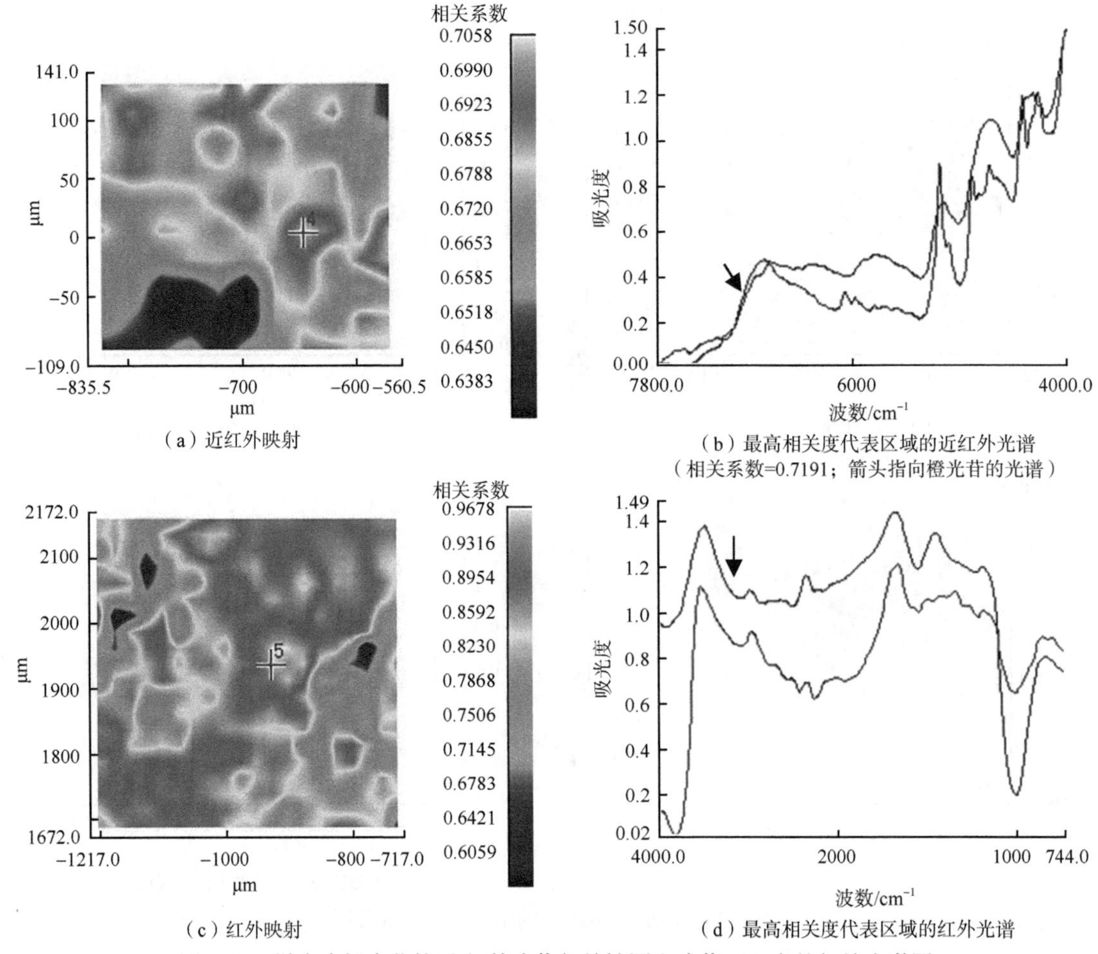

（a）近红外映射

（b）最高相关度代表区域的近红外光谱（相关系数=0.7191；箭头指向橙光苷的光谱）

（c）红外映射

（d）最高相关度代表区域的红外光谱

图 6-47　样本中橙皮苷的近/红外成像相关性图和成像面上点的相关光谱图

表 6-22　3 批次 75 个样本的红外光谱成像图与橙皮苷对照光谱的相关系数

批次	1	2	3
1	0.98	0.96	0.96
2	0.97	0.95	0.97
3	0.95	0.93	0.97
4	0.94	0.92	0.97
5	0.96	0.95	0.97
6	0.97	0.97	0.95
7	0.97	0.93	0.98
8	0.97	0.93	0.98
9	0.93	0.95	0.97
10	*	0.92	0.97
11	0.94	0.94	0.98
12	0.91	0.93	0.97
13	0.97	*	0.96

续表

批次	1	2	3
14	0.96	0.96	0.97
15	*	0.93	0.96
16	0.97	0.94	0.97
17	*	0.96	0.97
18	0.96	0.96	0.97
19	0.93	0.94	0.97
20	0.94	0.90	0.97
21	0.96	0.97	0.96
22	0.95	0.94	0.97
23	*	0.94	0.97
24	0.96	0.95	0.97
25	0.94	0.96	0.96

注：*表示随机样本的表面缺陷，不获取光谱数据

（六）乳块消片橙皮苷空间分布均匀性评价

经光谱预处理的中红外成像光谱图上，对每个成像点在 4000～750cm^{-1}范围的吸收值取均值，以均值代表该成像点的吸收值，得到素片表面不同成像点的光谱吸收值分布。采用直方图统计方法对素片表面的吸收值分布情况进行分析，结果见图 6-48 及表 6-23。

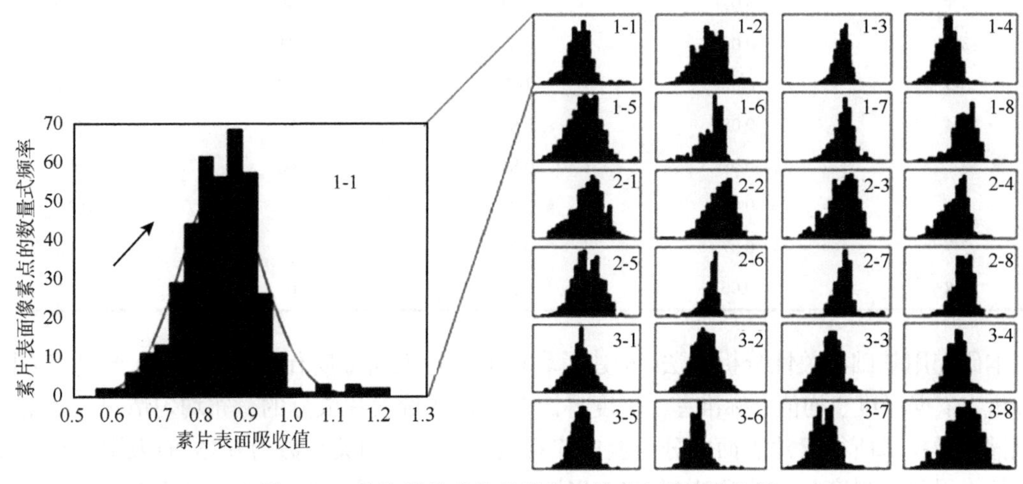

图 6-48　乳块消片成分总吸收图的直方图统计分析

由表 6-23 可知，同一批次样本的吸光度标准差为 0.05～0.09，表明数据离散较小，但峰度值区间为 2.84～8.97，表明样本之间吸光度正态分布存在不足和过度的现象，差异较大。偏度值区间在−1.9～0.81，相对差异也较大，表明分布存在左偏或右偏。综上所述，乳块消素片之间表面成分的总吸收分布存在左偏态或右偏态，以及不足和过度等现象，判定批次之间成分分布不均匀。另外，由直方图可知，素片表面成像点的吸收值明显过高或过低，如 2-5 和 2-7

等。因此，直方图统计法能够作为指导中药制剂混合过程以及中间体素片成分分布等均匀性的评价方法。

表 6-23　直方图统计分析的四个参数值

指标/样品号	标准差	均值	峰度	偏度
1-1	0.09	0.84	5.28	0.53
1-2	0.11	0.89	3.2	0.13
1-3	0.05	0.88	8.97	−1.3
1-4	0.07	0.86	4.35	−0.01
1-5	0.06	0.88	3.23	−0.01
1-6	0.08	0.9	4	−1.1
1-7	0.06	0.93	3.99	−0.2
1-8	0.06	0.9	4.24	−0.7
2-1	0.06	0.77	2.79	−0.2
2-2	0.06	0.89	3.82	−0.6
2-3	0.07	0.88	3.05	−0.6
2-4	0.09	0.87	2.88	−0.3
2-5	0.08	0.84	2.84	−0.2
2-6	0.06	0.93	7.55	−1.9
2-7	0.09	0.92	6.85	0.66
2-8	0.06	0.92	4.29	−0.2
3-1	0.09	0.84	3.46	−0.03
3-2	0.09	0.85	2.71	0.01
3-3	0.08	0.9	3.08	−0.2
3-4	0.08	0.86	3.86	−0.3
3-5	0.08	0.84	3.66	0.05
3-6	0.06	0.87	5.41	0.81
3-7	0.07	0.87	3.45	0.11
3-8	0.06	0.86	3.01	−0.2

本研究用基础相关性分析方法，构建了乳块消素片表面橙皮苷成分的分布。通过直方图统计分析，依据峰度、均值、标准差、偏度等四个参数评价素片成分的分布均匀情况。采用近红外光谱成像技术所得素片表面成分与橙皮苷对照品的最高相关系数为 0.75，而采用中红外光谱成像技术得到的最高相关系数达到 0.95 以上，表明中红外光谱成像技术更适用于进行乳块消素片活性成分空间分布的构建。直方图分析标准差值在 0.05～0.09 区间，峰度值在 2.84～8.97 区间，偏度值在−1.9～0.81 区间，研究结果表明，光谱成像技术用于构建乳块消素片成分的空间分布以及进行分布均匀性的评价具有可行性。同时，近年来计算机运行速度的提高和一些高性能化学计量学方法的出现，将会显著提高光谱成像数据的处理速度。成像技术将会被越来越多地应用于过程分析，在中药过程分析中也将具有良好的应用前景。

二、甘草片近红外光谱成像信息的空间分布均匀性研究

（一）仪器与材料

Spectrum Spotlight 400/400N 傅里叶变换近红外/红外光谱成像仪（PerkinElmer 公司，英国），16×1 阵列 MCT 检测器；实验材料：3 批复方甘草片购于当地药店，淀粉购于安徽山河药用辅料股份有限公司。

（二）样品制备与检测

采用漫反射方式采集成像光谱，以 99% Spectralon（PerkinElmer 公司，英国）为背景，分辨率为 $16cm^{-1}$，扫描范围为 7800～$4000cm^{-1}$，扫描次数 8 次，像元大小为 25μm×25μm。

（三）数据处理软件

采用 Spotlight 400 分析系统采集成像光谱数据，进行数据分析（PerkinElmer 公司，英国）。其余各计算程序均自行编写，采用 MATLAB 软件工具（TheMathWorks Inc.）计算。

（四）甘草片淀粉和提取物空间分布辨识

图 6-49 是从淀粉片剂成像图中提取的淀粉近红外光谱图。从图 6-49（d）看出，原始漫反射光谱没有明显的峰形。原始光谱经过三种光谱预处理后，淀粉光谱的峰形相对较明显[图 6-49（a）～（c）]。此外，由图 6-49（b）还可以看出，采用二阶微分光谱预处理后，光谱的毛刺较前两种预处理方法多，说明光谱中存在较多的噪声或者散射等干扰信息。

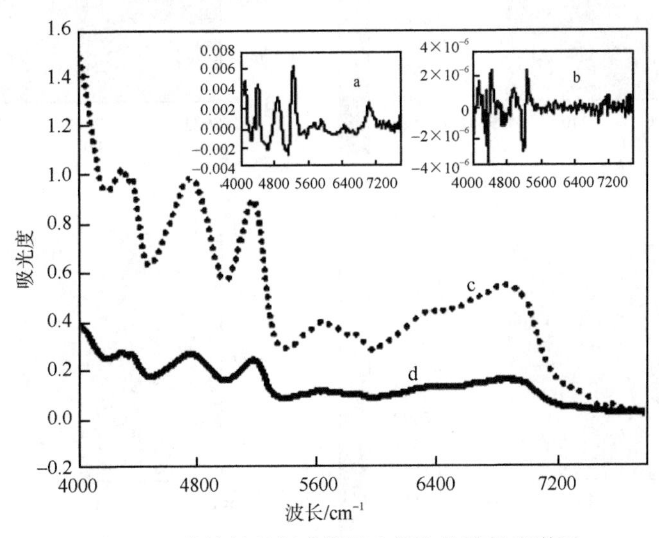

图 6-49　从淀粉片剂成像图中提取的淀粉光谱图

a. 标准化+平滑+一阶微分光谱；b. 平滑+二阶微分光谱；c. 平滑+标准化光谱；d. 原始

本节比较不同的预处理方法，包括一阶微分、二阶微分、标准正则变换、S-G 平滑及一系列组合预处理方法，如表 6-24 所示。采用基础相关分析法，计算淀粉的原始光谱和预处理光谱与复方甘草片成像图中每一个像元的相关性值，以最高相关性值为标准，筛选最佳的光谱预处理方法。由表 6-24 可知，S-G 平滑+标准化预处理方法，成像图中像元与淀粉光谱的相关性

值最高。因此，采用这类预处理方法构建相关性成像分布图。此外，从表中看出，相比其他光谱预处理的成像相关性图，二阶微分光谱预处理后的相关性值最小，说明干扰信息可能影响了像元与淀粉光谱的比对。

表 6-24 不同预处理方法条件像元与淀粉光谱最高相关性结果

预处理方法	样品 1	样品 2	样品 3	样品 4
原始光谱	0.9622	0.9638	0.9630	0.9683
S-G 平滑+标准化	0.9645	0.9664	0.9669	0.9706
S-G 平滑+标准化	0.8619	0.8700	0.8690	0.8598
标准化+平滑+一阶微分预处理	0.9475	0.9476	0.9489	0.9469

图 6-50 为复方甘草片 9 点 S-G 平滑组合标准化预处理后成像图中每一个像元与淀粉的相关性值。其中相关性大于 0.95 的被认为是淀粉的分布区（白色区域）。同样，与淀粉相关性较低的认为是植物提取物分布区（蓝色区域）。人眼观察复方甘草片的淀粉成分空间分布表明淀粉分布不均匀性，并且植物提取物分布存在明显的结块现象。因此，通过 BACRA 法能够实现对复方甘草片成分分布可视化辨识。

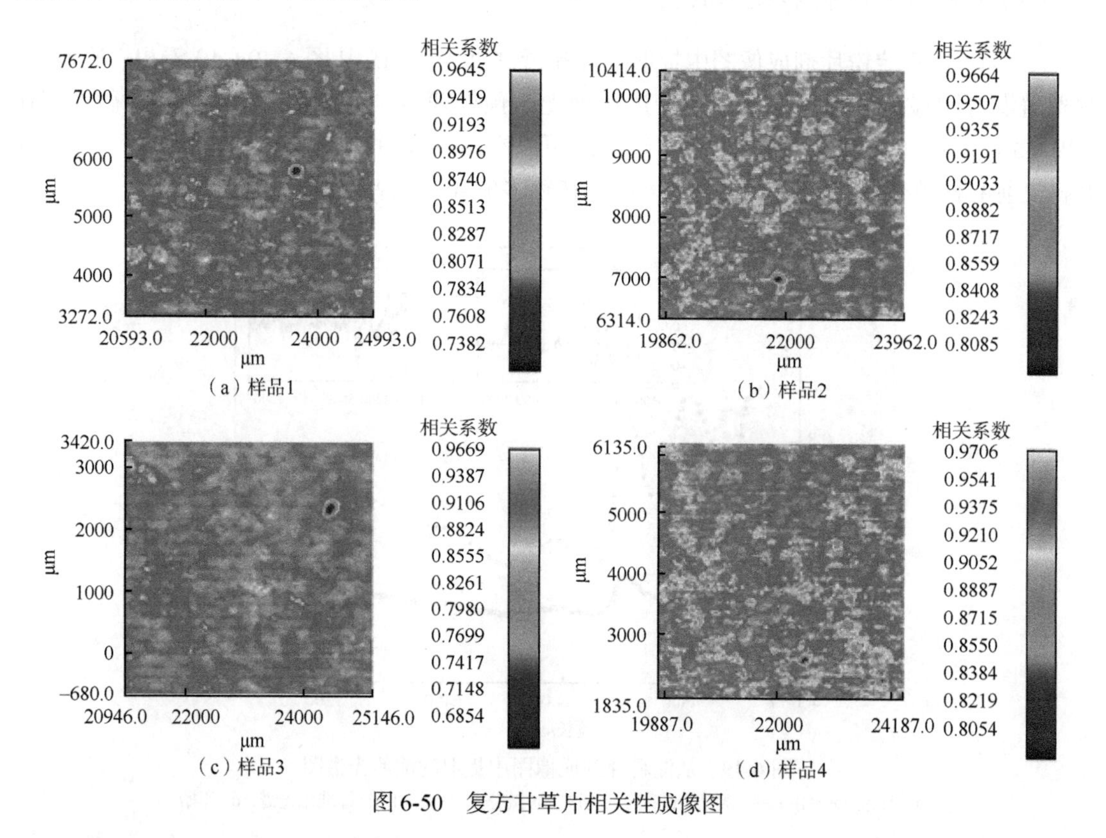

图 6-50 复方甘草片相关性成像图

（五）甘草片空间分布均匀性评价

采用直方图法评价成分分布均匀性。由图 6-50 可以看出，复方甘草片成分分布有明显的结块。然而，人眼带有主观性，而基于统计学的直方图能够客观地分析图像数据。图 6-51 为淀粉相关性成像图的直方图统计结果。图中 x 轴为相关性参数值，y 轴为同一相关性值像元总数，从图中看出直方图呈高斯分布。因此，直方图能够采用统计学参数进一步评价成分分布均匀性。

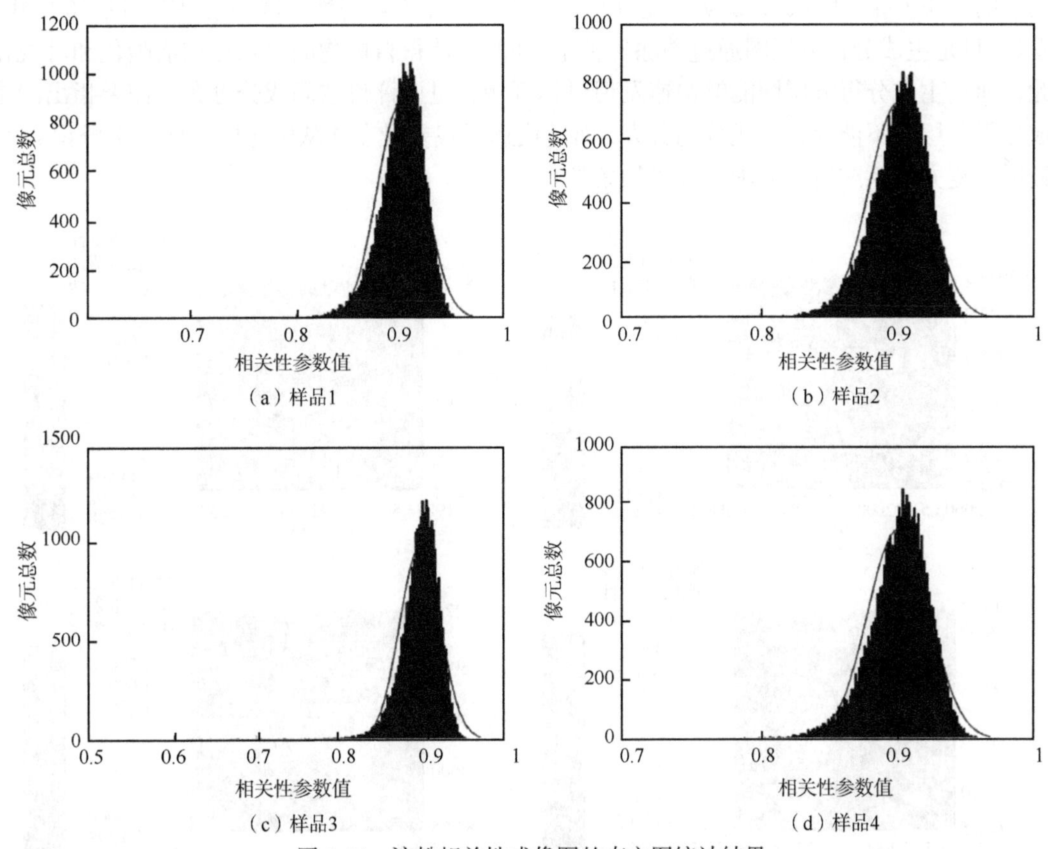

图 6-51 淀粉相关性成像图的直方图统计结果

表 6-25 为采用均值、标准差、峰度、偏度四个统计参数评价成分分布均匀性。四个统计参数的意义前面已详细阐述，这里就不再赘述。表中样品 3 的直方图统计参数偏度为 −2.166，说明相比其他复方甘草片，样品 3 的植物提取物分布更加不均一。此外，样品 3 成分分布具有最大的标准差值，并且峰度达到 17.854，进一步说明了样品 3 成分分布不均匀。以上结果说明直方图能够用于复杂体系的成分分布均匀性评价。直方图方法通过参数值的统计分析实现了成分分布的均匀性评价。因此，直方图法的准确性取决于参数数据的可靠性。

表 6-25 与淀粉相关性成像统计分析结果

统计参数	样品 1	样品 2	样品 3	样品 4
标准差	0.0225	0.0211	0.0243	0.0224
均值	0.900	0.901	0.900	0.901
峰度	8.618	4.878	17.854	4.496
偏度	−1.320	−0.855	−2.166	−0.796

基于主成分得分层的成分分布均匀性评价如下。

近红外成像数据采用主成分分析方法，能够消除空间噪声等信息，从而增加成像的可视性。图 6-52 为复方甘草近红外成像中提取 3 个主成分得分层图。从图中可以看出，样品 1、3 和 4 有明显的结块（绿色区域），说明了复方甘草片成分分布不均匀性。这一结果在图 6-50 中也可以看到，只是主成分得分层图通过消除各种空间噪声，使得目标物的信息更加清晰化和可视化。因此，通过主成分得分层图能够快速发现目标区域，进而评价空间成分分布。需要指出的是，主成分得分层图不涉及某一成分的分离，而是快速寻找差异点并从图像中提取出来辨识。该方法较适合复方体系或者不明确的分析物条件。

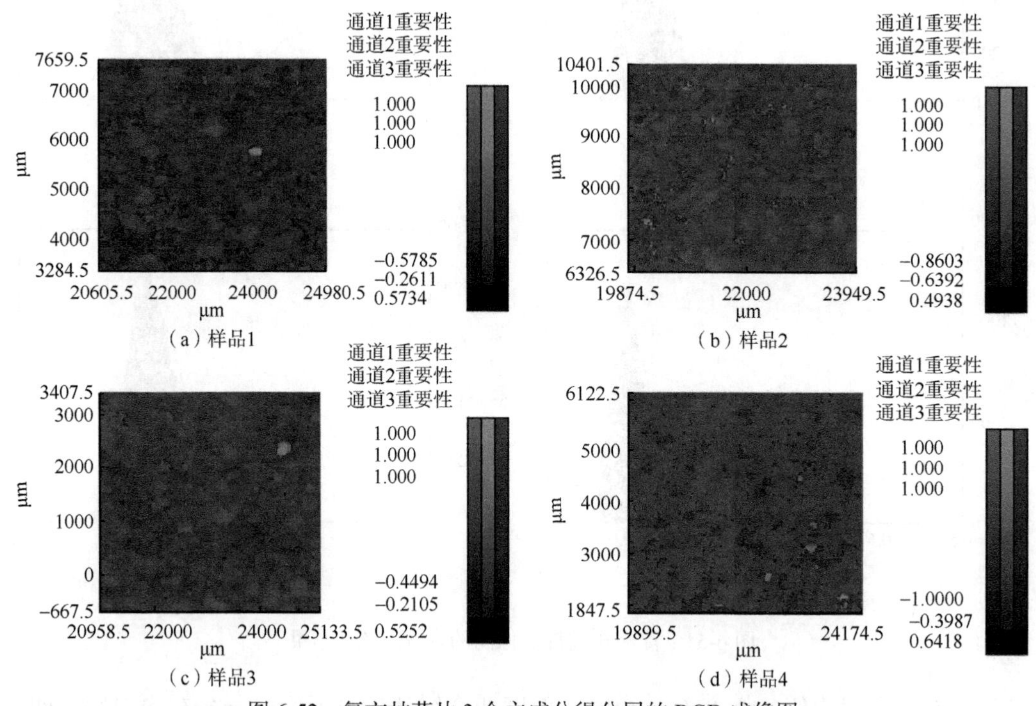

图 6-52　复方甘草片 3 个主成分得分层的 RGB 成像图

采用像元块标准差法评价成分分布均匀性。在二值化图像赋值中，以成像中的淀粉像元定义为“1”，而成像中其他的像元定义为“0”；复方甘草片的 RGB 图像转化为二值化图像。图 6-53 是复方甘草片的二值化成像图（白色为淀粉），从图中可以看出四个样本中都存在淀粉结块现象。复方甘草片的二值化成像图的淀粉分布均匀性需要采用客观的定性评价方法，本书提出像元块标准差法评价成分分布的均匀性。在淀粉成分分布定性评价中，四个样品的拟合方程分别为 S=2.283ε+5.808（样品 1），S=2.261ε+5.689（样品 2），S=2.268ε+5.966（样品 3）和 S=2.228ε+5.933（样品 4）。对于淀粉分布二值化成像图，拟合直线的斜率分别为 2.283、2.261、2.268 和 2.228。斜率和截距作为像元块标准差法中两个重要评价参数，斜率和截距为 0 表明成分分布均匀，结果说明了片剂与片剂之间淀粉分布具有相似性以及复方甘草片淀粉分布的不均匀性。

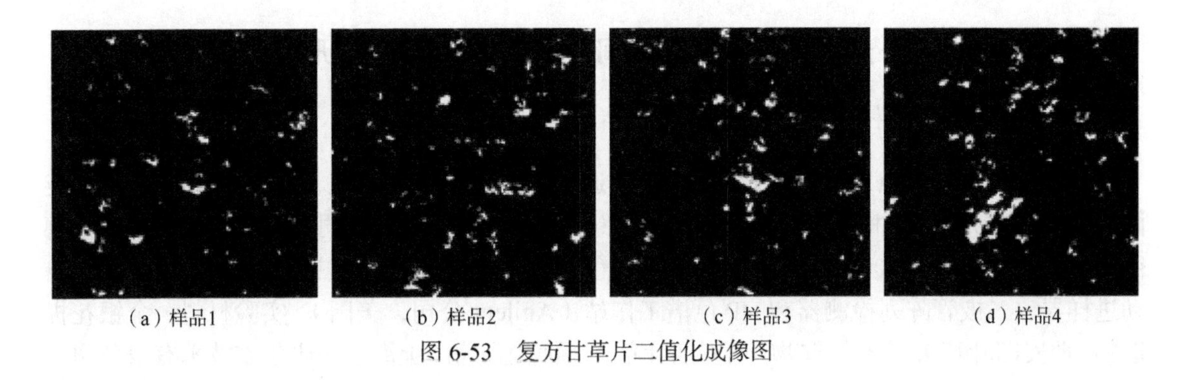

图 6-53　复方甘草片二值化成像图

在其他总体成分分布定性评价中，四个样品的拟合方程分别为 S=0.661ε+4.960（样品 1），S=0.628ε+8.484（样品 2），S=0.800ε+4.968（样品 3）和 S=1.225ε+5.331（样品 4）。对于总体成分分布二值化成像图，拟合直线的斜率分别为 0.661、0.628、0.800 和 1.225。以上结果表明单一片剂内总体成分分布不均匀和片剂间的总体成分分布的不均一性。

该方法与直方图法比较，像元块标准差法经过 RGB 图像转化为二值化图像，实现成分空间分布可视化，而基于统计分析参数的直方图法只能提供像元的均匀性，未能给出具体的空间分布。此外，复杂体系中直方图法易受成像成分分布图中异常点的干扰，准确性相对较低，而采用像元块标准差法计算不同大小像元块纹理信息的标准偏差值，求得的斜率和截距能够更灵敏地评价成分分布均匀性。

本研究以复方甘草片为载体，采用 BACRA 法构建了复方甘草片中淀粉空间分布成像图。采用多种方法评价了成分分布的均匀性：基于参数的直方图评价方法，说明了复方甘草片 3 的植物提取物分布相比其他样本更加不均一；采用主成分得分层图能够快速发现目标区域，并且使得目标物的信息更加清晰化和可视化；建立了一种新的成分空间分布均匀性评价方法——SDMT，见图 6-54，结果说明了片剂与片剂之间淀粉分布具有相似性以及淀粉分布的不均匀性，单一片剂内总体成分分布不均匀和片剂间的总体成分分布的不均一性。此外，本书比较了 SDMT 方法与直方图法的区别，指出 SDMT 法的优势是能够实现成分空间分布可视化以及增加评价成分分布均匀性的灵敏性。以上研究为片剂的空间位点信息研究提供方法学。

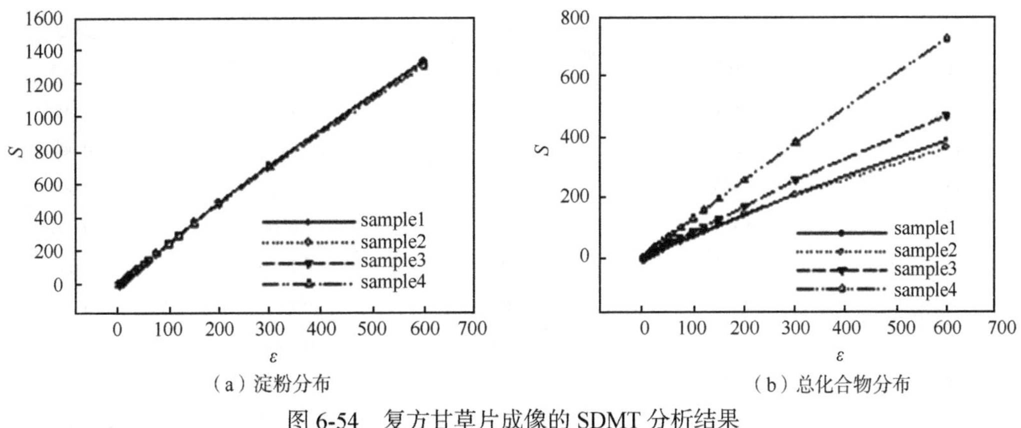

图 6-54　复方甘草片成像的 SDMT 分析结果

S 代表标准偏差；ε 代表宏像素的大小长度

三、片剂近红外光谱成像信息的空间分布均匀性和定量研究

（一）仪器与材料

Spectrum Spotlight 400/400N 傅里叶变换近红外/红外光谱成像仪（PerkinElmer 公司，英国），16×1 阵列 MCT 检测器。旋转式压片机（信源制造机械有限公司，上海）。电子天平（德国赛多利斯集团，SI-4001）。1100 型高效液相色谱仪，包括四元泵、柱温箱、真空脱气机、自动进样器、二极管阵列检测器和 HP 色谱工作站（Agilent 公司，美国）。实验材料：金银花提取物（西安四叶草），黄芩提取物（西安四叶草），预胶化淀粉（上海卡乐康包衣技术有限公司）。乙腈（美国 Thermo Fisher Scientific 公司，色谱纯），磷酸（美国 Fisher 公司，色谱纯），纯净水（杭州娃哈哈集团有限公司）。绿原酸对照品由中国食品药品检定研究院提供（批号：110753-201314）。黄芩苷对照品由中国食品药品检定研究院提供（批号：110715-201318）。

（二）样品制备与检测

采用 D 优化设计的银黄片处方，如表 6-26 所示。按照各处方比例称取金银花提取物、黄芩提取物、预胶化淀粉及硬脂酸镁，采用等量递增法进行混合。精密称取 0.500g 混合均匀的粉末进行压片（参数条件：压力为 60kN，填充厚度为 5.00mm，片剂厚度为 2.0mm）。每个编号下的处方各压制 3 片。

表 6-26　D 优化设计的银黄片处方

编号	金银花提取物	黄芩提取物	预胶化淀粉	硬脂酸镁
1	0.525	0.100	0.375	0.004
2	0.100	0.389	0.511	0.004
3	0.404	0.328	0.268	0.004
4	0.195	0.105	0.700	0.004
5	0.100	0.400	0.500	0.004
6	0.508	0.102	0.392	0.004
7	0.800	0.102	0.098	0.004
8	0.405	0.327	0.268	0.004
9	0.800	0.200	0.000	0.004
10	0.109	0.191	0.700	0.004
11	0.117	0.183	0.700	0.004
12	0.800	0.182	0.018	0.004
13	0.553	0.100	0.347	0.004
14	0.390	0.600	0.010	0.004
15	0.200	0.100	0.700	0.004
16	0.105	0.600	0.295	0.004
17	0.400	0.600	0.000	0.004
18	0.392	0.600	0.008	0.004
19	0.800	0.100	0.100	0.004
20	0.617	0.383	0.000	0.004

续表

编号	金银花提取物	黄芩提取物	预胶化淀粉	硬脂酸镁
21	0.119	0.600	0.281	0.004
22	0.200	0.306	0.494	0.004
23	0.493	0.100	0.407	0.004
24	0.700	0.103	0.197	0.004
25	0.413	0.236	0.350	0.004
26	0.246	0.500	0.254	0.004
27	0.700	0.101	0.199	0.004
28	0.561	0.339	0.100	0.004
29	0.200	0.100	0.700	0.004
30	0.397	0.500	0.103	0.004

按照处方：金银花提取物，45%，w/w；黄芩提取物，9.5%，w/w；预胶化淀粉，44.0%，w/w；硬脂酸镁，1.38%，w/w，称取金银花提取物、黄芩提取物、预胶化淀粉及硬脂酸镁，采用等量递增法进行混合。精密称取0.500g混合均匀的粉末进行压片(参数条件:压力为60kN，填充厚度为5.00mm，片剂厚度为2.0mm)，共压制3片。分别精密称取0.500g纯金银花提取物、黄芩提取物、预胶化淀粉和硬脂酸镁，在相同的压片条件下压片，以供采集各组分的纯物质光谱。采用SpectrumSpotlight 400/400N傅里叶变换近红外/红外光谱成像仪，以空气作为背景，采用漫反射模式采集光谱，分辨率为16cm^{-1}，光谱扫描范围为7800～4000cm^{-1}，空间分辨率为25μm×25μm，每个样品扫描16次，采集面积为2000μm×2000μm。

精密称取1.0026g金银花提取物，置于100mL锥形瓶中，加入50%甲醇超声30min。精密移液1mL至5mL容量瓶中，定容至5mL。采用0.45μm微孔滤膜过滤，基于HPLC法测定金银花提取物绿原酸含量。采用C18色谱柱（250mm×4.6mm，5.0μm，Dikma），流动相为甲醇∶水∶磷酸（13∶87∶0.2，v/v），检测波长为327nm，流速为1mL · min^{-1}，柱温为30℃，进样量为10μL。

精密称取0.1047g黄芩提取物，置于100mL锥形瓶中，加入纯水超声30min。精密移液1～5mL容量瓶中，定容至5mL。采用0.45μm微孔滤膜过滤，按照《中华人民共和国药典》2010版一部中，黄芩苷项下HPLC测定黄芩苷含量，选择C18色谱柱（250mm×4.6mm，5.0μm，Dikma），流动相为甲醇∶水∶磷酸（47∶53∶0.2，v/v），检测波长为280nm，流速为1mL · min^{-1}，柱温为30℃，进样量为10μL。

（三）数据处理软件

采用HyperView软件和Spectrum Image软件（英国PerkinElmer公司）进行光谱采集。采用MATLAB2009b软件工具（美国MATLAB公司）软件和PLS-Toolbox进行CLS定量模型建立。采用Unscrambler7.0（挪威CAMO公司）软件对光谱进行预处理。采用MATLAB2009b软件工具（美国MATLAB公司）进行样本集划分及PLS模型计算。

（四）基于经典最小二乘法定量模型建立

原始近红外光谱容易受基线漂移、随机噪声等因素干扰。首先要采用合理的光谱预处理方法消除各种干扰因素的影响，获取各样品和纯物质片剂表面的高光谱数据，将三维数据降维为二维光谱矩阵，再采用不同的预处理方法进行校正。

采用不同预处理方法获得 CLS 模型的 RMSEP 值，见表 6-27。从表中可以看出，对于各样品及各组分而言，经 MSC 预处理后的光谱数据，采用经典最小二乘法预测准确性明显最高，RMSEP 值最小。这主要是由于 MSC 法可有效消除样品粉末颗粒大小及粒径分布不均匀产生的散射对光谱矩阵的影响。

表 6-27　不同预处理方法 RMSEP（%）比较

样品		预处理方法				
		SG9	SG9+1D	SG9+2D	MSC	SNV
1	JYH	40.12	79.95	197.5	13.95	13.97
	HQ	26.08	14.64	46.26	7.343	7.523
	STA	31.90	38.90	88.46	10.47	10.49
	MgS	11.39	7.330	6.772	2.361	3.142
2	JYH	34.82	82.65	207.9	14.03	14.04
	HQ	23.60	14.63	49.26	6.612	7.222
	STA	27.98	40.05	93.25	11.44	11.54
	MgS	1.067	7.532	7.331	2.350	3.124
3	JYH	37.95	84.53	213.2	18.02	18.03
	HQ	19.40	13.53	48.72	7.601	7.741
	STA	21.29	40.99	94.91	16.01	16.16
	MgS	8.971	7.912	7.412	2.369	3.138

JYH-金银花提取物；HQ-黄芩提取物；STA-预胶化淀粉；MgS-硬脂酸镁。

采用 MSC 方法作为光谱预处理方法，采用 CLS 法进行样品中各组分含量预测。各样品均得到 6400 条光谱（采集面积为 2000μm×2000μm，空间分辨率为 25μm×25μm），共得到 6400 个含量预测值，分别对应样品表面一定面积内各空间像元点处组分的含量。最后，通过构建含量重构图，生成 3 个样品中各组分含量的空间分布图，如图 6-55 所示。最终，求得各组分 6400 个预测含量值的平均值，作为含量值（表 6-28）。

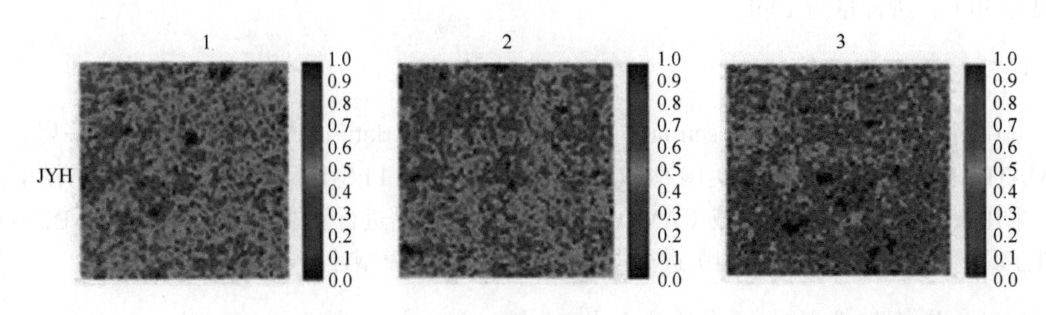

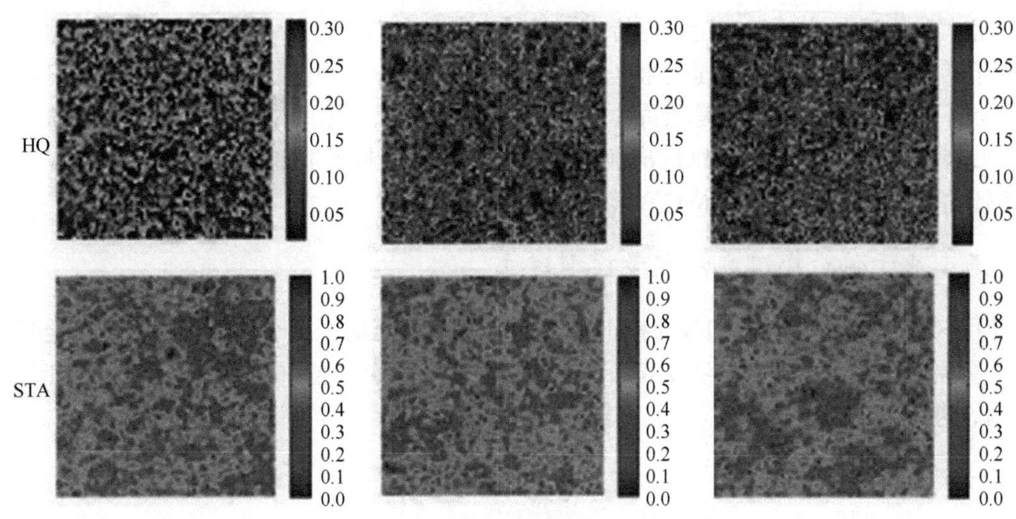

图 6-55　马来酸氯苯那敏片含量重构图

JYH-金银花提取物；HQ-黄芩提取物；STA-预胶化淀粉

表 6-28　采用 CLS 法预测银黄片中各组分含量

样品	JYH/%	HQ/%	STA/%	MgS/%
1	42.94	9.06	45.50	3.84
2	40.72	7.58	49.14	3.83
3	33.68	7.28	56.44	3.77

JYH-金银花提取物；HQ-黄芩提取物；STA-预胶化淀粉；MgS-硬脂酸镁

从表 6-28 中可以看出，预测的含量与理论含量有较大的差异。通过计算主要成分纯物质光谱之间的相似性，从表 6-29 中可以看出，金银花提取物光谱与预胶化淀粉光谱、黄芩提取物光谱与预胶化淀粉光谱、金银花提取物光谱与黄芩提取物光谱之间的相似性均达到了 0.9465 及以上，所以较为相似的光谱吸收，也影响了 CLS 法准确区分各组分光谱的特征，进而影响含量预测的准确性。如何进一步提高 CLS 法预测含量信息的准确性还有待进一步研究。

表 6-29　各组分光谱之间的相似性

	JYH	HQ	STA
JYH	—	0.9685	0.9873
HQ	0.9685	—	0.9465
STA	0.9873	0.9465	—

JYH-金银花提取物；HQ-黄芩提取物；STA-预胶化淀粉。

该研究分别以西药体系扑尔敏片和中药体系银黄片为研究载体，采集近红外化学成像高光谱数据，通过三维数据降维为二维数据后，再采用 CLS 算法将光谱信息转为化学含量信息。比较一阶导数、SG 平滑、MSC、SNV 等光谱预处理方法的效果。结果显示，扑尔敏片中三种主要组分定量分析中，最佳光谱预处理方法为 MSC 法，三种组分 RMSEP 值最小。但预测的含量值与理论值有较大，尤其是活性成分马来酸氯苯那敏，预测值与理论值的 RSD 值大于

10%。银黄片中三种主要组分定量分析中，最佳光谱预处理方法为 MSC 法，三种 RMSEP 值最小，但活性成分的预测值与理论值也相差较大。通过计算不同体系中各组分之间的光谱相似性，发现不论对于扑尔敏片还是银黄片，各自组分之间的光谱相似性值均大于 0.95，这可能影响了 CLS 法区分各组分光谱特征的准确性，进而影响含量预测的准确性。如何进一步提高 CLS 法预测含量信息的准确性还有待进一步研究。

（五）基于偏最小二乘法定量模型建立

使用 KS 法将 33 个样本划分为校正集（22 个）和验证集（11 个）通过换算，以金银花提取物中绿原酸含量及黄芩提取物中黄芩苷含量作为 *X* 值，以样品中绿原酸、黄芩苷理论含量为 *Y* 值，进行 PLS 模型构建。

1. 光谱预处理

通过数据降维，将采集的银黄片高光谱数据降为二维光谱数据，对二维近红外光谱采用合理的光谱预处理方法以消除噪声及各种干扰因素的影响。采用 S-G 平滑法、导数法、多元散射校正、标准正则变化等预处理方法对光谱进行校正。

经不同预处理方法获得 PLS 模型的 R^2 和 RMSE 值，见表 6-30～表 6-32。从表中可以看出，光谱数据经过处理后建模结果明显优于原始光谱数据的建模结果。经相关预处理后，模型的预测准确性明显提高。

表 6-30　不同光谱预处理方法比较（绿原酸）

预处理方法	潜变量因子数	参数					
		RMSEC/%	R^2_{cal}	RMSECV/%	R^2_{val}	RMSEP/%	R^2_{pre}
原始光谱	8	0.159	0.984	0.288	0.952	0.306	0.880
SG9	7	0.172	0.981	0.322	0.940	0.265	0.910
SG11	8	0.166	0.983	0.292	0.950	0.283	0.898
SG11+1D	6	0.151	0.985	0.250	0.964	0.241	0.926
SG11+2D	6	0.094	0.994	0.270	0.958	0.267	0.908
MSC	4	0.238	0.964	0.333	0.936	0.150	0.971
SNV	4	0.239	0.964	0.334	0.936	0.142	0.974
标准化	4	0.343	0.925	0.506	0.852	0.255	0.916

表 6-31　不同光谱预处理方法比较（黄芩苷）

预处理方法	潜变量因子数	参数					
		RMSEC/%	R^2_{cal}	RMSECV/%	R^2_{val}	RMSEP/%	R^2_{pre}
原始光谱	5	2.53	0.975	4.65	0.922	2.15	0.979
SG9	5	2.51	0.975	4.81	0.917	1.89	0.984
SG11	5	2.51	0.975	4.84	0.916	1.83	0.985
SG11+1D	2	3.25	0.958	3.95	0.944	2.83	0.963
SG11+2D	3	2.99	0.965	3.86	0.947	1.88	0.984

续表

预处理方法	潜变量因子数	参数					
		RMSEC/%	R_{cal}^2	RMSECV/%	R_{val}^2	RMSEP/%	R_{pre}^2
MSC	3	2.58	0.974	3.78	0.949	1.80	0.985
SNV	3	2.50	0.975	3.69	0.951	1.84	0.984
标准化	9	1.08	0.995	3.52	0.956	6.10	0.829

表 6-32　不同光谱预处理方法比较（预胶化淀粉）

预处理方法	潜变量因子数	参数					
		RMSEC/%	R_{cal}^2	RMSECV/%	R_{val}^2	RMSEP/%	R_{pre}^2
原始光谱	5	6.66	0.935	10.2	0.861	3.06	0.970
SG9	5	6.63	0.936	10.3	0.860	3.19	0.968
SG11	5	6.63	0.936	10.2	0.860	3.30	0.966
SG11+1D	6	4.78	0.967	8.73	0.900	5.19	0.915
SG11+2D	6	2.94	0.987	8.31	0.908	6.38	0.871
MSC	3	7.18	0.925	9.93	0.869	4.90	0.924
SNV	3	7.18	0.925	9.94	0.869	4.88	0.925
标准化	4	7.40	0.920	10.1	0.864	4.46	0.937

对于组分金银花提取物（以绿原酸计），采用 SNV 方法进行预处理，验证集相关系数 R_{val}^2 及验证均方差 RMSECV 分别为 0.936%和 0.334%。

对于组分黄芩提取物（以黄芩苷计），采用 SNV 方法进行预处理，验证集相关系数 R_{val}^2 及验证均方差 RMSECV 分别为 0.951%和 3.69%。

对于组分预胶化淀粉，采用 SG11 点平滑及一阶导数法进行预处理，验证集相关系数 R_{val}^2 及验证均方差 RMSECV 分别为 0.900%和 8.73%。

以上结果表明，对于固体制剂而言，标准正则变化及导数预处理方法优于其他预处理方法。这可能与固体粉末或制剂由于颗粒的粒度、密度及颗粒自身的物化性质等，在漫反射模式中影响近红外定量分析的因素较多，而标准正则变化及导数光谱能够较好地消除噪声和基线偏移有关。此外，从银黄片三种组分的 PLS 模型结果可以看出，虽然不同组分的含量存在较大的差别，但是体系中高含量组分所建立的模型性能，未见明显好于低含量组分所建模型，说明不同组分在同一光谱中具有不同的定量结果。

组分金银花提取物（以绿原酸计）、黄芩提取物（以黄芩苷计）和预胶化淀粉，分别采取不同的预处理方法处理，绘制模型 PRESS 值随潜变量因子变化的曲线图（图 6-56）。由图 6-56 可知，对于金银花提取物（以绿原酸计），当潜变量因子数为 4 时，PRESS 值基本不再变化，因此选择潜变量因子数 4 建立全谱回归模型。同理，对于黄芩提取物（以黄芩苷计）和预胶化淀粉，分别选择潜变量因子数 3、6 建立全谱回归模型。

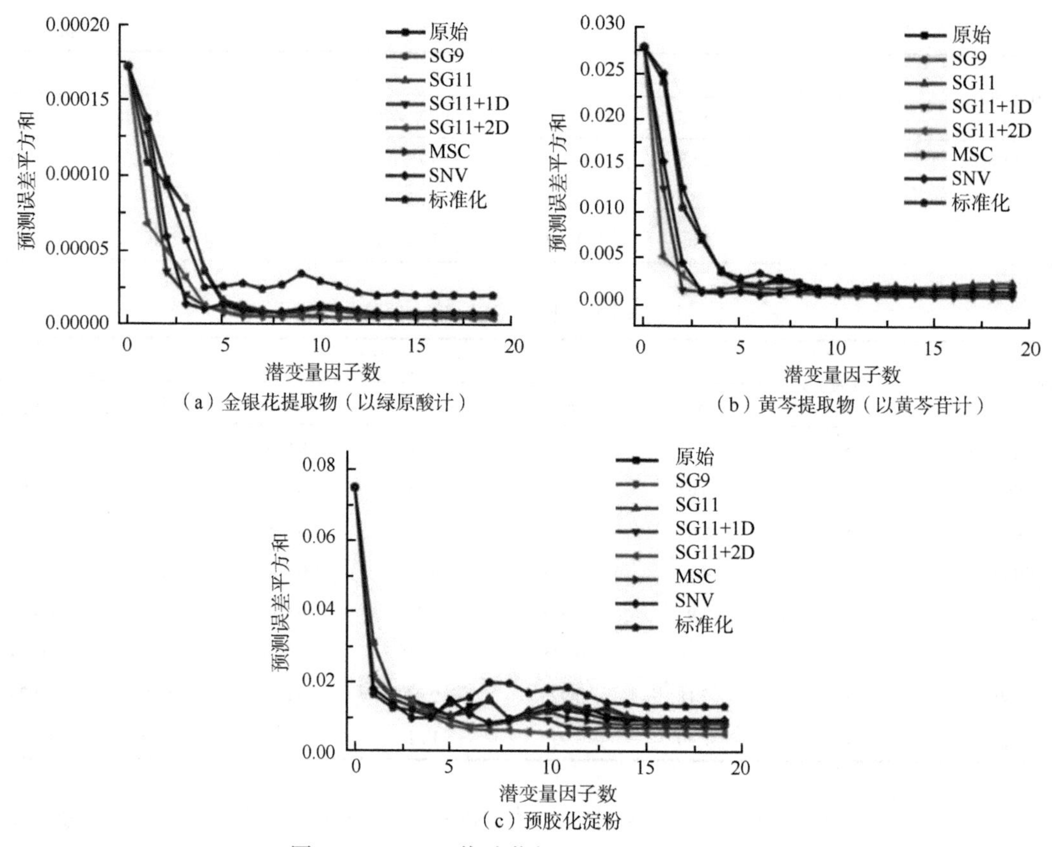

（a）金银花提取物（以绿原酸计）　（b）黄芩提取物（以黄芩苷计）

（c）预胶化淀粉

图 6-56　PRESS 值随潜变量因子变化的曲线图

采用组合间隔偏最小二乘法（SiPLS）在近红外光谱区域进行波段筛选，O—H 键有着较强的谱带重叠和干扰吸收。为了减少空气中的水分及其他影响，采用组合间隔偏最小二乘法进行波段筛选。选择组合数 3，波段间隔数 10，进行变量筛选。

根据全谱建模确定的最佳潜变量因子数，建立金银花提取物（以绿原酸计）SiPLS 模型时，最大潜变量因子数设为 4，其筛选出的最佳变量范围为 7416～7040cm^{-1}，6648～6272cm^{-1}，5880～5504cm^{-1}；同理，黄芩提取物（以黄芩苷计）最大潜变量因子数设为 3，其筛选出的最佳变量范围为 7032～6656cm^{-1}，6648～5888cm^{-1}，5880～5504cm^{-1}；预胶化淀粉最大潜变量因子数设为 6，其筛选出的最佳变量范围为 7384～7016cm^{-1}，7008～6640cm^{-1}，6632～6264cm^{-1}。

2. 定量模型建立

金银花提取物（以绿原酸计）：选取其最佳波段采取 SNV 方法进行光谱预处理，使用 4 个潜变量因子建立 SiPLS 模型；黄芩提取物（以黄芩苷计）：选取其最佳波段采取 SNV 方法进行光谱预处理，使用 2 个潜变量因子建立 SiPLS 模型；预胶化淀粉：选取其最佳波段采取 SG11 点平滑及一阶导数方法进行光谱预处理，使用 4 个潜变量因子建立 SiPLS 模型。

各组合间隔偏最小二乘建模结果见表 6-33。经过波段筛选，对于金银花提取物（以绿原酸计），模型各指标均有所改善，而对于黄芩提取物（以黄芩苷计）和预胶化淀粉而言，建模各指标未见明显提升。

表 6-33　SiPLS 建模结果

组分	潜变量因子数	参数					
		RMSEC/%	R_{cal}^2	RMSECV/%	R_{val}^2	RMSEP/%	R_{pre}^2
JYH	4	0.218	0.970	0.286	0.953	0.175	0.961
HQ	2	4.67	0.967	5.47	0.956	1.70	0.991
STA	4	6.66	0.935	9.13	0.889	3.45	0.962

注：JYH——金银花提取物（以绿原酸计）；HQ——黄芩提取物（以黄芩苷计）；STA——预胶化淀粉。

采用向后间隔偏最小二乘法（BiPLS）进行波段筛选，根据全谱建模确定的最佳潜变量因子数，建立金银花提取物（以绿原酸计）BiPLS 模型时，最大潜变量因子数设为 4，其筛选出的最佳变量范围为 7416～7040cm^{-1}，5880～5504cm^{-1}；同理，黄芩提取物（以黄芩苷计）最大潜变量因子数设为 3，其筛选出的最佳变量范围为 7800～7040cm^{-1}，4744～4376cm^{-1}；预胶化淀粉最大潜变量因子数设为 6，其筛选出的最佳变量范围为 7008～6640cm^{-1}，5880～5512cm^{-1}。

对于金银花提取物（以绿原酸计），选取其最佳波段采取 SNV 方法进行光谱预处理，使用 3 个潜变量因子建立 BiPLS 模型；对于黄芩提取物（以黄芩苷计），选取其最佳波段采取 SNV 方法进行光谱预处理，使用 2 个潜变量因子建立 BiPLS 模型；对于预胶化淀粉，选取其最佳波段采取 SG11 点平滑加一阶导数方法进行光谱预处理，使用 5 个潜变量因子建立模型。各向后间隔偏最小二乘建模结果见表 6-34。

表 6-34　BiPLS 建模结果

组分	潜变量因子数	参数					
		RMSEC/%	R_{cal}^2	RMSECV/%	R_{val}^2	RMSEP/%	R_{pre}^2
JYH	3	0.216	0.970	0.279	0.955	0.177	0.960
HQ	2	3.24	0.959	3.84	0.947	2.83	0.963
STA	5	4.33	0.971	6.67	0.941	3.95	0.951

注：JYH——金银花提取物（以绿原酸计）；HQ——黄芩提取物（以黄芩苷计）；STA——预胶化淀粉。

结果显示，采用 BiPLS 波段筛选，与全谱建模和 SiPLS 建模结果相比，金银花提取物（以绿原酸计）和黄芩提取物（以黄芩苷计）建立的 BiPLS 模型预测性能未见明显提升，而预胶化淀粉的 BiPLS 模型各指标均有所改善。因此，结合表 6-30～表 6-34，对于金银花提取物（以绿原酸计），采用 SiPLS 方法进行建模；对于黄芩提取物（以黄芩苷计），采用全波长进行建模；对于预胶化淀粉，采用 BiPLS 进行建模。

金银花提取物（以绿原酸计）：选择 SNV 方法作为光谱预处理方法，经过变量筛选，组合数为 3，间隔数为 10，最佳潜变量因子数为 4，建立 SiPLS 定量模型。预测集相关系数 R_{pre}^2 和预测均方差 RMSEP 分别为 0.961、0.175%。所建 SiPLS 模型校正集与预测集相关关系如图 6-57（a）所示。

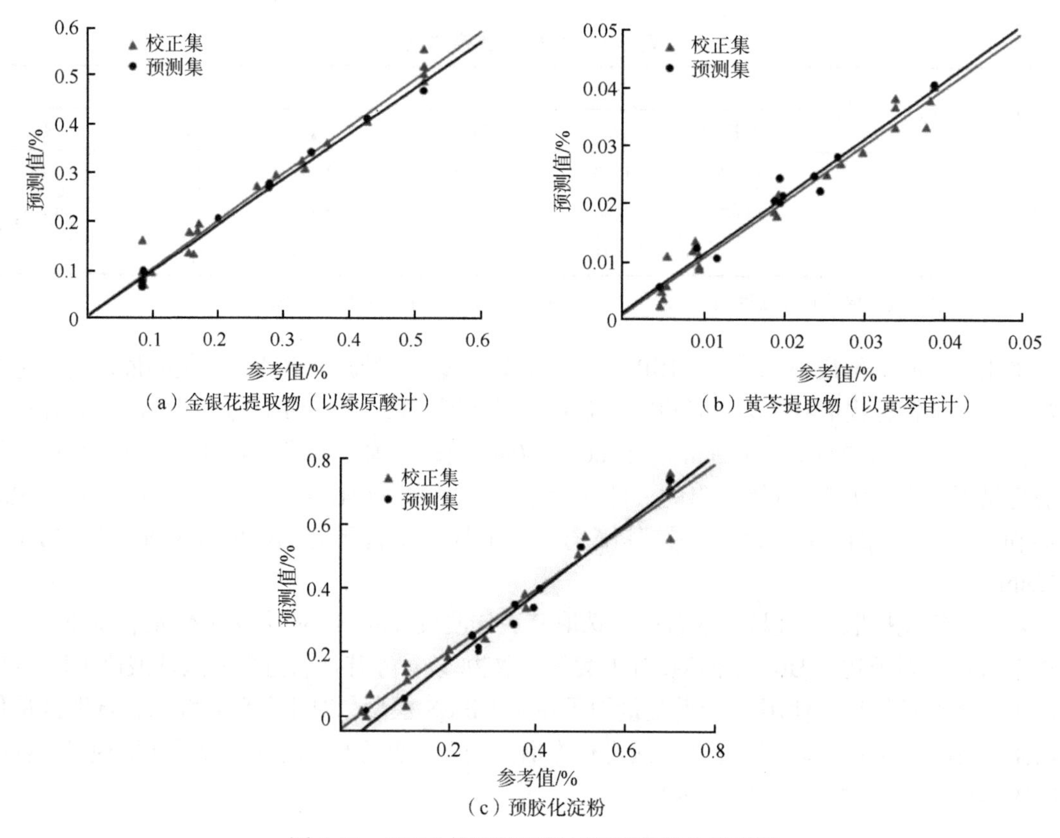

图 6-57 SiPLS 模型校正集与预测集相关关系图

黄芩提取物(以黄芩苷计):选择标 SNV 作为光谱预处理方法,选取潜变量因子数 3 建立 PLS 定量模型,预测集相关系数 R_{pre}^2 和预测均方差 RMSEP 分别为 0.984、1.84%。所建 PLS 模型校正集与预测集相关关系如图 6-57(b)所示。

预胶化淀粉:选择标 SG11 点平滑加一阶导数作为光谱预处理方法,建立 BiPLS 模型,间隔数为 10,最佳潜变量因子数为 5,建立 SiPLS 定量模型,预测集相关系数 R_{pre}^2 和预测均方差 RMSEP 分别为 0.962、3.45%。所建 SiPLS 模型校正集与预测集相关关系如图 6-57(c)所示。

3. 含量预测

采集外部预测集片剂表面一定面积内的高光谱数据。对高光谱数据进行降维,每一样品均得到 6400 条光谱(采集面积为 2000μm×2000μm,空间分辨率为 25μm×25μm)。

不同的组分,分别采用各组分建模时优选出的最佳预处理方法进行光谱预处理,然后用建立的定量模型进行含量预测,将光谱信息转化为含量信息,得到 6400 个含量值,分别对应样品表面采集面积内各空间像元点处组分的含量。

最后,通过构建含量重构图,生成 3 个样品中各组分含量的空间分布图,如图 6-58 所示。图中,颜色代表含量值的大小,含量越高,颜色越红;反之,亦然。因此,近红外层析成像技术不仅可以获取组分在空间各点的具体含量信息,还可以将含量信息可视化,以待进一步均匀性分析。

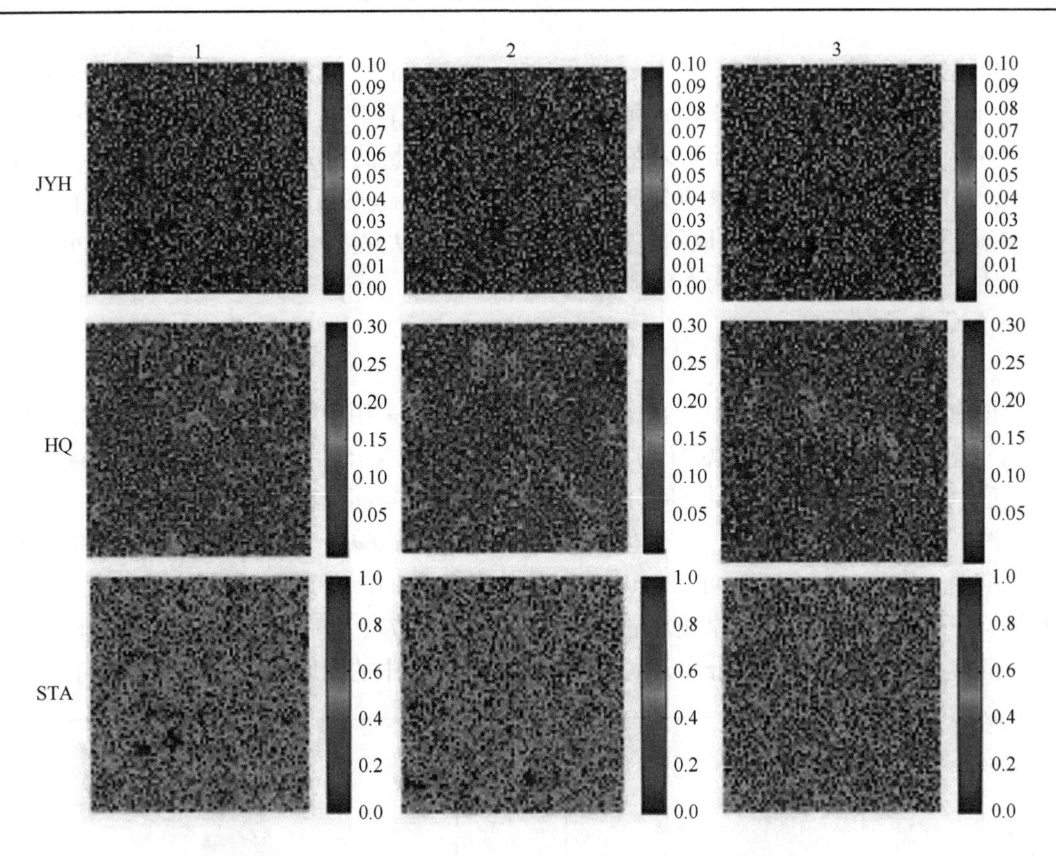

图 6-58　组分含量的空间分布图

JYH-金银花提取物（以绿原酸计）；HQ-黄芩提取物（以黄芩苷计）；STA-预胶化淀粉

最终，求得 6400 个预测含量值的平均值，作为各个样本的含量值。样本中各组分含量值见表 6-35。与 CLS 法获得的定量信息相比，PLS 定量法获得的含量信息更接近于理论值，并且模型的 RMSEP 值更小，说明 PLS 方法在获取定量信息时更为准确和可靠。而 CLS 方法不需要建立外部校正集，仅需要纯物质光谱便可以预测相同组成的样品中各组分含量，更为方便和快速，但预测的可靠性和准确性还有待进一步研究和提高。

表 6-35　PLS 法预测银黄片中各组分平均含量

样品	JYH/%	HQ/%	STA/%
1	2.34	9.76	52.02
2	2.45	9.11	51.10
3	2.39	7.16	41.10

JYH-金银花提取物（以绿原酸计）；HQ-黄芩提取物（以黄芩苷计）；STA-预胶化淀粉。

该研究以中药体系银黄片为研究载体，采集近红外化学成像高光谱数据，通过三维数据降维获得二维光谱数据后，再采用 PLS 算法将光谱信息转为化学含量信息。比较一阶导数、二阶导数、SG 平滑、MSC、SNV、标准化等光谱预处理方法的效果。结果显示，银黄片中三种主要组分定量分析中，金银花提取物（以绿原酸计）和黄芩提取物（以黄芩苷计）采用 SNV 作为光谱预处理方法，预胶化淀粉则采用 SG9 点平滑进行光谱预处理。金银花提取物采用

SiPLS 建模，定量波段为 7416～7040cm^{-1}，6648～6272cm^{-1}，5880～5504cm^{-1}，RMSECV 和 RMSEP 值分别为 0.286%、0.175%；黄芩提取物采用全波段建模，RMSECV 和 RMSEP 值分别为 3.69%、1.84%；预胶化淀粉采用 BiPLS 建模，定量波段为 7008～6640cm^{-1}，5880～5512cm^{-1}，RMSECV 和 RMSEP 值分别为 6.77%、3.95%，表明所建 NIR 定量模型具有良好的校正和预测性能。与 CLS 法获取的定量信息相比，PLS 法建立的模型 RMSEP 值较小，说明 PLS 方法在获取定量信息时更为准确和可靠。

（六）银黄片空间分布均匀性评价

根据前文银黄片含量预测中，通过高光谱数据降维，采用 PLS 方法预测样品一定表面上活性成分金银花提取物（以绿原酸计）、黄芩提取物（以黄芩苷计）的含量，共得到 6400 个预测含量值。再通过构建组分含量空间分布图，可视化组分空间分布。

如图 6-59 和图 6-60 所示，对于金银花提取物（以绿原酸计），样品 1、2、3 中的绿原酸含量标准偏差值分别为 1.52%、1.62%、1.94%，其中样品 1 中绿原酸含量标准偏差最小，含量分布最均匀。此外，样品中绿原酸含量的峰度分别为 3.2373、4.3141、4.1376，说明样品 1 中的绿原酸含量分布最接近正态分布，同样也说明了样品 1 中的绿原酸含量分布最均匀。

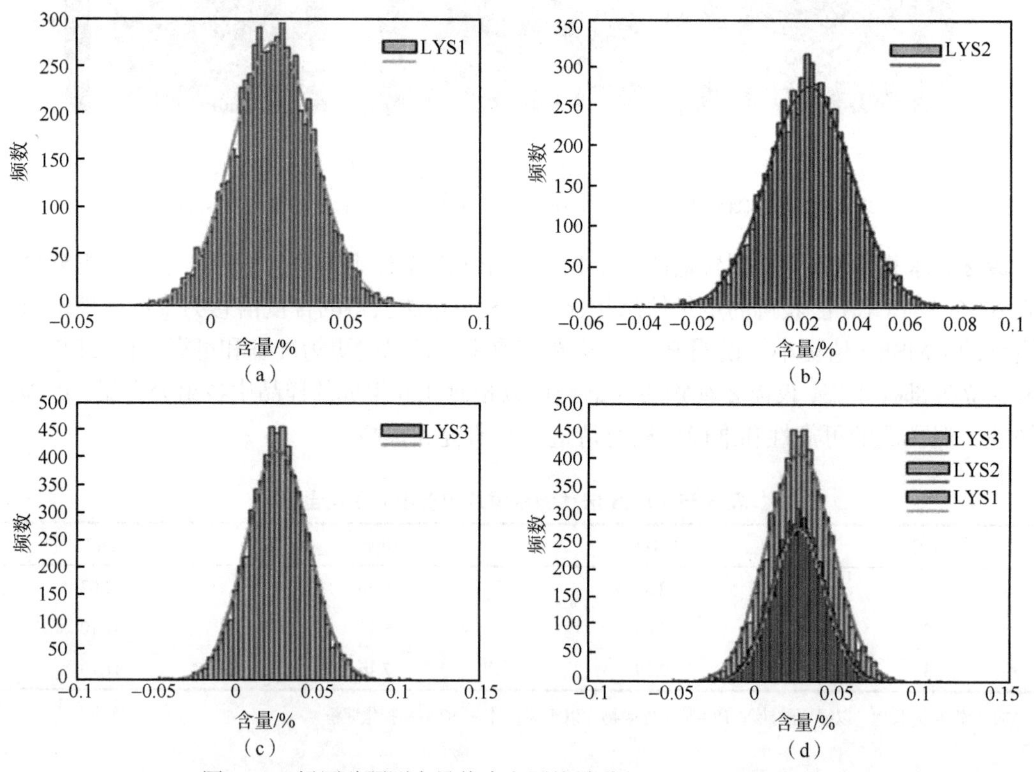

图 6-59　绿原酸预测含量值直方图统计分析（LYS：绿原酸）

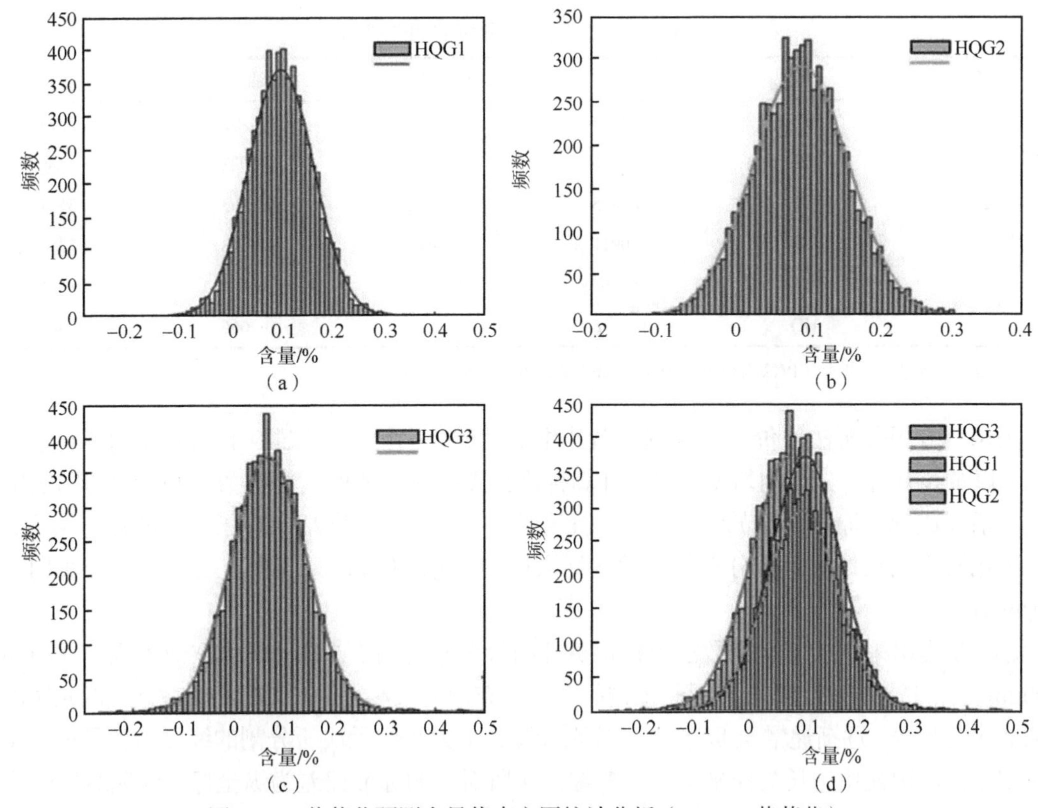

图 6-60　黄芩苷预测含量值直方图统计分析（HQG：黄芩苷）

然而，通过比较绿原酸含量的标准偏差值和偏度，样品 2 和样品 3 中绿原酸含量的标准偏差分别为 1.62%、1.94%，峰度分别为 4.3141、4.1376，标准偏差参数与峰度参数出现了相反的结果，这也说明了采用直方图分析组分分布均匀性的局限性。同样，偏度值与峰度值、标准偏差值也出现了不同的均匀性评价结果。出现这种情况是因为直方图分析法只针对预测的含量值进行数理统计，并不能直接反映含量在空间上的分布情况。对于有着相同含量分布统计结果而组分分布并不相同的两张含量分布图（图 6-61），采用直方图分析会得到相同的结果。

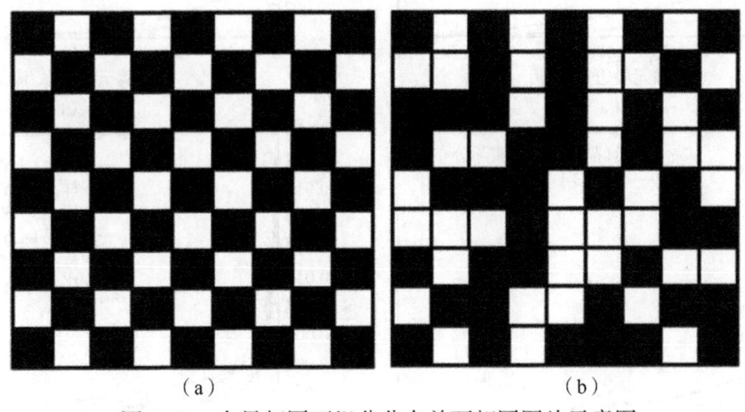

图 6-61　含量相同而组分分布并不相同图片示意图

同理，对于黄芩苷含量的直方图统计分析，也出现了类似相反的结果。这都说明了用直方图法评价组分空间分布均匀度的局限性。因此，还应进一步研究组分空间分布均匀度评价的方法。

表 6-36　直方图统计分析的四个参数

样品	组分	均值	标准偏差	偏度	峰度
1	JYH	0.0234	0.0152	0.0292	3.2373
	HQ	0.0976	0.0646	0.0022	3.8286
2	JYH	0.0235	0.0162	0.0263	4.3141
	HQ	0.0911	0.0670	0.0758	3.5380
3	JYH	0.0263	0.0194	0.0125	4.1376
	HQ	0.0716	0.0737	0.0666	4.1483

注：JYH——金银花提取物（以绿原酸计）；HQ——黄芩提取物（以黄芩苷计）。

采用直方图分析法评价中药制剂银黄片中活性成分金银花提取物（以绿原酸计）和黄芩提取物（以黄芩苷计）分布均匀度。通过计算标准偏差、峰度和偏度等参数可知，中药制剂银黄片其中活性成分绿原酸含量的统计指标，标准偏差、峰度及偏度却出现了不同的评价结果，说明了采用直方图法评价组分分布均匀性的局限性。因此，还应进一步研究组分空间分布均匀度评价的方法。

进一步提出采用均匀度指数法评价银黄片组分分布均匀度。由于采集的面积是 2000μm×2000μm，空间分辨率是 25μm，因此重构的含量分布图的大小是 80 像元×80 像元。像元块的边长从 2 像元开始，逐渐递增至 80 像元。分别计算各个大小像元块所分割的绿原酸含量重构图的标准偏差。以像元块边长为横坐标，以各像元块所对应的标准偏差为纵坐标，绘制绿原酸实际分布的均匀度曲线（图 6-62）。同理，绘制黄芩苷实际分布的均匀度曲线（图 6-63）。

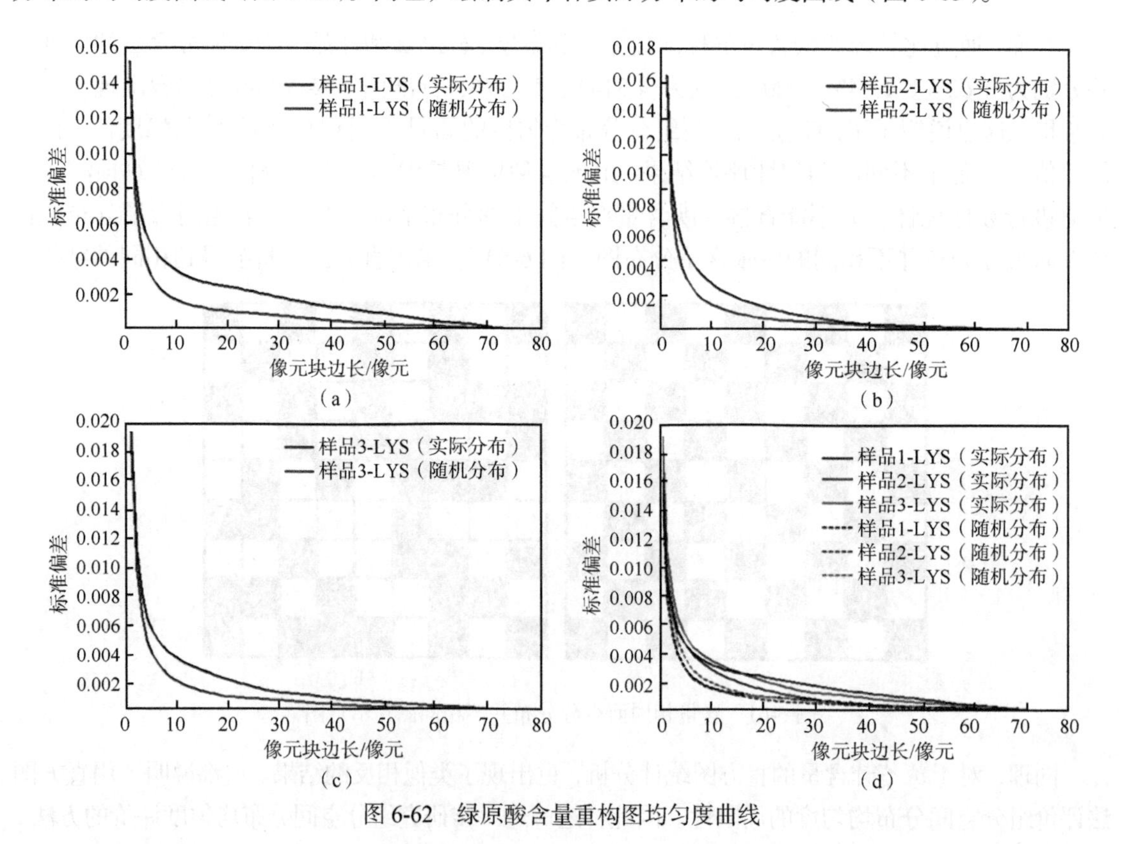

图 6-62　绿原酸含量重构图均匀度曲线

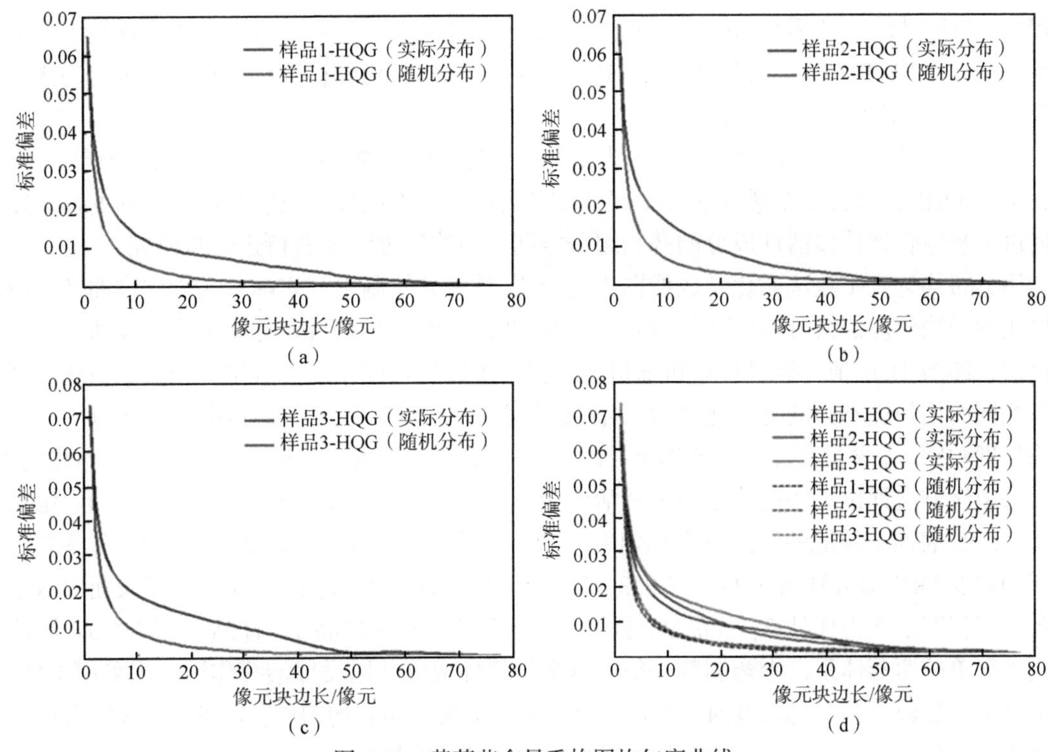

图 6-63　黄芩苷含量重构图均匀度曲线

分别对绿原酸含量重构图、黄芩苷含量重构图进行随机化处理，生成所对应的随机化图像。各随机化图像，也采用不同大小的像元块（边长从 2 像元递增到 80 像元）进行分割，并计算各像元块所对应的标准偏差。以像元块边长为横坐标，以各像元块所对应的标准偏差为纵坐标，分别绘制绿原酸、黄芩苷随机化分布的均匀度曲线。

观察图 6-62 可知，3 个样品表面上的绿原酸实际分布均匀度曲线与所对应的随机化分布曲线走势、面积比都比较相似，尤其是样品 2 与样品 3 更为接近。同理，仅通过肉眼观察图 6-63，3 个样品表面上的黄芩苷实际分布均匀度曲线与所对应的随机化分布曲线走势、面积比也比较相似，难以分辨各图像的均匀度差别。因此，需进一步计算，采用数值比较各样品表面上活性成分的空间分布均匀度。

分别计算绿原酸、黄芩苷实际分布均匀度曲线下面积（AUC_{real}）及随机分布均匀度曲线下面积（AUC_{random}），计算 AUC_{real}/AUC_{random} 比值，得到各图像的 DHI 值，见表 6-37。

表 6-37　绿原酸、黄芩苷组分分布 DHI 值

组分	1	2	3
LYS	2.106	1.521	1.788
HQG	1.935	2.033	2.265

LYS：绿原酸；HQG：黄芩苷。

从表 6-37 中可知，样品 1、2、3 表面上绿原酸空间分布均匀度的 DHI 值分别为 2.106、1.521、1.788。DHI 值越接近于 1，说明实际分布越接近于随机化分布（完全均匀分布），则组分的空间分布均匀度越好。因此，根据 DHI 值，可判断 3 个样品表面上的绿原酸空间分布均匀程度，按照从均匀到不均匀排列，依次为样品 2、样品 3、样品 1。同理，3 个样品表面上黄芩苷空间分布均匀度 DHI 值分别为 1.935、2.033、2.265，均匀程度按照均匀到不均匀排列依次为：样品 1、样品 2、样品 3。

不同于西药制剂，中药制剂组分更为复杂，一般都有多种活性成分共同发挥治疗作用。因此，采用 DHI 值评价多个活性成分空间分布均匀度时，不同成分可能会出现不同的均匀度。如何进一步综合评价多活性成分的药物组分空间分布均匀度，还有待进一步研究。

用分布均匀度指数法对化学成像图进行分析，计算并绘制组分实际分布均匀度曲及对应的随机化图像均匀度曲线。计算实际分布的均匀度曲线下面积与随机化分布的均匀度曲线下面积的比值，即为 DHI 值。通过计算机随机化模拟，生成均匀度相同而含量不同的二值化图像和含量相同而均匀度不同的二值化图像。通过计算曲线下面积，说明均匀度曲线对组分的空间分布均匀度敏感，而含量高低对其值影响较小。因此，该方法适合于评价组分的空间分布均匀度。

采用该方法评价了中药体系银黄片活性成分——绿原酸、黄芩苷空间分布均匀度。银黄样品 1、2、3 表面上绿原酸空间分布均匀度的 DHI 值分别为 2.106、1.521、1.788，黄芩苷空间分布均匀度 DHI 值分别为 1.935、2.033、2.265。根据 DHI 值可判断，3 个样品表面上绿原酸分布均匀程度依次为样品 2、样品 3、样品 1，而黄芩苷则为样品 1、样品 2、样品 3。因此，不同于简单的西药体系，中药制剂一般都有多种活性成分共同发挥治疗作用。当采用 DHI 值评价多个活性成分分布均匀度时，不同成分可能会出现不同的均匀度。如何进一步综合评价多活性成分的药物组分空间分布均匀度，还有待进一步研究[6]。

四、银杏叶片近红外光谱成像信息的空间分布均匀性研究

（一）仪器与材料

Sisu CHEMA 高光谱化学成像工作站（SPECIM，芬兰），由成像模块、移动模块和计算机模块组成，包含 FX17 成像光谱仪、线性散射光源和电控移动平台。计算机模块配备有图像采集软件 Chema DAQ 和高光谱图像处理软件 UmBio Evince。银杏叶片样品：银杏叶片素片（未包衣片）由扬子江药业集团有限公司提供，成分包括银杏叶提取物（含量约 25.57%）和 7 种辅料（淀粉、低取代羟丙纤维素、微晶纤维素、乳糖、羧甲淀粉钠、氢氧化铝和硬脂酸镁）。18 批共 72 个样品均来自生产真实世界，批号分别为：19081241、19082041、19082941、19090441、19091541、19092741、19092842、19100641、19101042、19102841、19101542、19102241、19103142、1912141、19112541、19120241、19120342、19120542。

（二）样品制备与检测

高光谱图像采集参数如下：镜头高度为 15cm，帧频为 42.02Hz，积分时间为 4.20ms，光谱范围为 970～2575nm，光谱分辨率为 8nm。采集的高光谱数据立方体大小为 50pix×50pix×288，即长和宽均为 50 像素，光谱通道数为 288。

（三）数据处理软件

本研究的图像数据分析在 MATLAB R2019a（TheMathWorks Inc.，美国）和 ENVI5.3（Exelis Visual Information Solutions，美国）上完成。

（四）光谱成像数据预处理

高光谱成像仪中电荷耦合器件发热产生暗电流和不稳定光源带来的信号差异，均会在数据中引入噪声。为消除数据噪声的影响，分别采集完全关闭镜头盖时的黑板参考图像和标准漫反射白板的白板参考图像，对高光谱图像进行校正，公式如下所示：

$$R_c = \frac{R_o - R_d}{R_w - R_d} \tag{6-1}$$

式中，R_c是校准后的反射率图像；R_o是采集到的原始反射率图像；R_d是黑板参考图像；R_w是白板参考图像。

经图像校正后，将银杏叶片反射率图像转换为吸光度图像，并进行图像降维。采用像元间信号标准差阈值法，检测高光谱图像，定位并修正潜在坏点。每片样品的高光谱图像均包括2500个像素点，其原始光谱见图6-64（a），在1300nm存在坏点，导致光谱尖刺和基线严重漂移的问题，同时在970～1300nm和2400～2500nm范围内存在强噪声现象。进一步计算不同像元间光谱信号值的标准差，当设定阈值为3时，检测到第46个波长通道处存在三个坏点。上述问题采用邻近像元数据插值加权平均的方法，消除由坏点产生的强噪声。此外，针对光源不稳定、背景噪声和样品表面粗糙等带来的干扰问题，提取1100～2400nm范围的光谱，采用SNV和SG（9）+2D对光谱进行预处理，预处理后的光谱见图6-64（b）。

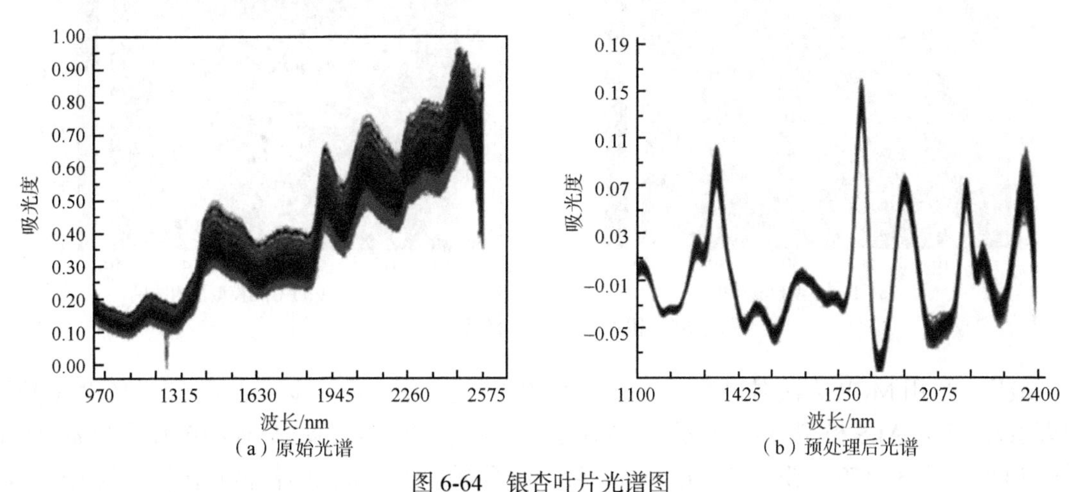

图6-64　银杏叶片光谱图

（五）银杏叶片活性药物成分（API）空间分布辨识

分别采集72个银杏叶片样品的高光谱图像。采用Kennard-Stone方法，以2∶1比例将样本划分为校正集和验证集。采用矩阵变换将三维高光谱图像数据降为二维，进一步进行光谱预处理（X），依据《中国药典》2020版，按照成方制剂和单味制剂中银杏叶片含量测定项，以HPLC测定的银杏叶片API含量作为参考值（Y），建立PLS定量模型。用相同方法采集银杏叶提取物和辅料的高光谱图像，并进行数据降维和预处理，提取各成分纯物质光谱，排列构成参考光谱矩阵S^T。银杏叶片数据矩阵$\boldsymbol{D}$以S^T为先验信息，建立CLS模型并实现银杏叶片中API含量预测。采用多元曲线分辨-交替最小二乘法（MCR-ALS），对降维后的银杏叶片数据矩阵$\boldsymbol{D}$进行奇异值分解，提取8种成分纯光谱，以浓度非负性为约束，建立MCR-ALS预测模型。

采用以上三种模型，预测银杏叶片高光谱图像中 2500 个像素点的 API 含量，单个样品的 API 预测含量以所有像素点预测含量的平均值表示。进一步，通过三维数据重构，构建 API 浓度空间分布图，实现 API 空间分布的可视化。

当 PRESS 值最小且趋于稳定时，选择潜变量因子数 6，建立 PLS 模型。该模型 R^2_{cal} 为 0.987，RMSEC 为 0.16，R^2_{pre} 为 0.588，RMSEP 为 0.942，预测 API 含量为 26.05%，与真实值 25.57% 较为接近，模型的预测准确性较好。研究进一步将包含预测信息的二维数据重构回 50pix×50pix×288 的三维数据立方体，获得了 API 浓度空间分布图，见图 6-65（a）。

进一步，银杏叶片中纯物质光谱经 SNV 和 SG（9）+2D 预处理后的光谱图见图 6-65（b）。依据以上 8 种成分的纯物质光谱构建参考矩阵，建立 CLS 预测模型。基于 CLS 方法经三维重构生成的 API 浓度空间分布图见图 6-65（b），模型的 RMSEP 为 0.867，预测的 API 含量为 22.57%。CLS 模型预测值相较于真实值，明显偏小，表明 CLS 模型的预测误差较大。其主要原因是银杏叶片中成分的光谱相似度较高，成分归属时易发生错误判别。因此，CLS 方法应用于复杂中药体系时，需对模型进行优化，提高拟合度。

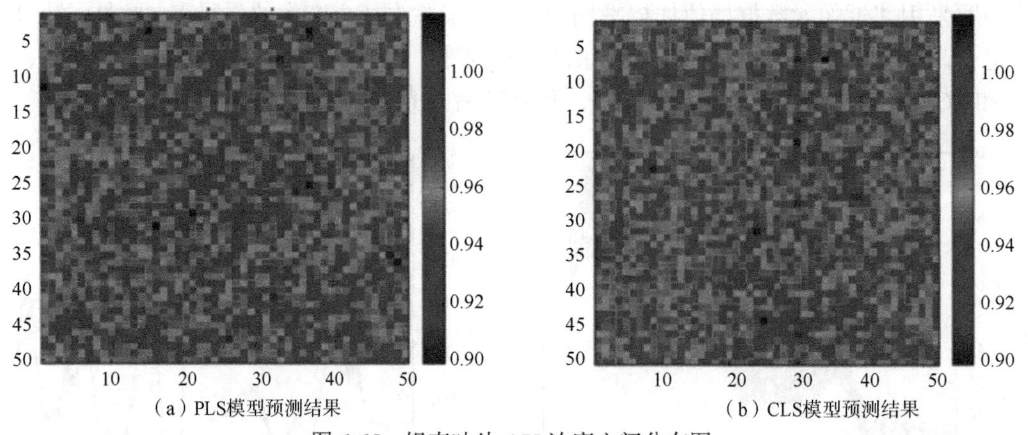

（a）PLS模型预测结果　　（b）CLS模型预测结果

图 6-65　银杏叶片 API 浓度空间分布图

最后，采用 MCR 方法对银杏叶片进行纯物质光谱分解，进一步，基于光谱和浓度非负性约束条件，建立 ALS 模型。结果显示，经 3 次迭代，模型达到最优。此时，模型解释率为 89.48%，对应 LOF 值为 32.17%，模型拟合度不高。经三维数据重构后得到的各物质含量及其浓度空间分布图见图 6-67。该图显示各物质未被正确归属，且含量预测值与真实值相差较大。银杏叶片中各物质光谱相似度高是导致该结果的主要原因。图 6-66（b）显示，MCR-ALS 未能成功分解银杏叶片中物质纯光谱。MCR-ALS 建模简便，但应用于复杂中药体系时面临较多问题，也需增加多种约束策略，以提高模型的拟合度和预测准确性。

（六）银杏叶片空间分布均匀性评价

综上，PLS 和 CLS 模型可实现银杏叶片 API 的含量预测和浓度空间分布图重构，两种模型预测结果的直方图见图 6-68。其中，PLS 预测结果的直方图标准差为 0.0925，偏度为 0.1483，峰度为 3.2328；CLS 预测结果的直方图标准差为 0.0280，偏度为 0.1454，峰度为 3.1240。结果表明，PLS 模型预测的 API 浓度空间分布均匀度略差于 CLS 模型预测值，总体来看银杏叶片中 API 浓度空间分布较为均匀。

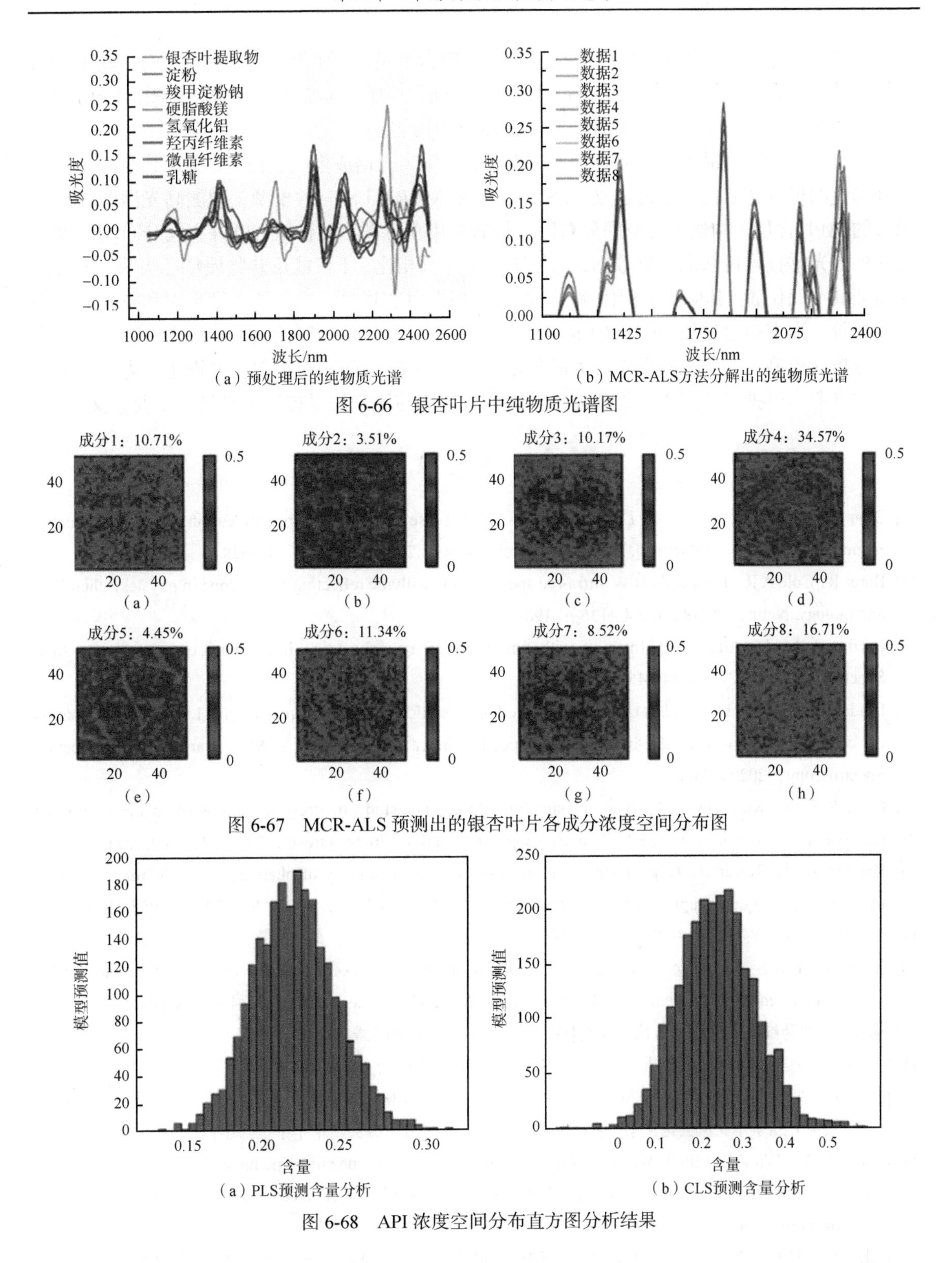

（a）预处理后的纯物质光谱　（b）MCR-ALS方法分解出的纯物质光谱

图 6-66　银杏叶片中纯物质光谱图

（a）（b）（c）（d）（e）（f）（g）（h）

图 6-67　MCR-ALS 预测出的银杏叶片各成分浓度空间分布图

（a）PLS预测含量分析　（b）CLS预测含量分析

图 6-68　API 浓度空间分布直方图分析结果

综上，PLS 模型建立过程虽烦琐，但预测准确性较高，R_{cal}^2 为 0.987，R_{pre}^2 为 0.942，RMSEC 为 0.16，RMSEP 为 0.588；CLS 模型建立过程仅需要纯物质光谱信息，预测过程简便，然而在中药固体制剂的预测中准确度不够高，RMSEP 为 0.867；MCR-ALS 模型无法准确分析银杏叶片高光谱图像，物质纯光谱相似度高导致模型拟合不足，进而无法归属特征成分。基于 PLS 模型预测结果，采用直方图法分析银杏叶片空间分布均匀度：标准差为 0.0925，偏度为 0.1483，峰度为 3.2328，表明银杏叶片中 API 空间分布较为均匀。

本研究以中药大品种银杏叶片为研究对象，采用高光谱成像关键技术，实现其空间分布均匀度属性的可视化研究。通过建立 PLS、CLS 和 MCR-ALS 三种模型，预测高光谱图像中各像素的 API 含量，构建浓度空间分布图，最后采用直方图法评价银杏叶片空间分布均匀度。近红外高光谱技术可获取三维数据，与传统一维光谱相比，不仅能反映物质特征吸收，还可同时表征其空间位置。其应用于固体制剂，通过建模即可实现目标成分的含量预测和空间分布均匀度评价。本书通过比较 PLS、CLS 和 MCR-ALS 三种模型预测性能，筛选出最适用于银杏叶片分析的模型，进一步实现中药大品种银杏叶片 API 空间分布均匀度可视化，为其质量控制提供参考，可推广应用于其他载体，对提升中药固体制剂质量控制水平具有重要意义[14]。

参考文献

[1] Duan Y，Huang H，Tang Y X. Local constraint-based sparse manifold hypergraph learning for dimensionality reduction of hyperspectral image[J]. IEEE T Geosci Remote，2021，59（1）：613-628.

[2] Barer R，Cole A R，Thompson H W. Infra-red spectroscopy with the reflecting microscope in physics，chemistry and biology. Nature，1949，163（4136）：198-201.

[3] Harthcock M A，Atkin S C. Imaging with functional group maps using infrared microspectroscopy. Appl Spectro，1988，42（3）：449-455.

[4] Lin L，Xu M F，Ma L J，et al. A rapid analysis method of safflower（*Carthamus tinctorius* L.）using combination of computer vision and near-infrared [J]. Spectrochimica Acta Part A：Molecular and Biomolecular Spectroscopy，2020，236.

[5] Chan K L A，Kazarian S G，et al. In situ high-throughput study of drug polymorphism under controlled temperature and humidity using FT-IR spectroscopic imaging[J]. Vib. Spectrosc.，2007，43（1）：221-226.

[6] Kandpal L M，Tewari J，Gopinathan N，et al. In-process control assay of pharmaceutical microtablets using hyperspectral imaging coupled with multivariate analysis[J]. Anal. Chem.，2016，88（22）：11055-11061.

[7] 吴志生. 中药过程分析中 NIR 技术的基本理论和方法研究[D]. 北京：北京中医药大学，2012.

[8] Xu M F，Dai S Y，Wu Z S，et al. Rapid analysis of dyed safflowers by color objectification and pattern recognition methods[J]. Journal of Traditional Chinese Medical Sciences，2016，3（4）：234-241.

[9] 徐曼菲. 中药红花辨色论质方法学研究[D]. 北京：北京中医药大学，2016.

[10] 刘晓娜. 中药质量的微区分析方法研究[D]. 北京：北京中医药大学，2016.

[11] 杨仕琨，吴志生，李晓盈，等. 基于近红外成像的黄芩、黄连粉末混合评价研究[C]//中华中医药学会中药分析分会第五届学术交流会论文集[C]. 中华中医药学会中药分析分会，中华中医药学会，2012：261-266.

[12] Zhou L W，Wu Z S，Shi X Y，et al. Rapid discrimination of chlorpheniramine maleate and assessment of its surface content uniformity in a pharmaceutical formulation by NIR-CI coupled with statistical measurement[J]. Spectroscopy，2014，（5）：1-9.

[13] 张芳语，林玲，吴志生，等. 中药大品种制造关键质量属性表征：空间分布均匀度质量属性的同仁牛黄清心丸贵细药混合过程控制可视化方法研究[J]. 中国中药杂志，2021，46（7）：1585-1591.

[14] 林玲，张芳语，吴志生，等. 中药大品种制造关键质量属性表征：空间分布均匀度属性的银杏叶片质量控制可视化方法研究[J]. 中国中药杂志，2021，46（7）：1616-1621.

第七章　中药制造太赫兹光谱信息学

第一节　太赫兹光谱信息基础

一、太赫兹光谱的发展及特点

（一）太赫兹光谱的发展

太赫兹波历来就被定义为“频率在0.1～10THz（1THz=1012Hz）范围内的电磁波”，它介于微波和红外之间。一个光子（即为1THz频率）仅能对应的能量为4.1meV（毫电子伏特），对应波数为33个且其特征温度为48K，而这正是太赫兹波区别于其他拥有较低能量的证明。太赫兹波虽在长波段与毫米波（亚毫米波）相重合却在短波段能与红外线相重合，这昭示了它处于一个过渡场——宏观电子学向微观光子学的过渡区域，太赫兹波实际上在电磁波谱中占据着尤为特殊的位置。电磁波各波段的应用及太赫兹（THz）波段在电磁波谱中的位置。随着超快光子技术与低尺度半导体技术等各领域研究取得成果，对太赫兹技术进行深入研究成为必然。除去THz光谱因其在物质结构探索方面包含着异常丰富的物理及化学信息，如太赫兹波段因其范围内的光子能量能完全吸收与其相近的某些生物化学分子发生跃迁时所需的能量，故在医药等领域利用太赫兹波分析物质结构等物理及化学信息便有举足轻重的应用，具有重大的研究意义。THz脉冲光源由于具备异于传统光源的独特性质得到越来越广泛的关注，并日益成为当代科学研究的热点和前沿。2004年2月，美国麻省理工学院就曾在著作《科技评论》中称太赫兹科学技术为“改变未来世界的十大技术之一”，而日本政府更是紧随其后于2005年1月将太赫兹科学技术列为“国家支柱技术十大重点战略目标”之首[2]。

为实现太赫兹光谱技术的广泛应用与深入发展，国内外学者早已在物质检测与鉴别等方面进行了大量卓有成效的研究并取得了可观的实绩。20世纪80年代末期，IBM的D. Grischkowsky等发展太赫兹时域光谱技术，并利用这项技术对水蒸气的吸收光谱和Si、Ge、Ga、As等材料太赫兹波段的光学参数进行测定。进入21世纪，太赫兹时域光谱技术应用向各个方面延伸。2001年，S.W. Smye等利用太赫兹辐射对生物分子和生物组织组织进行研究。2005年，Mamoru Usami等利用太赫兹成像技术对水杨酸、葡萄糖和维生素进行识别，不同化学成分在图像中的位置灰度不同。2011年，HET等利用THz光谱结合SOM聚类算法放的神经网络对违禁药物进行了定量鉴别研究，成功对混合违禁药物进行了鉴别；2013年Nova和Enrique利用太赫兹系统对有涂层药物进行层析成像，重构结果显示不同介电系数材料之间会分层，从而表征化合物的不同层[1, 4, 5, 6, 9]。

历经三十多年的发展，该技术已然由实验室研究阶段朝着实际应用的方向发展。事实上，太赫兹光谱技术的定性分析研究整体上早于定量分析研究，半导体材料则是早期有关太赫兹脉冲与物质相互作用研究的主要集中点，其研究领域自然分布较广，如农业、生物等领域。太赫兹技术应用于生物大分子，尤以DNA和蛋白质等生物大分子为重，逐渐成为主要研究对象。

当太赫兹光谱用于鉴别技术化合物的结构及环境对化合物形状的影响,诸如药物异构体的划分及成分管窥、药物多晶型和假多晶型的鉴别等都显示出其不可忽视的研究成果及方向。

（二）太赫兹光谱的特点

由于太赫兹辐射在电磁波谱中的位置比较特殊，与传统光谱相比，太赫兹辐射具有许多独特的性质，其主要特点如下：太赫兹辐射具有宽带性，可以在至几十的范围内，对物质进行具体的光谱分析。太赫兹脉冲的典型脉宽在皮秒量级，不仅可以很容易地对各种材料进行时间分辨的研究，并且通过取样测量技术，可以有效地抑制背景辐射噪声的干扰。太赫兹辐射在小于3THz 时信噪比高达 104：1，远远高于傅里叶变换红外光谱技术，而且其稳定性更好，对黑体辐射或热背景不敏感。太赫兹辐射具有相干性，能够同时测量出太赫兹脉冲的振幅和相位信息，通过傅里叶变换获得样品的折射率、吸收系数，比利用关系来提取样品光学参数的方法更简单和准确。太赫兹波光子能量低，太赫兹频率的光子能量约为毫电子伏特，与射线相比，不会对生物组织产生有害的电离辐射。当照射到不同的生物组织时，相较于可见光和近红外光谱，其穿透力更强，且不易受瑞利散射的影响，可用于生物成像、医疗诊断等领域。许多生物分子的振动和转动频率都在太赫兹波段，所以利用太赫兹辐射可以对生物分子进行指纹识别，从而检测物质结构的微小差异。辐射容易透过非金属和非极性材料，如纸箱、陶瓷、塑料、脂肪、布料等，因此可以透过包装材料用于生产中的质量控制或出入境的安检。水分子对太赫兹辐射有强烈的吸收，因此可以利用太赫兹辐射对癌症和其他疾病的含水量进行检测，从而使病体细胞和健康细胞形成鲜明对比，有助于疾病的准确诊断[7]。

二、太赫兹光谱基本原理

太赫兹光谱的基本原理太赫兹辐射，也称为太赫兹射线，通常指频率在 0.1～10THz、波长在 30m—3mm 的电磁波，其波段位于微波和红外线之间，是宏观电子学向微观光子学过渡的区域，在电磁波频谱中占有很特殊的位置，如图 7-1 所示。长期以来，由于缺乏有效的产生和检测手段，这段电磁波没有得到很好的开发和利用，被称为电磁波谱中的“太赫兹空白”。近二十年来，随着太赫兹辐射激发光源技术的不断发展，人们对太赫兹辐射的原理和应用进行了深入的研究[7]。

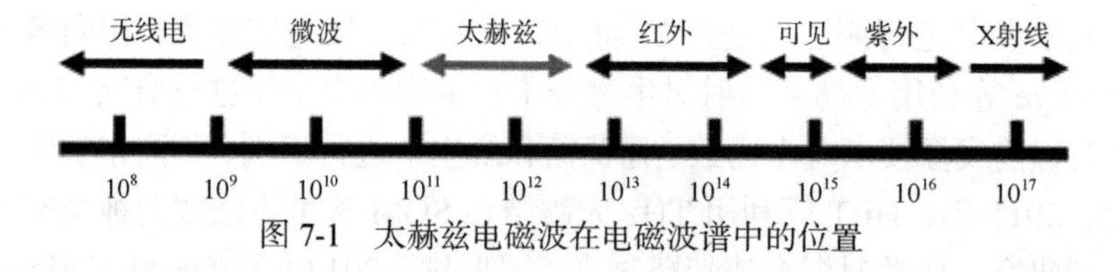

图 7-1　太赫兹电磁波在电磁波谱中的位置

由于在电磁波谱中所处的位置比较特殊，物质在太赫兹波段含有非常丰富的物理和化学信息，而且太赫兹辐射的频率高，脉冲短，导致其空间和时间分辨率也很高。因此，太赫兹光谱技术在物理、化学、材料、生物医学、食品工业、通信、安全等领域具有重大的科学价值和广阔的应用前景[1]。

太赫兹时域光谱系统是一种相干探测技术，能够得到通过样品的太赫兹波的振幅和相位信息，通过对时域谱进行傅里叶变换能直接得到样品的吸收系数和折射率等光学参数。由于不同的物质在太赫兹波段有不同的特征吸收,利用该技术可以研究物质的组成、结构及其相互作用。一般来说大分子的骨架振动、分子之间弱相互作用，如氢键、范德瓦耳斯力、偶极子的振转跃迁以及晶体中晶格的低频振动吸收频率，都对应于相应的太赫兹波段。这些振动在太赫兹波段的相应位置及吸收强度上都有不同的响应，通过这些响应可以反映分子的结构和相关环境信息。根据分子在太赫兹波段内的光谱特征，可以利用太赫兹时域光谱技术鉴别化合物结构、构型与环境状态[1]。

（一）透射型太赫兹时域光谱系统原理[4, 9]

透射型太赫兹时域光谱系统是最早最广泛使用的太赫兹时域光谱系统，其原理图如图 7-2 所示。飞秒激光脉冲被分束镜分为泵浦光和探测光。其中，泵浦光通过时间延迟装置后到达斩波器，经过斩波器调制入射到 GaAs 光导天线上从而激发出太赫兹脉冲，该脉冲经过聚焦后透过样品与另一束探测光交汇后到达 ZnTe 晶体，再经过沃拉斯顿棱镜后进入锁相放大器，最后将信号输入计算机进行处理。为了避免空气中的水汽对 THz 信号的干扰，太赫兹光路必须在干燥氮气的情况下使用，以降低水分的吸收，提高信噪比。通常湿度保持在 1%以下，空气温度保持在 298K。

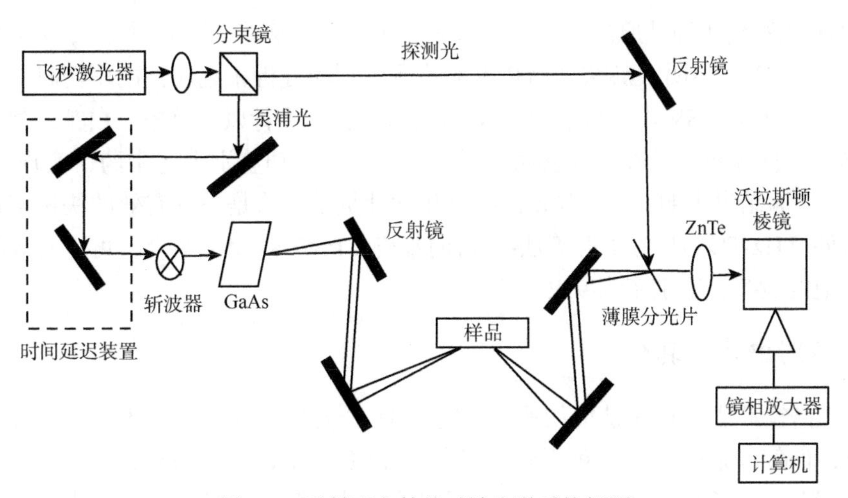

图 7-2　透射型太赫兹时域光谱系统框图

（二）反射型太赫兹时域光谱系统原理

反射型太赫兹时域光谱系统与透射型系统相比，除了光路不同外都具有相同的光学组件。反射型系统光路主要包括垂直入射式、斜入射式和衰减全反射式三种模型，其光路结构图如图 7-3 所示，每一种光路都有其优劣。虽然垂直入射式的光学路径最简单，但由于半透射反光镜的存在会导致太赫兹辐射的功率利用率低和信噪比较低。对于斜入射式来说，由于没有反光镜，所以会有较高的信噪比，但是光路复杂会引起额外的误差。衰减全反射式的优点是可以直接使用透射模式的光学路径，但是棱镜表面的反射会导致 THz 波的能量损失。和透射式 THz-TDS 系统 2THz 时域光谱技术及化学计量学方法相比，反射式 THz-TDS 系统对实验设备具有更高的要求，当测量参考信号和样品信号时要求反射镜和样品的位置保持绝对一致。另外，微小的光路变动也会较大地影响折射率。

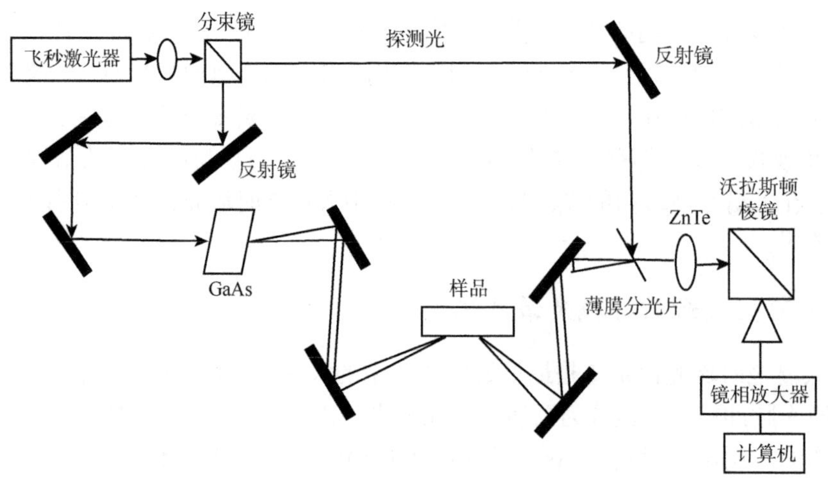

图 7-3　透射型太赫兹时域光谱系统框图

三、太赫兹光谱的应用

（一）鉴别不同的中药品种

THz-TDS 能鉴别 4 种基原的郁金（温郁金、姜黄、蓬莪术、广西莪术），4 种基原郁金分类成功率达到 100%，表明太赫兹光谱技术能检测识别和分析相近属性的中药材。有学者采用化学计量法（如 PCA、SVM、DT、RF）对石英、龙葵、寻骨风，葛根、白芷、阿胶、鹿角胶以及川贝母、浙贝母和平贝母的太赫兹光谱进行分析，成功鉴别上述中药，实现了 99%以上的预测精度。实验结果表明，太赫兹光谱结合化学计量学算法是一种有效的快速鉴别传统草药的方法。另外 THz-TDS 与粒子群算法-支持向量机（PSO-SVM）结合，可以有效鉴别不同基原、不同产地的黄芩，鉴别率为 95.56%[6]。

（二）鉴别中药的真伪

太赫兹光谱技术结合 PLS 法能快速、准确对 41 个大黄样品（17 个正品、24 个非正品）进行检测分析，准确率高达 90%。3 种无监督聚类算法（如 K-means、K-medoids 和 Fuzzy C-means）结合太赫兹吸收谱一阶导数特征，将三七、当归等 4 种中药的太赫兹时域光谱分别与其易混品的太赫兹时域光谱进行聚类，K-means 算法准确率最高为 95.32%。SVM 法对金银花、五指毛桃和其易混品有毒药材断肠草进行 THz-TDS 光谱分析，分辨的预测准确度在 97.78%～100%。根据水在 THz-TDS 光谱范围具有极强的吸收能力的特点，可以将此技术用于测定蜂蜜中含水量，判断蜂蜜的等级优劣。THz-TDS 光谱技术结合化学计量法对相思蜜中的高果糖浆进行定量分析，以此鉴别蜂蜜是否掺假，RMSEC 和 PLS 模型的 RMSEP 分别为 0.0967、0.108，证实了该检测技术的可靠性[8]。

（三）鉴别中药的炮制品

来自同一产地不同加工方式附子（黑附片、白附片、黄附片、盐附片）在飞秒激光激发光电导天线的太赫兹时域光谱技术分析下，4 种不同炮制品的吸收系数、折射率、频谱都有明显区别。利用 THz-TDS 对大黄的 4 种炮制品（生大黄、熟大黄、酒大黄、大黄炭）的折射率和吸收系数进行分析，其差异性直观明显，运用 PCA 法可以发现大黄经过炮制加工后，炮制方法越烈，其主要成分蒽醌和鞣质变化越明显。太赫兹光谱技术不仅可以用于中药材的直观鉴别，且具有呈现炮制品成分变化趋势的作用。

（四）鉴别中药的天然品和人工品

THz-TDS 技术与超材料谐振器相结合，可以用来鉴别天然冰片（如左旋龙脑、右旋龙脑、合成冰片），为鉴别不同结构的中药成分提供了新思路。THz-TDS 技术也可以用于鉴别人工牛黄和天然牛黄，为中药材的鉴别和质量控制提供检测手段和科学依据。

（五）鉴别中药的农药残留

随着中药材的需求量日益增加，种植中药的农残问题严重影响着中药材或中药的质量。利用 THz-TDS 技术可对蜂蜜制品中抗生素（如磺胺吡啶、磺胺噻唑、四环素）和除螨剂（如蝇毒磷、双甲脒）进行定性和定量分析，能快速、准确测定出蜂蜜中的化学残余量，并在无损条件下快速鉴别不同结构（如磺胺类、醌类、香豆素类、脒类）的化合物。

（六）中药材定量分析

相对于太赫兹光谱技术在中药材定性鉴别中的应用，其在定量分析中的应用要少很多。定量分析最简单的情况是单变量校准，它指的是根据 THz 光谱某个单一参数与分析物浓度函数关系的校准曲线的构造。这个校准曲线一般被认为是线性的。校准曲线的准确度一般通过线性最小二乘回归来评估。当太赫兹光谱具有明显吸收峰时，由于单一光谱的特征是足以获得良好的校准，单变量分析方法是优先选择。然而，当光谱包含许多与变化参数相关的光谱特征时，有必要转向多元分析。为了评估多元校准方法的性能，有必要将样本拆分为两组，即专用于校准的校准集和用来评估校准模型预测能力的验证集，计算相关系数，以及校正集的校正均方根误差与验证集的预测均方根误差。最优的校准模型对应于较高的相关系数值以及较低的误差。此外，如果校正集的误差值远低于验证集的误差值，则存在过拟合。需要强调的是，在进 PLS 建模时，筛选出特征频段区间可以使预测模型更加稳健，提高预测能力，一般使用相关分析法或方差分析法。

第二节　中药制造太赫兹光谱装备

太赫兹光谱技术按信号特性可分类为时域光谱和频域光谱。太赫兹时域光谱由太赫兹脉冲与样品发生相互作用产生太赫兹电场，再获得太赫兹电场强度随时间的变化曲线；太赫兹频域光谱是利用相干太赫兹辐射源和频率可调谐的窄带对频谱进行扫描，测量不同频率的太赫兹波的能量，而获得的样品频域信息。许多有机物分子内振动频率都位于中红外频段，但是氢键等分子间作用力、晶格的低频振动与大分子骨架振动均发生在太赫兹波段，这些振动都反映出了分子结构信息，以此判定物质中所含成分以及分子构型分类。超快飞秒激光是太赫兹时域光谱系统中太赫兹辐射产生和探测同一光源，太赫兹光谱系统这一相干探测特性可以准确地记录太赫兹时域信号的振幅信息和相位信息。通过太赫兹时域光谱系统测得样品的时域信息后，需要进行数据处理得到一系列的光学参数。太赫兹时域光谱系统可分为透射式、反射式、差分式和椭偏式等，最常见的两种太赫兹时域光谱系统是反射式和透射式。图 7-4 所用仪器为北京市工业波谱成像工程技术研究中心的透射式 THz-TDS 平台。透射式太赫兹时域光谱系统主要由飞秒激光器、红外激光光路与太赫兹光路传播平台和数据采集与信号处理三大模块组成。

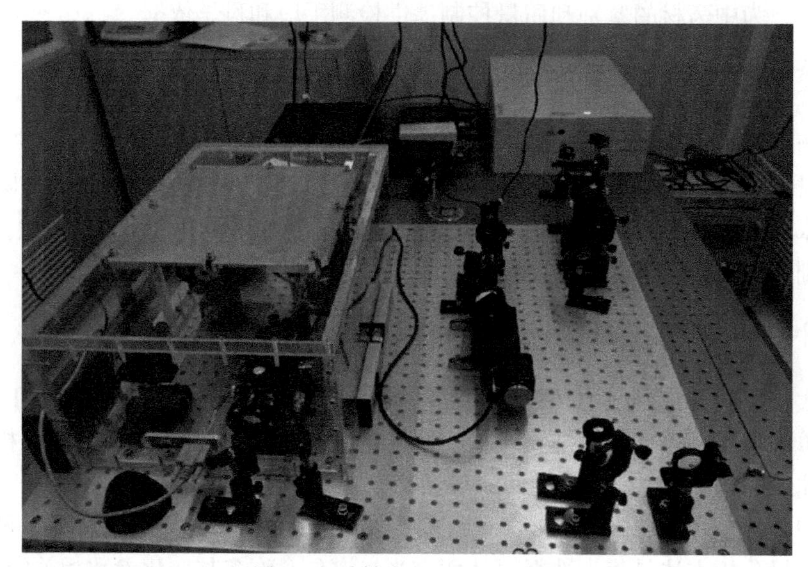

图 7-4　透射式 THz-TDS 系统

实验用太赫兹时域光谱系统的激光光源是由 Mai Tai HP 钛-蓝宝石飞秒激光器产生的超快红外激光。激光器中心发射出 800nm 波长的脉冲，脉冲宽度低于 100fs，重复频率为 79.3MHz，红外平均功率为 2.95W。超快红外激光脉冲首先通过 HWP（半波片）之后，经过半透射半反射性质的分束镜分离成两束不同的光：泵浦光、探测光。泵浦光在经过可调光圈、反射镜和时间延迟线后照射在低温状态下生长的半导体材料 GaAs（砷化镓）晶体表面，激发产生电子-空穴对载流子。然后在偏置电压的驱使下电子-空穴对载流子进行扩散运动，随后逐渐有太赫兹波开始产生。在两个抛物面镜（parabolic mirror）PM1、PM2 的作用之后，太赫兹波从测试样品中透射而过，转化成测试样品的太赫兹信号，且携带测试样品的太赫兹光谱数据。而探测光则是通过一面面的反射镜后传至高阻硅上，并作用在＜110＞碲化锌（ZnTe）电光探测晶体上。探测光在碲化锌上与经过 PM3、PM4 两个抛物面镜反射后的测试样品太赫兹信号共线，电光晶体调制共线后的太赫兹信号，将测试样品的信息传输至探测光上，随后通过差分探测器提取实测试样品的信息，再经锁相放大器将检测到的信号放大后传送到实验室的 PC 端，检测出实验样品完整的太赫兹信号。实验前将干燥的氮气充入密闭的太赫兹光路中，将湿度降低至 7%以下才开始实验数据采集，并保证实验进行中样品室及密闭光路系统的湿度始终小于 7%，温度保持在约 20℃[3]。

第三节　中药制造太赫兹光谱信息学实例

人工牛黄太赫兹光谱信息定性研究

（一）仪器与材料

本实验采用 TeraPulse 4000 型太赫兹时域光谱系统及 ATR 附件采集样本光谱，如图 7-5 所示。光谱仪参数设定：光谱范围为 0.2～359.94cm^{-1}，分辨率为 0.94cm^{-1}，单个样本扫描次数为 900 次，取平均。实验环境温度为 22℃。

图 7-5　太赫兹时域光谱系统

（二）样品制备与检测

取 200mg 人工牛黄样品粉末，使用 6MPa 压力进行压片，制成直径为 12mm 的圆形片剂。采用 TeraPulse 4000 型太赫兹时域光谱系统采集得到该样本太赫兹光谱曲线。

根据图 7-6（a）所示，样本时域信号峰值约在–7ps 处，相对参考信号产生明显右移，说明 THz 波通过一定厚度的样本产生了时延；且样本时域信号峰值明显低于参考信号峰值，表明样本对 THz 波有强烈吸收，但是在不同时延处，样本信号表现有所差异。

从图 7-6（b）中可以看出，在 0.2～113.7cm^{-1} 范围内，随着波数增加，样品吸光度谱线变化较为一致且平缓，但谱线上并无肉眼可观的明显吸收峰；在 148.6～359.9cm^{-1} 范围内，谱线突然出现极为剧烈的、杂乱无章的变化，难以分析光谱的规律性变化。综上光谱特点，实验将进一步通过光谱信号处理、筛选有效光谱区间来消除仪器噪声，净化谱图，提升光谱信噪比，以期为构建定性分析模型提供高质量的基础数据，实现人工牛黄太赫兹光谱特征分析及一致性评价。目前该项目处于在研中。

太赫兹光谱为中药检测提供了全新的方法。然而中药来源广泛、种类繁多，要实现太赫兹时域光谱技术对中药进行实时、准确识别，需要有精确的鉴别分析模型。另外，需要完备的中药数据库才能为模型的建立提供更加详尽的校正样本集。因此，对样本进行全面的添加与更新是一项非常重要的工作。同时相关算法需要继续完善。通过更有针对性地对中药光谱中的有用信息进行提取，对原始光谱的区间进行划分，对不同光谱区间进行建模分析，选择最优区间，有助于提升模型识别准确率，同时减小运算量。另一方面，相对于中药种类的多样性，如何利用较少的样本数据对模型进行优化以确保分析结果的准确性也是一个值得研究的问题。

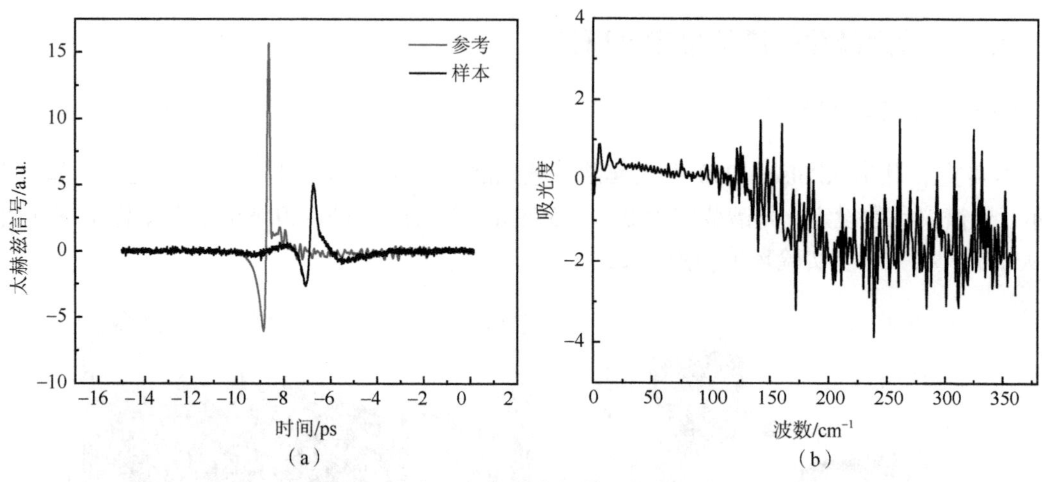

图 7-6　人工牛黄时域光谱及吸光度谱

参 考 文 献

[1] Ferguson B, Zhang X C. Materials for terahertz science and technology[J]. Nature Materials, 2002, 1(1): 26-33.

[2] Huang G T，Gravitz L，Amato I，et al. 10 emerging technologies that will change your world[J]. Technology Review，2004，107（1）：32-50.

[3] Fattinger C，Grischkowsky D. Terahertz beams[J]. Appl. Phys. Lett.，1992，61：1784.

[4] Hu B B，Zhang X C，Auston D H，et al. Free space radiation from electro-optic crystal[J]. Appl. Phys. Lett.，1990，56（2）：506.

[5] Enrique N，Gemma R，Jordi R，et al. Characterization of pharmaceuticals using terahertz time domain spectral-tomography[C]. 2013 7th European Conference on Antennas and Propagation，EuCAP，2013，1930-1932.

[6] Li H，Du S Q，Xie L，et al. Identifying Radix Curcumae by using terahertz spectroscopy[J]. Optik，2012，123（13）：1129.

[7] 张平. 中草药的太赫兹光谱鉴别[D]. 北京：首都师范大学，2008.

[8] Li P F，He M X，Xu Z，et al. Terahertz spectrum clustering of traditional Chinese medicine based on first derivative characteristics[J]. J. Meas. Sci. Istrum.，2017，8（4）：371.

[9] Zhang Huo，Li Z. Terahertz spectroscopy applied to quantitative determination of harmful additives in medicinal herbs[J]. Optik，2018，156：834.

第八章　中药制造信息学应用实例

中药制造质量波动会随生产过程在原料和各工序中逐步传递，最终影响产品质量，如图8-1所示。从中药生产流程可知，传统质控与分析手段存在检测滞后的问题，中药制造缺乏信息化的在线和离线质量控制手段，造成质量参数不稳定，缺乏智能化的数据收集、分析和反馈机制，未充分利用中药生产过程中产生的工艺和质量数据，且多依赖传统分析手段或人工经验，难以对海量数据进行充分分析，中药制造存在大量“信息孤岛”，难以发现潜在影响质量的因素和相关性，导致产品质量波动难以控制。

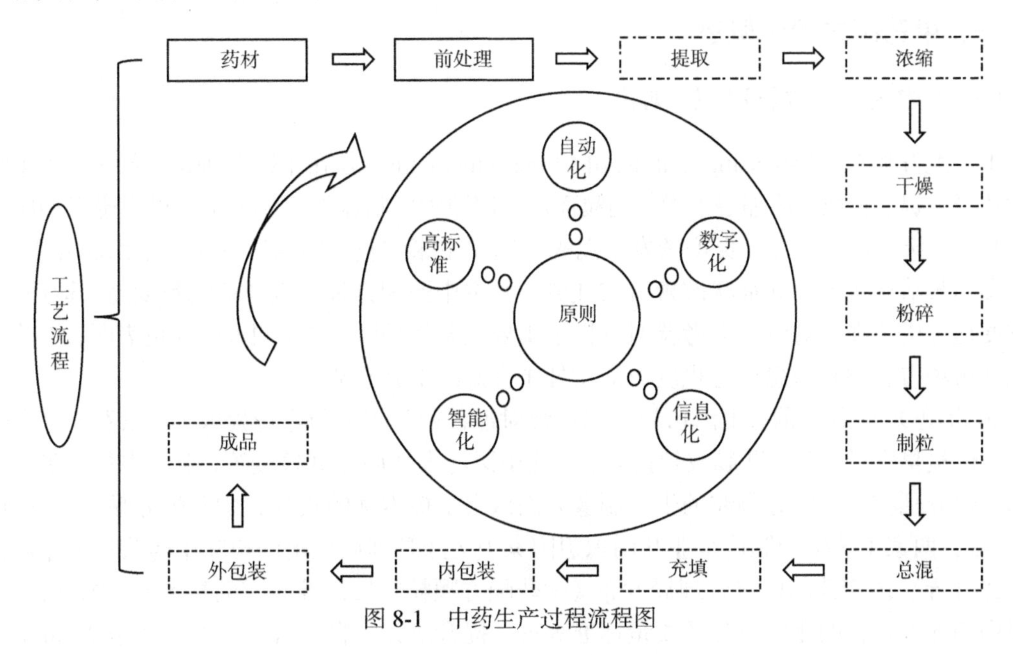

图8-1　中药生产过程流程图

在中药生产线逐步实现信息化的情况下，引入大数据分析技术和工具，将人工智能算法与智能工厂产生的大数据应用于产品质量的分析与控制，充分利用在生产控制和质量检测中获得的数据，深入挖掘多尺度、多维度、异构数据之间的联系，挖掘隐藏在数据背后的工艺特征和模式，分析生产大数据与产品质量之间的关系，是解决中药制造信息学中质量波动性问题的有效手段，也是实现中药智能制造的关键。

本章以两个中药制造信息应用案例为代表，分别介绍中药制造信息与智能制造相关技术与策略在中药产品中的应用情况，以期为各位从业者提供中药制造信息中具有示范性意义的智能制造实例参考[1]。

1 所涉及案例部分资料分别由长期合作的天津红日康仁堂药业有限公司和江苏康缘药业有限公司提供。

第一节　中药配方颗粒的制造信息工程与智能制造

中药配方颗粒是中医传统汤剂面向当代医疗市场的需求积极“转型”的产物，相比饮片煎煮而成的包装汤剂，在调剂、储存和服用等方面具有独特优势。在中医药现代化、国际化的时代背景下，中药配方颗粒正在逐渐发展为一种不可替代的中药饮片应用形式。2021 年 2 月，国家药品监督管理局、国家中医药局、国家卫生健康委和国家医保局联合发布《关于结束中药配方颗粒试点工作的公告》[1]，并于 11 月正式实施，正式宣告中药配方颗粒的发展进入了新的阶段，整体步入全面竞争的时代。中药配方颗粒的发展前景十分广阔，然而，其配方颗粒制造质量问题和标准问题仍是接下来一定时期内应对的两大挑战。

一、中药配方颗粒概述

（一）中药配方颗粒发展现状

中药配方颗粒（dispensing granule of Chinese medicine）是在中医药理论指导下，由单味中药饮片经水提、分离、浓缩、干燥、制粒而成，按照中医临床处方调配后，可供患者冲服使用的颗粒[1]。新型冠状病毒肺炎疫情发生以来，国家主张“坚持中西医并重、中西药并用”，中医药参与救治病例治愈和症状改善者占九成，其中中药配方颗粒因产业化程度高、运输方便、组方便捷等优势在应对疫情大考验时发挥了重要应急作用[5]。多项调查研究也表明，中药配方颗粒在市场占有率和医患满意程度方面均处于良好的上升态势。

20 世纪 90 年代以前，上海市粹华药厂曾对近百种常用中药进行提取，可以看成是中药配方颗粒的最早尝试，广东邱晨波教授等、江西中医药大学周异群教授等、上海中药厂张志伟工程师等也分别在中药配方颗粒的生产制造方面做出了探索性的贡献，中药配方颗粒初具雏形。1993 年，两家中药生产制造企业共同承担国家中医药管理局提出的单味中药饮片浓缩颗粒项目。2001 年，国家药品监督管理局发布《中药配方颗粒质量标准研究的技术要求》，由试点企业对中药配方颗粒的化学成分及质量标准等进行提升研究。自 20 世纪 90 年代至 21 世纪初，在国家和企业各方支持下，中药配方颗粒产业逐渐小有规模并呼之欲出，中药配方颗粒的试点工作进展如火如荼。直至 2021 年 2 月，《关于结束中药配方颗粒试点工作的公告》宣布试点工作于当年 11 月结束。与此同时，国家药品监督管理局发布的《中药配方颗粒质量控制与标准制定技术要求》从国家层面制定出台技术要求，为即将到来的中药配方颗粒全新时代提供了技术指导，中药配方颗粒的相关技术发展步入规范化轨道[5]。

国务院、国家中医药管理局、原国家食品药品监督管理局、国家药典委员会和国家卫健委等多部委在配方颗粒试点期间多次更新相关政策和法规文件，以适应高速发展的中药配方颗粒行业[4]。各级医保对于中药配方颗粒的收录仍有较大空白，各地的进度也参差不齐，这是在试点工作结束后的接下来一段时间内需要着力解决的问题之一。在中药配方颗粒相关标准方面，以山东、山西、云南等省份为代表，各地已经陆续出台多批标准并保持较为频繁的更新，中药配方颗粒的标准体系正在不断完善。

（二）中药配方颗粒面临挑战

目前对于中药配方颗粒的质量控制主要集中在化学成分层面，基于《中国药典》规定的指标性成分定量检测与指纹图谱相似度比对两种方法完成了对中药配方颗粒物质基础的评价。目前用于建立配方颗粒指纹图谱的方法包括近红外、红外、紫外等光谱法，以及气相、（超）高效液相、液质联用等色谱法[5]。同时，对于配方颗粒与传统汤剂疗效的对比研究也是备受医师与患者关注的问题，有研究表明，中药配方颗粒与中药饮片的使用效果各有千秋，不能简单定论，目前认为其疗效差异的源头主要是在混合煎煮过程中多种中药饮片的各个成分之间发生的物理或化学变化[5]。

根据最新文献，现共有248个中药配方颗粒国家标准上海药品审评核查中心和上海医药行业协会、中华中医药学会等行业组织也陆续出台了相应的团体标准，对中药配方颗粒的生产全过程提供了一定的标准化参考。具体到各类饮片的制备工艺和质量标准方面，也有许多学者进行工艺比较、工艺优化、质量标准制定等方面的深入研究。总体而言，中药配方颗粒的广阔发展前景充满了机遇与挑战。

二、中药配方颗粒产业概况

（一）中药配方颗粒产业规模及领军企业

我国自20世纪80年代起开始中药配方颗粒的研究工作和试点生产，至2004年共有江阴天江药业有限公司、广东一方制药有限公司、华润三九现代中药制药有限公司、四川新绿色药业科技发展有限公司、北京康仁堂药业有限公司和培力（南宁）药业有限公司共6家企业获得试点生产中药配方颗粒的资质。在2010年中药配方颗粒高层论坛上，产业宣布已规范超过600种中药配方颗粒产品。试点工作结束前，我国已有60余家企业获得试点生产中药配方颗粒的批件。据统计，2015～2020年间，中药配方颗粒市场规模由不到100亿元逐步上升至接近250亿元，其占饮片市场比重也逐步升高，且仍有巨大提升空间[2, 5]。

以天津红日康仁堂药业有限公司为例，其在全国8大省市建立中药配方颗粒生产基地，分别位于北京顺义、天津武清、河北安国、重庆秀山、湖北英山、河南宜阳、甘肃渭源、山东商河。其中，天津红日康仁堂药业有限公司充分利用信息技术、系统科学与工程、过程分析技术等先进智能制造技术，通过核心装备创新、生产工艺优化集成，打造配方颗粒制造信息与智能制造模式，是中药配方颗粒领域集自动化、智能化、信息化于一体的行业标杆工厂。天津红日康仁堂有限公司现产中药配方颗粒品种613种，中药配方颗粒年产值超过30亿元，在2020年配方颗粒销售额超过34亿元。目前覆盖三甲中医医院114家，三甲综合医院126家，并出口欧美等国际市场。

（二）中药配方颗粒先进生产工艺

中药配方颗粒的生产过程如图8-2所示，在各个工艺环节均需对相应的关键工艺参数进行控制。在提取过程中需控制提取料液比、提取次数、时间和温度等；在浓缩环节需控制浓缩罐真空度、蒸汽压力和浓缩温度等；在喷雾干燥过程中需控制进出风温度、喷头转速和送料泵转速等，带式干燥主要考察履带温度和速度等；在制粒环节需控制颗粒粒度、水分和溶化性等参数[3]。

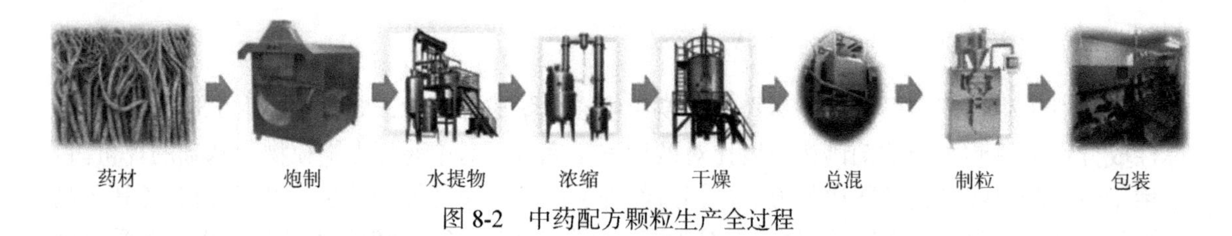

图 8-2　中药配方颗粒生产全过程

天津红日康仁堂药业有限公司提出的“全成分”配方颗粒体系在一众中药配方颗粒生产企业中独具特色，包括全成分工艺、道地药材、依法炮制、全程质控、智能制造和临床验证六大模块，以实现中药配方颗粒产品的有效、安全、稳定。其中，全成分工艺基于“质量源于设计”理念，通过建立饮片单味标准汤剂和共煎标准汤剂对比，指导配方颗粒工艺设计的优化，以最大程度还原传统汤剂的煎煮效果。

三、中药配方颗粒信息工程与智能制造实例

（一）中药配方颗粒制造信息工程

相比传统中药饮片，中药配方颗粒的生产工艺更加复杂，在各个工艺环节均会产生大量的与关键工艺参数相关的物理、化学生产过程信息。如何通过在线检测技术以及配套的数据处理分析系统对这些信息进行实时处理，以实现生产过程的实时调控，是需要中药制造测量学和中药制造信息学共同解决的实际生产问题。

天津红日康仁堂药业有限公司基于“全成分®”理念制定全程质控体系，在药材、饮片、干燥中间体和最终成品四个阶段均设立了相关质量标准，保障中药配方颗粒产品的质量可靠性，引入红外指纹图谱技术，将其作为“全成分®”配方颗粒的特色质控手段，已有 20 余万张红外指纹图谱在“全成分®”配方颗粒的生产全过程中应用，如图 8-3 所示，实现了整个生产过程的客观数字化标准质控，保证了产品质量。

基于此，天津红日康仁堂药业有限公司建立了中药配方颗粒智能制造生产线，如图 8-4 所示。在炮制环节建立了集自动投料、清洗、裁切、破碎、装箱于一体的自动化炮制生产线，在配方颗粒全生产过程中集成了计算机分布式集成控制系统（DCS），对提取、浓缩、干燥、制粒自动化生产进行统一调控，实现全生产过程的自动化管理和智能化控制，保障生产数据全部可追溯。

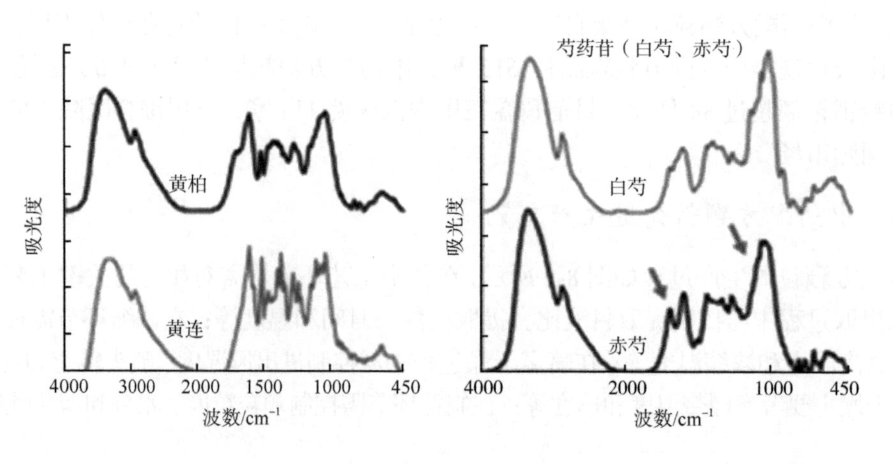

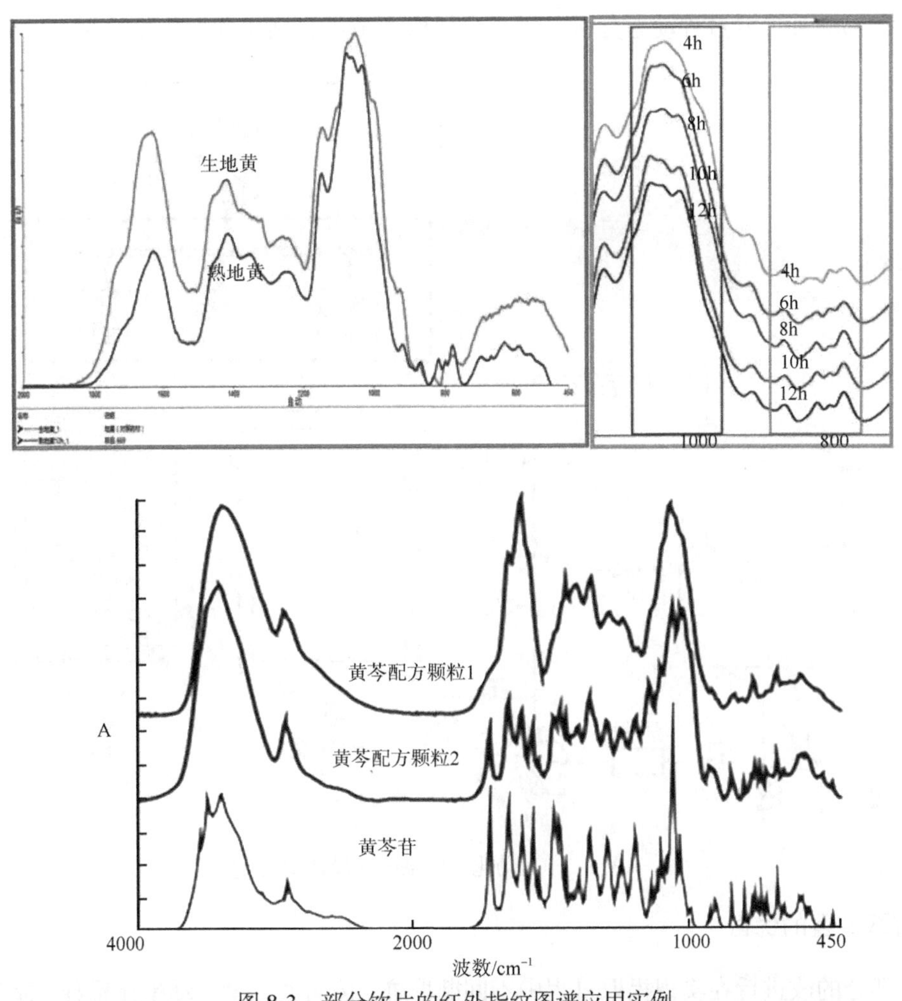

图 8-3　部分饮片的红外指纹图谱应用实例

（a）　（b）

图 8-4　天津红日康仁堂药业有限公司配方颗粒生产车间（a）及中控室（b）示意图

（二）中药提取过程信息在线质量监测系统开发与应用

针对目前中药产业化生产过程中批间差异较大、人为因素导致偏差以及质量风险较大的问题，天津红日康仁堂有限公司针对中药配方颗粒提取过程进行了硬件和软件相结合的在线紫外检测系统开发，如图 8-5 所示。在硬件方面实现自动取样、稀释、检测和清洗，在软件方面实现提取状态判断和提取过程动态分析，以实现提取环节的自动化和智能化控制。

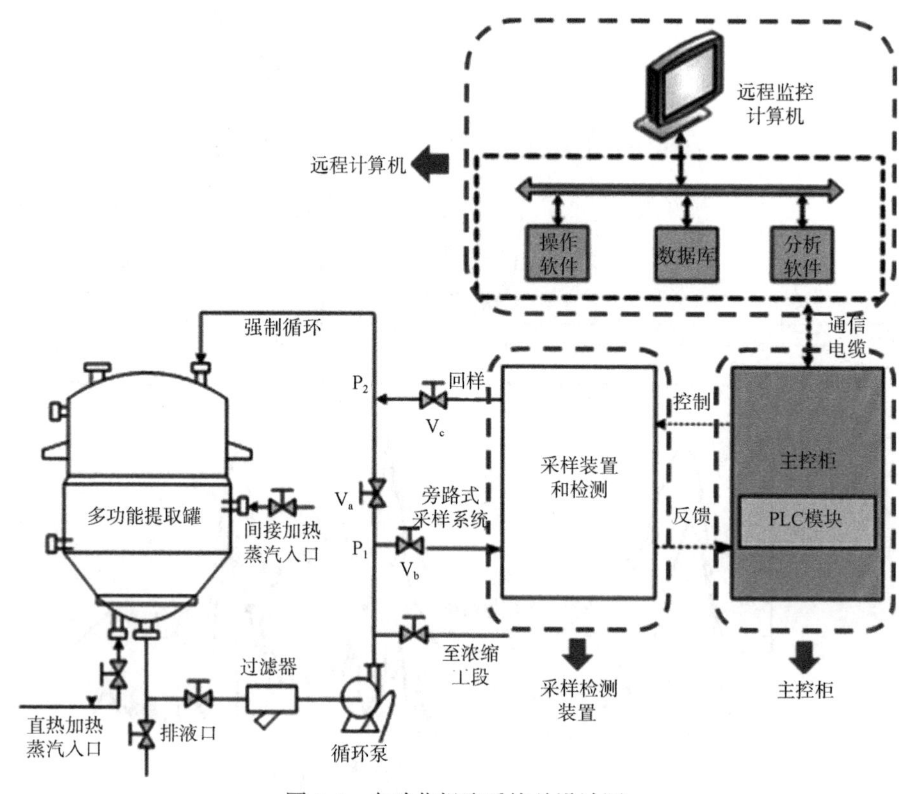

图 8-5　自动化提取系统总设计图

1. 提取装置的优化

硬件部分的改进旨在实现提取过程中不间断取样、按药液浓度自动配比稀释、提取过程中进行实时紫外检测，以及检测后的自动清洗。基于这一目标，研发提取装置，如图 8-6 所示。

随着系统的运行，该方案暴露出了一些弊端，如冷凝器过大，浪费水资源严重；缺少过滤装置，药渣易进入采样装置内堵塞管路；混合池偏小，稀释倍数较低，样品量细微的波动会导致测量时误差较大。针对上述问题，研发团队进行了改进，如图 8-7 所示，如增加过滤器，减小水冷却器体积，增大混合池的体积，保证了采集药液较高的澄清度和检测稳定性。

改进后的设备在运行过程中出现了新问题：由于采样系统管路较细，过滤后混合液依旧无法流出。同时，由于采样系统主要依靠提取罐内的压力进行流通，冷却装置以及复杂的管路会严重影响系统内压力，因此硬件设计方案仍需进一步优化（图 8-8）。

最终的硬件设计方案移除了冷却装置，将过滤器直接安装在提取罐的循环管路上，并且设计了反冲管路。在这一方案中，提取装置的管路设计进一步精减，过滤方式得到优化，并且实现了提取罐状态的自动判断，以选择最佳的时机开始自动采样，如图 8-9 所示。

通过硬件系统的多次改进，研发团队解决了管道堵塞、耗水严重、系统误差大及湿度影响大等一系列问题。管路上的温度探头实现了系统自动采样与自动检测的控制；定量管能够对前一次参考光谱以及提取液测量结果进行实时分析，以实现配比稀释倍数和积分时间的自动调整，如图 8-10 所示。总体而言，这套装备达到了硬件设备的预期目标。

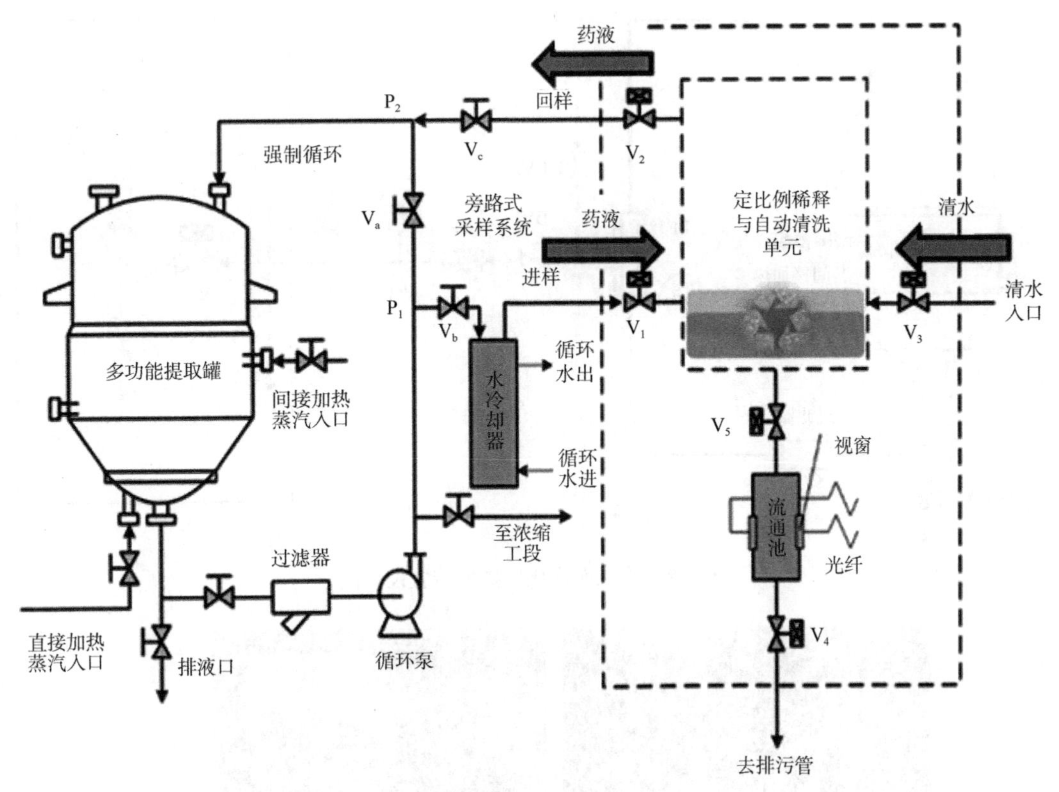

图 8-6　提取装置初始设计图

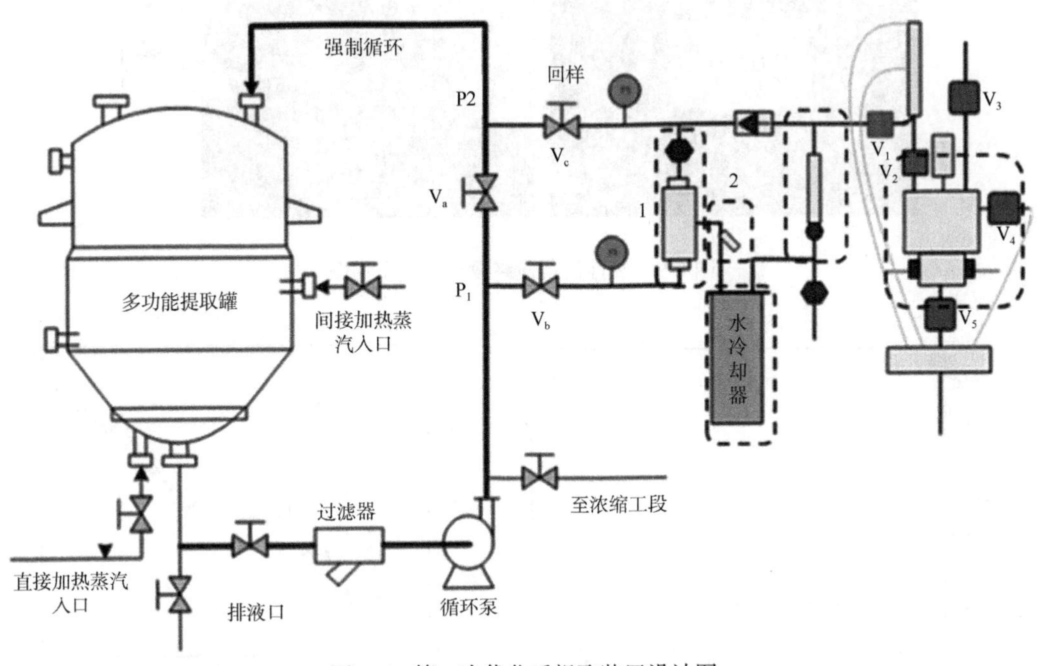

图 8-7　第一次优化后提取装置设计图

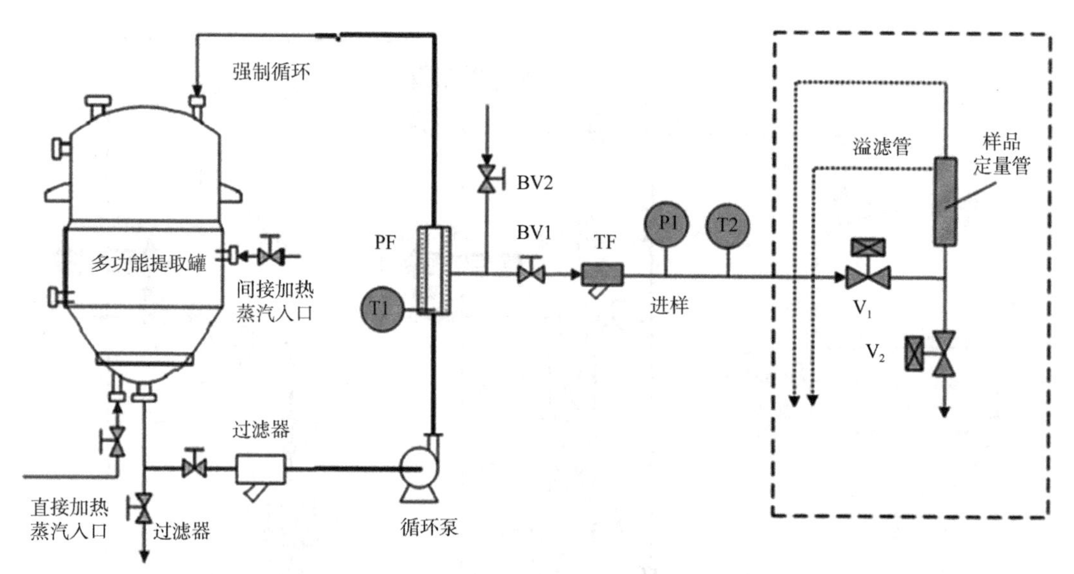

图 8-8　第二次优化后提取装置设计图

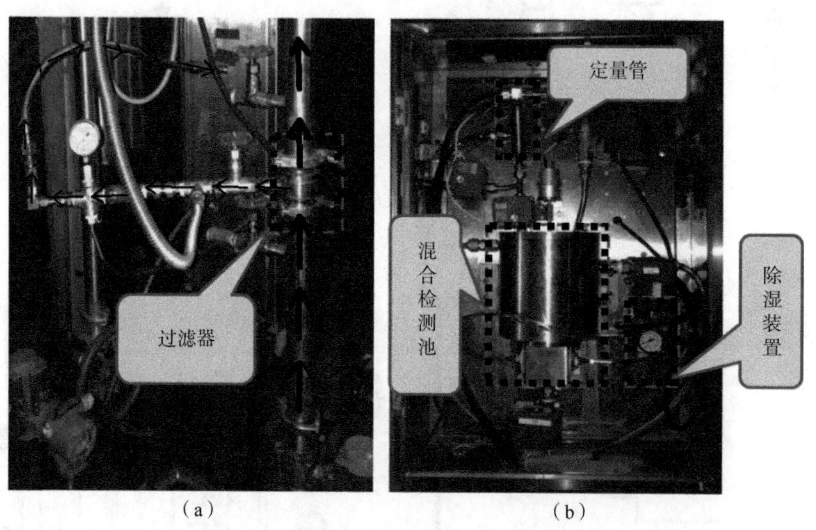

（a）　（b）

图 8-9　硬件设备最终设计方案实物图

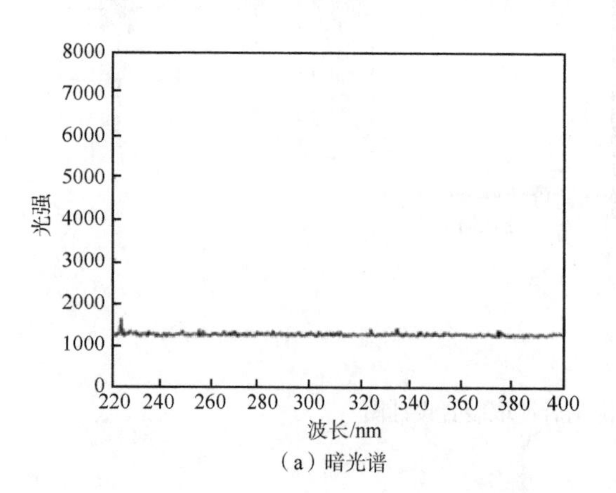

（a）暗光谱

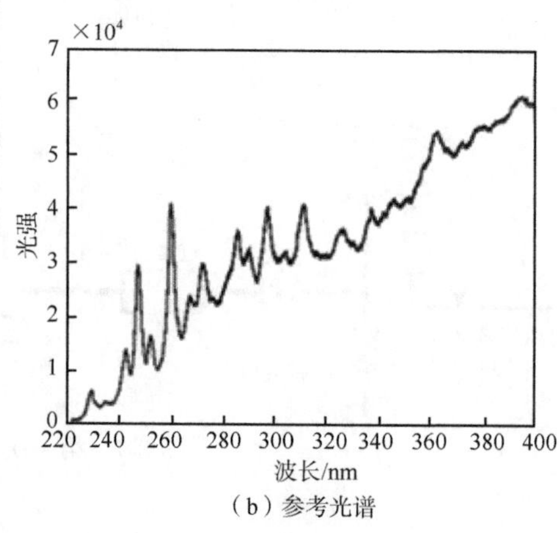

（b）参考光谱

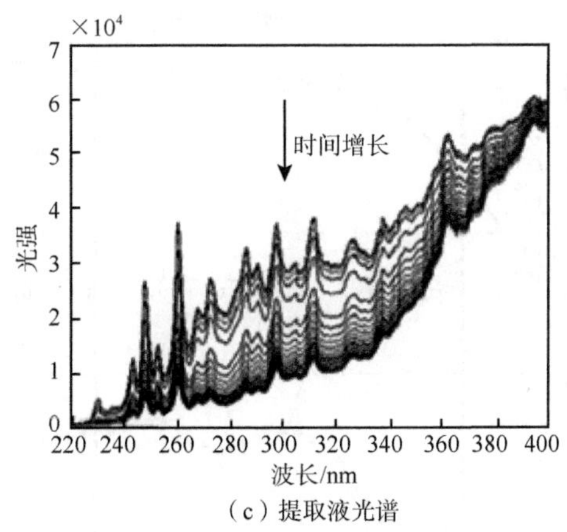

（c）提取液光谱

图 8-10　S_{dark}、S_{ref}和 S_{tcm} 光谱示意图

2. 软件系统的开发

在线检测系统基于朗伯-比尔定律，通过检测药液的吸光度计算药液中特定物质的浓度。首先，软件系统根据循环管路上的温度传感器判断采样开始时机：当后一次的温度测量值大于前一次的测量值，且大于 60℃时，系统判定中药提取过程开始，并自动进行提取液的采样测量。检测流程如下：

（1）关闭光源，进行暗光谱的测量，记作 S_{dark}；

（2）待清水充满流通池后进行测量，得到参考光谱，记作 S_{ref}；

（3）提取液在混合池中定比例稀释与混合均匀后，流入流通池，充满流通池后进行光谱测量，得到提取液的光谱记作 S_{tcm}，如图 8-11 所示。

（4）针对上述采集得到的光谱，根据吸光度的计算公式得到其吸光度谱图。根据前期研究，本系统选取 220～300nm 波长，按式（8-1）计算特征值。

$$C(k)=\frac{\sum_{i=n_1'}^{n_2'}A(k)}{n_2^1-n_1^{'}} \tag{8-1}$$

其中，$A(k)=-\lg\left[\frac{\hat{S}_{tcm}(k)}{\hat{S}_{ref}(k)}\right]$，$k=1,2,\cdots,n$；$\hat{S}_{ref}=S_{ref}-S_{dark}$；$\hat{S}_{tcm}=S_{tcm}-S_{dark}$。随后按式（8-2）和式（8-3）计算 4 次检测时间间隔两吸光度的增长率 $I(t)$ 和稳定性指数 $S(t)$。

$$I(t)=\begin{cases}0, & t\leqslant n\\ \min\left(\left|\frac{C(t)-C(t-3)}{C(t-3)}\right|\times 100\%,100\%\right), & t>n\end{cases} \tag{8-2}$$

$$S(t)=1-I(t) \tag{8-3}$$

绘制吸光度特征值变化曲线。再通过计算一定时间间隔两吸光度的增长率，绘制稳定性变化曲线。将 $S(t)$ 显示在操作界面上，方便操作员观察提取液稳定情况。操作界面还显示当前管道内的温度、设备运行状态、提取情况判断和提取液稳定性变化趋势，还可以查询最新光谱及历史光谱，如图 8-11 所示。

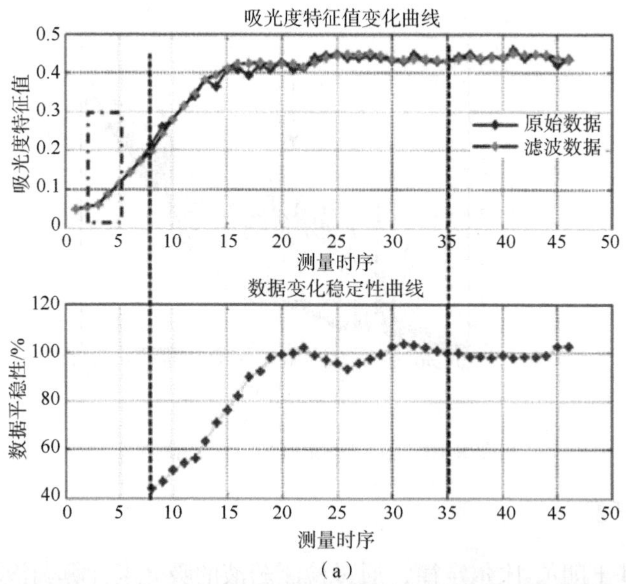

（a）

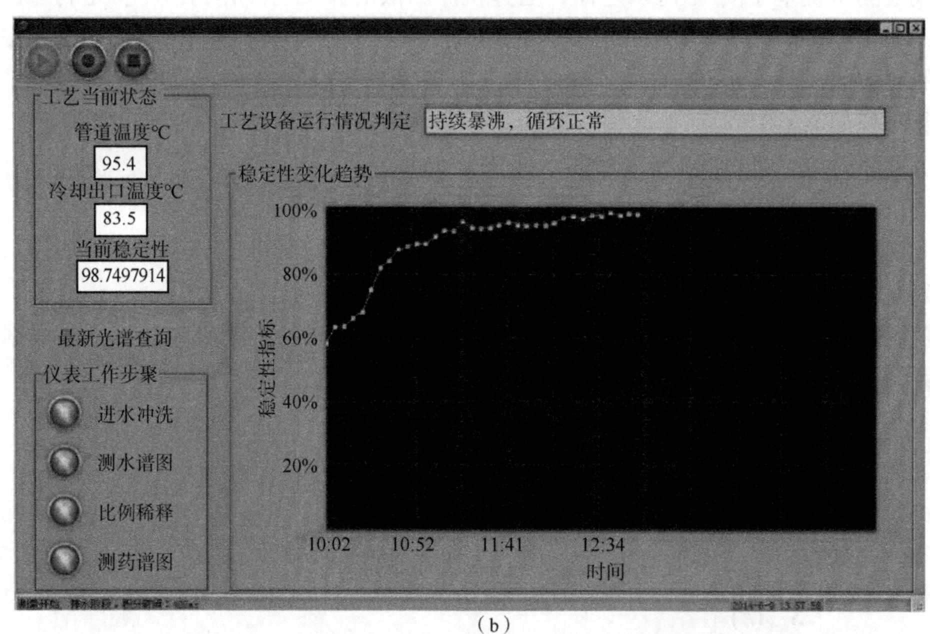

（b）

图 8-11　吸光度特征值和稳定性随时间变化曲线图（a）以及远程计算机操作界面示意图（b）

该软件系统能够实现对硬件系统的后台支持。同时，通过数据的处理和可视化，可以使操作员对提取状态进行判断，监控提取过程中成分含量变化，以实现对中药提取过程的动态分析。

3. 集成在线紫外检测系统的中药提取装备的验证

天津红日康仁堂药业有限公司研发团队对上述系统的稳定性及数据可靠性进行了进一步验证。在系统稳定性方面，比较了相同检测液在不同检测时间的检测数据的一致性。在检验过程中，以提取液纯水为检测对象，每隔五分钟采集一次在线紫外数据，共收集 33 组数据，绘制信号扫描图谱和对应的吸光度曲线堆积图，如图 8-12 所示。33 条扫描光谱重合度较好，吸光度波动≤±0.025。可以认为，光源、光谱仪和系统数据记录正常，检测光谱性能稳定。

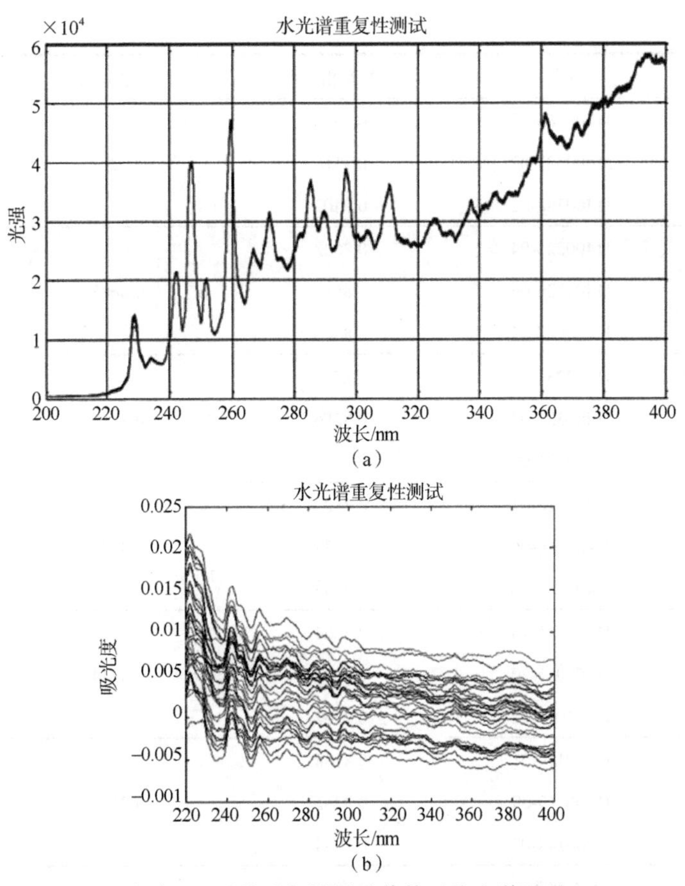

图 8-12　系统重复性测试紫外吸收光谱图示

在数据可靠性测试中，选择了 5 类 10 种代表性中药饮片进行测试，分别为动物药中的地龙和炒僵蚕，发酵类中药中的六神曲和焦神曲，根茎类中药中的绵萆薢和郁金，果实类中药的楮实子和炒麦芽，以及以生物碱为代表性成分的醋延胡索和黄连。

对上述 10 种饮片，在暴沸时间 30min、60min、75min、90min、105min、120min、135min、150min 时，分别取出适量提取液样品进行离线检测，按照紫外全波长扫描法、干燥比较总固形物法和 HPLC 法进行检测，绘制离线的紫外提取时间与吸光度值、固形物、指标成分的趋势图，应用上述趋势图与在线得到的数据提取时间及吸光度值趋势图进行分析比较，计算 Pearson 相关系数，以评价在线检测与离线检测方法所得结果的相关程度。汇总结果如表 8-1～表 8-3 所示。

表 8-1　离线紫外检测结果与在线检测结果相关性

品名	批号	离线紫外相关系数	相关系数均值	RSD 值
醋延胡索	J1400344-03	0.8972	0.9110	1.4534
	J1400344-05	0.9122		
	J1400344-07	0.9236		

续表

品名	批号	离线紫外相关系数	相关系数均值	RSD 值
黄连	J1400386-02	0.8958	0.9225	2.5525
	J1400387-02	0.9316		
	J1400388-02	0.9402		
炒麦芽	J1400226-04	0.8622	0.8683	1.8849
	J1400226-06	0.8558		
	J1400987-17	0.8868		
炒僵蚕	J1400331-02	0.8716	0.8469	2.7389
	J1400331-03	0.8256		
	J1400331-04	0.8434		
楮实子	J1400216-01	0.7823	0.8051	2.5002
	J1400216-06	0.8124		
	J1400216-08	0.8205		
地龙	J1401011-18	0.8764	0.8344	4.8220
	J1401011-20	0.8306		
	J1401011-22	0.7962		
焦神曲	J1300119-01	0.8148	0.8105	1.8959
	J1300119-09	0.8232		
	J1300144-03	0.7934		
六神曲	J1400023	0.7984	0.8034	1.8886
	J1400069	0.8204		
	J1400070	0.7913		
绵萆薢	J1400452-02	0.8406	0.8558	2.0657
	J1400452-05	0.8752		
	J1400453-01	0.8516		
郁金	J1400385-02	0.8046	0.8062	0.6915
	J1400385-08	0.8016		
	J1400385-10	0.8124		

表 8-2　离线总固形物检测结果与在线检测结果相关性

品名	批号	固含物相关系数	相关系数均值	RSD 值
醋延胡索	J1400344-03	0.8160	0.8577	4.6071
	J1400344-05	0.8946		
	J1400344-07	0.8624		
黄连	J1400386-02	0.9048	0.9112	2.5264
	J1400387-02	0.8920		
	J1400388-02	0.9367		

续表

品名	批号	固含物相关系数	相关系数均值	RSD 值
炒麦芽	J1400226-04	0.8446	0.8578	1.3795
	J1400226-06	0.8674		
	J1400987-17	0.8615		
炒僵蚕	J1400331-02	0.8901	0.8576	3.2851
	J1400331-03	0.8432		
	J1400331-04	0.8396		
楮实子	J1400216-01	0.8014	0.8176	2.2515
	J1400216-06	0.8376		
	J1400216-08	0.8137		
地龙	J1401011-18	0.8012	0.8084	1.3851
	J1401011-20	0.8213		
	J1401011-22	0.8027		
焦神曲	J1300119-01	0.6476	0.6778	4.3028
	J1300119-09	0.6801		
	J1300144-03	0.7058		
六神曲	J1400023	0.7828	0.7931	2.3081
	J1400069	0.8142		
	J1400070	0.7822		
绵萆薢	J1400452-02	0.8327	0.8401	0.7973
	J1400452-05	0.8420		
	J1400453-01	0.8457		
郁金	J1400385-02	0.7417	0.7717	3.4237
	J1400385-08	0.7916		
	J1400385-10	0.7817		

表 8-3　醋延胡索和黄连生物碱含量 HPLC 检测与在线检测相关性

品名	批号	含量检测相关系数	相关系数均值	RSD 值
醋延胡索	J1400344-03	0.9202	0.9169	1.6433
	J1400344-05	0.9005		
	J1400344-07	0.9301		
黄连	J1400386-02	0.8834	0.9069	2.2653
	J1400387-02	0.9156		
	J1400388-02	0.9216		

综上，通过硬件和软件结合的开发模式，天津红日康仁堂药业有限公司建立了可靠的中药提取过程在线紫外检测系统，用于实时检测和控制中药提取过程，为“全过程®”配方颗粒的制备提供了可靠的物料基础，如图 8-13 所示。这一系统已装配至中药配方颗粒提取生产线上，

有效地提高了中药提取过程的质量可控性。

图 8-13 中药提取过程在线紫外检测系统生产线装配图示

第二节 集成中药制造信息技术的中药智能制造

中药智能制造的关键技术包括信息集成、智能模拟和智慧应用等方面[6]。信息集成、智能模拟和智慧应用则更多强调软件层面的迭代，均为中药制造信息学领域所重点关注的内容。中药制造信息技术采用高强度在线测量与实时整体控制对生产过程进行统一调控，以提高产品一致性和工艺可控性，其一方面主要强调新型装备和生产线的硬件层面研发，进而在中药制造的过程中主要负责实现在线、稳定的工业信息测量。

其中，信息集成指通过构建工业大数据平台，将制造生产线上的中药生产过程关键工艺参数与关键质量属性数据有机集成，提高中药制造过程透明度，随时感知生产过程的动态变化。智能模拟和智慧应用基于化学计量学理论，通过信息学和人工智能策略，挖掘隐藏在多尺度、多维度数据背后的工艺特征和数据模式，分析工艺参数与质量属性之间的关系，将生产过程中的复杂信息知识化，并进一步形成算法库、模型库和工艺知识库等二级数据库，为中药生产线的智能设计、智能分析、智能控制和智能优化提供支撑[6]。

在编者团队的前一部专著《中药制造测量学》中，已就中药制造过程中的各工序单元在线测量手段进行了系统案例介绍，本节案例则在此基础上介绍当前主要的中药制造过程信息技术在中药智能制造生产线上的应用策略及其应用成效。

一、中药信息工程与智能制造典型案例

（一）中药智能制造技术特点以及整体架构

中药智能制造技术包括开发应用的主要新技术、实现智能化的路径以及智能工厂或智能生

产线的先进技术。自动化控制、在线检测等技术的广泛应用，带来源头众多的生产数据，这些数据庞大而分散，仅凭人工无法处理，是中药工业实施智能制造的技术瓶颈。江苏康缘药业股份有限公司的肖伟研究员带领团队开发了逾百个算法和优化模型，对工艺、质量等海量数据进行统计分析并挖掘关联规律，形成信息工程与智能制造策略，开发中药制药过程知识系统[process knowledge system（PKS）for Chinese patent drug]，用智能技术替代人工，突破中成药智能制造瓶颈，实现中成药质量的生产全过程智能识别、预警和反馈优化调控，为中药智能制造提供核心技术支撑。

如图 8-14 所示，中药信息工程与智能制造的整体架构通过四个层次实现。

首先，在中药产品自身特点层面，中药企业应针对具有代表性的大品种中药产品，通过系统、全面地解析其药效物质基础，基于 QbD 的理念与方法，初步建立药品生产全过程的质量控制策略。

其次，在工艺与装备层面，通过应用分布式集散控制系统（DCS）来提高生产效率，降低运营成本。另外，还可减少误操作的发生率，降低生产过程残次品率，提高有效成分转移率，降低能源费用率。通过过程分析技术（PAT）对质量数据进行实时监控，应用在线近红外光谱技术，可实时采集产品质量数据；通过数据采集与监视系统（supervisory control and data acquisition，SCADA）采集工艺和质量数据。

再次，在生产制造层面，通过应用企业资源计划（ERP）、生产制造执行系统（MES），建立标准化的企业流程管理和生产、仓储物流系统的信息化管理，有效避免在采购、生产和销售过程中因信息孤岛造成的延误和浪费，降低企业运营成本。

最终，以 PKS 为核心，在中成药生产过程中实现自动化控制、过程分析、数据实时采集、信息管理、制造执行等多系统融合开发与应用，打破“信息孤岛”实现从原料到产品全生产线的在线测量与控制。以这一架构为基础，江苏康缘药业股份有限公司设计建成了中成药智能生产工厂，率先实现以“柔性、精益、绿色、数据驱动”为特征的先进中药智能制造，可实现生产过程操作的实时偏差管理与放行控制，保证生产过程质量稳定，提升产品质量均一性。

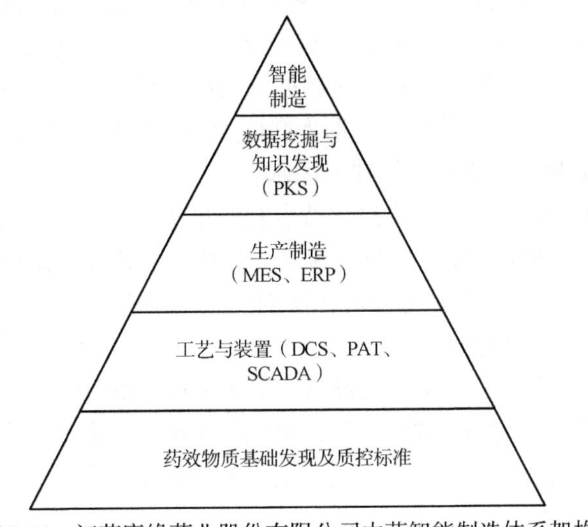

图 8-14　江苏康缘药业股份有限公司中药智能制造体系架构

（二）中药智能制造在线质量控制策略

从生产线上采集的数据，先存入数据库进行整理和储存，再由分析人员调取并利用专业分析工具建立质量预测反馈模型。预测反馈模型利用生产过程数据，进行在线预测计算，当预测质量值小于临界值时触发报警。随后，系统会基于关键工艺参数与质控指标的相关性做出智能调参决策，并将调参建议反馈至执行系统，从而避免质量事故的发生。至此完成一个数据反馈的调节闭环，达到减少质量波动的效果。具体策略如图 8-15 所示。

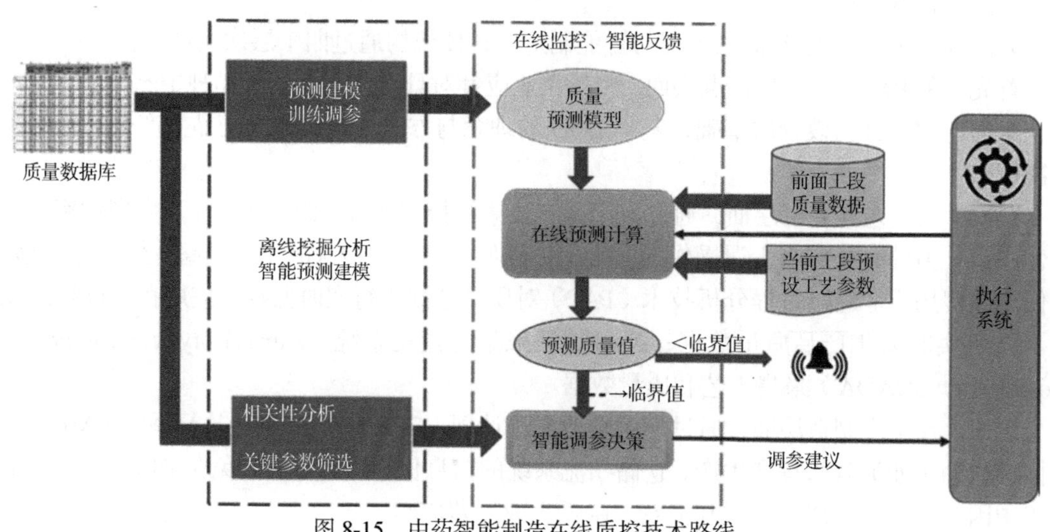

图 8-15　中药智能制造在线质控技术路线

其中，包括以下技术细节。

首先，在数据采集阶段，智能制造系统集成 DCS、PAT、SCADA、WMS、MES、ERP 等相关系统的数据，打破数据孤岛，形成生产质量数据、工艺数据、设备数据等数据库，用于后续的数据统计分析、挖掘与建模。同时引入批次管理概念，提升数据存储条理性，降低采集难度，利于生产制造的纵向比较。

其次，数据需经过一定的预处理后方可录入数据库。系统在预处理阶段优先处理缺失值，根据统计学手段判定缺失机制，根据数据特点选择填补或删除。随后进行探索性数据分析，通过图表、方程拟合、统计量计算等方式探索数据集的结构规律。通常采用的分析处理技术有可视化分析、相关性排查、转移率分析、数据平衡性处理、RSD 计算等，必要时需利用归一化、降维等手段进行变量处理，以满足后续建模需求。

再次，在数据挖掘阶段，针对生产过程特点和质量优化目标，采用偏最小二乘回归、决策树（CART、TreeNet）、ANN、SVM 等算法建立质量传递规律模型定位关键工序、识别关键工艺参数。利用重要性假设检验、残差分析等方法对模型效果进行评估，以实现模型的持续优化，最终通过最优模型实现生产预测与调控。

最后，在决策执行阶段，系统结合关键参数的相关性，使用质量预测反馈模型给出某个或某几个关键参数的智能调参建议，并实时反馈至执行系统，指导生产系统进行合规性自适应调整，从而避免质量事故的发生，最终达到提高生产效率和产品质量均一性，降低不良品率、综合能耗和运营成本的目的。

整个 PKS 系统可分为数据层、挖掘层和应用层 3 个模块，如图 8-16 所示。

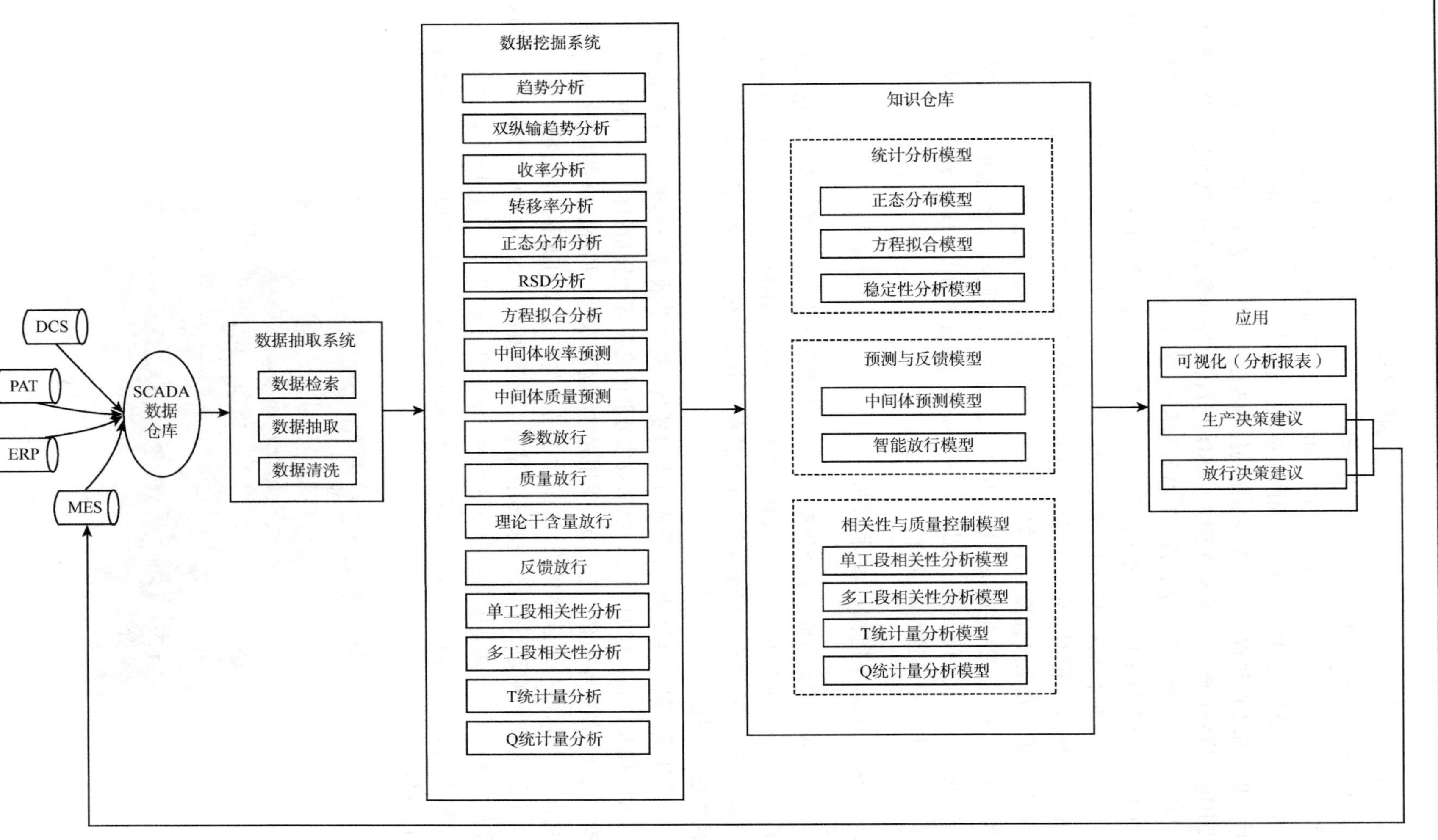

图8-16　中药智能制造 PKS 系统逻辑构架

（1）对于数据层，系统的数据分为质量检测数据和生产数据两部分，来自 DCS、PAT、SCADA、WMS、MES、ERP 等系统，覆盖中药生产的各个流程，包含原料属性、物料属性、工艺参数、产品质量等要素，通过数据库导入的方式为系统分析建模提供数据支持。

（2）挖掘层包含统计分析和数学建模两个模块。统计分析模块的目的是根据实时数据库信息，统计分析产品生产过程中自动控制系统的控制参数（如提取温度、浓缩真空度、颗粒水分等）。其中包含趋势分析、中间体稳定性（RSD）分析、控制参数的双纵轴趋势分析等基础性分析，以及单工序分析、多工序分析、T 统计量和 Q 统计量分析等相关性分析，能够实现每个工序中间体质量和该工序参数之间，以及多个工序中间体质量和产品质量之间的相关性分析。数学建模模块通过 PLS、CART、TreeNet、ANN、SVM 等机器学习算法建立质量传递规律模型和质量预测反馈模型，定位关键生产工序，寻找影响产品质量的关键工艺参数。

（3）应用层通过获取过程控制参数实时数据和在线质量检测数据，结合数据挖掘模块形成的知识做出生产调控，包括生产决策建议和放行决策建议两部分。系统根据可控参数的标准、中间体质量标准以及放行标准等，给出质量预警提示和质量控制参数调控建议，指导生产线及时调整，达到提升质量一致性的目的。

（三）PKS 系统搭建核心技术挑战

（1）多系统异构数据集成：生产数据分散在各个系统当中，导致单个系统数据无法呈现完整的生产数据链，形成数据孤岛，造成数据挖掘和建模阶段准确性降低。因此，PKS 系统的首要任务即是建立数据平台，有效整合多个工艺单元中各个在线测量设备的数据，打破数据孤岛，保障数据完整性。

（2）中药质量控制标准复杂：中药成分极为复杂，基于功效成分群建立质量控制标准体系是一个巨大的挑战。基于 QbD 理念，以功效成分群的含量等为质量目标，针对中药提取、浓缩、干燥、混合、制粒等关键工艺环节，采用先进制药技术进行研究，建立生产过程分析、建模及优化方法，明确各工艺参数的设计空间，建立全生产过程的质量控制标准。

（3）中药质量预测反馈模型建立技术：结合生产数据和 PLS、CART、TreeNet、ANN、SVM 等人工智能算法，建立中药过程质量预测反馈模型。形成的生产过程质量控制与分析知识，能够给出质量预警提示和参数调控建议，实现质量波动性的有效控制。以上工程化成果，见图 8-17～图 8-19。

图 8-17　中药注射剂车间中央控制室

图 8-18　在线近红外光谱探头

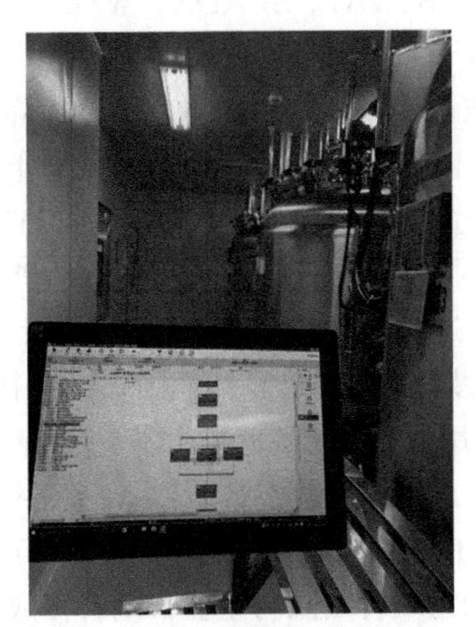

图 8-19　生产制造执行系统（MES）

二、中药智能制造全面提高企业效益

（一）中药智能制造应用规模

中药智能制造应用于中药生产企业，能够从各个方面为企业带来实质性的效益提升。以江苏康源药业为例，该公司将中药智能制造体系应用于 3 条中药大品种生产线，通过在线过程分析技术，实时监控 11 个工序的质量数据，初步建立了 17 个生产工艺机制模型，初步完成生产线的智能制造升级，切实提高了生产效率和经济社会效益。

（二）中药智能制造产生经济社会效益

（1）经济效益：江苏康缘药业股份有限公司将中药智能制造在线检测与分析控制系统应用于 3 种剂型的中药生产线，涉及的产能为中药注射剂 8000 万支/年、硬胶囊剂 34 亿粒/年、中药片剂 18 亿片/年，全面提升了相关产线的产品质量管理水平，解决了产品质量波动性问题，有效提升了产品质量的均一性。同时，该系统的全面应用有效避免了因信息孤岛造成的调控延误和原料浪费，降低了企业运营成本，进一步提高了企业生产产值和公司利润，从整体上增加了企业的竞争力。

（2）社会效益：在江苏康缘药业股份有限公司成功开发并应用现代中药工业智能制造新模式实现现代中药智能化生产基础上，通过江苏康缘药业股份有限公司、北京中医药大学、苏州泽达兴邦医药科技有限公司、浙江大学等共七家单位成立的中药智能制造新模式应用联合体，将所形成的现代中药工业智能制造新模式推广至北京同仁堂股份有限公司、四川升和药业股份有限公司、天圣制药股份有限公司、云南大唐汉方制药股份有限公司等 23 家企业，其中 9 家企业完成智能化生产改造，包括为其他制药企业开发定制化的 MES 具备了物料管理、称重配送、电子批记录、电子报表、质量追溯等功能，并实现 MES 与 ERP、分布式集散控制系统（DCS）、车间 DCS 与 ERP 的集成互通等，江苏康缘药业股份有限公司和其他企业累计实现产值 279.2 亿元。

（三）中药智能制造的可推广性

通过在中药生产过程中引入人工智能算法，突破传统分析手段难以持续提高质量均一性的瓶颈。集成了 DCS、PAT、SCADA、WMS、MES、ERP 等系统，既提高了生产效率，又降低了运营成本。基于中药质量数据库的决策系统的应用，带来了精细化控制，促进了中药生产标准化，提升了产品生产效率和质量均一性，降低了生产能耗。

据国家药品监督管理局统计，截至 2020 年底，全国有效期内药品生产企业许可证 7690 个，其中中药生产企业 2160 家，中药种植企业 4357 家。中药生产占医药市场份额巨大，且近 5 年药品经营企业数量持续稳定增长，案例技术成果具备广阔的推广前景。传统中药生产装备与技术无法解决中药生产过程中“点–点一致”、“段–段一致”、“批–批一致”的产品质量均一性的提升问题，而集成了在线测量装备和在线控制系统的中药智能制造生产线能够为该问题提供综合性解决方案。同时，应用中药智能制造生产体系的制药企业在数据积累、提取和应用等问题的解决上能够积累大量经验，以更好地提高中药生产关键技术与企业实际需求的适应性。综上所述，中药智能制造体系的推广应用前景十分广阔，是中药产业全面提升工业制造水平的必由之路。

上述实例均为编者团队与企业长期合作成果，知识产权归属于相关企业。

第三节　制造信息工程与智能制造结语

综上，集成中药制造测量技术与信息技术的中药智能制造体系是中药生产企业全面适应“中国制造 2025”工业水平升级转型的关键技术，其飞速发展离不开新型中药制造装备、生产过程在线测量系统、生产大数据信息处理算法、生产过程智能控制软件等多领域多学科的交叉共融。

目前，已有多家中药生产企业在不同中药品种生产线中开展了中药智能制造改进，中药智能制造已初具规模。尽管业界目前仍然面临诸如在线测量和质控技术转化应用、物料流-信息流协同传递效率较低、跨学科后备人才相对缺乏等挑战，但以当前中药智能制造领域的发展速度和质量为参考，可以预见其在不久的将来必将成为中药制造行业的新标准，中药产业的整体工业水平也将提升至全新的高度。

为此编者团队从 1995 年《药学学报》发表“人工神经网络质量模式识别”到今天中药制造信息学与智能制造，历经近 30 载 3 代人的学术研究成果，中药制造信息学是一部传承创新专著，为从业提供理论、技术和技术应用指导。

参考文献

[1] 国家药监局. 关于结束中药配方颗粒试点工作的公告[EB/OL]，[2021-09-20]. https：//www.nmpa.gov.cn/xxgk/ggtg/qtggtg/20210210145856159.html.

[2] 何军，朱旭江，杨平荣，等. 中药配方颗粒的现状与发展新思路[J]. 中草药，2018，49（20）：4717-4725.

[3] 国家药监局. 中药配方颗粒质量控制与标准制定技术要求[EB/OL]. [2021-07-26].

[4] 国家药品监督管理局. 关于政协第十三届全国委员会第四次会议第 4117 号（医疗体育类 455 号）提案答复的函[EB/OL]. [2021-10-15]. https：//www.nmpa.gov.cn/zwgk/jyta/zhxta/20211011091053199.html.

[5] 路露，施钧瀚，侯富国，等. 中药配方颗粒：历史、现状及“后试点时代”的发展展望[J]. 中国中药杂志，2021：1-8.

[6] 于佳琦，徐冰，姚璐，等. 中药质量源于设计方法和应用：智能制造[J]. 世界中医药，2018，13（3）：574-579.